SMART WATER-SAVING

Control Rules and Scenario Based Integrated Application

智慧节水管控规则与场景化集成应用

王士武　姚水萍　陈蓓青　等著

ZHEJIANG UNIVERSITY PRESS
浙江大学出版社
·杭州·

图书在版编目(CIP)数据

智慧节水管控规则与场景化集成应用 / 王士武等著. 杭州 : 浙江大学出版社, 2025. 2. -- ISBN 978-7-308-25708-4

Ⅰ. TU991.64;TV213.4

中国国家版本馆 CIP 数据核字第 2025YU7456 号

智慧节水管控规则与场景化集成应用

王士武　姚水萍　陈蓓青 等著

责任编辑　金　蕾
责任校对　蔡晓欢
封面设计　春天书装
出版发行　浙江大学出版社
(杭州市天目山路 148 号　邮政编码 310007)
(网址: http://www.zjupress.com)
排　　版　杭州星云光电图文制作有限公司
印　　刷　浙江省邮电印刷股份有限公司
开　　本　787mm×1092mm　1/16
印　　张　19.75
字　　数　469 千
版 印 次　2025 年 2 月第 1 版　2025 年 2 月第 1 次印刷
书　　号　ISBN 978-7-308-25708-4
定　　价　199.00 元

前　言

节水是解决我国复杂的水问题的有效措施之一。早在 2004 年,中央人口资源环境工作座谈会就提出"要把节水作为一项必须长期坚持的战略方针"。2014 年,习近平总书记提出了"节水优先、空间均衡、系统治理、两手发力"的治水思路[①]。2019 年,国家发展改革委、水利部联合印发的《国家节水行动方案》提出"把节水作为解决我国水资源短缺问题的重要举措,贯穿经济社会发展全过程和各领域"。2020 年,党的十九届五中全会强调"实施国家节水行动,推动绿色发展,建设人与自然和谐共生的现代化",标志着节水已经成为推动绿色发展、人与自然和谐共生的重要抓手,节水现代化能力决定和影响着绿色发展、人与自然和谐共生的现代化能力。

2010 年以来,以互联网(物联网)、通信技术、大数据、人工智能为代表的新一代信息技术的商业化、市场化应用,推动着节水领域的相关技术持续演进并不断发展。现阶段,以节水治理体系和治理能力现代化为主要特征,以多源多层次感知体系为基础,以多层次动力模型和深度学习技术为核心的节水新技术、新赛道正快速发展,以数字流域、数字灌区、智能节水、智慧水务等技术持续推动节水工作不断向数字化、协同化、智慧化转型升级,并进一步推动节水现代化能力和水平持续提升。

在国家重点研发计划项目(编号 2019YFC0408800)、水利部水利技术示范项目(编号 SF-201801)、浙江省科技厅和浙江省水利厅的科技计划项目的大力支持下,面向南方城镇生态文明建设和经济社会高质量发展的实际需求,聚焦城镇社会水循环全过程的节水问题,我们将智慧节水与水资源管理、水生态环境保护相融合,提出了智慧节水全过程的技术支撑体系,研究了智慧节水多源感知数据的应用技术、智慧节水管控规则与标准、智慧节水场景化的应用模型,研发了集成上述技术的智慧节水管理平台。这些成果在浙江省进行了试点与示范应用,取得了显著的社会效益、经济效益和生态效益。

本专著是以浙江省水利厅和浙江省科技厅的各类科技计划项目成果为基础,进一步融合国家重点研发计划项目和水利部水利技术示范项目成果编写完成的。本专著的总体设计与编写大纲由王士武负责,王士武、姚水萍负责统稿。专著分为 8 章,其中:

第 1 章为研究背景。本章介绍了"十二五""十三五"期间全国及不同分区的用

① 摘自《习近平:真抓实干主动作为形成合力 确保中央重大经济决策落地见效》,新华网,2015-02-10。

水总量、不同行业用水量的变化情况，分析了2010—2020年全国及不同分区的用水结构和用水效率的变化情况，回顾了新中国成立以来我国节水的发展历程；从党和国家决策部署、经济社会高质量发展的现实需求、节水发展趋势三个方面进一步阐述了节水工作的必要性。

第2章为智慧节水目标与任务。本章在界定节水定义和内涵的基础上，阐述了节水属性的特征；在分析数字化改革对节水影响的基础上，界定了智慧节水的定义与内涵，提出了智慧节水的总体目标和主要任务。

第3章为智慧节水技术支撑体系与关键技术。本章介绍了节水相关的基础理论，分析了节水的尺度问题与评价方法以及节水驱动机制；提出了由工作体系、技术体系和场景化应用总体结构组成的智慧节水技术支撑体系；基于节水领域的研究现状、当前面临的形势与承担的任务，确定了智慧节水需要解决的关键技术问题。

第4章为智慧节水多源感知数据应用技术的研究。本章从立体化感知体系支撑水资源管理、智慧节水管理实际的需求出发，围绕优化立体化感知体系的密度与布局、充分利用立体化感知体系服务智慧节水管理等方面，开展基于信息熵理论的地面雨量站网优化技术研究、基于遥感数据的月尺度土壤湿度识别技术研究，以及卫星和地面降水数据融合技术研究，以进一步提高智慧节水系统的感知手段、数据精度和预测预报期。

第5章为节水管控的规则与标准研究。本章基于智慧节水管控需要，从面向系统、面向过程、面向用户三个层面开展研究。在面向系统层面，针对取用水权管理，分别开展面向不同对象的水量和用水指标分配方法研究、面向水资源用途管控的水量分配方法研究；针对调度运行管理，分别开展面向单一水库、梯级水库和多水源的调度运行规则研究。在面向过程层面，分析了水厂（水站）、供水管网、灌溉渠系的节水管控标准。在面向用户层面，分别开展了农业灌溉、生活与工业、生态环境用水管控规则研究，进一步丰富完善了智慧节水管控规则，推进了节水管控有序化。

第6章为智慧节水场景化数学模型研究。本章将场景分为面向用户、面向过程、面向系统三种类型。在面向用户层面，开展了生活综合与工业用水、灌区用水、河湖生态环境用水量统计、预测、预警数学模型的研究。在面向过程层面，开展了水厂（水站）自用水率、供水管网漏损、灌区灌溉水有效利用系数的分析（统计）、预警、评价模型研究。在面向系统层面，开展了区域用水总量、用水效率、水资源承载能力统计、预测、预警数学模型研究，水库供水能力分析与预测数学模型研究，水库（群）实时调度与应急调度数学模型研究，建设项目取水对现有的用水户、河流水文情势影响数学模型研究，以满足智慧节水多层次场景化应用的分析、预测、预警和评价的“算法”需要。

第7章为智慧节水平台研发与应用示范。本章将智慧节水全过程技术支撑体系、多源感知数据应用技术、管控规则与标准、场景化应用模型融合于智慧节水平台中，介绍了其研发思路、总体的技术路线与关键技术、模型集成与数据交互技术，并在浙江省义乌市和永康市进行了示范应用。

第8章为结论与展望。本章归纳总结了主要的研究成果，并对未来智慧节水工作进行了展望。

本专著具有较强的实践性,可为南方丰水地区节水和污水再生利用工作提供很好的借鉴与参考。

各章节主要内容与编著分工的人员情况如下。

第1章由姚水萍(负责1.1)、苏龙强(负责1.2和1.3)撰写;第2章由姚水萍(负责2.1和2.2)、王士武(负责2.3)撰写;第3章由姚水萍(负责3.1、3.2、3.3)和王士武(负责3.4、3.5)撰写;第4章中,4.1、4.5由陈蓓青撰写,4.2由沈定涛、陈蓓青撰写,4.3由王莹、夏煜撰写,4.4由沈定涛、王贺龙撰写;第5章中,5.1、5.6由王士武撰写,5.2由温进化、李其峰撰写,5.3由王贺龙、温进化撰写,5.4由邵志平、王士武、崔冬冬撰写,5.5由王士武、朱红斌撰写;第6章中,6.1、6.5由王士武撰写,6.2由邵志平、杨辉斌、王贺龙撰写,6.3由沈定涛、胡荣祥撰写,6.4由杨辉斌、王贺龙、钱依悫撰写;第7章中,7.1由陈蓓青、邵志平撰写,7.2由陈蓓青、叶松撰写,7.3由陈蓓青、夏煜、朱红斌撰写,7.4由陈蓓青、邵志平、王珺珂、崔冬冬撰写,7.5由沈定涛、陈苏春、陈蓓青撰写,7.6由叶松、王莹撰写,7.7由陈蓓青撰写;第8章由王士武撰写。

本专著的主要内容是在浙江省各类科技计划项目、国家重点研发计划项目和水利部水利技术示范项目的研究基础上提炼完成的,上述作者也是这些项目的主要承担者和主要完成人。作为主要编写人,希望借此机会向所有的参加人员和本专著的所有作者表示由衷的感谢!各类科技计划项目在执行过程中,得到了浙江省水利厅水资源处与科技处、浙江省科技厅社发处、金华市水利局、义乌市水务局、永康市水务局历任领导与相关人员的大力支持和配合,在此表示衷心的感谢!本专著的出版得到了国家重点研发计划项目的经费支持。最后,对浙江大学出版社金蕾编辑为本专著的顺利出版所付出的辛勤劳动表示衷心的感谢!

限于时间和水平,本书难免存在疏漏之处,敬请读者批评指正。

作 者

2024年3月

目　录

第1章　研究背景

1.1　节水现状分析

“十二五”期间以来，我国积极践行新时期的治水思路，全面落实最严格水资源管理制度，以节水型社会建设为抓手，大力推进实施计划（定额）用水管理、阶梯水价制度、供水管网改造、节水器具推广等措施，在保障社会经济持续稳定增长的情况下，实现了用水总量基本稳定、用水效率持续提升的总体目标。根据全国水资源公报[1,2]、社会经济统计公报和统计年鉴[3-6]，本研究统计分析了2010年和2020年全国、南方①、北方用水总量、用水结构和用水效率的变化情况，成果见表1.1、表1.2、图1.1、图1.2、图1.3。

1.1.1　用水量的变化情况

如表1.1所示，全国及南北方的用水总量均呈下降趋势，且南方的下降幅度比北方大。2010—2020年，全国用水总量从6022.0亿m^3下降到5812.9亿m^3，降幅为3.5%，其中北方下降0.9%，南方下降5.6%。

从生活、生产、生态用水分类看，2010—2020年全国及南北方的生活用水、生态用水均呈增加的趋势。①全国生活用水的增幅达12.7%，其中南方的增幅较大，是北方的2.3倍。生活用水增加主要是由于人口增长及人民生活水平的提高对用水提出了更高的要求。②全国生态用水的增幅达156.3%，其中北方的增幅较大，是南方的近3倍。生态用水增加主要是由于近年来国家对水生态环境保护、生态流量保障、河湖复苏等提出了更高的要求。③全国及南北方的生产用水均呈下降趋势，降幅在8.4%～10.6%，南方的降幅略大于北方。生产用水下降主要是由于最严格水资源管理、国家节水行动和节水型社会建设等工作的深入推进，各领域的用水效率得到了显著提升。生产用水的下降对总用水量下降做出了主要贡献。

从农业用水和非农业用水分类看，全国和北方的农业用水总体呈下降趋势，降幅不大，为2%～4%，南方的农业用水相对稳定。非农业用水在全国和南方分别下降了5.7%和11.6%，北方增长了8.1%。北方的非农业用水增长主要是因为人口增长和

① 本书所指的南北方，是以长江流域为界，长江流域及以南为南方，其余为北方，以下同此。

经济发展对用水需求的增加大于用水效率提升带来的节水效应。

表1.1　不同分区近10年的用水量变化情况

用水类型	地区	2010年	2020年	变幅
用水总量（亿 m^3）	全国	6022.0	5812.9	-3.5%
	北方	2704.9	2681.3	-0.9%
	南方	3317.1	3131.7	-5.6%
生活用水（亿 m^3）	全国	765.8	863.1	12.7%
	北方	274.5	293.4	6.9%
	南方	491.3	569.7	16.0%
生产用水（亿 m^3）	全国	5136.4	4642.8	-9.6%
	北方	2354.9	2156.2	-8.4%
	南方	2781.5	2486.6	-10.6%
生态用水（亿 m^3）	全国	119.8	307.0	156.3%
	北方	75.5	231.7	206.9%
	南方	44.3	75.3	70.0%
农业用水（亿 m^3）	全国	3689.1	3612.4	-2.1%
	北方	2008.2	1928	-4.0%
	南方	1680.9	1684.4	0.2%
非农业用水（亿 m^3）	全国	2332.9	2200.5	-5.7%
	北方	696.7	753.3	8.1%
	南方	1636.2	1447.2	-11.6%

1.1.2　用水结构变化的分析

从生活、生产和生态用水分类看，2010—2020年生产用水占比最大，其次是生活用水，占比最小的是生态用水；北方的生产和生态用水占比较南方大，生活用水的占比较南方小。2010—2020年，全国和南北方生产用水的比重均下降，生活和生态用水的比重均上升。从生活—生产—生态用水的比重分析，全国从12.7∶85.3∶2.0调整为14.8∶79.9∶5.3，北方从10.1∶87.1∶2.8调整为10.9∶80.4∶8.6，南方从14.8∶83.9∶1.3调整为18.2∶79.4∶2.4。图1.1所示为不同分区近10年生活—生产—生态用水结构变化情况。

从农业用水和非农业用水分类看，2010—2020年农业用水的占比更大；北方地区的农业用水占比在70%以上，南方地区的农业用水占比略大于50%。2010—2020年，农业和非农业用水的占比总体变幅不大，全国和南方地区的农业用水的比重略有增加，分别从61.3%和50.7%增加到62.1%和53.8%；北方地区的农业用水的占比略有下降，从74.2%下降到71.9%。图1.2所示为不同分区近10年农业—非农业用水结构变化情况。

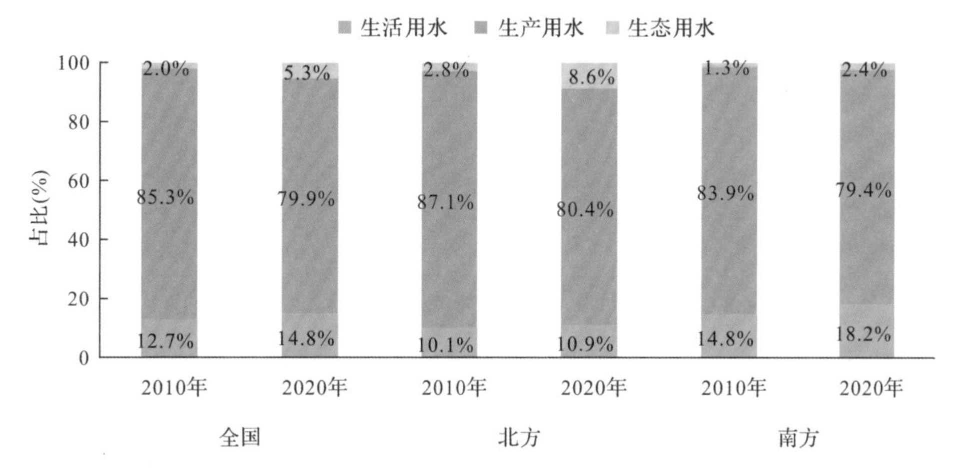

图1.1 不同分区的近10年生活—生产—生态用水结构变化情况

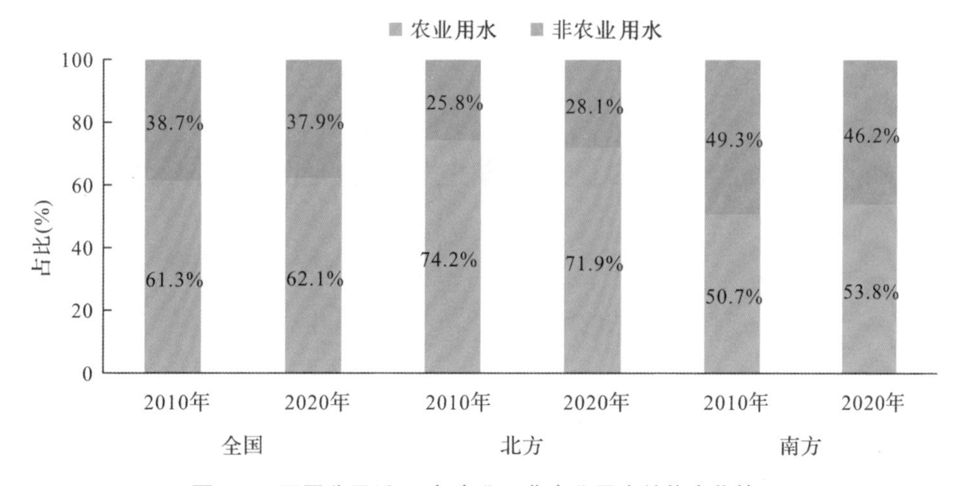

图1.2 不同分区近10年农业—非农业用水结构变化情况

1.1.3 用水效率变化的分析

分析用水效率现状，2010—2020年南方地区的万元GDP用水量和人均综合用水量均低于北方地区，其中，在万元GDP用水量方面，南方地区仅为北方地区的3/4左右，说明南方地区的用水效率较北方高。

分析用水效率的变化趋势，2010—2020年万元GDP用水量和人均综合用水量均呈下降趋势。万元GDP用水量的降幅较大，全国及南方地区的降幅分别为61.9%和65%。人均综合用水量的降幅较小，全国及南北方的降幅均在6%~8.5%。表1.2为不同分区近10年用水效率变化情况。图1.3为不同分区近10年用水效率变化情况。

表 1.2 不同分区近 10 年用水效率的变化情况

用水效率指标	地区	2010 年	2020 年	变幅
万元 GDP 用水量(m^3)	全国	150.0	57.2	-61.9%
	北方	157.0	67.9	-56.7%
	南方	144.7	50.7	-65.0%
人均综合用水量(m^3)	全国	450.0	412.0	-8.4%
	北方	480.4	440.6	-8.3%
	南方	427.9	402.3	-6.0%

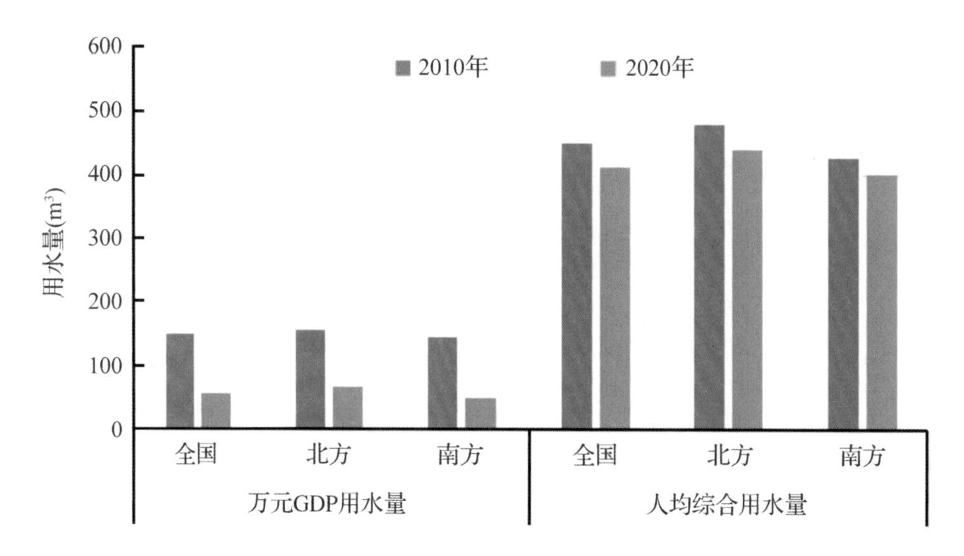

图 1.3 不同分区近 10 年用水效率的变化情况

1.2 节水发展历程

回顾新中国成立以来我国节水技术的发展历程,总体上可以分为四个阶段[7]。

1.2.1 节水 1.0 阶段(1949—1978 年):农业工程节水阶段[8]

农业一直是我国的用水大户,其用水量的占比超过 70%。新中国成立初期,以兴修农田水利工程(包括修建水库、引水工程、大中型灌区、灌区续建配套等)为重点来推动节水技术的发展。20 世纪五六十年代,水利部组织开展以渠道衬砌、土地平整、畦块调整、喷灌技术等为重点的农业工程节水技术的研究与应用,以提高灌溉水的有效利用率。"七五"期间,国家科委把低压管道输水灌溉技术列入重点科技攻关项目,以推进灌区输配水环节的节水。20 世纪 70 年代后期,在山区、丘陵区推广喷灌、微灌等先进的灌水技术,同时推广地膜覆盖栽培、节水栽培等田间节水技术的措施[9]。

1.2.2 节水2.0阶段(1979—1998年):城市与农业节水并重阶段

党的十一届三中全会后,我国进入改革开放和社会主义现代化建设的新时期。伴随经济社会的快速发展,水资源的供需矛盾日益凸显,节水的意义和作用逐渐成为全社会的共识。1981年,国家经委、计委、城建联合发布《关于加强节约用水管理的通知》;1984年,国务院印发《关于大力开展城市节约用水的通知》;1988年,正式颁布施行的《中华人民共和国水法》明确提出国家实行计划用水,厉行节约用水,各级人民政府应当加强对节约用水的管理,各单位应当采用节约用水的先进技术,降低水的消耗量,提高水的重复利用率。这标志着我国的节水进入2.0阶段。这一阶段的节水发展总体上体现在以下两个方面。

农业节水方面:从1.0阶段以工程节水为主向工程节水和管理节水兼顾转变。在该阶段,一方面在灌区续建配套改造与节水改造的过程中,推动了新技术、新材料及新设备的研究和推广应用,如"黄淮海平原中低产田改造与综合治理""低压管道输水灌溉技术研究""农业高效用水科技产业示范工程"等荣获国家的奖励与立项支持;"948"项目引进的农田水利技术和设备推动了农业科技成果的转化和产业化开发。另外,农业管理节水快速发展,节水灌溉理论[10,11]和非充分灌溉理论[12]、不同作物节水型灌溉制度、灌区水量计量监测技术等相继被提出并逐步被应用[13],节水灌溉的国家标准被颁布实施。

城市节水方面:改革开放前,城市节水主要是解决城市供水基础设施不足问题;改革开放后,伴随城镇化、工业化进程的加快,城市不仅需要解决供水基础设施保障不足的问题,而且面临水资源短缺的窘境,因此形成了"开源与节流并重"的理念。20世纪90年代,全国开始推进节水型城市建设。1996年,建设部、国家经贸委、国家计委制定出台了《节水型城市目标导则》[14]。受工业缺水与水污染问题的影响,1997年建设部制定印发了《节水型企业(单位)目标导则》[15],我国工业节水与循环利用也取得了发展。

1.2.3 节水3.0阶段(1999—2011年):全面节水阶段

世纪之交,随着我国社会主义市场经济体制的初步建立,经济发展方式也加快转变,但水资源短缺和生态环境恶化的形势却日益严峻。1998年,中央提出把推广节水灌溉作为一项革命性措施来抓。2000年,中央在"十五"计划建议中提出建设节水型社会。2002年,修订后的《中华人民共和国水法》提出:发展节水型工业、农业和服务业,建立节水型社会。2004年,中央人口资源环境工作座谈会强调"要把节水作为一项必须长期坚持的战略方针"。2011年,中央一号文件把节水工作作为实行最严格水资源管理制度的重要内容等。

在该阶段,以节水型社会、节水型城市建设为平台的全社会节水工作全面启动并取得了重要的进展[16]。2006年,按照"城乡一体,水权明晰,以水定产,配置优化,水价合理,用水高效,中水回用,技术先进,制度完备,宣传普及"的要求,水利部组织开展了 4 批、100 个行政区域[包括设区市和县(市、区)]的节水型社会建设试点工作;2011 年,住房和城乡建设部、国家发展和改革委员会按照“资源节约型、环境友好型”社会的建设要求,完成了 5 批、57 个城市的节水型城市的创建工作[17][18]。通过这些试点和创建工作,形成了一批可复制、可推广的社会和城市节水经验与节水模式[19]。

在该阶段,“现代节水农业技术体系及新产品研究与开发”“城市综合节水技术开发与示范”“水体污染控制与治理”等领域的一批项目获得国家的支持,农业、城市和工业等领域的节水减排技术[20,21]、水肥耦合技术和装备[22]进一步发展,全社会用水效率的驱动机制得到进一步的健全,用水效率得到进一步的提高,节水评价方法和节水评价标准得到进一步的完善,推动节水工作从自律向他律转变[23],全社会的节水工作更加规范、有序。

1.2.4 节水 4.0 阶段(2012 年至今):数字节水阶段

2012 年,党的十八大将“建设节水型社会”纳入生态文明建设的战略部署。党的十九届四中全会明确:推进国家治理体系和治理能力现代化。党的十九大报告提出实施国家节水行动。党的十九届五中全会强调:实施国家节水行动,推动绿色发展,建设人与自然和谐共生的现代化。这标志着节水已经成为推动绿色发展、人与自然和谐共生的重要抓手,节水现代化能力决定着和影响着绿色发展、人与自然和谐共生的现代化能力[24]。2010 年以来,以互联网(物联网)、通信技术、大数据、人工智能为代表的新一代信息技术的商业化、市场化应用,推动了节水领域的相关技术持续演进并不断发展[25]。

在该阶段,以节水治理体系和治理能力现代化为主要特征,以多源多层次感知体系为基础、以多类型和深度学习模型为核心的数字节水技术快速发展[26],数字流域、数字孪生、数字节水、智能节水、智慧节水、智慧水务等技术推动节水工作不断向数字化、协同化、智慧化转型升级[27,28]。

1.3 新时代节水面临的形势与任务

1.3.1 节水面临的形势与任务

党的十九大将“坚持人与自然和谐共生”作为新时代坚持和发展中国特色社会主义的一个基本方略,提出坚持节约优先、保护优先、自然恢复为主的方针,形成节约资源和保护环境的空间格局、产业结构、生产方式、生活方式,还自然以宁静、和谐、美丽。党的二十大报告提出,要实现人与自然和谐共生的现代化。人与自然是生命共同体,人类应该尊重自然、顺应自然、保护自然。保护自然环境就是保护人类,要像保护眼睛一样保护自然和生态环境,推动形成人与自然和谐共生的新格局。

党的十九大首次提出高质量发展的表述,并提出高质量发展是全面建设社会主义现代化国家的首要任务。高质量发展是从追求数量和增速的发展转向以质量和效益为首要目标的发展。高质量发展包括发展理念高质量、发展动力高质量、经济结构和供给体系高质量、社会保障支持体系高质量和综合效益高质量等方面。其基本要求是生产要素投入少、资源配置效率高、资源环境成本低、经济社会效益好。其总体要求是全面、完整、准确贯彻创新、协调、绿色、开放和共享五大理念，以建设现代化经济体系、提高全要素生产率、提升产业链与供应链的韧性和安全水平为重点，推动经济实现质的有效提升和量的合理增长。

2021 年的《中华人民共和国国民经济和社会发展第十四个五年规划和 2035 年远景目标纲要》[29] 和 2022 年的《数字中国发展报告(2021 年)》[30] 均提出，迎接数字时代，激活数据要素潜能，推进网络强国建设，加快建设数字经济、数字社会、数字政府，以数字化改革整体驱动生产方式、生活方式和治理方式的变革。2023 年发布的《数字中国建设整体布局规划》[31] 明确了数字中国建设按照“2522”的整体框架进行布局，指出通过做强做优做大数字经济、发展高效协同的数字政务、打造自信繁荣的数字文化、构建普惠便捷的数字社会、建设绿色智慧的数字生态文明，要全面赋能经济社会的发展。

2019 年 4 月，《国家节水行动方案》[32] 要求：要从实现中华民族永续发展和加快生态文明建设的战略高度认识节水的重要性，大力推进农业、工业、城镇等领域的节水，深入推动缺水地区的节水，提高水资源的利用效率，形成全社会节水的良好风尚，以水资源的可持续利用支撑经济社会持续健康的发展；提出到 2035 年，将全国用水总量控制在 7000 亿 m^3 以内，水资源节约和循环利用达到世界先进水平。

1.3.2 生产实际的现实需求

(1)水安全保障方面

按照《“十四五”水安全保障规划》[33]，全国水资源配置和城乡供水体系得到逐步完善，重要城市群和经济区多水源的供水格局已经形成，城镇供水得到有力保障，农村自来水的普及率提高到 83%，农田有效灌溉面积达到 10.37 亿亩①，正常的年景情况下可基本保证城乡供水安全。随着经济社会的发展，以及受全球气候变化的影响，水安全中的老问题仍有待解决，新问题越来越突出。水资源时空分布不均以及水资源保障能力空间布局与社会经济要素空间布局不协调，造成区域性和季节性缺水问题，甚至突破缺水警戒线。解决这些问题，需要从节流和开源两个方面提升水资源集约节约利用的能力和水安全保障的能力。

(2)节水潜力方面

根据《2020 年城乡建设统计年鉴》，截至 2020 年底，全国城市水厂日综合供水能力 2.76 亿 m^3，供水管道长度 98.08 万千米，漏损水量 78.5 亿 m^3，其中：南方地区的日综合供水能力 1.87 亿 m^3，供水管道长度 70.08 万千米，漏损水量 52.94 亿 m^3，占

① 1 亩≈666.67 平方米。

全国的67.4%。据有关统计资料,全国日常生活用水设备有25%存在不同程度的漏水现象,每年漏失水量约为4亿m^3。农业灌溉是用水大户,面向乡村振兴和农业农村现代化,农田水利还面临不少问题,包括大中型灌区骨干渠道老化失修、量测水设施建设滞后、运行管理不到位、管理体制工作机制不完善、信息化水平低等。这些不仅影响农业用水的效率和水平,而且影响灌区管理和用水调度的数字化、精细化与智能化建设。按照工信部等六部门联合发布的《工业废水循环利用实施方案》,到2025年,我国规模以上工业用水重复利用率将达到94%,我国工业废水循环利用还有较大的节水潜力。《国家节水行动方案》将污水资源化利用作为节水开源的重要内容,推动城镇生活污水、工业废水、农业农村污水资源化利用。

(3)水生态环境方面

城镇化与工业化导致城镇及周边地区的人口和经济要素高度聚集。尽管这些地区通过多种方法实现了水资源供需平衡,但是由人口和经济要素高度聚集导致的污水产生量大、排放集中,超出了河湖水体的承载能力,给城镇周边地区的河湖生态环境带来了空前的压力。尽管"十二五"期间通过水资源管理和水污染防治计划的实施,水环境得到了明显改善,但很多城市的内河水质仍为Ⅳ类、Ⅴ类,甚至劣Ⅴ类,严重影响居民的生活和生产活动。根据生态环境部通报的2020年水环境状况,1940个国家地表水考核断面中,水质优良(Ⅰ~Ⅲ类)断面的比例为83.4%,劣Ⅴ类的为0.6%。对照乡村振兴战略"产业兴旺、生态宜居、乡风文明、治理有效、生活富裕"的二十字方针,距离建成美丽的乡村生态环境这个目标还有相当大的差距。

1.3.3 节水工作的发展趋势

根据国内外节水技术的发展现状,以及节水工作面临的形势、任务与生产实际,节水工作的发展趋势总体上呈现以下几个方面的特点[36]。

(1)从工程技术节水向技术—管理"双轮"驱动转变

20世纪五六十年代起,我国开展了农业节水灌溉技术研究。20世纪70年代末,我国启动了工业节水和生活节水。目前,工业、农业和城镇生活等领域的节水技术研究已相对完善,国家有关部委定期编制印发节水技术、工艺、设备推广目录,鼓励引导用水户采用成熟适用的先进技术。进入21世纪后,节水管理技术得到广泛关注,水资源配置、用水计量与监控、用水设备检测等技术的推广,使节水方式实现了从微观开展到宏观、微观并行推进的转变,从工程技术节水向技术—管理"双轮"驱动转变。

(2)从末端节水增效向开源节流并重转变

随着农业节水增效、工业节水减排、城镇节水降损等工作的持续推进,各领域的用水效率得到显著提升。但是,当前我国的节水水平与国际先进地区仍有差距,与经济社会高质量发展的需求尚不匹配。近年来,在持续推进末端节水增效工程的同时,国家积极挖掘淡化海水、再生水等非常规水源的利用,优化水源配置,提升水安全保障的能力。《水利部　国家发展改革委关于印发"十四五"用水总量和强度双控目标的通知》首次将非常规水源最低利用量作为控制目标分解下达到各省、自治区、直辖市。《关于推进污水资源化利用的指导意见》提出，组织开展典型地区再生水利用等试点工作，推进重点领域污水资源化利用，实施污水资源化利用重点工程，推动我国污水资源化利用实现高质量发展。

(3)从条线分割管理到统筹协同转变

节水工作涉及农业、工业、服务业等各行业，生产、生活、生态等各领域和经济、社会、文化等各方面，是一项需要长期坚持、全社会共建的复杂的系统工程。针对节水管理体制不顺、部门之间协调配合不够、基础数据交叉统计等问题，水利部牵头，会同有关部门建立节约用水工作部际协调机制，各省、市、县也建立节约用水协调机制，协同解决节水工作中的重大问题，研究制定相关的配套措施，推动节水的各项工作有力、有序、有效实施，形成齐心协力共抓节水工作的强大合力。

(4)从关键技术和设备研究(研发)向集约化技术集成转变

节水从社会水循环全过程分析，在工程环节上，涉及水源、水厂、供水管网、用水工程、污水收集与处理等由供、用、耗、排水子系统构成的各环节；在相关主体上，涉及水源、水厂、污水处理厂、具体用水户、行业主管部门等；在具体目标上，水利、住建、经信、农业农村等行业主管部门和具体用水户在总体目标一致的前提下，各自的具体目标差异明显。因此，在统筹各行业和各类用水户具体目标的基础上，应该将工作重点向集约化技术集成优化转变，即优选出技术可靠、设备优良、运行稳定、经济合理、工程可以持续的集成技术是未来发展的重点。

(5)推进节水标准化体系建设

节水标准化体系是节水工作开展的准则和依据。我国的节水标准化工作经过近20年的发展，截至目前，现行有效的节水国家标准有200余项。这些标准的制定和实施对于支撑我国取水许可和计划用水管理、水效标识制度、水效领跑者引领行动等政策发挥了巨大的作用，但还存在节水标准化协调推进机制不健全、节水标准规范体系尚不完善、节水标准制订与修订的先进性不足和节水标准硬约束力不强等问题。近年来，国家大力推动农业、工业、城镇以及非常规水利用等各方面的节水标准制订与修订工作，建立健全覆盖取水定额、节水型公共机构、节水型企业、产品水效、水利用与处理设备、非常规水利用、水回用等方面的标准体系。

参考文献

[1]水利部. 2020年中国水资源公报. 北京：中国水利水电出版社，2021.

[2]水利部. 2010年中国水资源公报. 北京：中国水利水电出版社，2011.

[3]中华人民共和国2020年国民经济和社会发展统计公报. 中国统计，2021(3)：8-22.

[4]中华人民共和国2010年国民经济和社会发展统计公报. 中国统计，2011(3)：4-12.

[5]2020中国统计年鉴. 北京：中国统计出版社，2020.

[6]2011 中国统计年鉴. 北京:中国统计出版社,2011.
[7]许文海. 大力推进新时期节约用水工作. 水利发展研究,2021,21(3):16-20.
[8]高占义. 我国灌区建设及管理技术发展成就与展望. 水利学报,2019,50(1):88-96.
[9]高占义. 我国农田水利发展及技术研究与推广应用. 水利水电技术,2010,41(12):8-15.
[10]高旺盛,钟志明. 节水灌溉理论与技术模式研究进展. 农业现代化研究,1999(4):27-30.
[11]阳眉剑,吴深,于赢东,等. 农业节水灌溉评价研究历程及展望. 中国水利水电科学研究院学报,2016,14(3):210-218.
[12]崔远来. 非充分灌溉优化配水技术研究综述. 灌溉排水,2000,1:66-70.
[13]李仰斌,刘俊萍. 中国节水灌溉装备与技术发展展望. 排灌机械工程学报,2020,38(7):738-742.
[14]建设部,国家经贸委,国家计委. 节水型城市目标导则(建城字第 593 号). [2024-05-16]. http://www. lscps. gov. cn/html/12105.
[15]建设部. 节水型企业(单位)目标导则(建城〔1997〕45 号). [2024-05-16]. http://120. 55. 54. 102/uploads/20221213/941006336d6c64e404c69f56d4938221. pdf.
[16]于琪洋,孙淑云,刘静. 我国县域节水型社会达标建设实践与探索. 中国水利,2020(7):14-16.
[17]张晓洁. 城市节约用水评价及管理研究. 合肥:合肥工业大学,2001.
[18]王若尧,张雅君,许萍. 城市综合节水技术标准现状及框架体系研究. 环境保护,2008(24):10-12.
[19]刘军. 节水规制是否会促进产业结构升级?——基于国家节水型城市建设的准自然实验. 金融与经济,2022(2):46-56.
[20]白洁,冯霄. 节水减排的水系统集成优化研究进展. 计算机与应用化学,2008(10):1215-1219.
[21]彭世彰,刘笑吟,杨士红,等. 灌区水综合管理的研究动态与发展方向. 水利水电科技进展,2013,33(6):1-9.
[22]马强,宇万太,沈善敏,等. 旱地农田水肥效应研究进展. 应用生态学报,2007(3):665-673.
[23]杜寅. 从自律走向他律:节水法律制度模式选择与建构. 学术界,2016(7):17-26.
[24]姜文来,冯欣,栗欣如,等. 习近平治水理念研究. 中国农业资源与区划,2020,41(4):1-10.
[25]杨柏,陈银忠,李海燕. 数字化转型下创新生态系统演进的驱动机制. 科研管理,2023,44(5):62-69.
[26]武晓婷,张恪渝,邓飞. “双循环”新发展格局下产业数字化测度. 统计与决策,2023,39(7):101-105.

[27]鲍劲松,张荣,李婕,等.面向人—机—环境共融的数字孪生协同技术.机械工程学报,2022,58(18):103-115.
[28]黄璜,谢思娴,姚清晨,等.数字化赋能治理协同:数字政府建设的“下一步行动”.电子政务,2022(4):2-27.
[29]中华人民共和国国民经济和社会发展第十四个五年规划和2035年远景目标纲要.中国水利,2021(6):1-38.
[30]国家互联网信息办公室.数字中国发展报告(2021年).[2024-05-16].https://www.cac.gov.cn/2022-08/02/c_1661066515613920.htm.
[31]中共中央,国务院.数字中国建设整体布局规划.[2024-05-16].https://www.rmzxb.com.cn/c/2023-02-27/3300111.shtml.
[32]国家发展和改革委员会,水利部.国家节水行动方案.[2024-05-16].https://www.gov.cn/gongbao/content/2019/content_5419221.htm.
[33]水利部.“十四五”水安全保障规划.中国水利,2022,2:11-24.
[34]2020年城乡建设统计年鉴.[2024-05-16].https://www.mohurd.gov.cn/gongkai/fdzdgknr/sjfb/tjxx/jstjnj/index.html.
[35]工业和信息化部 国家发展改革委 科技部 生态环境部 住房城乡建设部 水利部关于印发工业废水循环利用实施方案的通知.[2024-05-16].https://www.gov.cn/zhengce/zhengceku/2021-12/30/content_5665453.htm.
[36]严登华,桑学锋,王浩,等.水资源与水生态若干工程技术研究述评.水利水电科技进展,2007(4):80-83.

第2章　智慧节水目标与任务

2.1　节水释义与属性分析

2.1.1　节水释义

何为节水,目前业界尚无公认的释义。

(1)维基百科给出的定义:通过科技或社会性的手段来减少淡水的使用量。

(2)《中国大百科全书(第三版)》给出的定义:狭义的节约用水指在一定的经济技术水平和不降低服务功能的前提下,尽可能地减少产品生产或功能服务过程中一次性淡水资源的无效或低效消耗。广义的节约用水的内涵更加丰富。按照用水的流程,节约用水在取供水环节,主要是非常规水源代替和多水源的优化配置;在输配水环节,主要是降低输配水渠或管网的漏损量;在用水环节,主要是提高水的转化效率与重复利用率;在排水环节,主要是排放废污水的再生循环利用。

(3)《中国电力百科全书》给出的定义:采用技术上可行、经济上合理的方法,提高水资源利用效率,减少水资源消耗和损耗的行为。

(4)《资源环境法词典》给出的定义:通过先进的用水技术降低水的消耗,提高水的重复利用率,实现合理的用水方式。

(5)《节水知识100问》给出的定义:通过行政、技术、经济等手段加强用水管理,调整用水结构,改进用水工艺,实行计划用水,杜绝用水浪费,运用先进的科学技术建立科学的用水体系,有效地使用水资源,适应城市经济和城市建设持续发展的需要。

(6)《节约用水条例》(征求意见稿,2020年)给出的定义:在生产、生活中降低水资源消耗和损失,防止用水浪费,高效利用水资源的活动。

尽管上述定义是从不同的角度对节水进行的界定,但都对节水内涵给出了清晰的表述,具体体现在以下几个方面。

第一,节水是对社会经济用水行为(或活动)过程中消耗的淡水资源及其效应的评价。从评价对象的角度来看,社会经济用水行为(或活动)的评价对象既可能是某一个具体的用水户,也可能是包含众多用水户的某一区域或范围;用水可分为农业、工业、居民生活、景观环境、水力发电、航运等方面。从评价过程的角度来看,社会经济用水行为(或活动)的评价过程既可能是某一水源社会水循环全过程(包括取—

供—用—耗—排水环节）的单个环节，也可能是多水源社会水循环全过程的整体行为（或活动）[1-3]。从评价结论的角度来看，既关注消耗的淡水资源，如取用水定额等指标，也关注消耗的淡水资源产生的效应，如水分生产率、重复利用率等指标。

第二，节水分为狭义节水和广义节水。狭义节水是指减少社会经济用水行为（或活动）过程中一次性淡水资源的消耗量；广义节水除了狭义节水的内涵外，还包括非常规水源参与多水源优化配置、废污水再生利用等内容[4]。从表现形式上分析，非常规水源参与多水源优化配置、废污水再生利用等与狭义节水有着明显的区别，但是从本质上分析，都是减少一次性淡水资源消耗量的行为，所以两者是一致的。

第三，节水价值表现为节约淡水资源取用量和保护水生态环境两个方面。在流域或区域淡水资源总量一定的前提下，减少淡水资源的取用量就是保护水生态环境[3]。

第四，节水具有相对性。这种相对性体现在以下两个方面：一是节水是基于节水标准对用水行为（或活动）的评价，节水标准不同，评价结论也不同；二是节水标准受技术进步和经济发展水平的制约，因此有技术上可行、经济上合理的要求，伴随科学技术的进步和经济发展水平的提高，节水标准也会持续提升。

基于上述分析，这里对节水的定义为：基于技术上可行、经济上合理的节水标准，对社会经济用水行为（或活动）过程中消耗的淡水资源及其效应的评价。

2.1.2　节水属性的分析

基于上述释义，节水具有多重属性，具体表现如下。

（1）节水具有社会经济属性。水资源是战略性的社会经济资源。一方面，社会经济用水行为（或活动）过程中消耗的淡水资源，涉及全社会各行业、各部门、各类主体的用水行为（或活动），因此具有社会属性；另一方面，按照节水要求，各类主体用水涉及包括从工程技术和运行管理上进行节水改造、激励性或惩罚性水价政策、经济上合理的节水标准以及淡水资源稀缺性等经济属性，即为节水经济属性。

（2）节水具有自然属性。水资源是基础性的自然资源，经过开发利用的水资源系统是由自然水循环和社会水循环耦合而成的二元水循环系统。对于特定的流域而言，对社会水循环过程中用水行为（或活动）的调整变化，必然对相应的自然水循环过程及其规律产生影响，故节水具有自然属性。

（3）节水具有生态环境属性。水资源是生态和环境的控制性要素。在社会经济用水行为（或活动）的过程中，通过节水改造、提高重复利用率和再生水利用率等行为，每减少 $1m^3$ 淡水资源消耗量，就可为大自然多留 $1m^3$ 的清洁水，为建设人与自然和谐共生的生态环境系统留下 $1m^3$ 的水资源发展空间，从而起到保护水生态环境的效应，故节水具有生态环境属性。

（4）节水具有公共产品属性。水是生命之源，是人类赖以生存和发展的基本条件，是维系生态系统功能和支撑社会经济系统发展不可替代的基础性的自然资源和战略资源。通过节水，减少淡水资源的取用量就是保护水生态环境。它涉及人与自然的生存权、发展权的现状,以及与未来发展的代际公平,故具有公共产品属性。

(5)节水具有外部性。社会水循环过程中某一环节、某一类用水户的节水行为(或活动)会影响取—供—用—耗—排水环节的工程规模和运行管理,进而对整个社会的水循环过程及其规律产生影响,此为节水的外部性(图2.1)。这种外部性可分为正外部性和负外部性。

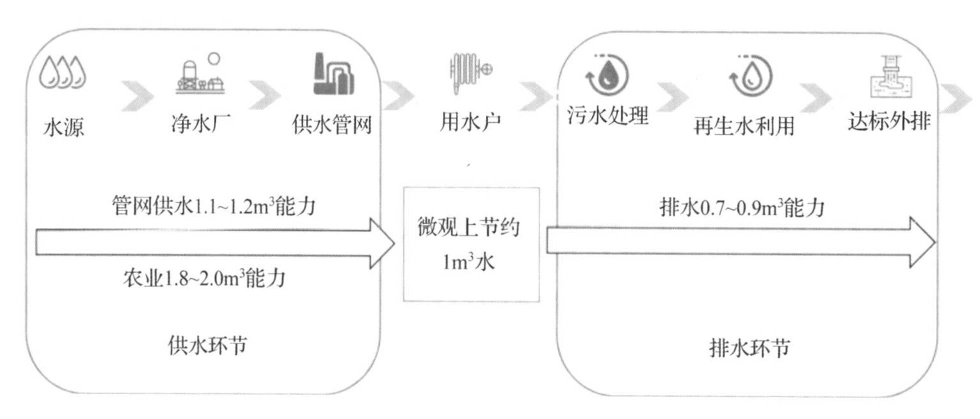

图2.1 社会水循环全过程中各环节水量的相互关系

2.2 数字化改革对节水的影响

2.2.1 数字化改革及其主要特征

(1)数字化与数字中国

党的十九大报告首次出现了“数字经济”这一概念。党的十九大报告明确指出:“要建设网络强国、数字中国、智慧社会,推动互联网、大数据、人工智能和实体经济深度融合,发展数字经济、共享经济,培育新增长点、形成新动能。”随后,数字化概念被应用得越来越多。陈刚等[6]认为数字化包含两个层面:一是技术逻辑的层面,数字技术把人与物的各种信息变成数字信号或数字编码,通过各种程序进行处理,并伴随和推动互联网、物联网等的发展,逐渐进入数据化与智能化等更高的阶段;二是数字技术带来的社会影响和产业变革,其中最重要的是生活方式和生产方式的变革。

2020年5月,国家发展改革委发布的“数字化改革伙伴行动”倡议提出,共同构建“政府引导—平台赋能—龙头引领—机构支撑—多元服务”的联合推进机制,在更大的范围、更深的程度上推行普惠性“上云用数赋智”服务,提升转型服务的供给能力,加快打造数字化企业,构建数字化产业链,培育数字化生态,形成数字化生态共同体,支撑经济高质量发展。《数字中国建设整体布局规划》明确:建设数字中国是数字时代推进中国式现代化的重要引擎,是构筑国家竞争新优势的有力支撑;到2025年,基本形成横向打通、纵向贯通、协调有力的一体化推进格局;要通过数字经济、数字政务、数字文化、数字社会、数字生态文明，全面赋能社会经济发展，加快数字化、绿色化协同转型。

(2)数字化改革的主要特征

在各项政策的有效推动下，全国数字化改革全面有序推进，并向纵深发展，分析本次数字化改革的特点，总体上呈现四个方面的特征[6,7]。

①包容性。数字化改革以开放和共享为宗旨，在数字化过程中治理体系趋于复杂化，治理主体趋向多元化，不同的主体具有不同的资源，面对不同的目标任务。这就需要在数字化生态环境中形成一种包容性、扁平化的治理结构，以充分包容各类主体，激发其参与热情，推进数字化基础设施的建设和智能化解决方案的开发。

②协同性。数字化改革是一项庞大而复杂的系统工程，需要政府和社会公众两个层面协同发力，要求各级政府、科技企业、公众、媒体和社会组织等多元主体的协同共治。一是政府内部机构围绕特定的治理场景或政策领域实现跨系统、跨层级和跨业务的相互协同；二是政府与社会公众(如市场主体、社会组织、网络社群)之间的协同共治。其中，政府处于主导地位，并发挥引领作用；公众和社会组织是数字社会的基础单元，通过社会自组织、协商自治和公众参与介入数字化运行管理，同时发挥社会的监督作用[8]。

③智慧性。智慧性体现为依靠数字化应用实现科学决策、精准治理。数字智能技术的发展为分析和理解复杂系统提供了可能。即通过即时感知、智能研判、精准决策、主动服务等应用，提升治理体系的智慧性，实现精准化管理。智慧性包括决策的智能化、部署的智能化、执行的智能化及反馈的智能化[9,10]。

④可持续性。数字化改革自身具有自我成长的内生动力。这是因为随着数据快速积累、算力更新提升、算法迭代优化，数字资源愈发丰富，智能化的解决方案愈加精准有效；数字化改革将政府、企业、公众和社会组织等利益相关方有机链接起来，客观上形成协同共治、深度融合的治理格局，这种格局具有可持续的自我演化能力[11]。

2.2.2 数字化改革对节水工作的影响

基于节水的多重属性，数字中国战略、数字化改革对节水而言，既是机遇，也是挑战。

(1)机遇方面

①数字化改革是推动节水现代化的最佳时机。水利属于传统行业，经过长期的发展过程，已经形成覆盖全社会各领域、各部门、各类用水对象的复合型水资源—社会经济—生态环境巨系统，其现代化建设是一项复杂而艰巨的系统工程。节水领域的治理体系和治理能力的现代化建设，需要完善的政府主导、多方参与的体制机制，同时要面向多层次的实际需求。这个过程只有搭上“数字中国”“数字政府”和“数字经济”的便车，才能有效发挥我国体制机制的优势，推动节水现代化工作行稳致远。

②数字化改革是推动节水系统整体性重构的有利时机。节水具有悠久的历史和丰富的实践。各行业各部门长期以来积累了丰富的数据成果，这些成果总体上呈孤

岛化、碎片化的特征。数字化改革以数据汇集提炼为基础，以发挥数据要素驱动作用为目标，以节水网络平台为依托，按照信息交换和整体协同的要求，界定不同的主体边界和交互规则，对相关的流程进行调整重塑。

③数字化改革是通过多层次高效协同来提升用水效率。数字化改革的基础是数据驱动，即以实时、充分、准确的数据信息为多层次治理主体及利益相关者的行为决策提供依据。通过节水网络平台，既可以实现取用水过程的实时监测和反馈、水资源实时监测和调度、全过程的数字化和智能化，提高用水效率和管控水平，又可以实现信息的互联共享、决策的高效协同与精准管控。

④数字化改革为基于数据驱动的节水场景化应用创造条件。数字赋能时代是一种全新的供求新方，它可以通过数据分析和人工智能等技术，孵化出更多的新手段和新模式，再把这些新手段、新模式与多层次节水管理深度融合，挖掘节水潜力和节水模式，提高水资源的管控能力和水平，并为多层次的利益相关方提供精准的场景化应用服务。

(2)挑战方面

数字化大潮下，全社会都在进行数字化改革，但是在这个过程中还有诸多的挑战需要解决[12,13]。

①目标有，共识难。依托数字化改革来推进中国式现代化建设已成为全社会共同的目标取向和价值追求，但是并不能代表已形成全面系统的共识。当今社会，不仅内外部环境处在深刻的变革中，而且数字化改革、现代化以及节水目标与任务也在动态变化中。我们期望节水现代化的内涵与特征是什么？节水数字化的改革工作如何得到组织开展并匹配现状运行管理的实际？数字化改革是循序渐进式逐步推动还是一次性建成以实现多层次的精准化功能？这些既受认知能力和水平的限制、人财物等的条件制约，也受组织者的目标取向和价值追求的控制，很难达成共识，导致总体进展缓慢。

②数据有，汇集难。水利作为传统行业，经过长期的生产实践，产生了大量的数据资源，为节水数字化改革创造了积极的条件，但同时也面临着三个方面的问题，具体表现为：一是各类主体根据自身发展的需要建设的业务系统，分散在各业务部门，成果共享难；二是建设这些业务系统时缺少平台化共享的理念，部门壁垒严重，数据孤岛化严重、汇集集成难；三是各部门数据因缺乏统一的标准，导致产生大量的无效数据、冗余数据乃至错误数据，进而导致数据的应用难。

③基础有，重构难。经过长期的生产实践，我国在法律法规、政策性文件、技术标准、节水技术与管理等方面，积累形成了系统化的节水体系，为节水数字化改革提供了基础条件[14-16]，但同时我们也要看到，这些基础是针对特定的目标和任务展开的，在数字化过程中面临着基础标准、数据格式、组织架构、应用场景等要统一重构的问题。

④平台重，应用弱。现有的相关数字化改革成果大多数以网络平台开发为重点，场景化的应用服务不足，即使有场景化应用，也以程式化工作为重点，以经验化思维

开展数字化,其数据的综合应用、数字孪生能力弱;另外,节水涉及全社会多领域各主体,这些主体受目标和利益驱动,场景化应用比较复杂,研发的难度较大。

2.3 智慧节水及其目标任务

2.3.1 智慧节水的释义

基于上述分析,这里对智慧节水的定义为:基于技术上可行、经济上合理的节水标准和节水数字化标准,以多层次感知体系为基础,依托网络平台对社会经济用水行为(或活动)过程中消耗的淡水资源及其效应进行的精准化、智能化的评价。该定义除了包含节水的全部内涵和属性之外,还具有以下的内涵与属性特征。

(1)内涵

首先是节水评价具有相对性。节水评价不仅是基于节水标准对用水行为(或活动)的评价,而且还包括基于节水数字化改革标准的评价。截至目前,业界尚未形成节水数字化的标准,而且即使有节水数字化的标准,该标准也受技术进步和经济发展水平的制约,也有技术上可行、经济上合理的要求。

其次是精准化、智能化评价具有相对性。精准化、智能化评价以多层次感知体系为基础,对节水系统的随机性参数进行实时监测和反馈,并实施决策和管理。该感知体系的颗粒度水平,决定了精准化、智能化评价的水平。

(2)特征

第一是数据驱动。基于多层次感知体系的数据技术给节水管理及其现代化带来发展和变革,即以数据技术推动节水改革。在数字化改革顶层设计体系中,数据驱动核心是完善数据技术赋能节水管理的流程和方式,从而提升节水管理能力和水平;并基于数字孪生技术衍生出新的管理手段和管理模式,以服务经济社会的高质量发展。

第二是高效协同。以多层次感知体系为基础,在具有实时协同汇集、交互共享、科学决策等功能的节水网络平台上,交互水资源、水生态环境和社会经济用水数字成果,以实现数据协同的高效率、科学决策的高效率和资源利用的高效率。

第三是精准化和智慧化。多层次感知体系汇集的实时数据可以提供更精准的水资源系统的实时状态;高效协同的节水网络平台和数字孪生技术,可以为水资源系统提供更科学、更精准的决策。

2.3.2 智慧节水的总体目标和主要任务

按照水利部关于“十四五”期间智慧水利建设工作的总体部署[17,18],根据节水属性和智慧节水的特征,智慧节水建设的总体目标为:坚持“需求牵引、应用至上、数字赋能、提升能力”的总要求,以覆盖自然水循环过程与社会水循环过程的场景化应用为重点,以数字化、网络化、智能化为主线,以科学感知、有序规则、智慧模拟、精准决策为实施路径,健全完善由多源感知、分析评价、优化决策、系统集成等设施与技术,完善“算据”“算法”和“算力”,提升水资源集约节约利用的预报、预警、预演、预案能力和水平,服务水利的高质量发展。

围绕上述目标,智慧节水的主要任务包括以下几个方面。

(1)健全高效协同的多源感知体系

智慧节水的主要特征之一是数据驱动,以实时、充分、准确的数据信息为多类主体及利益相关者的决策行为提供依据。基于物联网技术,打破条块分割的数据壁垒,建立起多源数据交换汇集的跨部门、跨主体协作与共享机制,从整体上提高数据的准确性和完整性。近些年来,雷达、无人机的广泛应用和卫星的深入应用,为水资源集约节约利用提供了新的“算据”,应用前景广阔。

(2)建设功能完善的智慧节水网络平台

智慧节水平台建设是节水数字化改革的核心任务。以自然水循环过程与社会水循环过程的各环节为对象,以交互协同的多源感知体系为基础,通过跨行业、跨部门的交互协同,搭建数据要素集成平台,在整合多方数据的基础上提炼有效的信息,建设其数据底板,为智慧节水提供有效的“算据”服务;建成集成多源感知、分析评价、优化决策于一体的智慧节水网络平台,对“二元”水循环互动过程进行预报、预警、预演等模拟仿真和推演,同时可以提供预案功能,为智慧节水提供智能服务。

(3)建设公平与效率兼顾的节水管控规则体系

节水工作属性是协调社会经济发展用水需求与水资源水环境承载能力之间的矛盾,促进人与自然和谐共生。在水资源水环境承载能力总体有限且具有随机性的情况下,遵循公平和效率的原则,建立公开、公平、公正的节水管控规则,统筹各类用水主体的生存权和发展权,有序落实各类管理主体的责任和义务,是智慧节水的前提和基础。

(4)建设数字孪生的场景化应用服务体系

智慧节水的另一个主要特征是数据驱动的精准决策[21]。节水具有资源、社会经济和生态环境等多重属性,涉及全社会多部门多类利益主体,其在水资源集约节约利用的目标和价值取向上既相互区别、相互联系,又相互制约。依托智慧节水网络平台,健全以“算法”和“算力”为重点的模型体系,以提升数字孪生技术支撑体系和能力[24,25],既要有序协调多类主体在目标和价值取向上的相互制约,又可以为其提供精准化的应用服务。

从节水向智慧节水转型(或改革),关键在于场景化应用,并通过场景化应用推动各项节水目标和任务的完成。不同的利益主体的需求不同,甚至可能相互制约,因此,应用服务体系应在内部形式和外部条件分析的基础上,在统筹整体与局部、兼顾多方需求、协同多重目标任务的过程中,推进场景化应用,提升现代化水平。

(5)完善节水体制机制与技术标准体系

完善节水管理体制与工作机制、相关的技术标准等建设,加强自然水循环过程与社会水循环过程各环节、全社会各类用水户的技术标准制定，为智慧节水建设提供体制机制保障与技术标准依据。

参考文献

[1]王浩，龙爱华，于福亮，等. 社会水循环理论基础探析Ⅰ：定义内涵与动力机制. 水利学报，2011，42(4)：379-387.

[2]龙爱华，王浩，于福亮，等. 社会水循环理论基础探析Ⅱ：科学问题与学科前沿. 水利学报，2011，42(5)：505-513.

[3]王浩. 水生态文明建设的理论基础及若干关键问题. 中国水利，2016(19)：5-7.

[4]裴源生，赵勇，张金萍，等. 广义水资源高效利用理论与实践. 水利学报，2009，40(4)：442-448.

[5]陈刚，高腾飞. 数字服务化：回顾与展望. 北京大学学报(哲学社会科学版)，2021，58(1)：136-146.

[6]刘旭然. 数字化转型视角下政务服务跨域治理的特征、模式和路径——以"跨省通办"为例. 电子政务，2022(9)：112-124.

[7]管志利. 政府数字化转型的总体性分析及合作治理之道. 行政与法，2022(10)：22-23.

[8]黄璜. 数字政府：政策、特征与概念. 治理研究，2020，6(3)：6-15.

[9]孟天广. 数字治理生态：数字政府的理论迭代与模型演化. 政治学研究，2022(5)：13-26.

[10]张晓林，梁娜. 知识的智慧化、智慧的场景化、智能的泛在化——探索智慧知识服务的逻辑框架. 中国图书馆学报，2023，49(3)：4-18.

[11]陈晓红，李杨扬，宋丽洁，等. 数字经济理论体系与研究展望. 管理世界，2022，38(2)：208-224.

[12]张金松，李旭，张炜博，等. 智慧水务视角下水务数字化转型的挑战与实践. 给水排水，2021，51(6)：1-8.

[13]魏玺，甄峰，孔宇. 社区智慧治理技术框架构建研究. 规划师，2023，39(3)：20-26.

[14]孙永信. 中国节水法律研究. 咸阳：西北农林科技大学，2008.

[15]栗欣如. 中国水利绿色发展研究. 北京：中国农业科学院，2020.

[16]刘普. 中国水资源市场化制度研究. 武汉：武汉大学，2010.

[17]水利部. 关于大力推进智慧水利建设的指导意见. [2024-09-01]. https://www.doc88.com/p-60187592707529.html.

[18]水利部. "十四五"智慧水利建设规划. [2024-09-01]. www.sinowbs.com/Uploads/ueditor/file/20220628/62bac223d19d3.pdf.

[19]李海峰，王炜. 数字孪生智慧学习空间：内涵、模型及策略. 现代远程教育研究，2021，33(3)：73-80.

[20]王茹.人与自然和谐共生的现代化:历史成就、矛盾挑战与实现路径.管理世界,2023,39(3):19-30.
[21]蔡跃洲.数字经济的国家治理机制——数据驱动的科技创新视角.北京交通大学学报(社会科学版),2021,20(2):39-49.
[22]陶飞,张贺,戚庆林,等.数字孪生模型构建理论及应用.计算机集成制造系统,2021,27(1):1-15.
[23]张辰源,陶飞.数字孪生模型评价指标体系.计算机集成制造系统,2021,27(8):2171-2186.

第3章 智慧节水技术支撑体系与关键技术

3.1 节水基础理论

3.1.1 二元水循环理论

针对我国活跃的人类活动对流域水循环深度影响的基本特征,王浩等将人类活动和自然作用并列作为流域水循环的双重驱动因子,提出了流域“自然—人工”二元水循环理论[1-5],即在现代环境下,水循环从驱动力、循环结构、循环参数等方面表现出“自然—人工”二元演变特征,并提出了流域二元水循环模型的建模思路与方法,见图3.1。该理论和方法既是水资源管理的核心“引擎”,也是节水评价的理论基础。

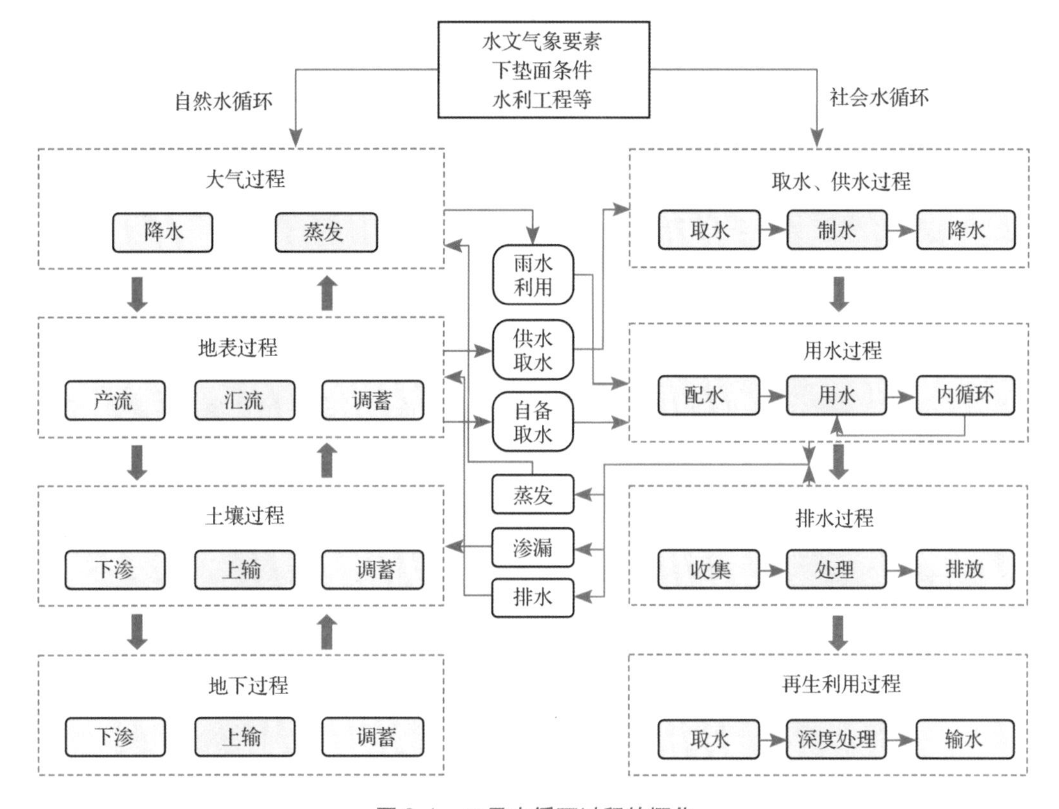

图3.1 二元水循环过程的概化

按照二元水循环理论，水循环演化出三大后效：水资源次生演变，主要表现为径流性水资源量衰减；伴生性水环境演变，主要表现为水环境污染；伴生水生态演变，主要表现为天然生态退化和人工生态发展。这三大后效是水生态文明建设关注的核心。

3.1.2 广义的水资源高效利用理论

按照相关理论[6,7]，水资源高效利用有狭义和广义之分。狭义的水资源高效利用，从水资源的角度，以减少水资源利用过程中的水量损失、提高有限水资源的利用效率和效益为关注点。广义的水资源高效利用的内涵，不仅包括狭义的水资源高效利用的内涵，而且从人与自然和谐共生的角度，基于水资源的经济、社会和生态服务功能，在相同的耗用水量的情况下，保持生态系统良好与经济社会效益最佳的水资源利用方式，或者是在达到区域经济社会发展目标和生态环境建设目标的基础上，区域耗用水资源最少的利用方式。

广义的水资源高效利用有四个方面的含义：一是利用水源是广义的，不仅包括地表水、地下水资源，还包括雨水、再生水等非常规水源；二是利用对象是广义的，不仅包括社会经济发展用水，还包括景观、生态与环境用水；三是利用范围是广义的，不仅关注单个用水部门和用水单元的用水情况，还从区域整体出发，关注整个区域的水资源利用状况；四是利用指标是广义的，不仅进行单项指标、单个行业用水效率和效益的评价，而且还采用综合指标评价区域经济和生态用水的效用。

广义的水资源高效利用理论，围绕水资源利用过程中的属性特征，按照二元水资源规律，以系统观点研究流域/区域的各类水事行为，反映水作为一种资源在人类社会经济活动和生态系统维持方面的促进作用，实现高效用水的目的。这一理论对于节水及其相应评价具有指导意义。

3.1.3 协同理论

协同理论是20世纪70年代发展起来的，研究不同事物的共同特征及其协同机理的新兴学科，可用于研究各种系统从无序变为有序时的相似性。协同理论是由许多不同的学科进行合作来发现自组织系统的一般原理，其创立者是德国著名的物理学家哈肯。协同理论的三个关键点如下。

(1)协同效应。千差万别的自然系统或社会系统均存在着协同作用。协同作用是系统有序结构形成的内驱力。任何复杂的系统，当在外来能量的作用下或物质的聚集态达到某种临界值时，子系统之间就会产生协同作用。这种协同作用能使系统在临界点发生质变而产生协同效应，使系统从无序变为有序，从混沌中产生某种稳定结构。

(2)伺服原理，即快变量服从慢变量，序参量支配子系统的行为。它从系统内部稳定因素和不稳定因素间的相互作用角度描述了系统的自组织过程。其实质在于规定了临界点上系统的简化原则——“快速衰减组态被迫跟随缓慢增长的组态”，即系统在接近不稳定点或临界点时，系统的动力学和凸显结构通常由少数几个集体变量即序参量决定，而系统其他变量的行为则由这些序参量支配或规定。

(3)自组织原理。自组织是相对于他组织而言的。他组织是指组织指令和组织能力来自系统外部，而自组织则指系统在没有外部指令的条件下，其内部子系统之间能够按照某种规则自动形成一定的结构或功能，具有内在性和自生性的特点。自组织原理解释了在一定的外部能量流、信息流和物质流输入的条件下，系统会通过大量子系统之间的协同作用而形成新的时间、空间或功能有序的结构。

3.1.4 政府管制理论

政府管制也称政府规制，是政府干预市场的活动总称，是政府为维护和达到特定的公共利益所进行的管理与制约。管制经济学最早是由美国著名的经济学家斯蒂格勒开创的。其宗旨是为市场运行及企业行为建立相应的规则，以弥补市场失灵，确保微观经济的有序运行，实现社会福利的最大化。

政府管制的一个根本特征，就是依法管制，即依法行政。经济学上把政府管制分为经济管制和社会管制两类。经济管制是指对价格、市场进入和退出条件、特殊行业服务标准的控制，如自然垄断性；社会管制主要用来保护环境、健康和安全，主要针对环境污染、自然资源的掠夺性开采等外部不经济和制假售假、安全隐患等内部不经济。

3.2 节水尺度问题及其效应评价

前面已经提及，节水是对社会经济用水行为(或活动)过程中消耗的淡水资源及其效应的评价，其评价对象包括具体的用水户、社会水循环的一个或多个环节、区域范围节水、监管部门等多类对象、多重尺度。面对不同的对象、不同的主体，节水具有不同的含义，其效应评价指标也有明显的差异。如对于具体的用水户，其关心的是取用水量的多少及其收益；对于社会水循环的一个或多个环节，关注的是水资源在输配送过程中的损失量、有效的利用量及其收益；对于区域范围节水，关注的是区域整体用水的效率、用水的水平及水安全保障的能力和水平；监管部门，关注的是各类主体的社会经济用水行为(或活动)是否符合法律法规、技术标准等规定；对于河湖生态系统而言，关注的是水资源开发利用率及其给河湖生态环境带来的影响[10,11]。

国内外的研究成果表明[12-20]，用水户或单环节的微观小尺度节水与区域宏观大尺度节水之间不是简单叠加的关系，而是相互联系、相互影响的非线性关系。这种不同尺度之间的关系，称为尺度效应。节水尺度效应是指节水措施在各个尺度上的节水效果以及一种尺度上的节水效果对其他尺度节水效果的影响。节水尺度效应产生的原因主要是水的重复利用及其二元水循环过程在不同时空尺度上的差异性。

节水尺度可以分为空间尺度和时间尺度两个方面。前者指节水对象空间范围的大小,后者指节水对象时间历时的长短。研究目的不同,其尺度划分也不相同。本研究基于节水目的,空间上可以概化为微观(由用户维和过程维组成;用户维由生活用水、工业用水、农业用水和生态环境用水等组成;过程维由社会水循环的取、供、用、排、再生回用等环节组成,见图3.2)、中观(指由覆盖社会水循环全过程各环节和各用水户组成的系统)和宏观(由多个独立或耦合的社会水循环系统组成)三个层面;时间上可以分为旬尺度、月尺度、年尺度三个层面。节水不同空间尺度的相互关系见图3.3。

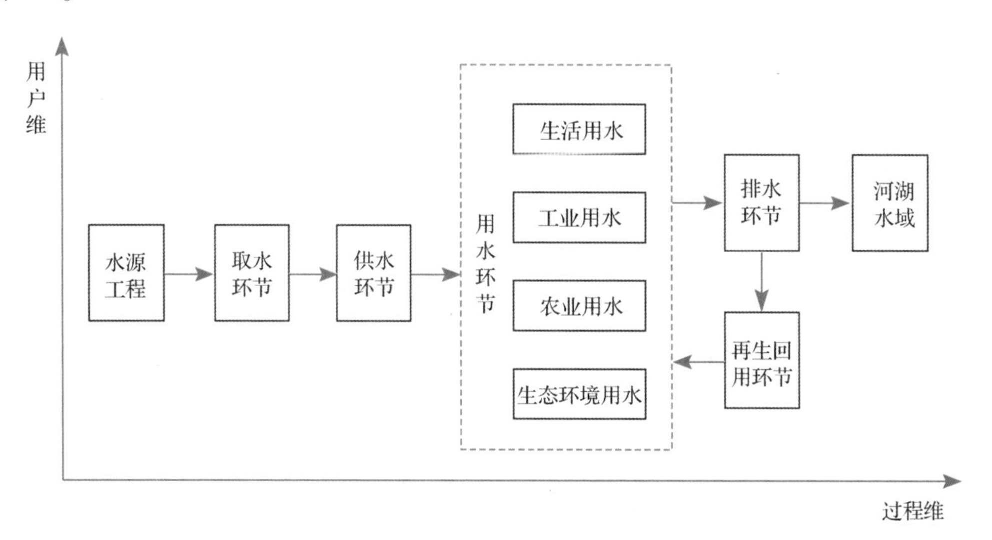

图3.2　微观节水对象概化

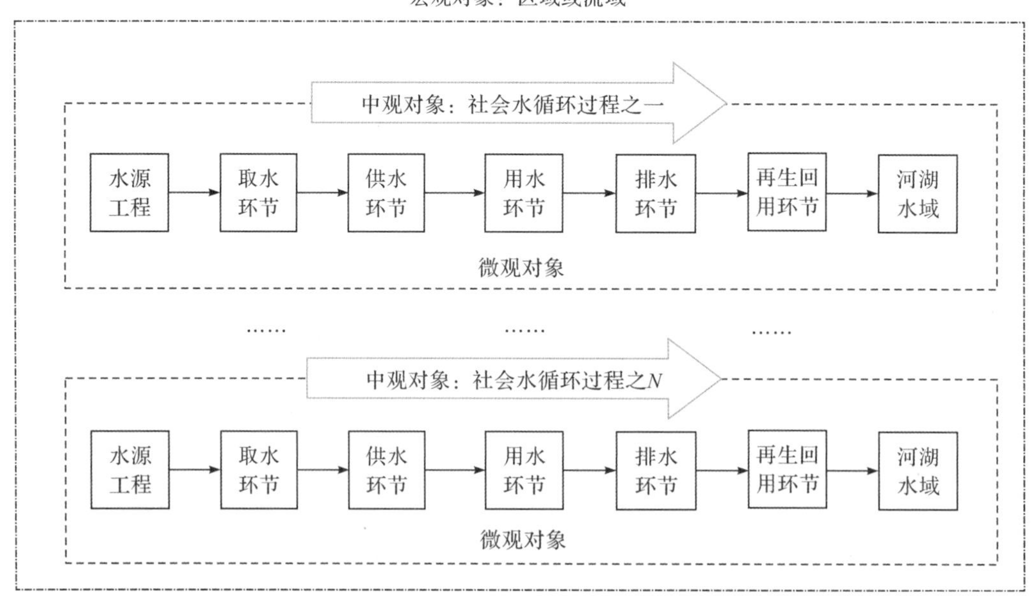

图3.3　微观—中观—宏观节水对象的相互关系概化

根据前人的研究成果[21-30],这里将节水评价体系分为评价对象、评价内容、评价指标、评价标准等。其中:评价内容是指针对节水所带来的效应,该效应既包括消耗淡水资源的评价,也包括评价消耗淡水资源给河湖生态环境带来的影响,这里用承载状态来代表;评价指标与评价内容的关系密切,是对评价内容的客观反映,该指标既可以反映出评价内容的客观状态,也要与该指标的评价标准紧密结合,可操作、能落实,以方便实际的评价工作。评价标准是评价指标优劣的依据。节水评价体系的详细内容见图3.4。

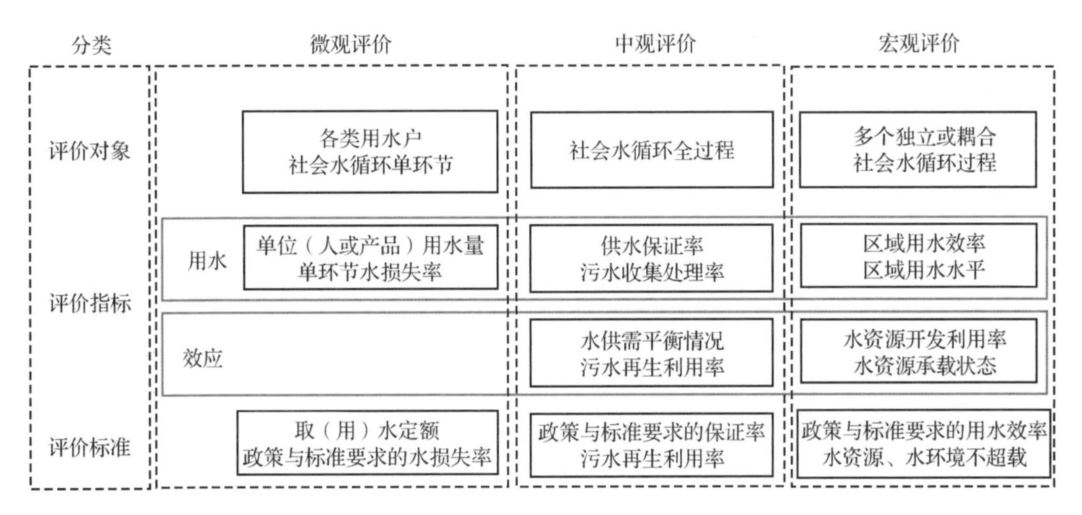

图3.4 节水评价体系

3.3 节水驱动机制

基于我国的基本水情,长期以来已经建立形成了多层次的节水政策体系。每项政策都有其服务对象、具体目标和管控措施。基于"政府监管、市场机制、公众参与、载体示范"的思路,对政策体系进行分类[31],分类结果见图3.5。

在横向维度上,按照政府介入的程度,按照政府管制力度由强到弱,划分为强制性政策、混合性政策和自愿性政策。在纵向维度上,考虑到节水政策属于环境公共政策的延伸和具体化,参照相关学者在环境领域以及节水型社会领域对管理要素的分类,按照主要的管理控制要素,划分为管理政策、技术政策、经济政策。

分析我国现状以及与节水相关的法律法规、政策性文件等,我国节水主要通过以下四项机制推动落实。

(1)管控机制。《中华人民共和国水法》规定我国对用水实行总量控制和定额管理相结合的制度,并制定水量分配方案和调度预案。建立健全覆盖省、市(区)和县(市、区)的用水总量和用水效率的管控指标度,推动节水在多层次行政区域层面的分解落实;健全覆盖生活与服务业、工业和农业的取(用)水定额标准,为存量和增量用水户管理提供基本依据。在流域方面,取用水管理和水资源调度按照水量分配方案

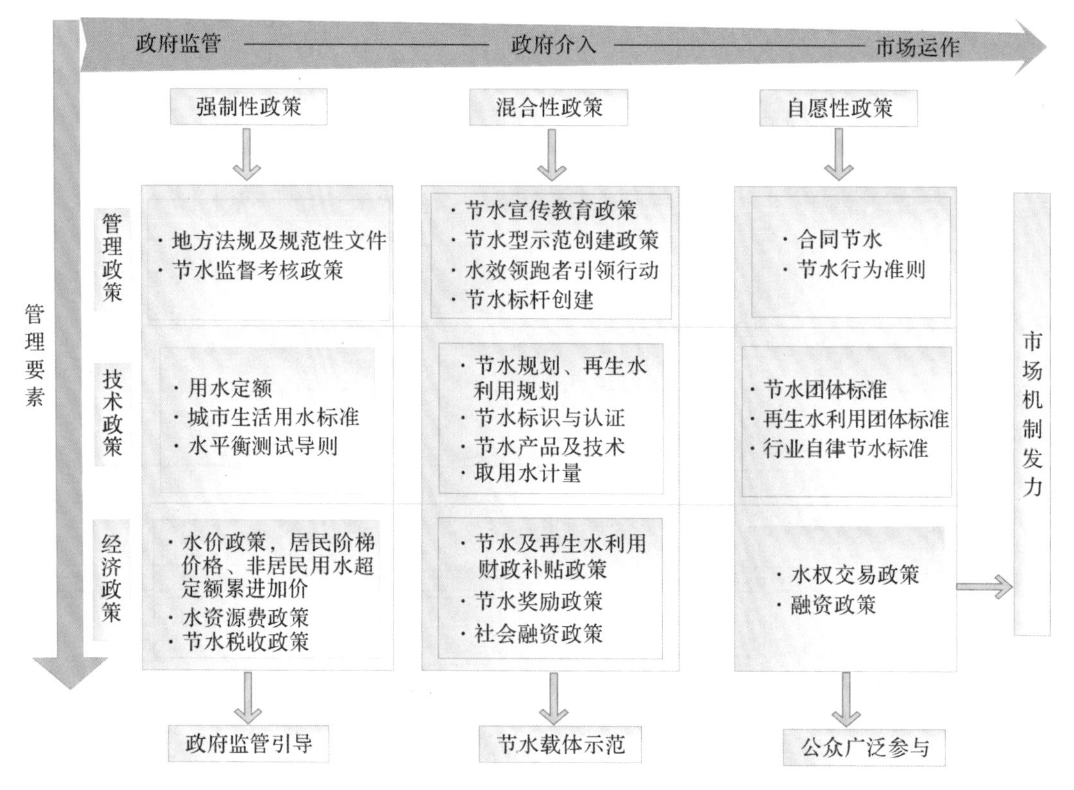

图 3.5　节水政策体系框架

与调度预案进行管理、控制。按照资源环境承载能力的管控政策，流域水资源开发的利用率不能超过其最大的承载能力，进入河湖水体的污染负荷不能超过其纳污能力。

公平与效率是非常重要的经济学原理，也是节水管控的基本原则之一。水资源是一切生命、生产活动的基础，生产率的提高是经济发展的主要标志之一，水资源的有限性、经济性和公共性决定了公平与效率（包括有效利用率和利用效益）及决策主体的博弈机制，是节水管控的重要的决策判据。

（2）约束机制。最严格水资源管理制度的相关政策规定，对于取用水总量已达到或超过控制指标的地区，暂停审批建设项目新增取水；对于取用水总量接近控制指标的地区，限制审批建设项目新增取水。对不符合国家产业政策或列入国家产业结构调整指导目录中淘汰类的，以及产品不符合行业用水定额标准的，应限期淘汰。

（3）价格机制。水价是调节水资源供需的重要杠杆，也是生态文明建设和绿色发展的制度保障。税法规定，用水实行计量收费和超定额累进加价制度。从实践看，我国已经建立城镇居民用水阶梯价格制度、非居民生活用水超定额（超计划）累进加价制度以及农业水价综合改革意见，基本建立既反映资源稀缺、推动节水，又体现生态价值的绿色价格体系[32,33]。

（4）倡导机制。尽管我国节水的法律法规、技术标准较多，但因节水属性的特征，强制性的要求不多。关于资源节约型、环境友好型的国民经济体系，重点在于提高全民族的资源忧患意识和节约意识，树立资源节约型的观念，把节约资源作为优化结构的重要目标，逐步建立节约型的产业结构和消费结构，构建自律高效的管理体制和工作机制等方面，以倡导机制、道德准则为重点。

3.4　智慧节水支撑体系

基于上述分析，提出智慧节水工作的总体思路为：以二元水循环等理论为基础，以社会水循环全过程节水为研究对象，以完善"三预"①功能、综合效益优化为总体目标，以数字化、智慧化为手段，通过完善节水驱动机制、节水管控规则与标准、节水管控模型方法和集约集成系统，加强全过程协同，强化全过程服务，推动节水领域的高质量发展。其工作体系见图3.6。该工作体系中，理论基础、评价对象、节水驱动机制等已在前面有说明，其智慧节水目标，需通过节水管控规则与标准、节水管控方法和集约集成系统来实现。

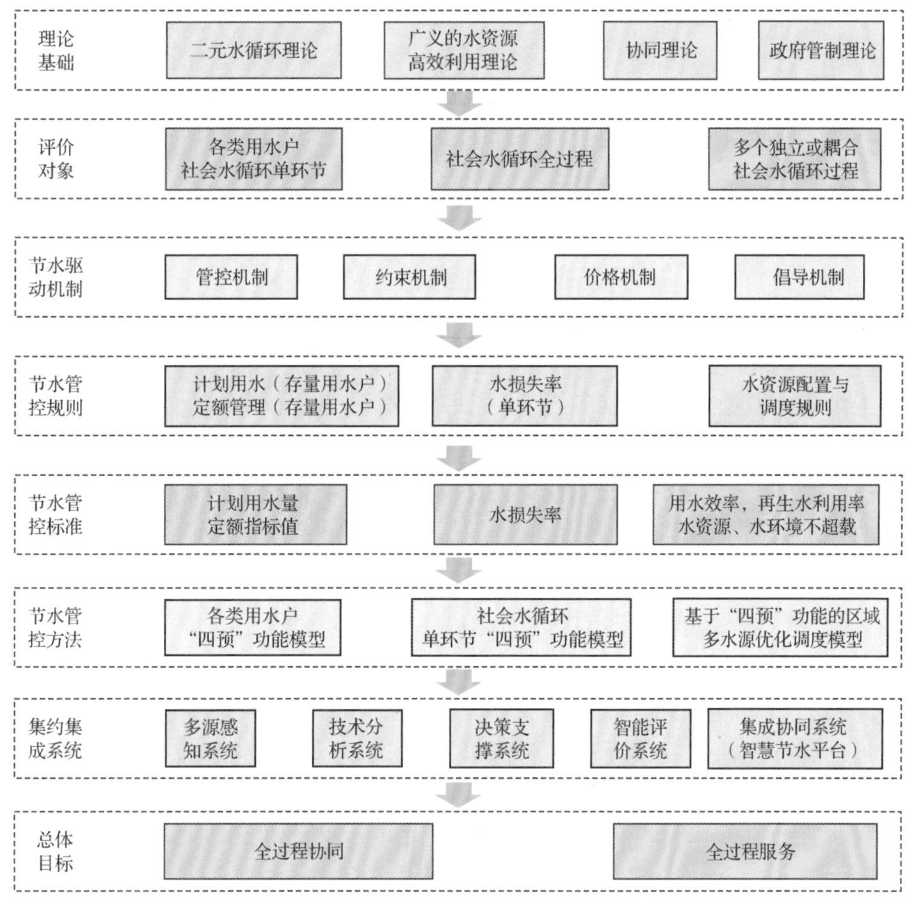

图3.6　智慧节水的工作体系

① 按照"十四五"智慧水利建设规划，"四预"功能包括预报、预警、预演和预案功能；这里的"三预"功能是指前三项，不包括预案功能。

进一步分析该三个环节在智慧节水中的相互关系，形成智慧节水的技术体系框架，见图3.7。其中，集约集成系统的技术分析、决策支持、决策评价、集成协同过程受节水管控规则和标准的约束，受节水管控方法（模型）的支持。

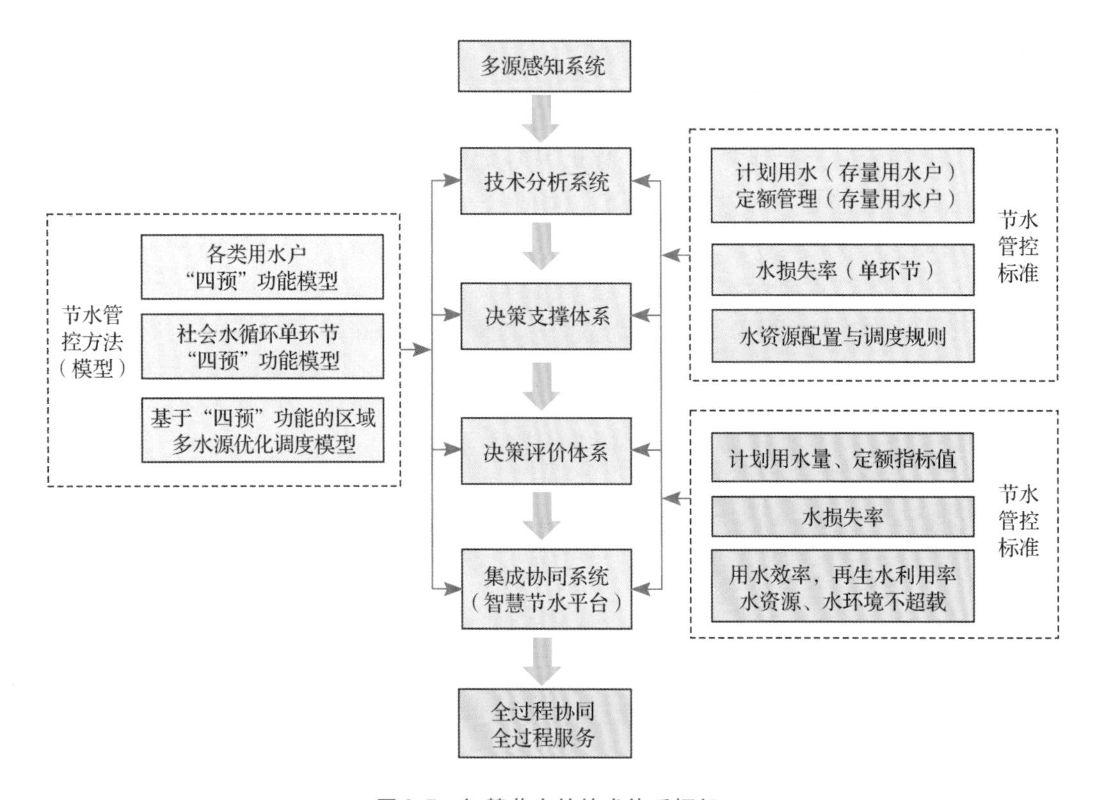

图3.7　智慧节水的技术体系框架

该工作体系具有利益主体多元、目标取向多重、来用水情况多变、场景化应用多幅等特征。在水资源随机性和用水量不确定性的影响下，需要在敏感要素预报的基础上，根据评估指标的发展演变规律的成果及预警标准，进行预警；基于全过程协同与服务的要求，采用节水管控方法（模型）进行多评价对象、多场景、多评价指标的分析计算，并对其发展演变规律进行预演，以支持利益主体的科学决策，推动节水管理精准化、智慧化。智慧节水应用场景的总体结构见图3.8。

图3.8中，基于用户获得感的原则，各应用场景建设至少应包括三个阶段。首先是应用场景的建立，包括四个维度的要素信息，即：用户信息与需求，用户及其需求的空间范围和时间范围。其次是用户及其需求的数据采集，主要通过多源感知系统和集成协同系统，获得分析场景的信息数据，理解用户需求的内部形式和外部条件。最后是场景、数据与管控资源的适配，即通过场景化数据共享和用户场景感知来精准连接适配的资源与服务。需要说明的是：节约节水有多重属性，多元主体的应用场景也具有多层次的特征，见表3.1。

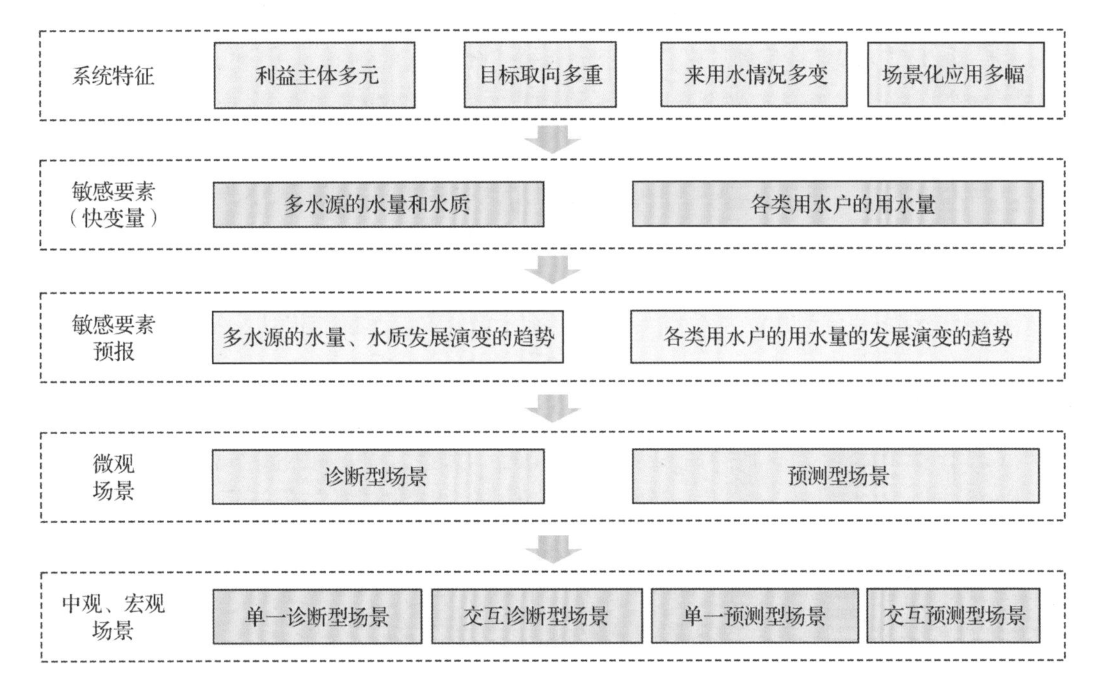

图 3.8 智慧节水应用场景的总体结构

表 3.1 节水场景类型说明

序号	应用场景	功能取向特征	对数据依赖度	相关场景
1	微观诊断型场景	清晰	一般	用水户现状
2	微观预测型场景	基本清晰	一般	用水户是否可能超计划
3	中观、宏观单一诊断型场景	基本清晰	较高	区域用水季报
4	中观、宏观单一预测型场景	基本清晰	较高	区域用水效率是否能完成
5	中观、宏观交互诊断型场景	模糊	高	水厂或者管网改造对用水效率的影响
6	中观、宏观交互预测型场景	模糊	高	干旱期、应急期的节水应急预案

3.5 智慧节水关键技术

针对上述五个方面的研究任务，除节水体制机制与技术标准体系（因为我国已经有完善的节水管理体制、工作机制和技术标准体系）之外，本专著重点围绕高效协同的多源感知体系、数字孪生的技术支撑体系、建设多场景化应用服务体系、功能完善的智慧节水网络平台四个方面（简称“三体系一平台”）来展开。为有序协调“三体系一平台”的相互关系，增加了智慧节水全过程技术支撑体系的研究，以统领全局和整体。具体内容的安排为：

(1)智慧节水技术框架体系。以节水相关理论为基础,基于自然和社会二元水循环过程,分析节水多尺度效应及其评价体系;根据现有的法律法规和政策性文件,分析节水驱动机制。基于其节水和水资源管理的目标,构建智慧节水全过程的框架性技术支撑体系。

(2)智慧节水多源感知数据应用技术的研究。在自然和社会水循环过程的现状感知体系调查分析的基础上,从以立体感知体系支撑水资源管理、智慧节水管理的实际需求出发,围绕优化立体化感知体系的密度与布局,充分利用立体化感知体系服务智慧节水管理等方面,开展基于信息熵理论的地面雨量站网优化技术研究、基于遥感数据的月尺度土壤湿度识别技术研究,以及卫星和地面降水数据融合技术研究,以进一步提高智慧节水系统的感知手段、数据精度和预测的预报期。

(3)智慧节水管控规则的研究。根据不同尺度的节水要求,遵循总量控制、定额管理的规则,分别开展面向不同对象的水量分配方法的研究、面向水库(群)的调度运行规则研究、面向水循环过程的节水管控标准研究、面向用水对象的节水管控规则研究,着力构建面向系统、面向水循环过程、面向用水的管控规则与标准体系,形成智慧节水管控的规则,为科学决策提供规则依据。

(4)智慧节水场景化模型的研究。以立体化感知体系为基础,按照智慧节水管控规则,分别从面向用水户、面向水循环过程、面向二元水循环系统三个尺度,从预报、预警、预演三个方面研究建立多层次场景化的应用模型,为全过程智慧节水管理提供决策支持。

(5)智慧节水集成技术的研发。按照智慧节水全过程框架性技术支撑体系,将立体化感知体系、智慧节水管控规则和场景化模型研究成果等内容集成在智慧化管理平台,并开展平台研发与应用。

参考文献

[1]王浩,贾仰文.变化中的流域"自然—社会"二元水循环理论与研究方法,水利学报,2016,47(10):1219-1226.

[2]裴源生,许继军,肖伟华,等.基于二元水循环的水量—水质—水效联合调控模型开发与应用,水利学报,2020,51(12):1473-1485.

[3]周祖昊,王浩,贾仰文,等.基于二元水循环理论的用水评价方法探析.水文,2011,31(1):8-12.

[4]秦大庸,陆垂裕,刘家宏,等.流域"自然—社会"二元水循环理论框架.科学通报,2014,59(Z1):419-427.

[5]黄泽.强人类活动区水循环驱动机理及耦合建模研究.长春:吉林大学,2021.

[6]王浩.水生态文明建设的理论基础及若干关键问题.中国水利,2016(19):5-7.

[7]裴源生,赵勇,张金萍,等.广义水资源高效利用理论与实践.水利学报,2009,40(4):442-448.

[8]协同理论_百度百科. [2024-05-16]. https://baike. baidu. com/item/协同理论/767971? fr = ge_ala.
[9]曲振涛,杨凯钧. 规制经济学. 上海:复旦大学出版社,2006.
[10]夏军,丰华丽,谈戈,等. 生态水文学概念、框架和体系. 灌溉排水学报,2003(1):4-10.
[11]邓铭江. 三层级多目标水循环调控理论与工程技术体系. 干旱区地理,2019,42(5):961-975.
[12]崔远来,董斌,李远华,等. 农业灌溉节水评价指标与尺度问题. 农业工程学报,2007(7):1-7.
[13]谢先红,崔远来,代俊峰,等. 农业节水灌溉尺度分析方法研究进展. 水利学报,2007(8):953-960.
[14]吴迪,崔远来,黄文波,等. 基于改进 SWAT 模型的多水源灌区节水潜力尺度效应. 农业工程学报,2021,37(12):82-90.
[15]罗玉丽,黄介生,张会敏,等. 不同尺度节水潜力计算方法研究. 中国农村水利水电,2009(9):8-11.
[16]刘建刚,裴源生,赵勇. 不同尺度农业节水潜力的概念界定与耦合关系. 中国水利,2011(13):1-3.
[17]费远航,余冬立,孟佳佳,等. 河网区不同尺度灌区节水潜力分析. 排灌机械工程学报,2015,33(11):971-976.
[18]CAI W J,JIANG X H,SUN H T,et al. Spatial scale effect of irrigation efficiency paradox based on water accounting framework in Heihe River Basin. Agricultural Water Management,2023,277:108118.
[19]MAO Y,LIU Y L,ZHUO L,et al. Quantitative evaluation of spatial scale effects on regional water footprint in crop production. Resources, Conservation & Recycling,2021,173:105709.
[20]JIANG G Y,WANG Z J. Scale effects of ecological safety of water-saving irrigation:a case study in the arid inland river basin of northwest China. Water,2019,11(9):1886-1886.
[21]张峰,王晗,薛惠锋. 环境资源约束下中国工业绿色全要素水资源效率研究. 中国环境科学,2020,40(11):5079-5091.
[22]贾凤伶,刘应宗. 节水评价指标体系构建及对策研究. 干旱区资源与环境,2011,25(6):73-78.
[23]贺诚. 农业节水技术区域效益评价方法研究. 乌鲁木齐:新疆农业大学,2015.
[24]唐明,周涵杰,许文涛,等. 区域用水效率综合评价:新方法研究及其应用. 节水灌溉,2022(5):89-96.
[25]杨晓芳,徐强,王东升. 我国城市供水管网漏损控制技术发展与展望——基于水平衡分析与分区管理的管网漏损评价、监测与控制技术. 给水排水,2017,53

(5):1-3.
[26]赵晶,倪红珍,陈根发.我国高耗水工业用水效率评价.水利水电技术,2015,46(4):11-15.
[27]赵勇,王丽珍,王浩,等.城镇居民生活刚性、弹性、奢侈用水层次评价方法与应用.应用基础与工程科学学报,2020,28(6):1316-1325.
[28]董辉,黎志明,肖圣雁,等.钢铁企业中水回用水循环系统评价指标.东北大学学报(自然科学版),2010,31(12):1741-1744.
[29]刁子乘,赵晶,韩宇平,等.河北省城镇居民层次化需水研究.中国农村水利水电,2023(1):74-81.
[30]王红武,张健,陈洪斌,等.城镇生活用水新型节水“5R”技术体系.中国给水排水,2019,35(2):11-17.
[31]许冉.城镇居民节水行为影响机理研究.郑州:华北水利水电大学,2020.
[32]赵一枭,尹红.我国水价政策的沿革、目标和方向.中国价格监管与反垄断,2020(9):61-64.
[33]李明,刘应宗.城市居民节水经济学分析与阶梯水价探讨.价格理论与实践,2005(2):36-37.

第4章　智慧节水多源感知数据应用技术的研究

4.1　综合说明

4.1.1　感知体系的发展现状

水资源感知是指对水资源的数量、质量、分布、开发利用与保护状况等进行观测和分析的活动,是智慧节水的基础性支撑。

水资源立体感知是指:通过多维度、多角度的方式对水资源进行全面、深入的认知和理解,包括水资源的数量、质量、分布、利用方式以及对环境和社会的影响等方面的综合考量。这种立体感知可以涵盖地表水、地下水、雨水、湖泊、河流等各种形式的水资源,并考虑到自然、经济、社会等多方面因素的影响。

水资源立体感知通常涉及多种手段和方法,如图 4.1 所示,主要包括以下几个方面。

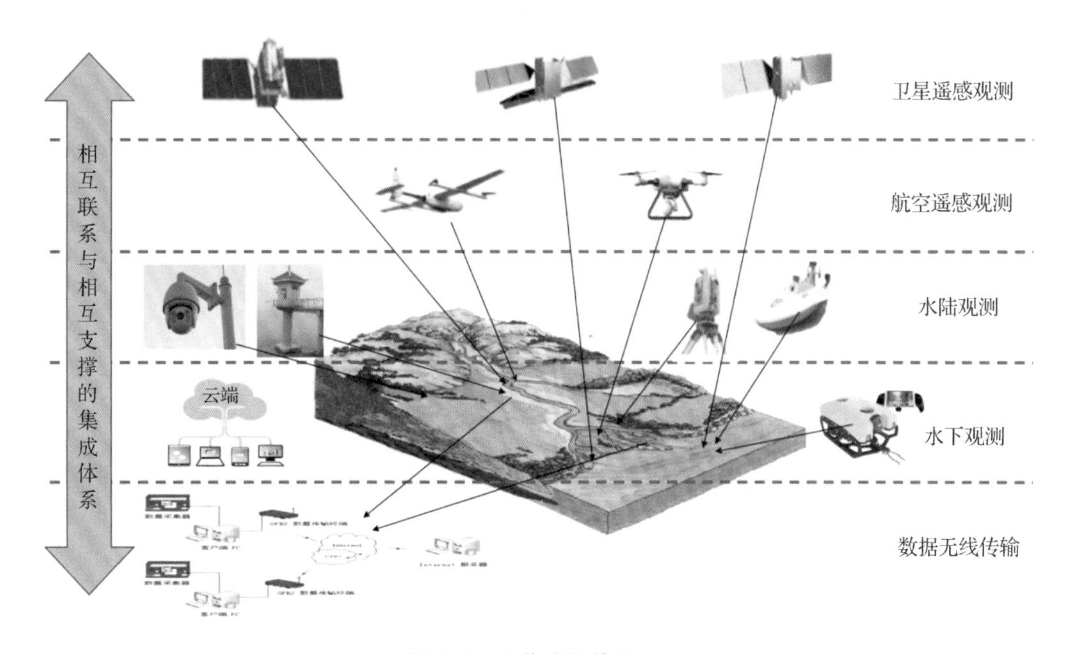

图 4.1　立体感知体系

（1）地面观测：设置水文、气象等监测站点，或利用无人船、视频监控等监测河流、湖泊、水库等地表水的水位、流量和水质等参数，以及降水量、蒸发量等气象要素。

（2）地下水监测：部署地下水监测井或监测设备，监测地下水位的变化、水质以及地下水补给与排泄等情况。

（3）遥感技术的应用：利用航空和卫星遥感技术获取重点区域或大范围的水体分布、水面积、水位变化等信息，辅助监测水资源的动态变化。同时，通过空间信息技术获取的数据与地面的监测数据相结合，更好地了解水资源的分布、变化趋势和利用情况，为智慧节水提供科学依据。

美国地质调查局（United States Geological Survey，USGS）自 20 世纪 50 年代开始建立全美水文监测站网。目前有覆盖美国 50 个州和地区的约 150 万个地表、地下和水质监测站点，具备实时在线监测的能力。为描述和解决全球或区域尺度水汽或能量循环的闭合度问题，2015 年美国国家航空航天局（National Aeronautics and Space Administration，NASA）发起了水循环研究计划（NASA Energy and Water Cycle Study，NEWS）。该计划综合光学、主被动微波、重力卫星以及模式模拟结果等，以全球降水、海洋蒸发、陆地蒸散发、河川径流、大气辐合、水储量变化和大气可降水量等产品数据为基础，构建大洲、大洋和典型海域盆地月、年尺度水循环监测系统，并估算不同区域的通量。其他可供大范围使用的水循环数据集还有欧洲陆面数据同化系统、全球降水观测计划 GPM 全球降水数据集、美国 NASA NVAP 全球水汽数据集、MODIS 积雪覆盖数据集、美国 Dartmouth Flood Observatory 全球径流模拟数据集、法国卫星高度计地表水位数据库、美国蒙大拿大学 MODIS 蒸散发产品和 GRACE 流域尺度总储水量产品等。

为应对复杂变化的水问题，我国各级政府非常重视水利感知体系的建设。这些感知体系，为提升水安全保障能力发挥了重要的作用。2012 年，我国开始实行最严格水资源管理制度，着力建设水资源管理的“三条红线”，对感知体系建设提出了更高的要求。随后，水利部先后开展了国家水资源监控能力建设一期和二期项目的实施，极大地推动建成了我国取用水、水功能区、大江大河省界断面三大水资源监控体系。截至目前，已经建立起覆盖流域、重要工程、行政交接断面、取用水户、供水和排水管网的多层次感知体系。以 2020 年长江流域为例，有水文站点 35076 个、重要工程节点 4900 个、水资源节约与保护的监测点 593 个、节水监测站点 237 个、各类取用水户全覆盖的计量监测点。近几年来，随着我国网络技术和智能化程度的不断提高，智能远程水表、水质监测设施在市场中的应用越来越广泛。“十三五”期间以来，我国气象观测业务的发展取得了长足的进步，建成了由近 7 万个地面自动气象站、236 个天气雷达站、120 个探空站、7 颗在轨业务运行风云气象卫星等组成的综合气象观测系统。风云极轨气象卫星实现了全球、全天候、多光谱、三维、定量综合对地观测，风云静止气象卫星在世界上首次实现了静止轨道大气高光谱垂直探测和昼夜快速成像，具备了多通道、高频次、全天时立体观测能力。气象卫星的综合性能达到国际先进且部分领先水平，并初步建立了地空天协同的、以大气圈为主的地球系统多圈层立体监测网络。“十四五”期间,将不断发展精密气象监测,到2025年,实现各气候区及主要气候变量观测的全覆盖,初步实现具备指定区域、指定气象目标的动态跟踪和协同观测能力。随着对地观测技术的不断发展,感知技术已从传统单一地面感知发展到空天地一体化、立体化感知网的新阶段。

随着立体化感知体系的建成并投入运行,其用于解决生产实际问题时存在的问题也逐渐显现出来。一方面,通过先进的数据收集、处理、存储和传输工具形成多时空尺度的海量数据资源,因其采用不同的技术方法、测量对象时空尺度的不同而具有不同的精度,应用其解决生产需求时需要二次开发;另一方面,对数据资源分析时发现,缺少可靠有效的信息和存在大量冗余的数据的现象在不同地区、不同行业有不同程度地体现,表现为“数据丰富但信息贫乏”综合征。

4.1.2 研究内容与任务

本研究从立体感知体系支撑水资源管理、智慧节水管理的实际需求出发,围绕优化立体化感知体系的密度与布局,充分利用立体化感知体系服务智慧节水管理等方面,开展基于信息熵理论的地面雨量站网优化技术研究、基于遥感数据的土壤湿度反演技术研究以及卫星和地面降水数据融合技术研究,以进一步提高智慧节水系统的感知手段、数据精度和预测的预报期。其中:

(1)基于信息熵理论的地面雨量站网优化技术研究。我国水文站网建设按照《水文站网规划技术导则》(SL/T 34—2023)执行。该导则是在总结以往技术成果和工作经验的基础上制定出来的。在立体感知体系的框架下,在一定的精度要求的约束下,进一步优化地面雨量站网的结构与布局,确定站点的最优数量和最佳位置及合理的空间布局,以尽可能少的站点并且使其组成的站网获取的信息量最大化。

(2)基于遥感数据的土壤湿度反演技术研究。土壤湿度不仅影响土壤的物理性质,也是环境、气候变化的敏感因子。大范围的实时土壤湿度监测一直是世界公认的难题,因此,研究和反演土壤湿度,在理论和应用方面都有着重要的意义。遥感技术因其具有的宏观、快速、经济、信息海量等特点,特别是可见光、近红外光和热红外光波段能够较为精确地提取一些地表特征参数与热信息,引入遥感技术,为土壤湿度监测拓展了一条新路。由于遥感图像受卫星过境时间、大气透过率、太阳高度角等多种因素的影响,目前基于遥感影像反演土壤湿度的结果仍存在较大的误差,本研究致力于解决这个问题。

(3)卫星和地面降水数据融合技术研究。为充分发挥地面雨量站、卫星遥感技术探测降水信息成果的各自的优势、克服其局限性,将卫星降水数据、地面降水数据相互融合,研究多源降水数据的融合技术,以充分利用国内外高质量降水产品对智慧节水场景化的支撑作用。

4.2 基于信息熵理论的地面雨量站网优化技术研究

近年来,许多的国外研究学者提出将水文站网等观测网称之为信息收集系统,越来越多的学者开始从系统的角度来研究站网优化。由一定数量的水文站点构成的水文站网可以看作一个水文信号的通讯系统。每个站点是一个信号发射器,同时也是一个信号接收器,可以反映站点周围一定范围内的水文情况。站点与站点之间存在信息传递,并且这种信息交流将随着距离的增加而衰减。由于水文站网系统的这些特点与信号通信系统相似,可以尝试引入信息熵理论对其进行合理性的评价和优化。信息熵理论是20世纪年代后期由 Shannon 提出的,之后不断涌现出基于信息熵原理的各种新方法,同时,研究内容也扩展到与水资源相关的各领域的研究。信息熵方法的提出可以解决其他方法所无法解决的水文信息的定量度量问题,从而进行站网的优化。

4.2.1 信息熵理论

与热力学熵不同,Shannon 基于概率提出了信息熵理论,信息熵是随机变量不确定性的度量。在水文站网中,信息熵可用于量化站点所测得的水文序列(如降水量、流量等)所包含的信息,在水文序列的分布推断、水文模型参数估计、水文频率分析等领域有广泛的应用。假设某一水文序列用随机变量 $X \in S$ 表示,其概率密度函数为 $p(x)$,则 X 的熵为:

$$H(X) = -\sum_{i=1}^{n} p(x_i)\log p(x_i) \tag{式 4.1}$$

式中:n 为样本容量;$H(X)$ 又称 X 的边缘熵。

推广到多变量的情形,对于 d 维随机变量 $X_1, X_2, \cdots, X_d$,联合信息熵的定义为:

$$H(X_1, X_2, \cdots, X_d) = -\sum_{i=1}^{n_1}\sum_{j=1}^{n_2}\cdots\sum_{k=1}^{n_d} p(x_{1,i}, x_{2,j}, \cdots, x_{d,k})\log p(x_{1,i}, x_{2,j}, \cdots, x_{d,k}) \tag{式 4.2}$$

式中,$p(x_{1,i}, x_{2,j}, \cdots, x_{d,k})$ 为 d 维随机变量的联合概率密度函数;$n_1, n_2, \cdots, n_d$ 为样本容量。应用于水文站网中,$H(X)$ 和 $H(X_1, X_2, \cdots, X_d)$ 可分别表示单个或多个站点所包含的信息量。

在随机变量具有相关性时,给定一个变量的信息,对另一个变量认识的不确定性将会缩减,即两个变量之间存在信息的重叠。重叠的信息量可用互信息(又称传递信息)表示,其定义为:

$$T(X,Y) = \sum_{i=1}^{m}\sum_{j=1}^{n} p(x_i, y_j)\log\frac{p(x_i, y_j)}{p(x_i)p(y_j)} \tag{式 4.3}$$

互信息可用于衡量两站点之间的信息冗余量(又称信息传递量)。同时,不确定性程度的缩减量用条件熵表示:

$$H(X|Y) = -\sum_{i=1}^{m}\sum_{j=1}^{n}p(x_i,y_j)\log p(x_i|y_j) \quad (式4.4)$$

式中，$p(x_i|y_j)$为已知变量Y的取值时，变量X取值的条件概率，且有：

$$H(X|Y) = H(X) - T(X,Y) \quad (式4.5)$$

Alfonso等引入了总相关指标，可量化多变量序列的信息冗余度，表示为多变量的边缘熵之和与联合信息熵的差值，即：

$$C(X_1,X_2,\cdots,X_n) = \sum_{i=1}^{n}H(X_i) - H(X_1,X_2,\cdots,X_n) \quad (式4.6)$$

上述公式都是针对离散随机变量的，但实际上降雨量并不是离散的，而是一个连续变量。若直接将降雨量数据用于信息熵分析，需将上述公式中的求和变为积分。为了降低信息熵分析的复杂度，必须将雨量数据序列作离散化处理，熵值与选取的离散化方法及参数有关。常用的离散化的处理方式主要包括：

（1）地板函数取整法（FFR）：

$$x_q = aG\left(\frac{2x+a}{2a}\right) \quad (式4.7)$$

式中，x为原观测值；x_q为离散化后的数值；G为地板函数，即对自变量向下取整；a为函数参数。

（2）等箱宽的直方图离散方法（EWH）。箱宽可采用Scott或Stugres两种计算方法：

$$\omega_{sc} = 3.49sN^{-1/3} \quad (式4.8)$$

$$\omega_{st} = \frac{R_x}{1+\log_2 N} \quad (式4.9)$$

式中，ω_{sc}和ω_{st}代表箱宽，s为x的标准差，N为样本容量，R_x为x的极差。

4.2.2　雨量站网优化的准则

雨量站网优化的主要目标是提供的降雨数据能满足不同时空尺度上的实际应用。但是，由于应用需求的不同，很难定义什么样的优化准则设计出的雨量站网是“最好”的，这导致目前并没有标准化的雨量站网的优化方法。Singh针对站网设计和评价给出了几个考虑因素：①采样目标；②采样参数；③站点位置；④采样频率；⑤采样间隔；⑥数据的用途和用户；⑦社会经济方面的考虑。

基于POME（信息熵最大化的原则）方面的考虑，包括描述后概率分布的稳健性，它旨在定义偏差较小的结果。这是因为无论是模型还是测量都不是完全确定的。Li等提出的站网优化框架中将联合信息熵最大化作为优化准则之一。Wang等则认为雨量站网之间在保持尽可能多的信息量的前提下，不应该共享过多的冗余信息（传递信息最少），即站点间应该在避免信息冗余的前提下最大限度地保持其互相的独立性。Husain提出了一种基于传递信息—距离相关[Transinformation-Distance（T-D）relation]准则的雨量站网优化模型，并在各种监测站网优化中得到应用。

在基于信息熵的雨量站网优化方面，大部分的研究方法采用了一个以上的信息熵指标。很多方法都是将信息熵最大的那个站点作为首个备选站，然后在余下的站点中按照特定的目标优化规则逐个挑选出重要性依次降低的站点。Ridolfi 等将余下的站点依次与已选站点计算条件熵，将具有最小条件熵的站点作为备选的最优站点，按照此方式实现站点的重要性排序。后面的示范案例即基于此方式，以联合信息熵作为站网优化等级的度量，在第一步，选取熵最大的站点作为首站点，之后按照联合信息熵最大为原则选取最优的站点。

4.2.3 分层算法

图 4.2 中，圆圈中的数字为雨量站点编号，三角形中的字符表示雨量站的降雨量或降雨区间。一般而言，雨量站测得的降雨量并不是一个整数值，正如前述分析的，首先要对雨量数值进行离散化处理。一种最简单的方法就是对降雨值进行四舍五入法取整，即地板函数中 $a=1$，这样图中的字符 A、B、C 将可能表示降雨量为 0、1、2 等具体的降雨数值，这样会增加层间降雨量的区间数。若想减少层间降雨量的区间数，可以适当增大 a 的值，比如若将 a 设置为 10，则 A、B、C 代表的降雨量分别为[0,5]、[5,15]和[15,25]的雨量区间。

首先按照预先设定的降雨区间，分别统计每个雨量站点的降雨区间及其对应的降雨时间。按照信息熵公式，独立计算每个雨量站点的信息熵大小，取信息熵最大的站点作为首站点。如图 4.2 所示，统计首站点的降雨区间，以及每个降雨区间的所有的降雨日，图中 1 号站点有 3 个降雨区间。对每个降雨区间，分别用剩余的站点去统计站点在该区间所在的所有的日期下的区间分布。如图 4.2 中的站点 1 所在的区间 A，以降雨落在区间 A 的所有的降雨日作为子集，统计站点 2 在该区间下的子区间为 A、B、C，依此类推，分别计算站点 1 和站点 2 之间的降雨量为 AA，AB，AC，BA，BB，…，CC 出现的概率，按照联合信息熵公式计算站点 1 和站点 2 之间的联合信息熵。按照这种方式，分别计算站点 1 与站点 2，站点 1 与站点 3 等的联合信息熵，取联合信息熵最大的站点为第 2 个优选站点（图 4.2 中为站点 2）。依此类推，得到站点重要性的排序。

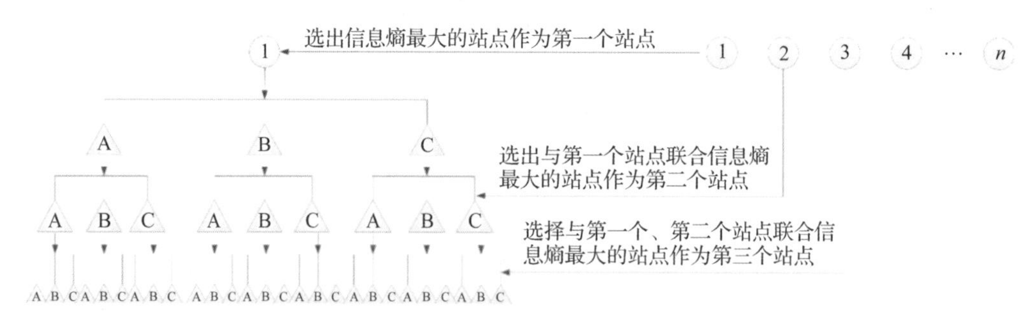

图 4.2　基于联合信息熵的分层算法示意图

4.2.4 应用实例

本章以金华市江南王埠以上的流域为研究区，采用上述基于联合信息熵的分层算法对义乌市及周边的雨量站网开展优化布局的研究。

义乌市内有苏溪、义乌、长富、义乌佛堂和柏峰水库5座雨量站点，均匀分布在行政区域的内部。为了增加对行政区边缘雨量监测的准确性，补充了通济桥水库、杨郑、三角塘、八字墙、潘川、东阳岩下以及东阳7个雨量站。

研究共收集了12个雨量站点从2015年1月1日至2019年12月31日共5年的每日降水量的数据。图4.3以义乌站为例，显示了义乌站每日降雨量的分布，从图中可以看出日降雨量有着明显的季节特征，降雨高峰位于5—7月，冬季则少雨。

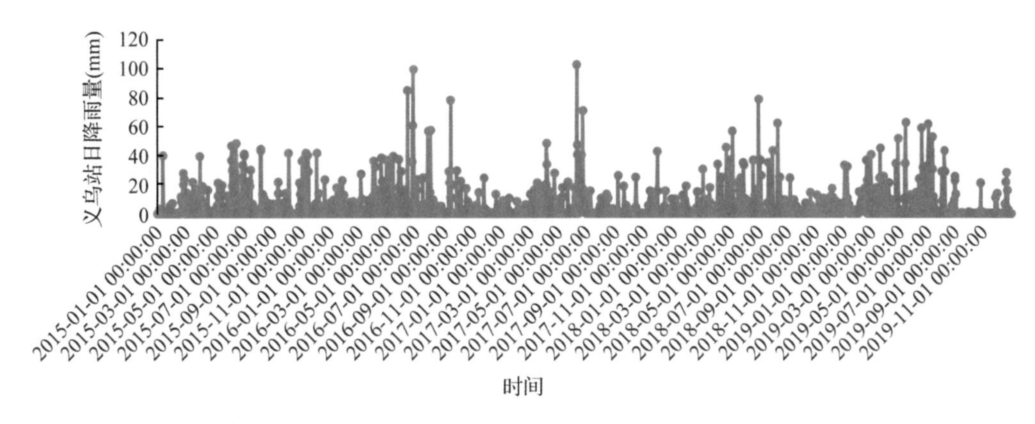

图4.3　义乌站每日降雨量的分布

(1) a 为1时的站网优化结果

若将所有的雨量信息向下取整，即设置 $a=1$，则图4.2中的A、B、C等表示的是降雨量的整数值。采用5年的数据，每个站点有1826个日降雨值。优选的第一个站点柏峰水库有68个唯一降雨值，即图4.2中A、B、C分区数达到了68个。第二个站点为通济桥水库，在柏峰水库降雨区间上继续细化，区间划分达到了377个。最后一个站点义乌佛堂的降雨区间划分达到870个。表4.1和图4.4是站点优先级排序，柏峰水库有最大的信息熵1.943，随着后续站点的不断增加，最终，整个站网的最大信息熵为4.076。其中，第二个站点通济桥水库的联合信息熵增加的百分比达到54.50%，而最后一个站点义乌佛堂站的加入仅仅使得联合信息熵增加了0.05%。若按照联合信息熵增加的百分比不低于1%作为站点优化的方案，则可以剔除掉东阳、长富、东阳岩下和义乌佛堂4个站点。

表4.1　a 为1时，不同站点的信息熵

站点优先级	站点联合信息熵	联合信息熵增加的百分比
柏峰水库	1.943	
通济桥水库	3.002	54.50%
八字墙	3.467	15.49%
杨郑	3.698	6.66%
潘川	3.833	3.65%

续表

站点优先级	站点联合信息熵	联合信息熵增加的百分比
义乌	3.912	2.06%
苏溪	3.962	1.28%
三角塘	4.002	1.01%
东阳	4.035	0.82%
长富	4.059	0.59%
东阳岩下	4.074	0.37%
义乌佛堂	4.076	0.05%

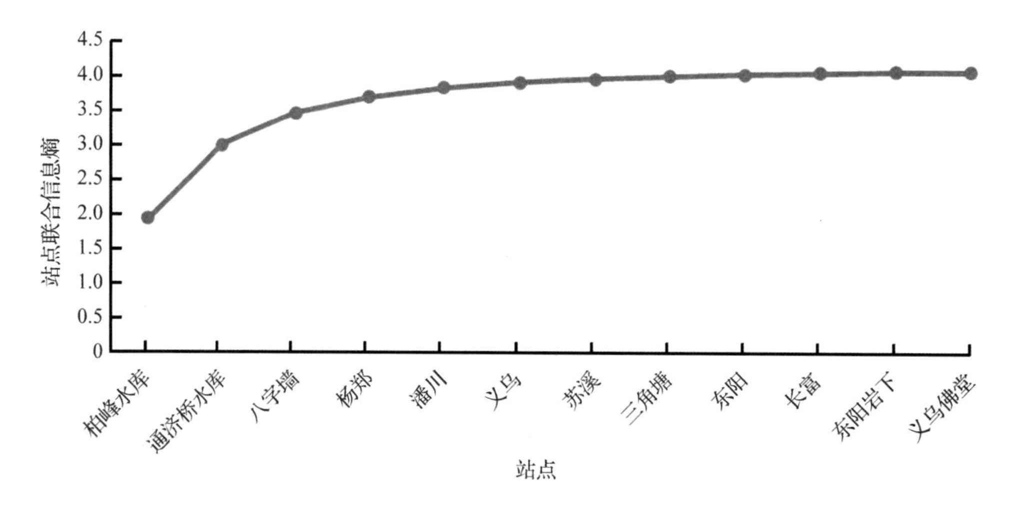

图 4.4　a 为 1 时，逐站点选择联合信息熵的变化

(2) a 为 10 时的站网优化结果

将区间进一步缩小，设定 $a=10$，则降雨量以 10mm 为划分区间。首选站点柏峰水库的降雨量被划分为 11 个区间，第二个站点通济桥水库被划分为 48 个降雨区间，最后一个站点义乌佛堂的降雨量被划分为 374 个区间。从表 4.2、图 4.5 可知，当降雨量区间设置得更宽，则得到的熵更小，因为熵是对随机变量散乱特性的标定。靠前的雨量站都可以大幅提升联合信息熵的值，越靠后的站点对雨量站网联合信息熵的贡献度越低。

表 4.2　a 为 10 时，不同站点的信息熵

新增站点	站点联合信息熵	联合信息熵增加的百分比
柏峰水库	0.640	
通济桥水库	1.029	60.78%
八字墙	1.303	26.63%
苏溪	1.497	14.89%

续表

新增站点	站点联合信息熵	联合信息熵增加的百分比
杨郑	1.652	26.78%
潘川	1.764	6.78%
义乌	1.848	4.76%
东阳岩下	1.913	3.52%
三角塘	1.966	2.77%
长富	1.998	1.63%
东阳	2.027	1.45%
义乌佛堂	2.041	0.69%

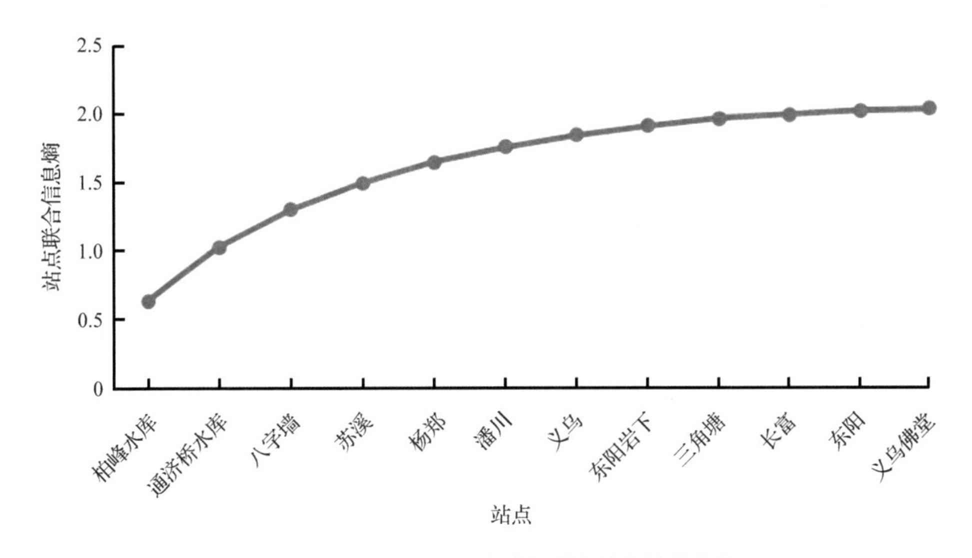

图 4.5　a 为 10 时,逐站点选择联合信息熵的变化

综上,对联合信息熵增量的对比,可以考虑剔除东阳岩下、三角塘、长富、东阳和义乌佛堂共5个冗余的站点,保留柏峰水库、通济桥水库、八字墙、苏溪、杨郑、潘川和义乌7个雨量站点。在设定 $a=1$ 时,上述7个站点保留了97.2%的信息量;在 $a=10$ 时保留了90.54%的信息量。

4.3　基于遥感数据的土壤湿度反演技术研究

目前土壤湿度监测是一个世界性的研究难题。土壤湿度对农业、水文、气象等都具有很高的应用价值,因此一直受到国内外研究学者的青睐,随着遥感应用技术的不断提升和发展,这也提高了对大面积土壤湿度监测的可行性和实用精度。

早在1965年,Bowers 等发现裸地土壤湿度的增加会引起土壤反射率的降低,为利用遥感方法进行土壤湿度识别提供了理论依据。王昌佐等对自然状况下裸地表层含水量的高光谱遥感研究得出了用 1950 ~ 2250nm 波段的光谱反射率估测土壤湿度效果最好的结论,而 Etienne Muller 认为 P 波段(波长 68cm)对土壤湿度的效果显著。1974 年,Waton Phon 等首次提出了一个简单的热惯量模型。Jakson 等提出利用植物生长状况来表征土壤湿度,主要有距平植被指数法、植被状态指数、作物缺水指数等,但这类方法只适应于全植被覆盖的情况。Kogan 提出了温度条件指数,用于解决植被非覆盖区的土壤湿度识别。姚静等利用 Landsat 8 OLI 遥感影像开展了延河流域土壤水分反演的研究,辨明各土层深度的实测的土壤水分与 TVDI 的反演值具有较好的负相关性。张瑞等构建一种多目标函数模型的土壤水分反演的算法,该方法降低了对先验知识和研究区的依赖性。从遥感光谱波段的使用上,最常用的是光学遥感和微波遥感。光学遥感较为成熟,在日常的应用中也非常普遍,而微波遥感因为微波对云层具有较强的穿透力,且基本不受天气条件的影响,极有可能成为未来土壤湿度监测中最具发展潜力的途径和方法。

4.3.1 结合 Landsat 8 和 Sentinel 2 的光学遥感卫星土壤湿度监测

(1)Landsat 8 卫星数据

美国陆地卫星(Landsat)系列由美国航空航天局和美国地质调查局共同管理运营。从 1972 年开始,目前为止已发射了 8 颗卫星,2013 年 2 月 11 日发射了最新的 Landsat 8 卫星。由于该项目的持续运行,可以获取到的地球观测数据在时间序列上不断地增加扩充,在土地覆被变化、城市规划、防灾减灾、生态与水资源的动态监测以及绘制各种专题图等方面提供了有力的数据支撑。

Landsat 8 是陆地卫星中的第 8 颗卫星。卫星上携带 2 个传感器,分别是 OLI 陆地成像仪(Operational Land Imager)和 TIRS 热红外传感器(Thermal Infrared Sensor)。Landsat 8 与之前发射的 Landsat 7 在空间分辨率和光谱特性等方面基本保持了一致,每 16 天,卫星可以实现一次全球覆盖。表 4.3 为 Landsat 7 与 Landsat 8 波段及空间分辨率的对比。

表 4.3 Landsat 7 与 Landsat 8 波段及空间分辨率的对比

Landsat 7			Landsat 8		
波段名称	波段范围(μm)	空间分辨率(m)	波段名称	波段范围(μm)	空间分辨率(m)
Band 1 Blue	0.45 ~ 0.52	30	Band 1 Coastal	0.433 ~ 0.533	30
Band 2 Green	0.52 ~ 0.60	30	Band 2 Blue	0.450 ~ 0.515	30
Band 3 Red	0.63 ~ 0.69	30	Band 3 Green	0.525 ~ 0.600	30
Band 4 NIR	0.77 ~ 0.90	30	Band 4 Red	0.630 ~ 0.680	30
Band 5 SWIR 1	1.55 ~ 1.75	30	Band 5 NIR	0.845 ~ 0.885	30
Band 6 TIR	10.40 ~ 12.50	30/60	Band 6 SWIR 1	1.560 ~ 1.660	30

续表

Landsat 7			Landsat 8		
波段名称	波段范围(μm)	空间分辨率(m)	波段名称	波段范围(μm)	空间分辨率(m)
Band 7 SWIR 2	2.09 ~ 2.35	30	Band 7 SWIR 2	2.100 ~ 2.300	30
Band 8 Pan	0.52 ~ 0.90	15	Band 8 Pan	0.500 ~ 0.680	15
			Band 9 Cirrus	1.360 ~ 1.390	30
			Band 10 TIRS 1	10.6 ~ 11.2	100
			Band 11 TIRS 2	11.5 ~ 12.5	100

为了实现目标区域的土壤湿度监测,需对 Google Earth Engine(GEE)云平台提供的 30m 空间分辨率的 Landsat 8 地表反射率产品进行数据预处理的操作。GEE 云平台已对 Landsat 8 数据进行了一系列的预处理,其中包括了辐射定标、大气校正以及几何校正等操作步骤。GEE 云平台提供的 Landsat 8 地表反射率产品已经通过 LaSRC(Landsat 8 Surface Reflectance Code)进行了大气校正,包括使用 CFMASK(CFuction of Mask)方法生成云、阴影、水和雪掩膜及基于每个像素饱和度的掩膜。在数据筛选方面,考虑到 Landsat 8 影像是有光学遥感数据的,受到云的影响较大,基于研究区内实际云量的方法,对影像数据进行了筛选,其具体的计算为研究区内云像元数量与总像元数量的比值。因为整幅影像的云量有时并不能反映研究区的实际云量,云指数较大的影像在研究区内的实际云量也可能较小。因此,研究常常选择 Landsat 8 地表反射率产品的 QA 波段来计算研究区内的实际云量,筛选标准为研究区内的实际云量低于 20% 的影像。

Landsat 系列数据为免费数据,且申请相对简单,具有一定的典型性和泛用性,波段齐全,分辨率恰当,时间尺度长,超出设计寿命多年而质量依旧可靠,对起步阶段的遥感应用者和入门级的科研人员十分友好。开展长时间序列的土壤湿度监测研究,对于可接受 30m 分辨率精度的区域应用,选择 Landsat 8 数据是可行的。

(2)Sentinel 2 卫星数据

哨兵 2 号(Sentinel 2)是欧洲空间局哥白尼计划下的一个地球观测任务。它是由 2 颗相同的卫星哨兵 2 号 A(Sentinel 2A)与 B(Sentinel 2B)组成的卫星群。卫星携带 1 枚多光谱成像仪(multi spectral instrument,MSI),高度为 786km,可覆盖 13 个光谱波段。1 颗卫星的重访周期为 10 天;2 颗互补,可使重访周期缩短为 5 天。可见光、近红外光、短波红外光,分别具有不同的空间分辨率。将 Sentinel 2 影像波段信息整合,见表 4.4。Sentinel 2 影像由于具有较高的分辨率的特点,在植被健康信息监测、土地覆被变化、水体监测、生物量预估以及自然灾害监测等方面均有了较多的应用。

研究通常使用在 GEE 中经过辐射校正、几何校正和正射校正,基于 UTM 投影的 Level-1C 产品。同样地,由于 Sentinel 2 影像产生光学遥感数据,为了减少云污染对水体提取的影响,需利用 Sentinel 2 的 QA60 波段根据研究区内实际的云量对影像数据进行筛选。

表 4.4 Sentinel 2 卫星数据参数表

波段名称	中心波长(μm)	波段宽度(nm)	空间分辨率(m)
Band 1 Coastal aerosol	0.443	20	60
Band 2 Blue	0.490	65	10
Band 3 Green	0.560	35	10
Band 4 Red	0.665	30	10
Band 5 Vegetation Red Edge	0.705	15	20
Band 6 Vegetation Red Edge	0.740	15	20
Band 7 Vegetation Red Edge	0.783	20	20
Band 8 NIR	0.842	115	10
Band 8A Vegetation Red Edge	0.865	20	20
Band 9 Water vapour	0.945	20	60
Band 10 SWIR-Cirrus	1.375	20	60
Band 11 SWIR	1.610	90	20
Band 12 SWIR	2.190	180	20

Sentinel 2 数据的分辨率可达到 10m，可显著提高区域土壤湿度的监测精度，但目前单独利用 Sentinel 2 数据开展土壤湿度监测研究的并不多，多为结合 landsat 8 数据进行补充使用。归其原因，一方面是 10m 分辨率影像数据导致运算量巨大，云计算平台上哨兵影像结合其他影像的研究也处于起始阶段；另一方面在于其数据的时间序列较短，影像质量相对稳定是在 2017 年以后，而且目前欧洲空间局官网的哨兵影像一般只提供当前时间一年半以内的数据，原因是因为哨兵 2 号的数据量大，存储服务有限。

但从未来的发展来看，随着云计算的不断成熟，哨兵数据的时间序列不断增长，其应用研究势必会越来越多，应用成果也会越来越实用化。

4.3.2 基于 SMAP 卫星的微波遥感土壤湿度监测

当地球表面被云层覆盖时，显然使用可见光与近红外光及热红外光遥感监测土壤湿度已不可行。而微波对云层具有较强的穿透力，且基本不受天气条件的影响，因此，微波遥感在土壤湿度监测方面具有其独特的优越性，可以有效地弥补光学遥感在土壤湿度监测中的不足。近几十年来，已发射的对地观测卫星多数搭载了微波传感器，如 TMI、SSM/I、ASCAT、SMMR、AMSR-E、AMSR2、SMOS、SMAP 等。随着微波传感器空间分辨率的提高，重访周期的缩短和波束模式、工作频率、极化方式的多样化，微波遥感已成为土壤湿度探测中最具发展潜力的途径和方法。

SMAP(Soil Moisture Active and Passive)是美国的地球观测卫星之一，2015 年 1 月 31 日被发射升空。看名字就可以知道，SMAP 主要为了观测土壤湿度，并且有主动的传感器和被动的传感器。主动的传感器是L波段雷达，被动的传感器是L波段微波辐射计。计划中，雷达和辐射计各自分别生产3km与36km的土壤湿度产品，并协同生产9km的土壤湿度产品。但由于L波段的雷达在2015年7月7日就出现了故障，目前，SMAP上只有L波段微波辐射计仍在工作。SMAP的主要数据产品如表4.5所示。

表4.5 SMAP卫星数据产品参数表

数据产品名称	说明	分辨率	延迟时间
L1A_Radiometer	按时间系列微波辐射计数据	—	12小时
L1A_Radar	按时间系列雷达数据	—	12小时
L1B_TB	按时间系列微波辐射计TB数据	36km×47km	12小时
L1B_S0_LoRes	半轨道低分辨率雷达数据	5km×30km	12小时
L1C_S0_HiRes	半轨道高分辨率雷达数据	1~3km	12小时
L1C_TB	半轨道微波辐射计TB数据	36km	12小时
L2_FT_A	土壤湿度(雷达)	3km	24小时
L2_SM_P	土壤湿度(微波辐射计)	36km	24小时
L2_SM_AP	土壤湿度(雷达+微波辐射计)	9km	24小时
L3_SM_A	冻融状态数据(雷达)	3km	50小时
L3_SM_A	土壤湿度(雷达)	3km	50小时
L3_SM_P	土壤湿度(微波辐射计)	36km	50小时
L3_SM_AP	土壤湿度(雷达+微波辐射计)	9km	50小时
L4_SM	土壤湿度(地表与根系区)	9km	7天
L4_C	碳网生态系统交易(NEE)	9km	14天

SMAP数据通过Alaska Satellite Facility(ASF)和National Snow and Ice Data Center(NSIDC)分发。其中，ASF主要分发SAR数据，NISDC主要分发冰冻圈科学以及陆表观测数据。也可以到https://earthdata.nasa.gov/，搜索“SMAP”下载。

据有关的文献报道，已有研究将SMAP的L波段辐射计数据与欧洲空间局Sentinel的C波段雷达数据结合反演土壤湿度，时间分辨率虽然从3天降低到12天，但空间分辨率由9km提升到了1km。

4.3.3 土壤湿度反演的基本原理与方法

基于Ts-NDVI特征空间，得到温度植被干旱指数TVDI，它以卫星数据所得的地表温度(Ts)与植被指数(NDVI)为基础，TVDI与土壤湿度直接相关，可表示为：

$$TVDI = \frac{Ts - Ts_{min}}{Ts_{max} - Ts_{min}} \quad (式4.10)$$

式中：Ts为在给定的像素条件下观测到的地表温度，采用Landsat 8 TIRS大气校正法反演所得；Ts_{min}为Ts-NDVI特征空间的最低的地表温度（Ts_{min} = c + dNDVI），对应着特征空间的“湿边”（TVDI = 0）；Ts_{max}是在给定NDVI值条件下的最高的地表温度（Ts_{max} = a + bNDVI），对应着特征空间的“干边”（TVDI = 1）；a、b、c、d均为系数，可由Ts-NDVI特征空间的“干边”线性拟合得到。对于每个像元，利用NDVI确定Ts_{max}和Ts_{min}，根据T在Ts-NDVI特征空间中的位置，计算TVDI。T越接近干边，TVDI越大，土壤湿度越低；反之，T越接近湿边，TVDI越小，土壤湿度越高。

将NDVI与Ts相对应得到Ts-NDVI的特征空间，通过提取每个NDVI值对应的Ts的最大值和最小值，利用线性拟合，得到干边和湿边的拟合方程。

4.3.4 应用实例

遥感数据采用Landsat 8，影像时间的分辨率为16d，空间分辨率为30m。利用ENVI 5.3软件对Landsat 8 OLI遥感影像进行几何校正、辐射定标、大气校正以及图像裁剪等预处理后，运用红波段（Red）和近红外波段（NIR）计算得到义乌市的NDVI，并基于大气校正法，采用Landsat 8 TIRS反演Ts。

将NDVI与Ts相对应得到Ts-NDVI的特征空间，通过提取每个NDVI值对应的Ts的最大值和最小值，利用线性拟合，得到干边和湿边的拟合方程（图4.6）。从拟合结果可以看出，Ts-NDVI的特征空间呈梯形，干边的斜率小于0，湿边的斜率大于0。这表明随着植被覆盖的增加，地表吸收的辐射能通过植被蒸腾作用转化为潜热的能力加强，地表温度逐渐降低；随着植被覆盖率的降低，地表吸收的辐射能通过植被蒸腾作用转化为潜热的能力减弱，地表温度逐渐升高。

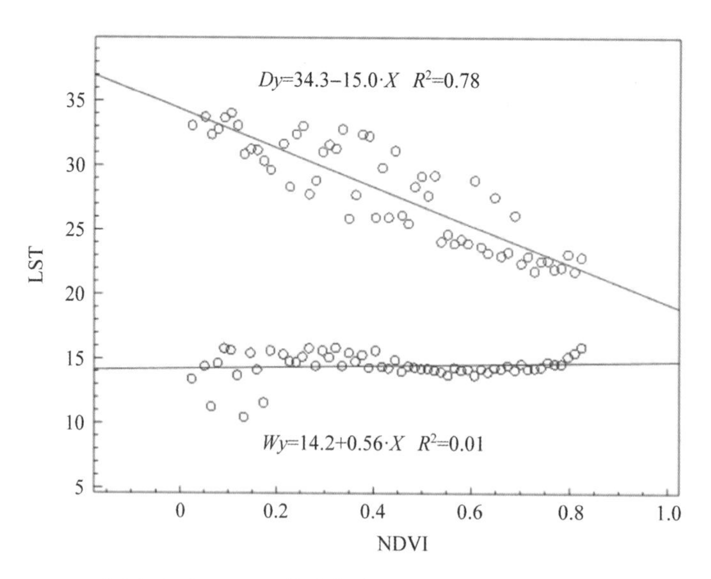

图4.6 Ts-NDVI的特征空间及干、湿边方程拟合

得到每个像元所对应的TVDI值，如图4.6所示，绿色代表TVDI较小，土壤湿度较高，主要分布在水体和植被覆盖度高的地区；随着颜色由黄色到红色转变，TVDI越来越大，土壤湿度越来越低，区域也由农田、村庄向城镇或者裸土转变。

4.4　卫星和地面降水数据融合技术研究

获取降水数据的途径主要有三种：地面雨量计、地基雷达和卫星遥感探测信息。地面雨量计和地基雷达的降水资料相对准确，但其空间位置固定且分布不均匀，适合观测局地、小尺度降水，很难观测具有随机性的大尺度区域降水。而卫星遥感可进行大范围空间连续的探测，在某些特定目标区的观测时间分辨率也具有可接受的精度，但是由于卫星反演降水的物理原理和算法的局限性，其反演降水的精度相对较低；由于缺乏时空连续覆盖广泛的综合观测系统，想要得到长期精准的高分辨率全球降水分布也有较大的困难，数值模式输出的降水产品虽然可以弥补观测系统时空不连续造成的问题，但模式降水本身亦存在严重的系统偏差。由此可见，基于单一来源的降水资料都各有利弊，如何有效结合不同来源降水资料的优势，发展多源降水融合技术，已成为近年来国内外在高质量降水产品研发中的主流趋势。

4.4.1　基本原理

常用的 IMERG 卫星与雨量站降水数据的融合方法有地理加权回归和地理差异分析等两种方法，现分别介绍如下。

（1）地理加权回归融合

地理加权回归（GWR）是英国大学 Fotheringham 教授等提出的一种基于变参数的空间回归模型，是一般线性回归（OLS）的改进与扩展，它将空间关系嵌到一般线性回归中，以此使 GWR 能够研究变量间的空间异质性。在采用 GWR 进行降水量估算时，同时考虑了地形因素、海拔高度和植被覆盖率，反映了降雨量与相关因素之间的空间非平衡性。在没有雨量计数据的位置（即非采样点），GWR 能够通过将空间参数转换为回归参数来估计降水数据。GWR 的基本思想是变量之间的关系随空间位置的变化而变化，通过对研究区内每个给定位置的相关变量和解释变量进行参数估计，建立回归模型，以获得最佳的结果。建立的 GWR 回归模型也以地面观测数据为因变量，以地形因子、NDVI 和 IMERG 降水数据为自变量进行 GWR 模型建立；将每个网格像素的地形因子、NDVI 和 IMERG 降水量带入建立的回归方程中，得到由 GWR 回归方程融合的网格降水量。

利用地形变量、NDVI 与 IMERG 降水数据建立 GWR 回归模型，如下所示：

$$Y_j = \beta_0(\mu_j, \nu_j) + \sum_{i=1}^{p} \beta_i(\mu_j, \nu_j) X_{ij} + \varepsilon_j \qquad (式 4.11)$$

式中，Y_j 为第 j 个站点的实测降雨量；X_{ij}是围绕站点 j 的 IMERGE 降水、地形变量和 NDVI 值；$\beta_0(\mu_j, \nu_j)$ 和 $\beta_i(\mu_j, \nu_j)$ 分别为站点 j 的截距和斜率；(μ_j, ν_j) 为站点 j 在二维空间的坐标；ε_j 为残差。不同于传统的全局回归模型，式 4.11 基于观测点距离站

点 j 越近，则受其影响越大的假设，其系数是围绕站点 j 的观测距离衰减函数，可由下列求解方程得到：

$$\beta^{*}(\mu_j,\nu_j)=(X^{T}(\boldsymbol{W}(\mu_j,\nu_j))X)^{-1}X^{T}\boldsymbol{W}(\mu_j,\nu_j)Y \quad (式4.12)$$

式中，$\beta^{*}(\mu_j,\nu_j)$ 表示站点 j 的系数；X 和 Y 分别是自变量和因变量；$\boldsymbol{W}(\mu_j,\nu_j)$ 为权重矩阵，由其确保距离站点 j 越近，权重越大，其值由式 4.13 得到：

$$\begin{cases} w_{ij}=[1-(d_{ij}/\mathrm{b})^2]^2, 当\ d_{ij}\leqslant \mathrm{b} \\ w_{ij}=0, 当\ d_{ij}>\mathrm{b} \end{cases} \quad (式4.13)$$

式中，d_{ij} 为站点 j 与周围观测点 i 的距离；b 为带宽阈值。

(2)地理差异分析融合

地理差异分析(GDA)是由 Bastiaanssen 和 Cheema 率先提出的，并且将一般回归分析与地理差异分析进行对比，研究发现地理差异分析能获得更好的结果。运用地理差异方法将 IMERG 卫星降水与站点实测降水进行融合的计算步骤如下：

在某一雨量站 m 处，雨量站实测降水数据 P_{gm} 与对应的卫星降水数据 P_{sm} 的误差为 e_{mGDA}：

$$e_{\mathrm{mGDA}}=P_{\mathrm{gm}}-P_{\mathrm{sm}} \quad (式4.14)$$

利用雨量站实测降水与相对应的 IMERG 卫星降水的误差 e_{m}，根据 IDW，可得到研究区域内分辨率为 10km×10km 的降水误差 e_{m}：

$$e_{\mathrm{mGDA}}=f(P_{G1}-P_{S1},P_{G2}-P_{S2},\cdots,P_{Gi}-P_{Si}) \quad (式4.15)$$

将 IDW 法得到的研究区域的降水误差加上相对应的分辨率为 10km×10km 的 IMERGE 卫星降水，得到融合的降水值 P(GDA 融合降水)：

$$P=P_{\mathrm{Sm}}+e_{\mathrm{m}} \quad (式4.16)$$

4.4.2 应用实例

(1)地面雨量观测数据的处理

示范实例使用地面站点观测降水数据作为标准参考的数据，地面观测数据集包括 2015—2019 年共 5 年的义乌市地面观测降水数据。考虑到地面站点观测数据为点数据，而 GPM 卫星降雨数据为面数据，需要将两者统一到相同的参考框架下。一种方式是直接查找站点位于 GPM 卫星降雨栅格数据中对应网格的值，将该值与站点实测数据进行对比。但考虑到后续水文模型应用降雨数据是直接从各子流域降雨进行计算的，为此将两种降雨数据都统一为对各子流域降雨。义乌市共有 27 个子流域。

如表 4.6 所示，各子流域的面积和名称如下，其中有 6 个子流域不参与水文模型计算，因此，实际的子流域为 21 个。

表 4.6　义乌市各子流域名称及面积

FID	Shape *	OBJBCTID	长度(m)	面积(m^2)	名称
0	面	2	72402.41717	59.8052	航兹溪下
1	面	4	24406.070123	23.8448	柏峰水库
2	面	6	20997.578678	17.351	杨村溪
3	面	10	24105.918272	15.7038	
4	面	11	25709.540604	34.5127	八都水库
5	面	16	39986.730733	52.5127	岩口水库
6	面	17	38297.174044	24.147	长堰水库
7	面	19	35242.218145	51.8265	铜溪下
8	面	20	32128.392304	37.958	香溪
9	面	22	436.168395	0.005767	
10	面	25	21785.225808	17.9184	枫坑水库
11	面	26	24601.375481	23.3	蜀墅塘水库
12	面	27	20723.278933	9.66537	
13	面	29	37501.103085	34.458	剡溪
14	面	31	12494.644453	8.18821	幸福水库
15	面	33	33375.206786	40.0823	东青溪
16	面	34	45598.137374	95.4875	前-后-六部
17	面	35	32256.199937	41.9044	巧溪水库
18	面	36	42332.972569	62.5298	大陈江干流
19	面	38	64032.026528	65.5997	九都溪 1
20	面	39	15988.645757	5.47392	
21	面	40	38807.180041	48.5063	枫坑水库下
22	面	41	43077.863262	65.6262	洪巡溪
23	面	42	72011.504983	161.13	
24	面	44	39842.385965	33.1332	吴溪下
25	面	45	12589.359545	8.32173	环溪下
26	面	46	55368.378298	65.5425	

将雨量站点生成泰森多边形,每个泰森多边形代表一个雨量站所覆盖的区域。设某子流域 A 的区域被 n 个站点(泰森多边形)所覆盖,站点编号为 $S1,S2,S3,\cdots,Sn$,日降雨值为 $P_{S1},P_{S2},\cdots,P_{Sn}$,各站点覆盖的区域占子流域 A 所在区域的面积分别为 $A1,A2,A3,\cdots,An$,子流域的总面积为 A,则子流域 A 的日降雨量 P_A 可通过下式获得:

$$P_A = \sum_{i=1}^{n} P_{S1} \frac{Ai}{A} \qquad (式 4.17)$$

按照式4.17得到各子流域自2015年1月1日至2019年12月31日的日降雨量，如图4.7所示，为柏峰水库子流域的日降雨量分布。

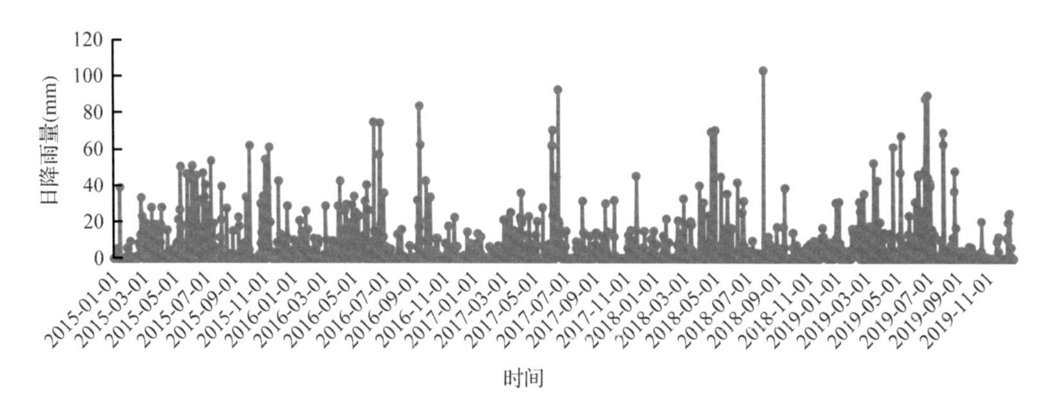

图4.7　柏峰水库子流域的日降雨量分布（地面站点）

(2)遥感观测降水数据的处理

本研究使用的GPM产品为IMERGE V06B版本的Early和Final，时间跨度为2015年1月至2019年12月，时空分辨率为每日0.1°×0.1°。

将义乌市各子流域多边形叠加到GPM降雨栅格数据上，对每个子流域所在的多边形计算其降雨量。设某子流域A的区域与GPM降雨栅格数据中n个网格存在覆盖关系，柏峰水库子流域与GPM降雨栅格数据中两个栅格存在覆盖关系。被覆盖的栅格编号为$C1, C2, C3, \cdots, Cn$，日降雨值为$P_{C1}, P_{C2}, \cdots, P_{Cn}$，各栅格覆盖的区域占子流域A所在区域的面积分别为$A1, A2, A3, \cdots, An$，子流域总面积为$A$，则子流域A的日降雨量$P_A$可通过下式获得：

$$P_A = \sum_{i=1}^{n} P_{C1} \frac{Ai}{A} \tag{式4.18}$$

按照式4.18得到各子流域自2015年1月1日至2019年12月31日的日降雨量。如图4.8所示，为柏峰水库子流域采用GPM卫星Final降雨数据得到的日降雨量分布：

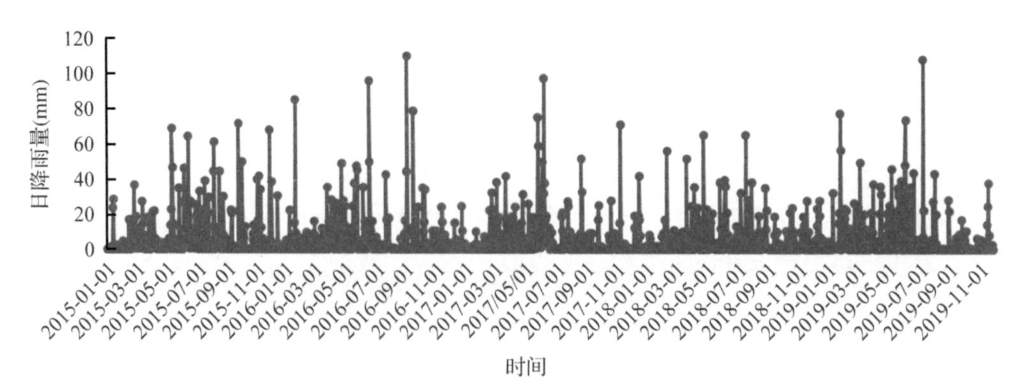

图4.8　柏峰水库子流域的日降雨量分布（GPM卫星Final）

图4.9为柏峰水库子流域采用GPM卫星Early降雨数据得到的日降雨量分布。Early版本为未校正版本，从图中可以看出该数据存在夸大暴雨降雨量的情形。与Final版本相同，未能捕捉到2018年8月12日降雨超过100mm的降雨事件。

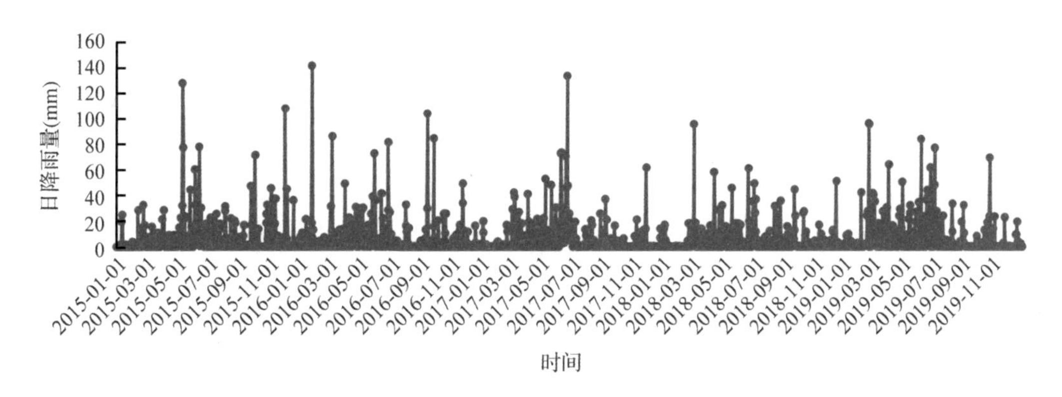

图4.9 柏峰水库子流域的日降雨量的分布(GPM卫星Early)

4.4.3 卫星遥感降水数据的精度评价

(1)精度评价指标

1)相关系数CC(correlation coefficient)。相关系数是最早由统计学家卡尔皮尔逊设计的统计指标，是研究变量之间线性相关程度的量。由于研究对象的不同，相关系数有多种定义方式，较为常用的是皮尔逊相关系数。相关系数是用以反应变量之间相关关系密切程度的统计指标。本研究使用的相关系数为皮尔逊相关系数CC，用来描述模拟数据和实测数据之间的趋势相似性，其取值范围为0~1，值越接近1，表明模型性能越好。其定义公式为：

$$CC = \frac{\sum_{t=1}^{T}(Q_o^t - Q_o)\sum_{t=1}^{T}(Q_m^t - Q_m)}{\sqrt{\sum_{t=1}^{T}(Q_o^t - \overline{Q}_o)^2 \sum_{t=1}^{T}(Q_m^t - \overline{Q}_m)^2}} \qquad (式4.19)$$

式中，Q_o为雨量站观测值；Q_m为模拟值。

2)均方根误差RMSE。均方根误差RMSE是预测值与真实值偏差的平方与观测次数n比值的平方根，在实际的测量中，观测次数n总是有限的，真值只能用最可信赖(最佳)值来代替。RMSE为定量指标。本研究使用RMSE指标来代表卫星降水产品和标准降水数据的偏差程度，它的绝对值越小，代表卫星降水产品精度越接近标准数据。公式为：

$$\text{RMSE} = \sqrt{\frac{\sum_{t=1}^{T}(Q_o^t - Q_m^t)^2}{n}} \qquad (式4.20)$$

3)相对偏差RB。相对偏差是指某一次测量的绝对偏差占平均值的百分比。本研究使用相对偏差指标来代表卫星降水产品和标准降水数据的偏差程度，其测量模拟数据的平均趋势大于或小于响应的观测数据，最优为0，其绝对值越接近0，表明模型的性能越好，大于0表示高估，小于0表示低估。其计算公式为：

$$RB = \left[\frac{\sum_{t=1}^{T} Q_m^t - \sum_{t=1}^{T} Q_o^t}{\sum_{t=1}^{T} Q_o^t} \right] \times 100 \tag{式4.21}$$

基于NSCE和RB对模型的性能评价，常用的模型评价性能分为4类：不满意（NSCE≤0.50，RB≥±25%）；满意（0.50＜NSCE≤0.50，±30%≤RB≤±55%）；好（0.65≤NSCE≤0.75，±15%≤RB≤±30%）；非常好（NSCE＞0.75，RB＜±15%）。

（2）GPM卫星降水（Final）数据精度评价

1）相关系数CC。按相关系数的计算公式，统计了2015年1月1日至2019年12月31日之间各子流域地面站点与GPM卫星Final日降雨量，计算了相关系数。图4.10和图4.11分别为柏峰水库和八都水库的相关系数图，其中，柏峰水库子流域的相关系数为0.77，八都水库子流域的相关系数为0.78。从散点图中可以看出，Final数据产品对小雨和中雨都有很好的捕捉能力，但对大雨和暴雨的雨量计算存在一定的误差。

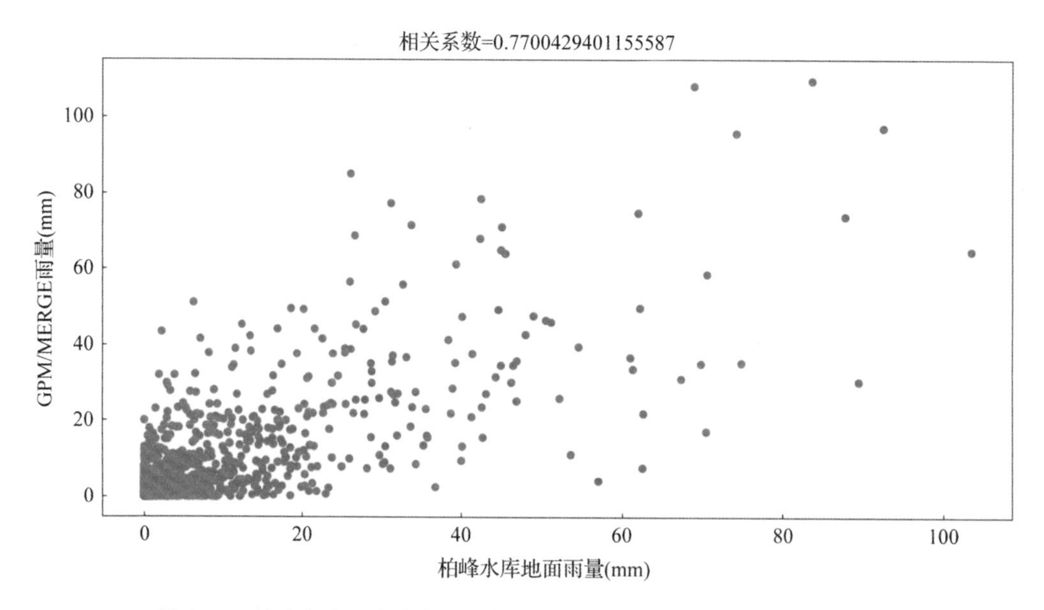

图4.10　柏峰水库子流域地面站点与GPM卫星Final日降雨量相关系数

图4.12是所有子流域的相关系数，绝大部分子流域的相关系数都在0.75～0.80，整体的精度较好。

2）均方根误差RMSE。按照均方根误差RMSE公式，采用Final版本数据和地面站点数据，统计了各子流域的RMSE。图4.13和图4.14是八都水库和柏峰水库的RMSE，它们整体的RMSE分别为7.46mm和7.66mm。

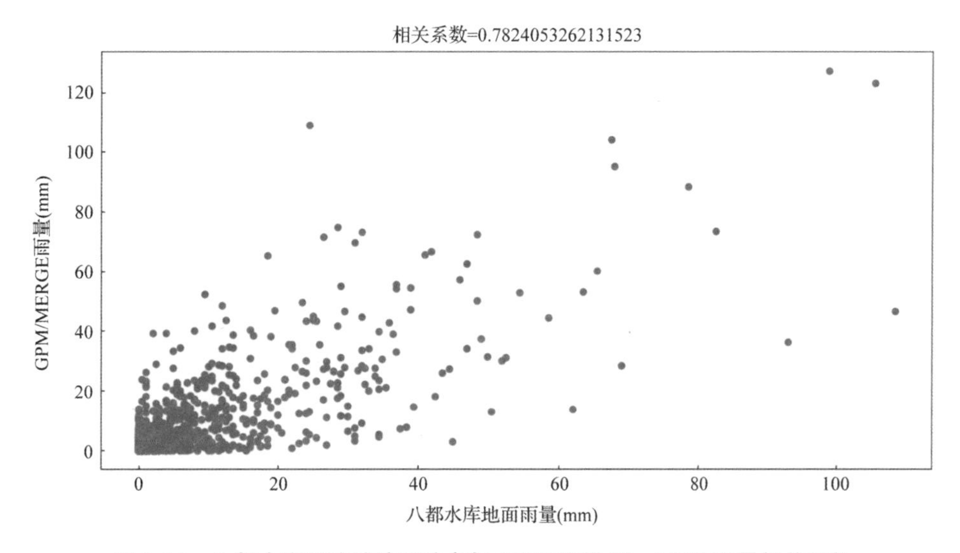

图 4.11 八都水库子流域地面站点与 GPM 卫星 Final 日降雨量相关系数

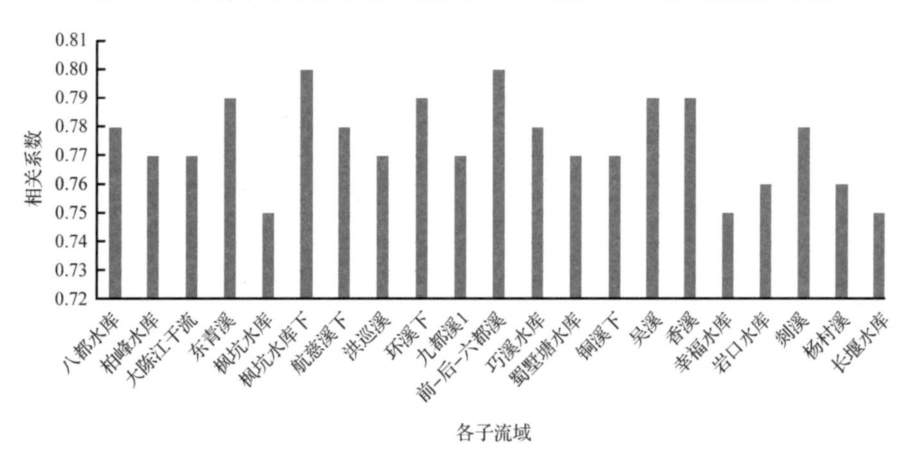

图 4.12 各子流域地面站点与 GPM 卫星 Final 日降雨量相关系数

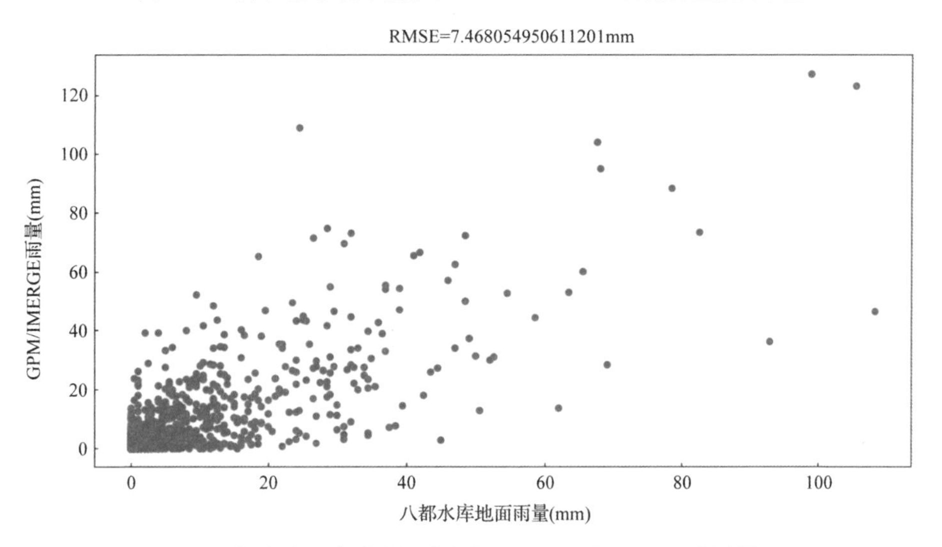

图 4.13 八都水库子流域地面站点与 GPM 卫星 Final 日降雨量 RMSE

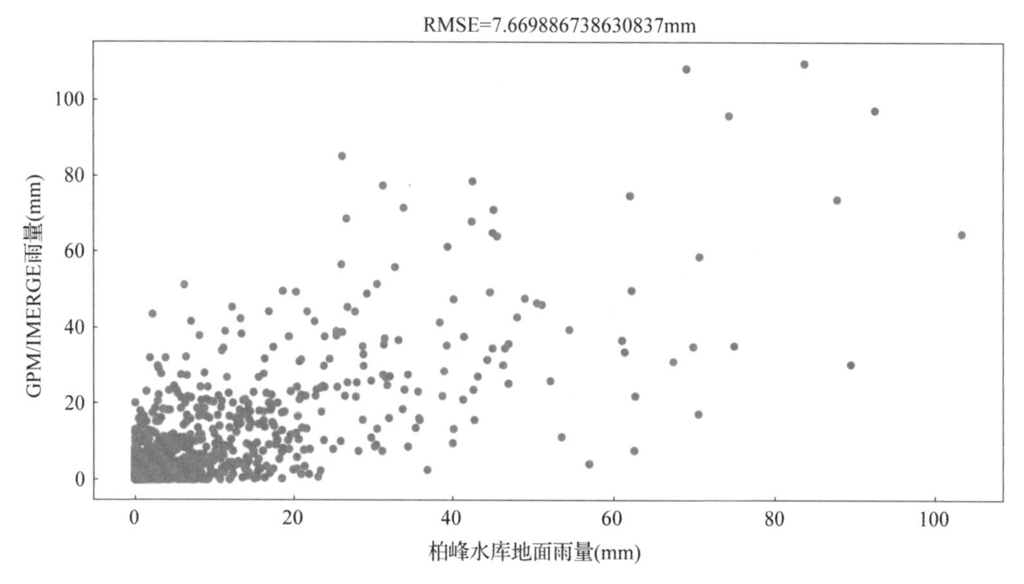

图 4.14　柏峰水库子流域地面站点与 GPM 卫星 Final 日降雨量 RMSE

图 4.15 是各子流域的均方根误差,其均方根误差绝大部分都落在 7.0～7.5mm。

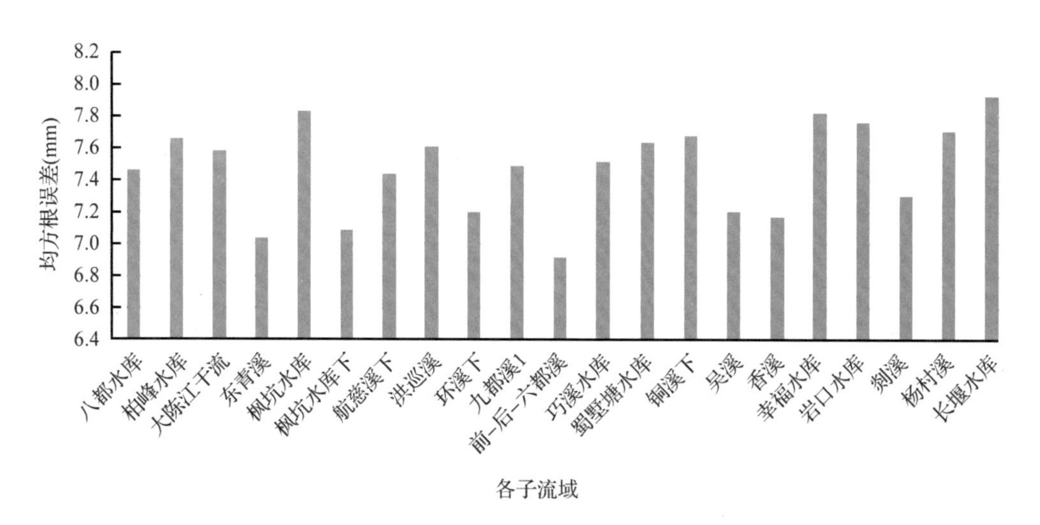

图 4.15　各子流域地面站点与 GPM 卫星 Final 日降雨量 RMSE

3)相对偏差 RB。降雨量的波动较大,小雨时可能只有几个毫米,而大雨则可能达到 100mm,因此采用 RMSE 分析两套数据的偏差还存在不足。为此,采用相对偏差可以对 GPM 数据和地面站点数据的综合偏差进行整体估计。按照相对偏差公式,对 Final 版本数据和地面站点雨量数据计算各子流域的相对偏差。图 4.16 和图 4.17 分别是八都水库和柏峰水库的相对偏差,分别为 16.69% 和 7.39% 。可见,柏峰水库的整体降雨与地面降雨偏差控制得较好。

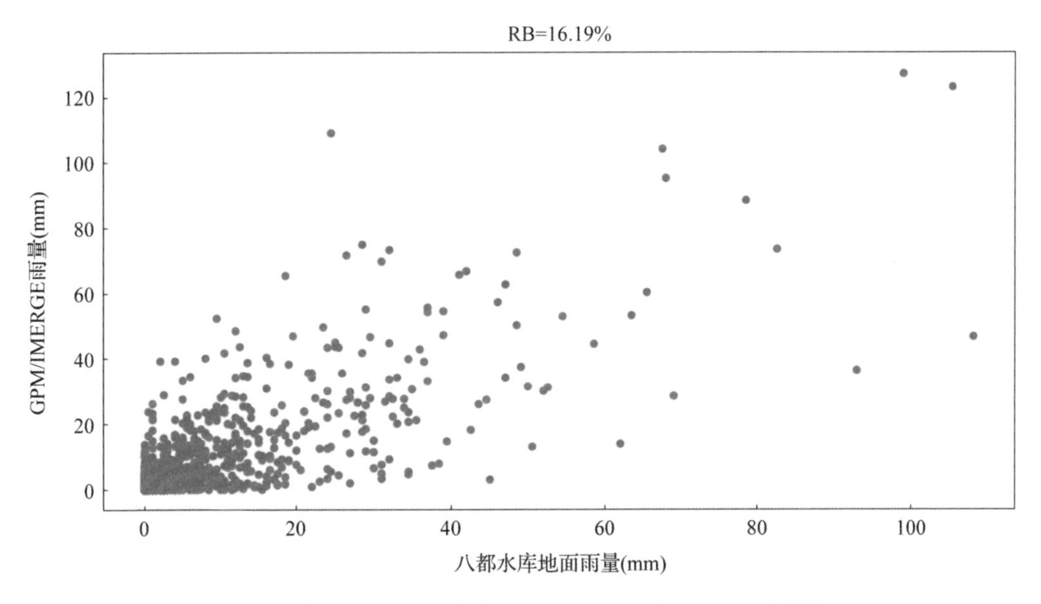

图4.16　八都水库子流域地面站点与GPM卫星Final日降雨量RB

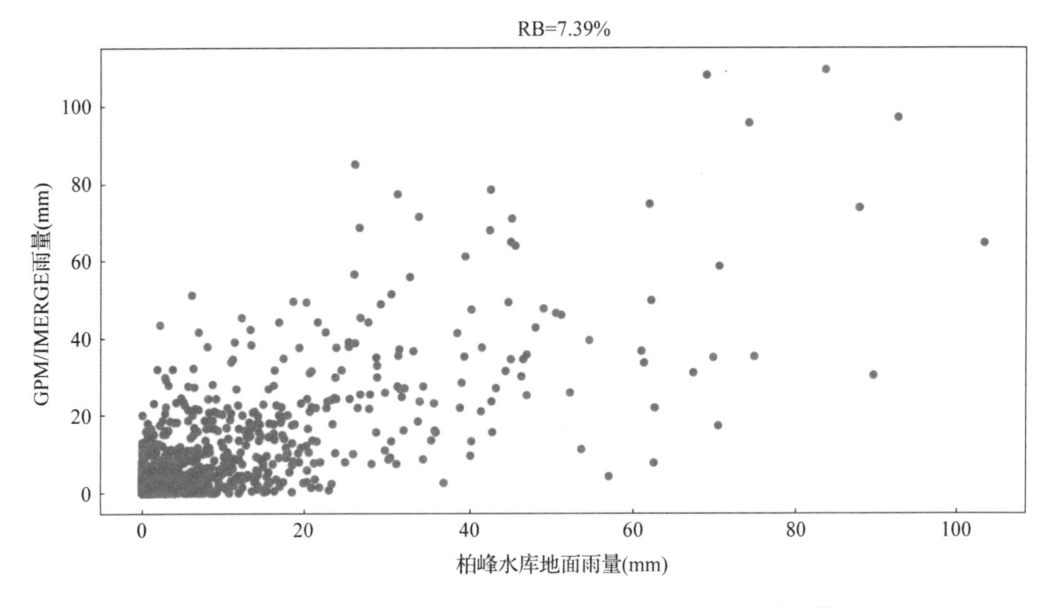

图4.17　柏峰水库子流域地面站点与GPM卫星Final日降雨量RB

图4.18展示的是各子流域的相对偏差，绝对部分子流域的相对偏差都在10%～15%，整体偏差控制得较好。只有枫坑水库的相对偏差略差，超过了20%。

(3)GPM卫星降水(Early)数据精度评价

1)相关系数CC。Early版本数据没有经过校正，因此与Final版本数据相比，误差相对较大。图4.19和图4.20分别是柏峰水库和八都水库的相关系数图，两者的相关系数都为0.69，与Final版本下的0.77和0.78相比，几乎降低了10%的精度。从

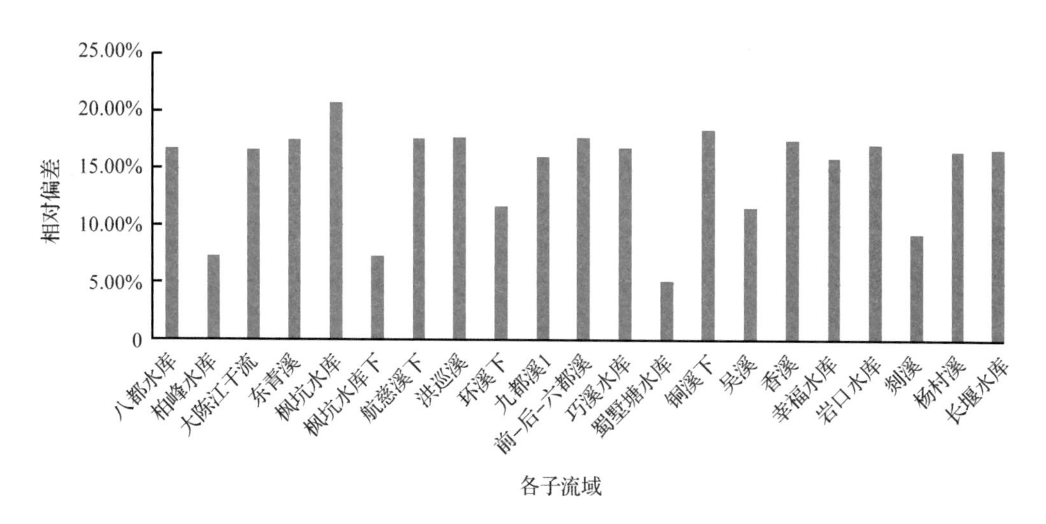

图 4.18　各子流域地面站点与 GPM 卫星 Final 日降雨量 RB

散点图可以看出，Early 存在夸大降雨的情形，有好几日的降雨都达到了 100mm 以上，而实际的地面观测降雨只有 30mm，而在真实的降雨为 100mm 以上时，又未捕捉到大雨。

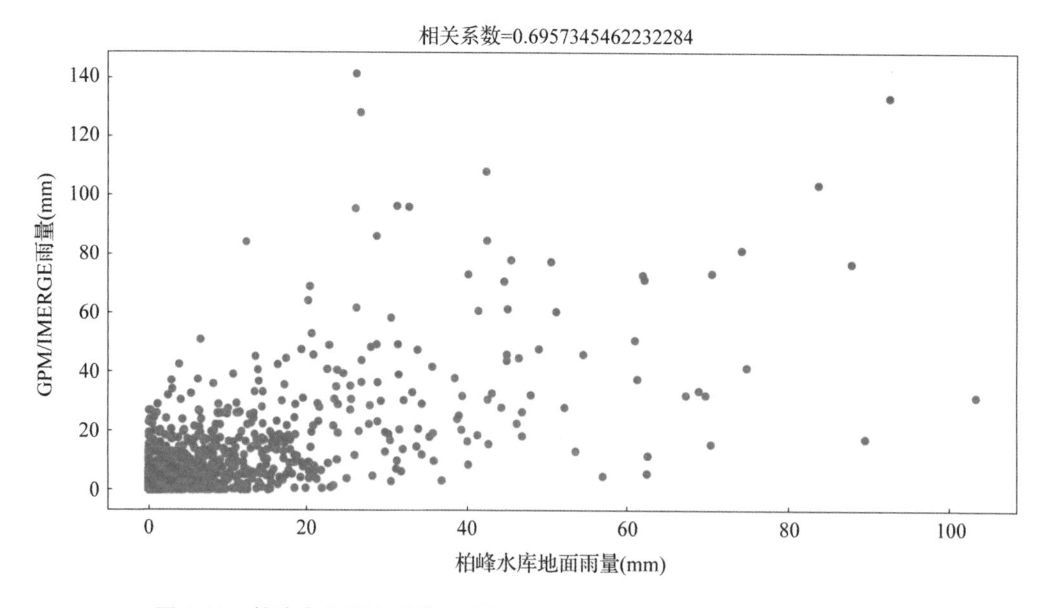

图 4.19　柏峰水库子流域地面站点与 GPM 卫星 Early 日降雨量相关系数

图 4.21 是 Early 版本下各子流域的相关系数图，与 Final 版本下普遍在 0.75 ~ 0.80相比，Early 版本数据的相关系数在 0.65 ~ 0.72，存在一定的精度损失。

2）均方根误差 RMSE。与 Final 版本绝大部分的子流域 RMSE 都在 7.0 ~ 7.5mm 相比，Early 版本的各子流域 RMSE 都比 Final 版本的高，八都水库和柏峰水库的 RMSE 分别为 9.81mm 和9.75mm，见图 4.22 和图 4.23。

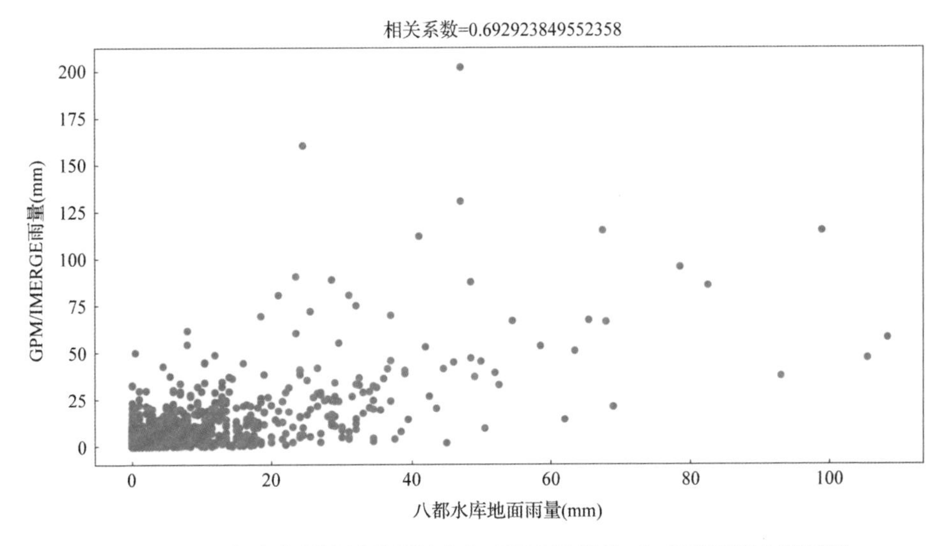

图 4.20　八都水库子流域地面站点与 GPM 卫星 Early 日降雨量相关系数

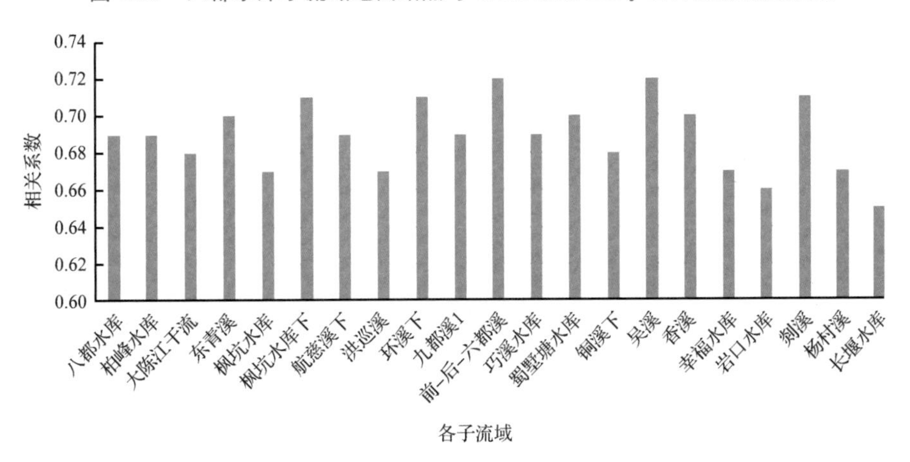

图 4.21　各子流域地面站点与 GPM 卫星 Final 日降雨量相关系数

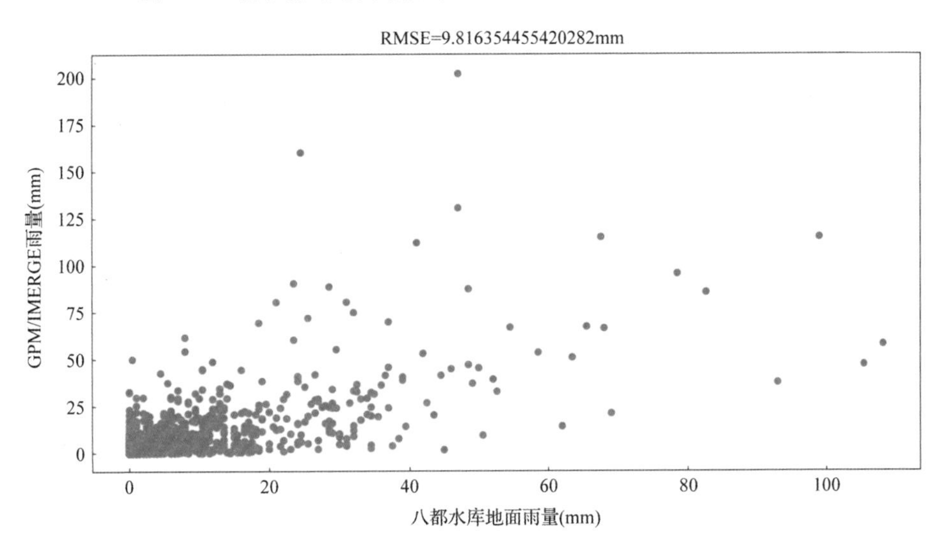

图 4.22　八都水库子流域地面站点与 GPM 卫星 Early 日降雨量 RMSE

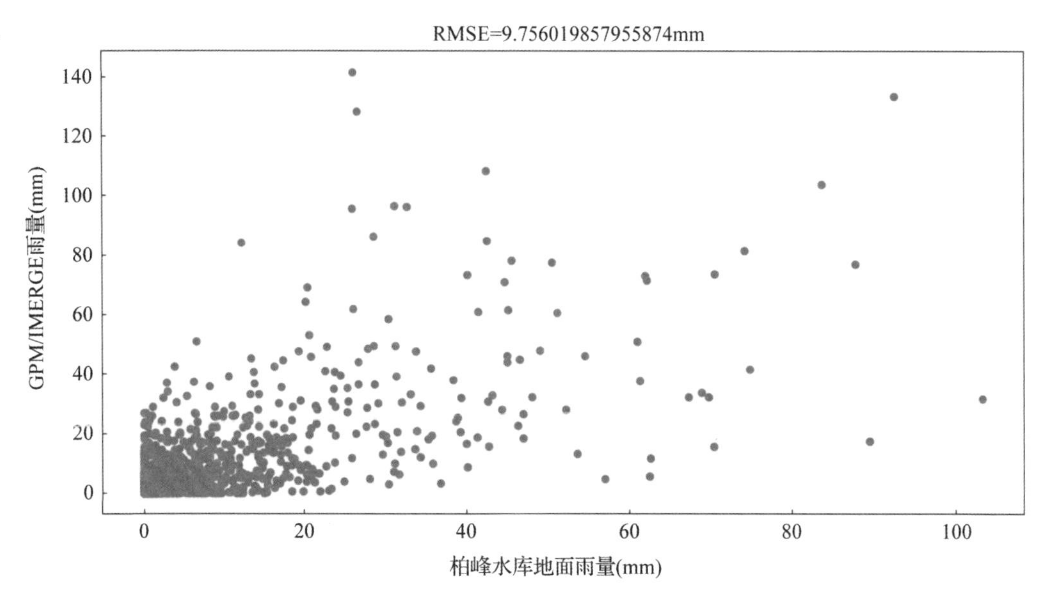

图 4.23　柏峰水库子流域地面站点与 GPM 卫星 Early 日降雨量 RMSE

图 4.24 是各子流域的均方根误差,绝大部分位于 9.0～10.0mm 区间。其中,长堰水库的偏离最大,达到了 10.8mm。

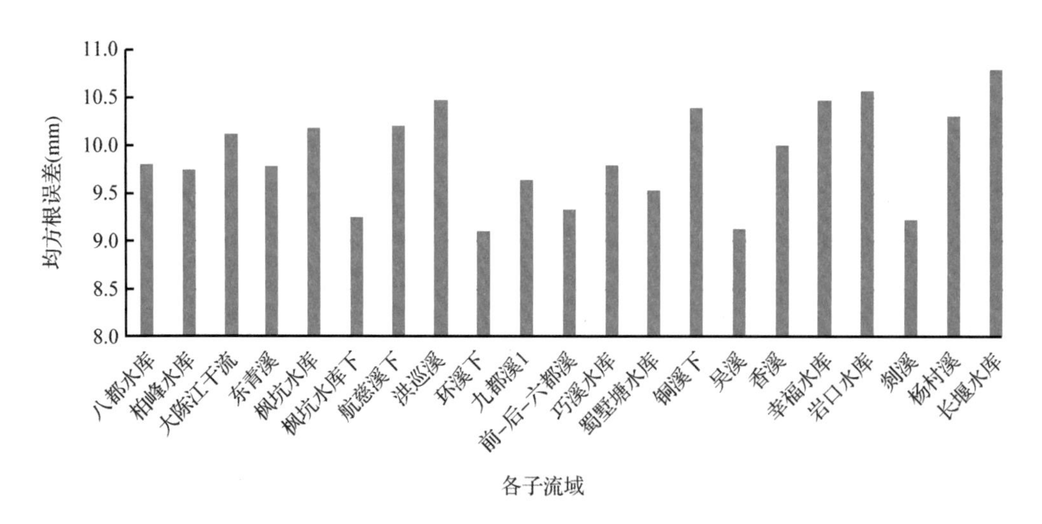

图 4.24　各子流域地面站点与 GPM 卫星 Early 日降雨量 RMSE

3)相对偏差 RB。通过计算相对偏差,可以发现 Early 版本数据与地面站点数据的误差较大,普遍在 20% 以上。如图 4.25 和图 4.26,八都水库和柏峰水库的相对偏差分别为 25.77% 和20.78% 。枫坑水库的相对偏差最大,达到了 35.1% 。

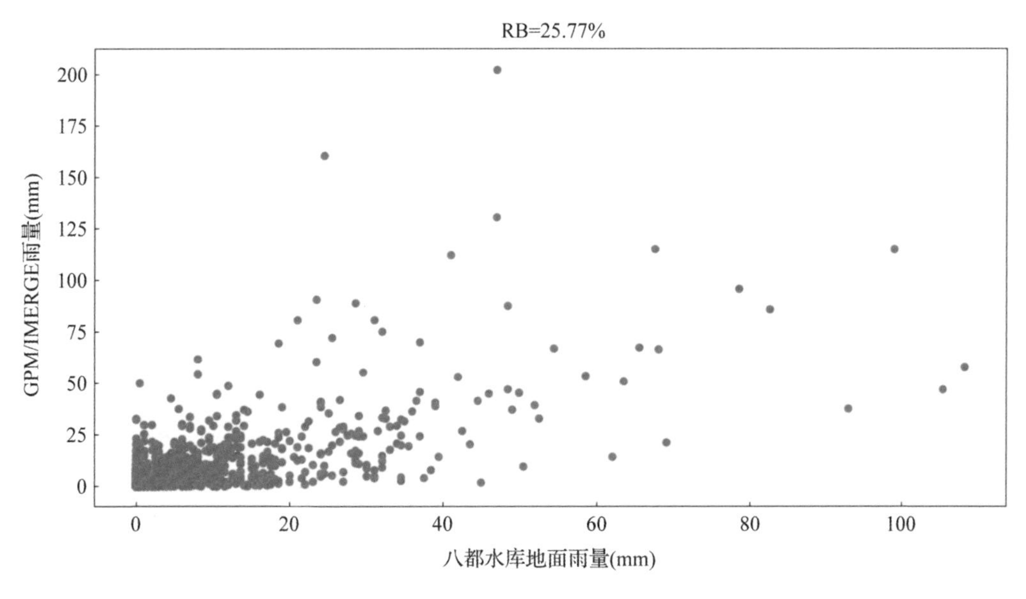

图 4.25　八都水库子流域地面站点与 GPM 卫星 Early 日降雨量 RB

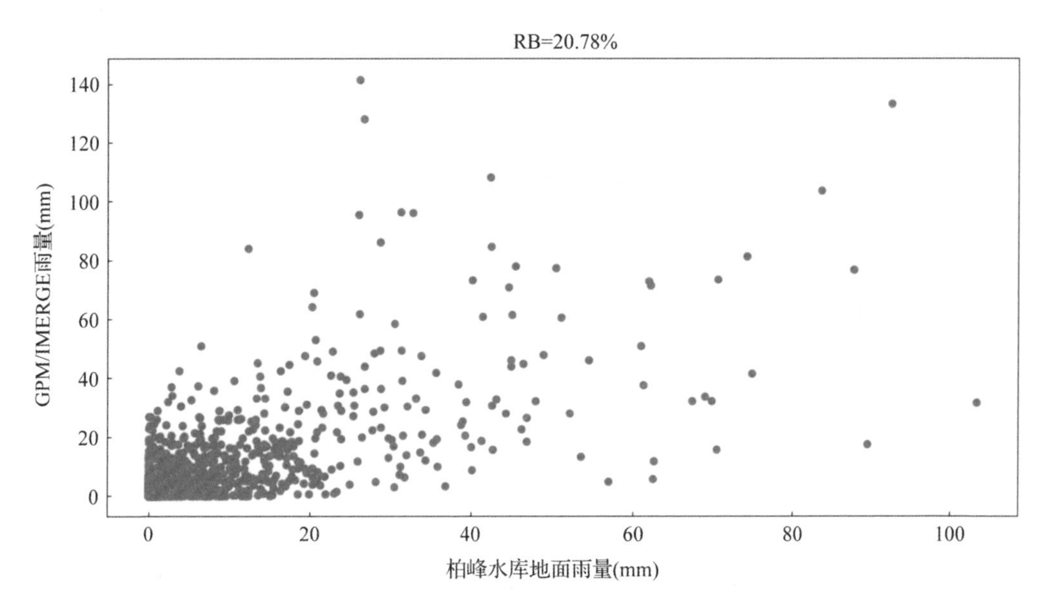

图 4.26　柏峰水库子流域地面站点与 GPM 卫星 Early 日降雨量 RB

4.4.4　融合降水数据的精度分析

采用地理加权回归融合方法和地理差异分析融合方法将金华江流域南王埠水文站以上区域内 IMERG 卫星与雨量站实测月降水数据进行融合处理，并以雨量站月实测降水数据为自变量，分别以 IMERG 卫星降水数据、GDA 融合降水数据以及 GWR 融合降水数据为因变量进行一元线性回归分析。通过比较 IMERG 卫星降水数据、GWR 融合降水数据以及 GDA 融合降水数据和雨量站实测降水的评价指标：RMSE、

CC、BIAS,探讨两种融合降水数据在月尺度下的精度。图 4.27 为各子流域地面站点与 GPM 卫星 Early 日降雨量 RB。

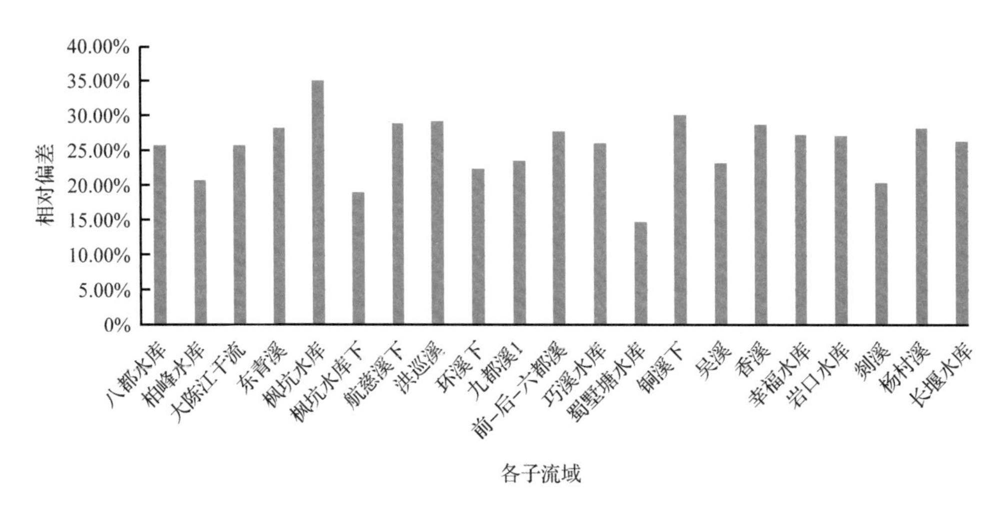

图 4.27　各子流域地面站点与 GPM 卫星 Early 日降雨量 RB

由图 4.28 可知,GWR 融合降水数据和 GDA 融合降水数据的定量评价指标值均优于 IMERG 卫星降水数据。GWR 融合降水数据与雨量站实测降水之间的相关系数

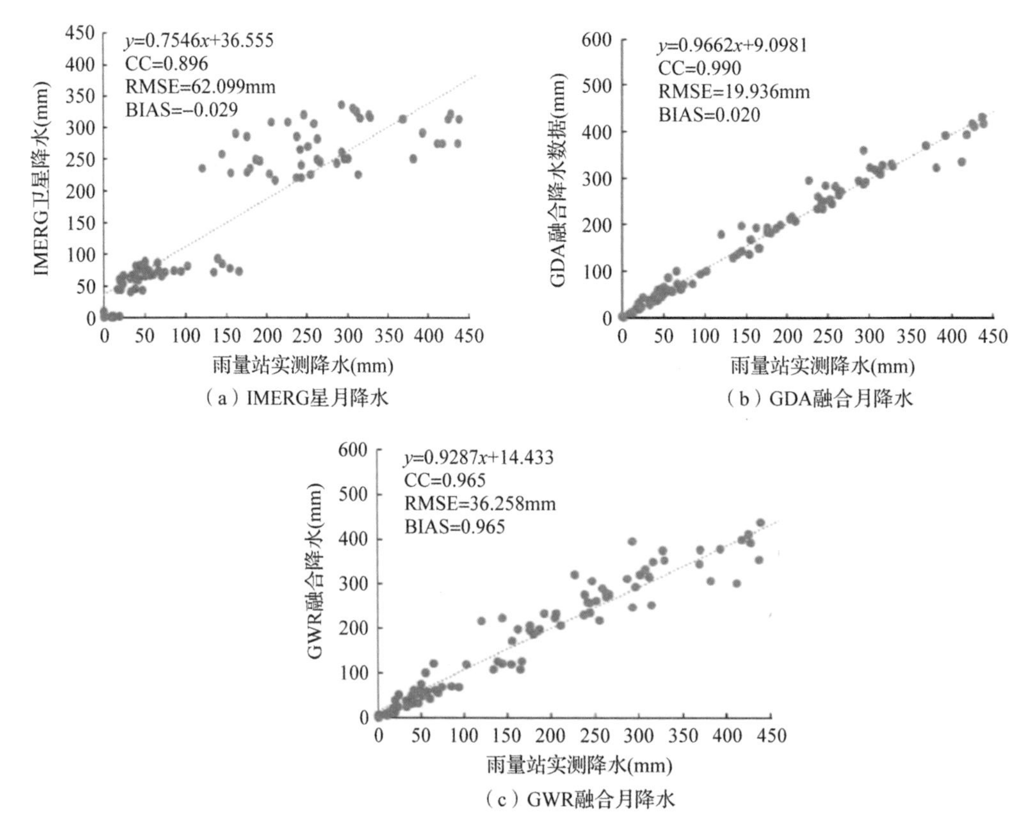

图 4.28　IMERG 卫星与融合降水散点图

CC由0.890提升到0.990,均方根误差RMSE由62.099mm降到19.936mm,相对偏差RB由-0.029变为0.020;GDA融合降水数据与雨量站实测降水之间的相关系数CC由0.896提升到0.965,均方根误差RMSE由62.099mm降到36.258mm,偏差RB由-0.029变为0.965。IMERG卫星降水数据通过地理加权回归与地理差异分析融合方法校正后,获得的融合降水数据的精度有所提高,且通过地理加权回归获得的融合降水数据较之地理差异分析方法有更强的线性相关性和更低的误差。

4.5 总　结

针对水资源管理,结合智慧节水等感知对象为降雨、地表径流和土壤水等的特点,如何利用现有的感知手段,通过算法和技术方法最大化地获取所需的数据信息,着重介绍了基于信息熵理论的地面雨量站网优化,基于多光谱遥感数据的月尺度土壤湿度识别,以及卫星和地面降水数据融合等三种技术。

雨量站网的合理布局不仅可以降低管理和维护的成本,更能为水文模拟和水资源调度配置研究提供高精度可靠的数据源。为此,本章基于传统的信息熵理论,提出了一套用于地面雨量站网优化的分层算法,并以金华江南王埠以上流域为研究区,详细说明了采用该算法对义乌市及周边雨量站网开展评价和优化布局示范研究的步骤,为学习和使用该算法提供了较好的范例。在几乎不降低雨量数据信息量的情形下,通过对义乌市雨量站点进行合理的删减和调整,仍能保证日常水文水资源监测业务的正常运行。

基于遥感数据的土壤湿度反演技术,重点介绍了以Landsat 8和Sentinel 2卫星为代表的光学遥感数据,以及以SMAP卫星为代表的微波遥感数据。这两类数据的应用代表着未来土壤湿度监测的主要方向。以义乌市为示范区,详细说明了应用温度植被干旱指数法进行土壤湿度反演的步骤和方法。该方法的实用性强,有着很好的应用推广的价值。

地面观测降雨数据的精度较高,但时空不连续,而卫星降水数据能做到时空连续,但精度无法与地面数据媲美。为此,本章提出了一套卫星降水数据和地面观测降雨数据的融合方法,介绍了地理加权回归和地理差异分析两种方法,并结合这两种方法将金华江流域南王埠水文站以上区域内IMERG卫星与雨量站实测月降水数据进行了融合处理。其精度分析结果表明,IMERG卫星降水数据通过地理加权回归与地理差异分析方法融合校正后其精度得到了提高。这表明多源降水数据融合研究的意义重大,未来如何融入更多的降水数据,为智慧节水提供更高质量的降水实况分析产品,还需要做大量的研究工作。

参考文献

[1]白亮亮,张才金,韩忠颖.基于多源信息的水资源立体监测研究综述.遥感学报,

2020,24(7):787-803.

[2]田质胜,赵芳,唐克银.水资源监测信息化与数字经济发展.信息技术与信息化,2018(12):142-145.

[3]马建文,秦思娴.数据同化算法研究现状综述.地球科学进展,2012,27(7):747-757.

[4]唐国强,龙笛,万玮,等.全球水遥感技术及其应用研究的综述与展望.中国科学:技术科学,2015,45(10):1013-1023.

[5]汪伟,卢麾.遥感数据在水文模拟中的应用研究进展.遥感技术与应用,2015,30(6):1042-1050.

[6]蔡阳.国家水资源监控能力建设项目及其进展.水利信息化,2013(6):5-10.

[7]李杰,陈超美.CiteSpace:科技文本挖掘及可视化.北京:首都经济贸易大学出版社,2017.

[8]张佳华,许云,姚凤梅,等.植被含水量光学遥感估算方法研究进展.中国科学:技术科学,2010,40(10):1121-1129.

[9]张兵,李俊生,申茜,等.地表水环境遥感监测关键技术与系统.中国环境监测,2019,35(4):1-9.

[10]徐保东,李静,柳钦火,等.地面站点观测数据代表性评价方法研究进展.遥感学报,2015,19(5):703-718.

[11]梁顺林,白瑞,陈晓娜,等.2019年中国陆表定量遥感发展综述.遥感学报,2020,24(6):618-671.

[12]傅梦然.基于水足迹理论的中国大陆地区水资源短缺评价.青岛:山东科技大学,2021.

[13]MUCHE M E,SINNATHAMBY S,PARMAR R,et al. Comparison and evaluation of gridded precipitation datasets in a kansas agricultural watershed using SWAT. Journal of the American Water Resources Association,2020,56(3):486-506.

[14]黄钰瀚.基于VIC水文模型的TRMM降水产品在长江上游径流模拟中的应用.南京:南京林业大学,2017.

[15]TANG G,ZENG Z,LONG D,et al. Statistical and hydrological comparisons between trmm and gpm level-3 productions over a mid-latitude basin: is day-1 IMERGE a good successor for TMPA 3B42V7. Journal of Hydrometeorology,2015,17(1):121-137.

[16]WANG W,WANG D,SINGH V P,et al. Evaluation of information transfer and data transfer models of rain-gauge network design based on information entropy. Environmental Research,2019,178:108686.

[17]ZUBIETA R,GETIRANA A,ESPINOZA J C,et al. Hydrological modeling of the peruvian-ecuadorian amazon basin using GPM-IMERGE satellite-based precipitation database. Hydrol Earth Syst Sci,2017,21(7):3543-3555.

[18]王浩.实行最严格水资源管理制度关键技术支撑探析.中国水利,2011(6):

28-29.

[19]张立福,彭明媛,孙雪剑,等. 遥感数据融合研究进展与文献定量分析(1992—2018). 遥感学报,2019,23(4):603-619.

[20]田浩,刘卓. 水文水资源信息化建设的现状及优化探析. 中文科技期刊数据库(全文版)工程技术,2023(8):36-39.

[21]张贵芳. 大数据技术在水资源领域应用研究. 中文科技期刊数据库(全文版)自然科学,2023(6):67-70.

[22]王硕婕,王文科. 3S 技术在水文与水资源工程上的运用分析. 中文科技期刊数据库(全文版)工程技术,2023(8):51-54.

[23]李红霞,许士国,范垂仁. 月径流序列的混沌特征识别及 Volterra 自适应预测法的应用. 水利学报,2007,38(6):760-766.

[24]李庆国,陈守煌. 基于模糊模式识别的支持向量机的回归预测方法. 水科学进展,2005,16(5):741-746.

[25]于国荣,夏自强. 混沌时间序列支持向量机模型及其在径流预测中应用. 水科学进展,2008,19(1):116-122.

[26]王涛,杨开林,郭新蕾,等. 模糊理论和神经网络预报河流冰期水温的比较研究. 水利学报,2013,44(7):842-847.

[27]马细霞,胡铁成. 基于 ANFIS 的水库年径流预报. 水力发电学报,2008,27(5):33-37.

[28]张晓伟,沈冰,黄领梅,等. 基于 BP 神经网络的灰色自记忆径流预测模型. 水力发电学报,2009,28(1):68-71.

[29]JURGEN S,KARIM C,RAGHAVAN S,et al. Estimation of freshwater availability in the West African sub-continet using the SWAT hydrologic model. Journal of Hydrology,2008,352:30-49.

[30]MONIRECH F,KARIM C,RAINER S. Modeling blue and green water resources availability in Iran. Hydrological Processess,2008,23(3):486-501.

[31]谢新民,郭洪宇,唐克旺,等. 华北平原区地表水与地下水统一评价的二元耦合模型研究. 水利学报,2012(12):95-100.

[32]贾仰文,王浩,仇亚琴,等. 基于流域水循环模型的广义水资源评价(Ⅰ)-评价方法. 水利学报,2006,37(9):1051-1055.

[33]王忠静,杨芬,赵建世,等. 基于分布式水文模型的水资源评价新方法. 水利学报,2008,39(12):1279-1285.

[34]JIA Y W,ZHAO H L,NIU C W,et al. A web GIS-based system for rainfall-runoff prediction and real-time water resources assessment for Beijing. Computers & Geosciences,2009,35(7):1517-1528.

[35]甄婷婷,徐宗学,程磊,等. 蓝水绿水资源量估算方法及时空分布规律研究——以卢氏流域为例. 资源科学,2010,32(6):1177-1183.

[36] YASAR A, BILGILI M, SIMSEK E. Water demand forecasting based on stepwise multiple nonlinear regression analysis. Arabian Journal for Science and Engineering, 2012, 37(8): 2333-2341.

[37] 金冬梅,荣楠. 基于回归分析的长春市需水量预测研究. 东北水利水电,2018,36(10):19-21.

[38] POLEBITSKI A, PALMER R. Seasonal residential water demand forecasting for census tracts. J Water Res Plan Man, 2010, 136(1): 27-36.

[39] 张吉英. 基于ARIMA模型的沈阳市月降水量时间序列分析. 内蒙古水利,2019(6):13-14.

[40] ZHOU S L, MCMAHON T A, WALTON A, et al. Forecasting operational demand for an urban water supply zone. J Hydrol, 2012, 259(1-4): 189-202.

[41] BENNETT C, STEWART R A, BEAL C D. ANN-based residential water end-use demand forecasting model. Expert Syst Applic, 2013, 40(4): 1014-1023.

[42] 展金岩,赵梓淇,张舒. 组合预测模型在区域需水量预测中的应用. 水利科技与经济,2017,23(4):20-23.

[43] VIEIRA J, CUNHA M C, NUNES L, et al. Optimization of the operation of large-scale multisource water-supply systems. J Water Res Plan Man, 2011, 137(2): 150-161.

[44] AL-ZAHRANI M, MUSA A, CHOWDHURY S. Multi-objective optimization model for water resource management: a case study for riyadh, saudi arabia. Environment, Development and Sustainability, 2016, 18(3): 777-798.

[45] 韩雁,许士国. 城市多水源多用户合理配置研究. 辽宁工程技术大学学报,2005(5):649-652.

[46] 梁国华,何斌,陆宇峰. 大连市多种水源对水资源配置的影响分析. 水电能源科学,2008(6):29-32.

[47] 廖松. 密云水库与官厅水库联合调度方案的模拟分析. 水文,1989(4):15-19.

[48] 郭旭宁,胡铁松,黄兵,等. 基于模拟—优化模式的供水水库群联合调度规则研究. 水利学报,2011(6):705-712.

[49] 李星,彭勇,初京刚,等. 复杂水库群共同供水任务分配问题研究. 水利学报,2015(1):83-90.

[50] LUND J R, GUZMAN J. Some derived operating rules for reservoirs in series or in parallel. J Water Res Plan Man, 1999, 125(3): 143-153.

[51] KELLEY F K. Reservoir operation during drought: case studies. Research Document, 1986(25): 1-144.

[52] WARDLAW R, SHARIF M. Multireservoirs systems optimization using genetic algorithms: case study. J Comput Civil Eng, 2000, 4(14): 255-263.

[53] WANG S, CHENG C, WU X, et al. Parallel stochastic dynamic programming for long-term generation operation of cascaded hydropower stations. Scientia Sinica Technolog-

ica,2014,44(2):209-218.

[54]彭安帮,彭勇,周惠成. 跨流域调水条件下水库群联合调度图的多核并行计算研究. 水利学报,2014,45(11):1-9.

[55]BABAMIRI O,AZARI A,MAROFI S. An integrated fuzzy optimization and simulation method for optimal quality-quantity operation of reservoir-river system. Water Science & Technology: Water Supply,2022,22(4):4207-4229.

[55]安丽丽,夏天,杨文彬,等. 基于 DoDAF 的天临空一体协同遥感体系结构建模与仿真. 系统仿真学报,2023,35(5):936-948.

[56]邵芸,赵忠明,黄富祥,等. 天空地协同遥感监测精准应急服务体系构建与示范. 遥感学报,2016,20(6):1485-1490.

[57]杨丽娜,池天河,彭玲. ALIVE:智慧城市多源感知数据价值体系探索. 地理空间信息,2023,1:7-13.

[58]谢娟英,郭文娟,谢维信,等. 基于样本空间分布密度的初始聚类中心优化 K-均值算法. 计算机应用研究,2012,29(3):888-892.

[59]何登平,张为易,黄浩. 基于多源信息聚类和 IRC-RBM 的混合推荐算法. 计算机工程与科学,2020,42(6):1089-1095.

[60]王波,黄津辉,郭宏伟,等. 基于遥感的内陆水体水质监测研究进展. 水资源保护,2022,38(3):117-124.

[61]沈金祥,杨辽,陈曦,等. 面向对象的山区湖泊信息自动提取方法. 国土资源遥感,2012,24(3):84-91.

[62]洪亮,黄雅君,杨昆,等. 复杂环境下高分二号遥感影像的城市地表水体提取. 遥感学报,2019,23(5):871-882.

第5章　节水管控的规则与标准研究

5.1　综合说明

5.1.1　节水管控的规则与标准

规则是协调个体、自然、社会之间的内外关系，以维护共同利益而形成的基本约定。规则有多种多样，规则可以使我们的社会经济生活行为（或活动）规范有序。用水管控规则是指由于水资源及其时空分布、社会经济用水的随机性和不确定性，为协调水资源—社会经济—生态环境复杂巨系统中的用水主体、自然生态环境、社会经济发展之间的内外关系，维护共同利益、促进人与自然和谐共生而形成的基本约定。

标准是对重复性事物和概念所做的统一规定，它以科学技术和实践经验的结合成果为基础，经有关方面协商一致，由主管机构批准，以特定形式发布而作为共同遵守的准则和依据。用水管控标准是指对社会经济用水行为（或活动）过程中消耗的淡水资源及其效应评价的规定统一标尺。评价对象不同，相应的评价标准也不一样，我国已经建立多层次用水和节水标准体系。

节水管控规则与标准都是对社会经济用水行为进行管理与控制的依据。规则和标准既有相似性，也存在区别。相似性表现在：都具有约束社会经济用水行为的属性，按照约束程度可分为强制性、指导性两类。区别在于：规则一般是指协调多主体用水行为的规范，一般通过法律法规、政策性文件等提出，具有统领性；标准是对某一具体对象用水行为的指引，一般以技术标准或政策性文件给出。

5.1.2　制定节水管控的规则与标准的原则

基于节水的多重属性，节水管控的规则与标准的制定遵循以下原则。

（1）依法依规、公开透明的原则。制定节水管控的规则和标准，必须遵守节水相关的法律法规、政策性文件等规定，不能超越其规定强行实施管理和控制措施；并坚持公开透明，让社会公众、利益相关方参与其中。

（2）统筹兼顾、客观公正的原则。制定节水管控规则和标准，应综合资源禀赋条件、社会经济发展的水平，经济上可行、技术上合理的原则，采用客观公正、科学合理的方法，经综合分析进行决策，应统筹多层次、多方面的利益诉求。

(3)讲求实效、保障权益的原则。制定节水管控的规则和标准,应以管控对象的整体效益最佳为目标取向,发挥有限水资源的多重功能;同时,兼顾历史和现状,有效保护利益相关方的合法权益。对于合法权益受到影响的,应依法补偿。

5.1.3　节水管控的规则与标准的分类

用水管控对象的时空范围不同,其节水管控的规则和标准也不一样。根据前人的研究成果,这里按照不同用水对象的特点、节水属性的要求和效应,将节水管控的规则与标准分为三类,即:面向系统的节水管控规则与标准、面向过程的节水管控标准、面向对象的节水管控规则与标准,见图5.1。

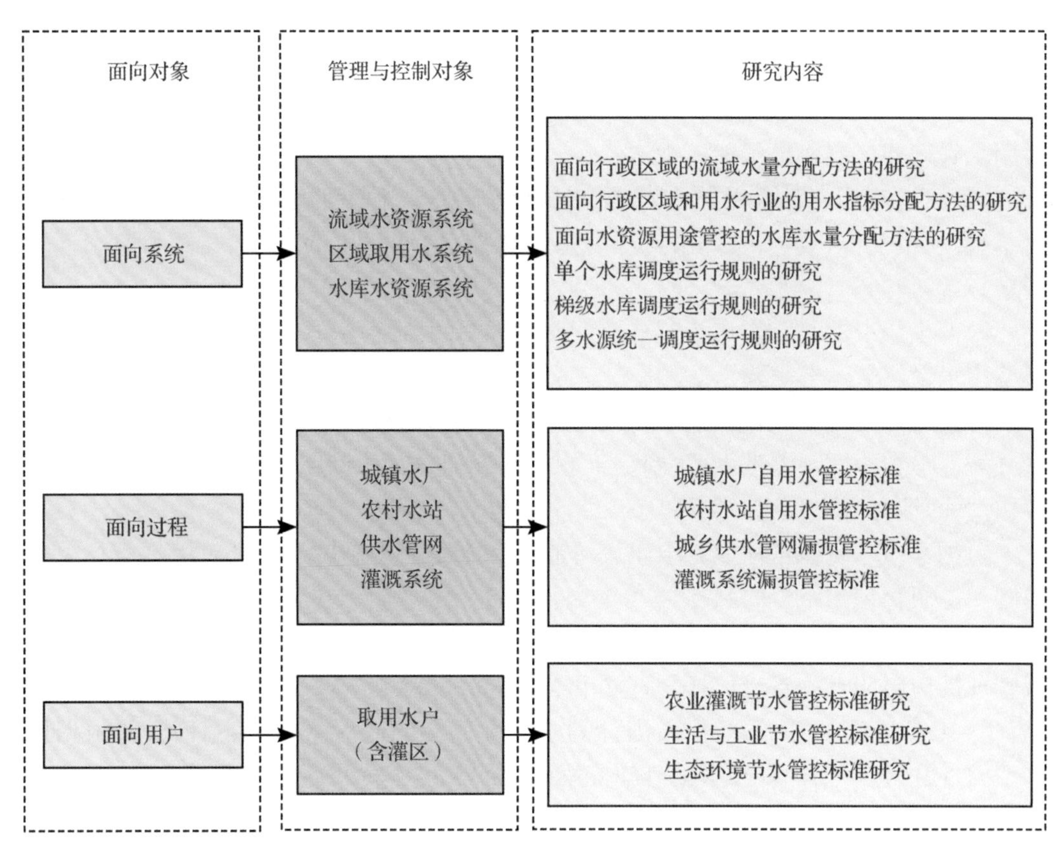

图5.1　节水管控的规则与标准的分类

(1)面向系统的节水管控规则的研究。以流域、区域和水库(群)水资源系统为研究对象,针对水资源—社会经济—生态环境构成的水资源系统,从取用水权管理和调度运行管理两个层面,开展水量分配方法和调度运行规则研究。具体的研究内容包括:面向行政区域的流域水量分配方法的研究、面向行政区域与用水行业的用水指标分配方法的研究、面向水资源用途管控的水库水量分配方法的研究,以及单个水库调度运行规则的研究、梯级水库调度运行规则的研究和多水源统一调度运行规则的研究。

(2)面向过程的节水管控标准的研究。以社会水循环过程的取—供—用环节为研究对象,开展其不同环节的节水管控标准的研究。具体的内容包括:城镇水厂自用水管控标准、农村水站自用水管控标准、城乡供水管网漏损管控标准、灌溉系统漏损管控标准等四个方面。

(3)面向用户的节水管控标准的研究。针对法律法规、政策性文件等规定用水管控对象,包括区域、取用水户(含灌区),开展其节水管控标准的研究。具体的研究包括:农业灌溉节水管控标准研究、生活与工业节水管控标准研究、生态环境节水管控标准研究。

5.1.4 规则与标准的制定依据

(1)法律法规等的规定

《中华人民共和国水法》(简称《水法》)和《取水许可和水资源费征收管理条例》对用水管理和控制作出了如下规定。

1)开发、利用、节约、保护水资源和防治水害,应当全面规划、统筹兼顾、标本兼治、综合利用、讲求效益,发挥水资源的多种功能,协调好生活、生产经营和生态环境用水。

2)开发、利用水资源,应当首先满足城乡居民生活用水,并兼顾农业、工业、生态环境用水以及航运等需要。

3)县级以上地方人民政府水行政主管部门或者流域管理机构应当根据批准的水量分配方案和年度预测来水量,制定年度水量分配方案和调度计划,实施水量统一调度;有关的地方人民政府必须服从。

4)国家对水资源依法实行取水许可制度和有偿使用制度。国家对用水实行总量控制和定额管理相结合的制度。

5)由国家确定的重要江河、湖泊的流域年度水量分配方案和年度取水计划,由流域管理机构会同有关省、自治区、直辖市人民政府水行政主管部门制定。

6)县级以上地方人民政府发展计划主管部门会同同级水行政主管部门,根据用水定额、经济技术条件以及水量分配方案确定的可供本行政区域使用的水量,制订年度用水计划,对本行政区域内的年度用水实行总量控制。取水单位或者个人应当按照经批准的年度取水计划取水。超计划或者超定额取水的,对超计划或者超定额部分累进收取水资源费。年度水量分配方案和年度取水计划是年度取水总量控制的依据,应当根据批准的水量分配方案或者签订的协议,结合实际的用水状况、行业用水定额、下一年度预测的来水量等制定。

7)用水应当计量,并按照批准的用水计划用水。用水实行计量收费和超定额累进加价制度。

(2)政策性文件的规定

《中共中央 国务院关于加快水利改革发展的决定》(2010 年)、《国务院关于实行最严格水资源管理制度的意见》(2012 年)、《中共中央 国务院关于加快推进生态文明建设的意见》(2015 年)、《国家节水行动方案》(2019 年)等对用水管理和控制做出了如下规定。

1)确立水资源开发利用的控制红线,抓紧制定主要江河水量的分配方案,建立取用水总量控制指标体系。建立用水效率控制制度,加快制定区域、行业和用水产品的用水效率指标体系,加强用水定额和计划管理。

2)加快制定主要江河流域水量的分配方案,建立覆盖流域和省市县三级行政区域的取用水总量控制指标体系,实施流域和区域取用水总量的控制。要按照江河流域水量分配方案或取用水总量控制指标,制订年度用水计划,依法对本行政区域内的年度用水实行总量管理。

3)严格规范取水许可审批管理,对取用水总量已达到或超过控制指标的地区,暂停审批建设项目的新增取水;对取用水总量接近控制指标的地区,限制审批建设项目的新增取水。对纳入取水许可管理的单位和其他用水大户实行计划用水管理,建立用水单位重点监控名录。

4)强化水资源的统一调度,协调好生活、生产、生态环境用水,完善水资源调度方案、应急调度预案和调度计划。区域水资源调度应当服从流域水资源的统一调度,水力发电、供水、航运等调度应当服从流域水资源的统一调度。

5)加强供水管网漏损管控,确保公共供水管网的漏损率达到国家标准的要求。督促供水企业通过管网独立分区计量的方式加强漏损控制的管理,建立精细化管理平台和漏损管控体系。在普查的基础上建立公共供水管网信息系统,鼓励开展管网独立分区计量体系的建设;强化居住小区的计量管理,鼓励建立小区 DMA 管理模式。

6)对水流等自然生态空间,完善自然资源资产用途管制制度,严格水资源论证和取水许可制度,研究建立江河湖泊生态水量的保障机制。

5.2　面向不同对象的水量分配方法的研究

5.2.1　面向行政区域的流域水量分配方法的研究

5.2.1.1　针对问题说明

开展江河流域水量分配是贯彻落实《水法》、实行最严格水资源管理制度的基本要求,是有效控制用水总量、落实水资源空间均衡的重要手段,是水资源强监管、实行最严格水资源管理制度的重要抓手,也是推动区域经济发展布局与水资源配置统筹协调的重要措施,更是维系生态环境良性循环、实现水资源可持续利用的迫切需要。2010 年,水利部全面启动了主要江河流域水量分配方案的编制工作,并陆续完成了一批重要江河流域的水量分配。2019 年 1 月,水利部围绕水资源强监管的明确要求:推进跨省和跨地市重要江河流域的水量分配,确定江河流域水量分配的指标等。2019 年 3 月,全国水资源管理工作会议要求:以“合理分水、管住用水”为目标,进一步理清分水思路，改进分水技术路线，推进各省跨地市县江河水量的分配，做到应分尽分，强化水资源监管的基础。

通过江河流域水量分配确定的区域水量分配指标，本质上就是该流域分配给区域的用水权上限指标。因为我国水资源的所有权为国家所有，该用水权上限指标为区域水资源使用权的上限指标。

5.2.1.2 分配方法与模型

根据国内的研究成果，确定流域水量的分配原则、方法和模型。

(1)分配原则

坚持生态优先、保障河流生态流量(水量)的原则。以水资源调查评价成果为基础，根据流域水资源的变化趋势和特点，每条河流都应根据其生态保护需求来确定生态基流以及基于特殊生态保护目标敏感期的生态流量。

坚持空间均衡、考虑预留(储备)水量的原则。以不超过水资源承载能力的可分配水量为分配对象，根据流域内各区域发展现状及未来的发展布局，按照空间均衡的原则分配水量；可分配水量不超过最严格水资源管理制度确定的区域用水总量控制指标；考虑流域内各区域的未来的重大发展战略的需要，应合理预留(储备)水量。

坚持尊重现状、公平合理的原则。对于流域内各区域现状的合理用水应优先满足；对于各区域新增用水指标，应充分考虑区域水资源条件、经济社会的发展和生态环境保护要求的差异性，因地制宜、公平公正、科学合理地确定区域水量的分配份额，促进流域和谐发展。

(2)模型方法

本研究采用“存量指标＋增量指标”的分配方法。

存量指标分配模型：采用现状合理用水指标法，即：

$$W_m^1 = W_m^0 - \varepsilon_m, m = 1, \cdots, M \qquad (式5.1)$$

式中：W_m^1 为第 m 个区域的存量用水指标；W_m^0 为第 m 个区域水量分配基准年的实际用水量(一般采用水量分配基准年水资源公报成果)；M 为流域内行政区域总数；ε_m 为第 m 个区域水量分配基准年实际用水量的不合理用水，当流域内行政区域用水水平和用水效率基本一致时，可以忽略该参数的影响。

增量指标分配方法：采用多因子权重系数法，即从供水安全、经济安全、粮食安全和水资源禀赋四个方面选取了常住人口、GDP、有效灌溉面积和多年平均水资源量四项指标(见表5.1)作为分解因子，将流域内增量指标部分分解至各行政单元。具体步骤如下。

①选择分解因子，建立分解因子矩阵 A。设 M 个区域、N 个分解因子，a_{mn} 为第 m 区域第 n 个分解因子，则分解因子矩阵 A 为：

$$A = \begin{bmatrix} a_{11} & \cdots & a_{1N} \\ \vdots & \vdots & \vdots \\ a_{M1} & \cdots & a_{MN} \end{bmatrix}, m = 1, \cdots, M, n = 1, \cdots, N \qquad (式5.2)$$

②将矩阵 A 无量纲化处理为矩阵 R。

$$R=\begin{bmatrix} r_{11} & \cdots & r_{1N} \\ \vdots & \vdots & \vdots \\ r_{M1} & \cdots & r_{MN} \end{bmatrix} \tag{式 5.3}$$

③设置分解因子权重 ω_n。

④计算区域分水权重 β_m。

$$\beta_m = \sum_{n=1}^{N} r_{mn} \times \omega_n \tag{式 5.4}$$

式中:β_m 为第 m 区域分水权重;r_{mn} 为第 m 区域第 n 分解因子无量纲化数值;ω_n 为第 n 分解因子权重值。

⑤计算区域增量指标水量 W_m^2。

$$W_m^2 = (W_0 - \sum_{m=1}^{M} W_m^1 - W_3) \times \beta_m / (\sum_{m=1}^{M} \beta_m) \tag{式 5.5}$$

式中:W_m^2 为第 m 区域增量指标水量;W_0 为流域可分配水量;W_3 为预留水量;其他符号的意义同前。

表 5.1　增量指标分解因子体系

目标层	准则层	指标层(分解因子)	单位
增量指标分解	供水安全保障 B_1	常住人口 C_1	万人
	经济安全保障 B_2	国内生产总值 C_2	亿元
	粮食安全保障 B_3	有效灌溉面积 C_3	万亩
	水资源禀赋 B_4	多年平均水资源量 C_4	亿 m^3

5.2.1.3　应用案例:衢江流域水量分配[26]

(1)流域概况与工作任务

衢江是钱塘江的主要支流、双源之一,流域面积为 10397.5km²,其中:衢州市境内 8259.4km²,丽水市境内 2138.1km²。衢江发源于安徽休宁县的马金溪。衢江上起衢州市常山港、江山港合流的双港口,下迄兰溪市西南横山纳金华江接兰江,是浙江省衢州市的母亲河,上承徽州文化,下接金华八婺,孕育出别具特色的三衢文化。

衢江流域覆盖衢州全市,包括柯城区、衢江区、江山市、龙游县、常山县和开化县(以下简称"二区一市三县"),合计为 17 个街道、44 个镇、39 个乡、92 个社区居委会、1483 个行政村,常住人口 218.2 万人。本次衢江流域水量分配的具体任务是将衢江流域水资源的使用权量分解到衢州市的"二区一市三县"。

(2)可分配水量的确定

根据《水量分配暂行办法》,江河流域水量分配的可分配水量取其可利用水量和用水总量控制指标的小值,即:

$$W_0 = \min\{W_1, W_2\} \tag{式 5.6}$$

$$W_1 = W - W_{st} - W_{fl} \quad (式5.7)$$

式中：W_0 为流域可分配水量；W_1 为流域可利用水量；W_2 为流域用水总量控制指标；W 为流域水资源的总量；W_{st}为流域最小生态环境的需水量；W_{fl}为不能控制利用洪水的水量。

根据衢州市第三次水资源调查评价成果和浙江省用水总量控制指标预分解方案，获得的衢江流域水资源可利用水量成果见表5.2，衢江流域2025年、2030年用水总量控制指标见表5.3，进而确定的衢江流域可分配水量成果见表5.4。

表5.2　衢江流域水资源可利用量成果

来水频率	水资源总量（亿 m^3）	河道内生态需水量（亿 m^3）	洪水弃水量（亿 m^3）	可利用水量（亿 m^3）
多年平均	118.99	23.45	30.87	64.67
50%	109.16	23.45	29.78	55.93
75%	93.89	23.45	25.44	45.00
90%	78.16	23.45	19.70	35.01
95%	70.31	23.45	13.32	33.54

表5.3　衢江流域2025年、2030年用水总量控制指标

县（市、区）	2025年用水总量（亿 m^3）		2030年用水总量（亿 m^3）	
	区域总量	衢江流域	区域总量	衢江流域
柯城区	4.12	—	4.24	—
衢江区	2.06	—	2.16	—
常山县	1.50	—	1.56	—
开化县	1.58	—	1.67	—
龙游县	2.48	—	2.58	—
江山市	2.96	—	3.09	—
小计	14.70	14.13	15.30	14.68

表5.4　衢江流域可分配水量成果

水平年	来水频率	可利用水量（亿 m^3）	用水总量控制指标（亿 m^3）	可分配水量（亿 m^3）
2025	多年平均	52.43	14.13	14.13
	50%	46.63	14.13	14.13
	75%	40.28	14.13	14.13
	90%	35.01	14.13	14.13
	95%	33.54	14.13	14.13

续表

水平年	来水频率	可利用水量（亿 m^3）	用水总量控制指标（亿 m^3）	可分配水量（亿 m^3）
2030	多年平均	52.43	14.68	14.68
	50%	46.63	14.68	14.68
	75%	40.28	14.68	14.68
	90%	35.01	14.68	14.68
	95%	33.54	14.68	14.68

(3)流域用水现状与分解因子

根据衢州市2020年水资源公报、衢州市水资源调查评价和相关规划的成果，2020年衢州市“二区一市三县”用水量和分解因子的具体数值，见表5.5。

表5.5 衢江流域各县(市、区)2020年用水量和分解因子

县(市、区)	用水量（亿 m^3）	常住人口（万人）	GDP（亿元）	有效灌溉面积（万亩）	多年平均水资源量(亿 m^3)
柯城区	3.32	52.9	533.9	14.2	6.6
衢江区	1.60	37.4	234.0	34.1	19.2
江山市	1.78	44.2	279.4	31.9	20.6
常山县	0.88	23.9	147.0	17.4	11.3
开化县	0.92	23.8	138.5	16.4	24.9
龙游县	1.85	36.0	247.6	36.4	11.4
合计	10.35	218.2	1580.4	150.4	94.0

(4)分配成果

采用5.2.1.2中的方法与模型，将衢江流域可分配水量分解到衢州市各行政单元，其中：分解因子权重指标、区域分水权重成果分别见表5.6、表5.7，水量分配成果见表5.8。

表5.6 分解因子权重指标

分解因子	常住人口 C_1	国内生产总值 C_2	有效灌溉面积 C_3	多年平均水资源量 C_4
权重值	0.1	0.3	0.2	0.4

表5.7 区域分水权重成果

县(市、区)	柯城区	衢江区	江山市	常山县	开化县	龙游县
区域分水权重	0.30	0.14	0.19	0.10	0.10	0.18

表 5.8 衢江流域水量分配成果 (单位:亿 m^3)

县(市、区)	存量指标	增量指标		水量分配成果	
		2025 年	2030 年	2025 年	2030 年
柯城区	3.32	0.85	0.97	4.17	4.29
衢江区	1.60	0.41	0.51	2.01	2.11
江山市	1.78	0.85	0.96	2.63	2.74
常山县	0.88	0.51	0.56	1.39	1.44
开化县	0.92	0.53	0.60	1.45	1.52
龙游县	1.85	0.63	0.73	2.48	2.58
合计	10.35	3.78	4.33	14.13	14.68

5.2.2 面向行政区域和用水行业的用水指标分配方法的研究

5.2.2.1 针对情况说明

为应对我国面临的水问题,国家提出以“三条红线”(水资源开发利用控制红线、用水效率控制红线、水功能区限制纳污红线)与“四项制度”(用水总量控制制度、用水效率控制制度、水功能区限制纳污制度、水资源管理责任和考核制度)为核心的最严格水资源管理制度,确定了不同水平年全国及各省级行政区“三条红线”的指标数值;并要求将这些指标数值分解到设区市和县(市、区)。

“三条红线”的指标数值分解不仅涉及相关行政区的水资源禀赋条件、用水结构与用水量等现状的基础情况,又与其未来发展需求息息相关,属于相关行政区发展权的一项重要的资源要素,是一项政策性强、敏感性高的工作。为做好这些工作,水利部提出高度重视、精心组织、充分论证、科学合理、因地制宜、切实可行、多方参与、民主决策的总体要求。这里针对南方地区的情况与特点,重点说明用水总量、用水效率的分解方法,其中:用水总量指标又细化为生活和工业用水量指标、农业用水量指标。

5.2.2.2 模型原理与方法

按照本地水资源和节水管理政策,用水指标包括用水总量、生活和工业用水量、农业用水量、万元 GDP 用水量下降率、万元工业增加值用水量下降率、农田灌溉水有效利用系数 6 个。按照独立性检验,具有独立性的指标是生活和工业用水量、农田灌溉水有效利用系数(与农业用水量弱相关),其他指标之间具有不同程度的关联性。从中长期的变化趋势分析,除了农业用水量具有随机性、不确定性之外,其他指标的变化趋势总体趋于稳定。从计量监测现状基础分析,生活和工业用水计量监测率达到 80% 以上,而农业用水目前尚不足 50%;而计量监测率又是了解掌握现状用水的主要依据。因此,这里选择三种模型用于用水指标分解。

(1)农业用水量的分解原理与数学模型

模型原理:针对农业用水计量监测率不高的现状,提出一种基于水资源供需模拟技术的灌区农业用水量分析模型、基于灌区单位面积用水量的区域农业用水量统计模型、基于相对隶属度的农业用水量的分解方法。

对于待分解指标农业用水量 YT,其分解步骤如下。

1)基于水资源供需模拟技术灌区农业灌溉用水量分析模型

目标函数:水源监测供水量与模拟供水量之差最小。即:

$$\min \sum_{i=1}^{n} \sum_{j=1}^{3} | Q_{i,j}(t) - C_{i,j}(t) | \tag{式 5.8}$$

式中:$Q_{i,j}(t)$ 为 t 时段水源模拟供水量;$C_{i,j}(t)$ 为 t 时段水源监测供水量;i 为水源类型,$i=1,2,3$ 分别代表蓄水工程、引水工程、提水工程的水源;$j=1,2,3,\cdots,n$ 代表水源个数。

约束条件如下。

- 水量平衡约束:

$$V_{i,j}(t+1) = V_{i,j}(t) + q_{i,j}(t) - Q_{i,j}(t) - I_{i,j}(t) \tag{式 5.9}$$

- 水源工程蓄量约束:

$$V_{i,j}^{\min} \leqslant V_{i,j}(t) \leqslant V_{i,j}^{\max} \tag{式 5.10}$$

- 工程能力约束:

$$Q_{i,j}(t) \leqslant Q_{i,j}^{\max} \tag{式 5.11}$$

- 水源工程供水量约束:

$$Q_{i,j}(t) = \sum_{k=1}^{K} XS_{i,j}^{k}(t) \leqslant V_{i,j}(t) - V_{i,j}^{\min} \tag{式 5.12}$$

式中:$V_{i,j}(t)$、$V_{i,j}(t+1)$ 分别为 t 时段初、末水源蓄水总量;$q_{i,j}(t)$ 为 t 时段水源来水量;$Q_{i,j}(t)$ 为 t 时段多个水源供水量;$I_{i,j}(t)$ 为 t 时段水源蒸渗损失水量;$V_{i,j}^{\min}$、$V_{i,j}^{\max}$ 分别为水源工程蓄水能力下限、上限值;$Q_{i,j}^{\max}$ 为供水工程的最大能力;$XS_{i,j}^{k}(t)$ 为第 t 时段 k 类用水户的供水量。

2)灌区农业用水量的确定模型

$$NY_{i,j} = \sum_{i=1}^{n} \sum_{j=1}^{3} \sum_{t=1}^{T} [Q_{i,j}(t) - XS_{i,j}^{0}(t)] \tag{式 5.13}$$

式中:$NY_{i,j}$ 为灌区农业用水量;$XS_{i,j}^{0}(t)$ 为第 t 时段水源工程对应的非农供水量;T 为模拟计算时段总数;其他符号的意义同前。

3)区域农业用水量的计算模型

在行政区域 a 内按照灌区规模大小将其分为 P 类,采用灌区农业用水量确定模型确定每类灌区单位灌溉面积的农业用水量 w_p,进而确定区域农业灌溉用水量 Y_a^0,即:

$$w_p = NY_{i,j}^{p} / F_p \tag{式 5.14}$$

$$Y_a^0 = \sum_{p=1}^{P} w_p \times A_p \tag{式 5.15}$$

式中:w_p 为行政区域 a 内 P 类典型灌区单位面积的农业用水量;$NY_{i,j}^{p}$ 为 P 类典型灌区的农业用水量;F_p 为 P 类典型灌区的灌溉面积;Y_a^0 为行政区域 a 的农业用水量;

A_p 为行政区域 a 内 P 类典型灌区的灌溉面积。

4)区域农业用水量的分解模型

$$Y_a = Y_a^0 \times u_a / \sum_{a=1}^{A} u_a \qquad (式5.16)$$

$$\sum_{a=1}^{A} Y_a^0 \leqslant YT \qquad (式5.17)$$

$$\Delta YT = YT - \sum_{a=1}^{A} Y_a \qquad (式5.18)$$

式中:Y_a 为行政区域 a 农业用水量的分解指标;u_a 为相对隶属度;A 为分解行政区域的数量;ΔYT 为预留农业用水量。

(2)区域用水总量、生活和工业用水量的分解原理与数学模型

模型原理:按照尊重现状、合理预留、保障发展的原则进行分解。即以各行政区域的现状用水为基础,先取待分解指标的一定比率作为预留指标,以保障国家或地方重大产业布局用水指标的需求,然后按照各行政区过去5年用水平均变化率作为增量指标的分解依据,当待分解增量指标不足时,各行政区域用水的增长率同步变化。

1)预留指标计算模型

$$\Delta ZT = ZT \times \alpha \qquad (式5.19)$$

式中:ΔZT 为用水总量、生活和工业用水量的预留水量指标;ZT 为待分解的用水总量、生活和工业用水量的指标;α 为预留指标取值系数,$0 \leqslant \alpha \leqslant 1$,当区域指标相对宽裕时,该指标可以稍大,反之,则小,甚至为0。

2)区域水量分解模型

$$Z_a = \frac{ZT - \Delta ZT}{\sum_{a=1}^{A} Z_a^0 \times (1 + \Delta z_a \times \beta)} \times Z_a^0 \times (1 + \Delta z_a \times \beta), \qquad (式5.20)$$

且 $\sum_{a=1}^{A} Z_a \approx ZT - \Delta ZT$

式中:Z_a 为第 a 行政区域的用水总量、生活和工业用水量的分解指标;Z_a^0 为第 a 行政区域的现状用水指标;Δz_a 为第 a 行政区域现状年前5年用水平均变化率;β 为用水平均变化率的调整系数,$0 \leqslant \beta \leqslant 1$,当区域指标相对宽裕时,该指标可以稍大,反之,则小,甚至为0;其他符号的意义同前。

(3)区域用水效率的分解原理与数学模型

模型原理:按照尊重现状、公平合理的原则进行分解。即以各行政区域现状用水效率为依据,将其划分为 N 个分区。再以待分解用水效率的变化率为依据,以各行政区域现状年前5年用水效率变化率为基础,对于现状用水效率水平高的行政区域,允许其用水效率变化率相对较小;对于现状用水效率水平低的行政区域,要求其用水效率的变化率相对较大,以体现公平性,同时各区域用水效率的变化率加权平均值满足实现待分解指标达标的要求。

1）按照现状用水效率值分区

$$x_n^0 = [x_n^{\min}, x_n^{\max}], n = 1, \cdots, N \quad (式5.21)$$

式中：x_n^0 为第 n 个分区；$x_n^{\min}$、$x_n^{\max}$ 分别为第 n 个分区用水效率取值的下限和上限；n 为分区序号。

对于万元 GDP 用水量下降率、万元工业增加值用水量下降率两项反向性指标，其数值越大，其水平越低；对于农田灌溉水有效利用系数这一正向性指标，其数值越大，其水平越高。

2）用水效率变化率的分解模型

$$X_a = X_a^0 \times (1 + \gamma_a), 且 \sum_{a=1}^{A} X_a \times FA_a \leqslant \Delta X \quad (式5.22)$$

式中：X_a 为第 a 行政区域的用水效率分解指标；X_a^0 为第 a 行政区域的用水效率指标现状值；ΔX 为待分解用水效率指标；γ_k 为用水效率变化率的调整系数，$-1 \leqslant \gamma_k \leqslant 1$，对于正向性指标，现状值越大，该指标的取值越小，反之则大，对于负向性指标，现状值越大，该指标的取值越大，反之则小；FA_a 为第 a 行政区域与用水效率指标相应的发展规模。

5.2.2.3　实例应用

（1）农业用水量的分解

某市的有效灌溉面积为232.28万亩，农田实际的灌溉面积为223.81万亩，节水灌溉工程的面积为143.60万亩。以某市农业用水量的核定与分解为例。

第一，根据全市的灌区类型、种植结构、地区分布、管理水平，选择典型灌区（见表5.9）。根据典型灌区水资源系统的供需关系，以灌区来水量、需水量、水利工程调度规则、主要水源监测供水量为基础，采用前述水资源供需模拟分析技术建立灌区农业灌溉用水量的分析模型。

表5.9　典型灌区农业用水量的计算成果

灌区名称	灌溉面积（万亩）	农业用水量（万 m^3）
灌区Ⅰ	56.8	22126
灌区Ⅱ	5.7	2945
灌区Ⅲ	1.5	640
灌区Ⅳ	1.2	454
灌区Ⅴ	0.9	395

第二，根据典型水资源供需模拟成果，得到各典型灌区农业用水量的计算成果，见表5.10；根据典型灌区农业用水量、全市灌区资料，计算得到该市农业用水量 NY = 91588万 m^3。

第三，根据该市7个行政区域灌区的情况，选择水稻的播种面积、蔬菜与水果的播种面积、其他旱作物的播种面积等6个指标，采用前述模型分解得到其农业用水量成果，见表5.10。

表 5.10　某市下辖 7 个行政区域农业用水量的分解成果

行政区域	参考因素						农业用水量（万 m^3）
	水稻面积（亩）	果蔬面积（亩）	其他旱作物面积（亩）	降雨量（mm）	节水灌溉面积率	上年度灌溉用水量（万 m^3）	
区域 A	8109	48733	19789	1444	0.77	30858	29716
区域 B	10414	30392	7351	1460	0.77	15258	14864
区域 C	10582	15634	15019	1450	0.39	15065	15272
区域 D	3235	11007	8339	1514	0.33	11300	11186
区域 E	4407	10849	10256	1487	0.5	8546	7708
区域 F	5951	12758	14592	1521	0.86	9027	8276
区域 G	1148	10879	26199	1745	1.00	4642	4567

（2）用水总量、生活与工业用水量的分解

某地上级下达的用水总量为 254 亿 m^3，生活和工业用水量的分解目标为 152 亿 m^3。根据最严格水资源管理制度的要求，需要将其分解到其下属的行政区域。具体的分解步骤如下：

第一，根据本区域的用水实际，确定年用水总量的预留水量 14 亿 m^3、生活和工业用水量预留水量 12 亿 m^3。因此，可分解用水总量为 240 亿 m^3，生活和工业用水量为 140 亿 m^3。

第二，按照尊重现状的原则，各行政区域用水总量、生活和工业用水量指标不得低于其现状值；根据各行政区域的现状资料，采用前述模型分解增量指标。

第三，根据各行政区域的现状指标、增量指标的分解成果，确定其用水总量、生活和工业用水量分解成果，见表 5.11。

表 5.11　某地用水总量、生活和工业用水量的分解成果

行政区	用水总量（亿 m^3）	生活和工业用水量（亿 m^3）	备注
区域 A	45.49	32.26	生活和工业用水量中包括第三产业用水
区域 B	26.12	17.68	
区域 C	24.58	17.17	
区域 D	24.32	10.81	
区域 E	21.24	8.13	
区域 F	24.12	14.09	
区域 G	22.65	12.71	
区域 H	17.21	8.45	
区域 I	1.88	1.75	
区域 J	22.32	12.88	
区域 K	10.05	4.07	
合计	239.98	140.00	

（3）用水效率指标的分解

某地下达用水效率控制指标为：万元 GDP 用水量的下降率为 28%，万元工业增加值用水量的下降率为 30%，农田灌溉水有效利用系数为 0.58。根据最严格水资源管理制度的要求，需要将其分解到其下属行政区域。其中：农田灌溉水有效利用系数指标分解采用农田水利标准化建设的意见成果，这里介绍另外两项指标。

具体分解的步骤如下。

首先，根据下属行政区域用水效率的现状进行分区分档，对于万元 GDP 用水量下降率、万元工业增加值用水量下降率两个负向性指标，遵循梯级递减，即用水效率相对低的地区的下降幅度大，用水效率相对高的地区的下降幅度小的原则。分区分档结果见表 5.12。

表 5.12　某地不同分区用水效率分档下降率的控制指标

分区分档	万元 GDP 用水量		万元工业增加值用水量	
	现状基准值	下降幅度	现状基准值	下降幅度
第一档	60 以下	20%	30 以下	20%
第二档	60 ~ 100	30%	30 ~ 60	30%
第三档	101 ~ 140	35%	61 ~ 90	35%
第四档	高于 140	40%	90 以上	40%

其次，根据各行政区域用水效率现状值和表 5.12，采用前述模型确定各行政区域的用水效率指标值，成果见表 5.13。

表 5.13　某地不同分区用水效率控制指标的分解

行政区	万元 GDP 用水量下降率	万元工业增加值用水量下降率	备注
区域 A	30%	30%	表中数据为定基比，以基准年的数据为准
区域 B	18%	18%	
区域 C	25%	25%	
区域 D	25%	25%	
区域 E	35%	25%	
区域 F	25%	25%	
区域 G	30%	30%	
区域 H	35%	35%	
区域 I	18%	18%	
区域 J	25%	25%	
区域 K	35%	25%	
合计	28%	30%	

5.2.3 面向水资源用途管控的水库水量分配方法的研究

5.2.3.1 针对问题说明

我国水权建设起步于2000年,水利部部长在中国水利学会年会上做了《水权和水市场——实现水资源优化配置的经济手段》的报告,在全社会上引起强烈的反响,随后水权制度建设在全国全面展开。制度建设上构建水权制度建设支撑性制度,取水许可、水量分配等制度较为成熟;在具体的实践上,取水许可制度持续推进并深化,水权水市场建设取得重要的进展,市场机制的作用进一步发挥;研究成果呈现理论性、系统性和全面性的特征。

城镇化、工业化的快速发展导致水生态环境的污染日益凸显,进而导致优质水资源稀缺;在此背景下,原设计功能以农田灌溉、防洪等为主的大中型水库,陆续增加了供水功能(仅浙江省就有189座这种功能转型水库)。《水法》又规定"开发、利用水资源,应当首先满足城乡居民生活用水,并兼顾农业、工业、生态环境用水以及航运等需要",导致大中型水库的灌溉与供水矛盾进一步突出。发布的《中共中央关于全面深化改革若干重大问题的决定》《中共中央关于制定国民经济和社会发展第十三个五年规划的建议》《生态文明体制改革总体方案》等文件先后推行水权制度建设,将水资源占有、使用、收益的权利落实到取用水户,探索地区间、流域间、流域上下游、行业间、用水户间等水权交易方式,建立市场化、多元化生态补偿机制。

因此,为缓解多功能水库取用水矛盾、提高水资源的利用效益,加强水资源用途的管控,开展其水资源使用权量分配方法的研究是十分必要的,以便为多元化补偿机制的建立提供基本依据。

5.2.3.2 分配方法与模型

(1)分配原则

水库水资源使用权量分配就是水资源使用量在行业间的分配。按照物权理论,水库水资源使用权具有自物权和他物权双重属性。对于属于自物权的水资源使用权量,其权属主体为自物权人;对于属于他物权的水资源使用权量,按照用水户的基本情况,遵循公平与效率的原则分配给相应的行业。因此,水库水资源的使用权量分配包括以下两个环节。

第一,水资源的使用权量在自物权和他物权之间分解。其分解遵循产权理论,按照投资投劳比例分摊水资源的使用权量。

第二,自物权和他物权水资源使用权量在行业间分解,遵循以下的基本原则。

1)自物权优先原则。自物权就是所有权,是权利人对自己的所有物依法享有的占有、使用、收益、处分的权利,是完全物权。所有权是唯一的自物权。拥有自物权的主体同时拥有相应的水资源使用权。所有权以外的物权均是他物权,他物权是不完全物权。自物权和他物权在权利主体、权利内容和权力存在期限上有明显的不同。

2)尊重历史与现状原则。即占用优先原则,经过长期历史过程形成的水资源使用权分配方案已被利益相关方接受并实行,具有合理性和可操作性。新的分配方案必须尊重历史与现状事实。

3)生活用水优先原则。水是生命之源,正是由于水资源的生命性,水资源使用权的分配应优先满足生活需求,保障基本生活用水的权利。按照“先生活后其他”的顺序进行分配。

4)生态用水保障原则。要保证流域水资源的可持续发展利用,实现代内和代际公平,必须保障河湖生态用水。

5)公平性原则。水资源是基础性自然资源和战略性经济资源,是生命之源、生产之要、生态之基,水资源的使用权意味着生存权和发展权,因此,水资源的使用权的公平分配对各区域、各用水户的发展至关重要。

6)高效性原则。水资源作为经济资源之一,其使用权分配,应以综合效益最佳为目标,其高效性包括经济效益、社会效益和生态效益在内的总体效益的高效。

7)民主协商原则。水资源使用权是一项政策性很强、敏感性很高的工作,须利益相关方共同参与民主协商,经科学分析论证,妥善解决各种分歧和争议,通过民主与集中决策程序来确定。

(2)分配方法

自物权指用益物权人同时也是所有权人。他物权仅包括用益物权,并不拥有所有权。自物权水资源使用权量是指国家以外的水库所有权人投资水库工程建设,使水库集水面积以上的天然水资源增加的水资源使用权量。

我国的水资源归国家所有,但国家并不直接使用水资源,而是通过行政手段将水资源用益物权转让给实际的使用者,实际的使用者并不拥有所有权,因此,国家所有的水资源使用权属于他物权。他物权水资源的使用权量包括两部分:一部分是国家所有的天然水资源使用权量;另一部分是国家投资水库工程建设,使水库集水面积以上的天然水资源增加的水资源使用权量。

本研究将水库建设前其集水面积以上的天然水资源使用权称之为天然水资源使用权,由于水库工程建设运行而使其集水面积以上的天然水资源增加的使用权为工程水资源使用权。水库天然和工程水资源使用权及其自物权与他物权的关系见图5.2。

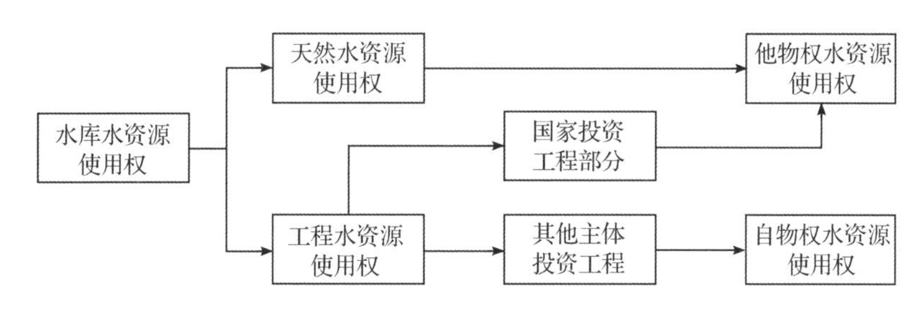

图5.2　天然和工程水资源使用权与自物权、他物权的关系

工程水资源使用权量在国家投资与其他主体投资之间按照其资产比例进行分

配,则自物权与他物权水资源的使用权量的计算公式如下:

$$W_{自物权} = K_{其他主体} \times W_{工程权量} \quad (式5.23)$$

$$W_{他物权} = W_{天然权量} + K_{国家} \times W_{工程权量} \quad (式5.24)$$

式中:$W_{自物权}$、$W_{他物权}$分别为自物权、他物权水资源的使用权量;$K_{其他主体}$、$K_{国家}$分别为其他主体、国家拥有水库资产的比例,水库资产包括水资源资产、工程资产、水域空间资产三部分。

水库水资源使用权量的分配应根据自物权与他物权分别进行分配。

自物权水资源使用权量的分配方法:该部分为非国家投资主体的权益。若投资(含投劳)人为农业灌溉受益主体,则将自物权水资源的使用权量分配给农业;若投资人为工业用水主体,则将其分配给工业;若投资人为生活供水主体,则将其分配给生活。

他物权水资源使用权量的分配方法:他物权水资源使用权的所有权主体为国家,因此,他物权水资源使用权量的初始分配应更注重社会效益,应该公平优先,兼顾效益。

5.2.3.3 应用案例:长兴县泗安水库水资源使用权量的分配

(1)水库现状的概况

泗安水库位于长兴县泗安塘的上游,坝址位于泗安镇境内。1959年1月,全县30个人民公社抽调5000人开工建设;1964年8月,主体工程建设完成。此后为充分发挥泗安水库的综合效益,陆续对泗安水库进行了更新改造。如:1974年11月建成装机2台×75千瓦的水电站;1996年实施泗安水库增容工程建设,新开灌溉输水涵洞180m,新电站建设(2台×160千瓦)和老电站报废;2013年3月实施泗安水库除险加固工程,包括大坝防渗加固,大坝上下游护坡、背坡拼宽放坡及坝顶改造,泄洪闸拆除重建,非常溢洪道整修,下游泄洪渠整修加固,新建导流泄洪隧洞,增设大坝监测及信息系统、管理房及防汛道路等。

泗安水库被设计为一座以防洪为主,结合灌溉、发电等综合利用的中型水库,坝址以上控制流域面积为108km^2,主流长度为19.50km,总库容为5000万m^3,发电装机容量为320kW。保护下游泗安镇、林城镇15万人口和24万亩农田,以及318国道、沪渝高速、杭长高速、04省道、宣杭铁路部分重要交通设施的防洪安全,水库灌溉面积为2万亩。近年来,泗安镇接受省际产业转移,泗安水库供水量逐年增加,生活用水为1.94万m^3/d(708万m^3/a),工业用水为1.29万m^3/d(470万m^3/a),泗安水库的供用水矛盾日益突出,急需开展基于水资源使用权量分配的水资源用途管控研究。

(2)资产评估

根据泗安水库建设及发展变化的进程,结合本地的现状资料进行合理折算,分别评估其水资源产权、工程产权和水域生态空间资产的价值及其权属主体,见表5.14。

表 5.14　泗安水库资产权属

资产分类	资产价值(万元)	权属(或授权)主体
水资源	595	长兴县人民政府
工程	20156	长兴县人民政府
	213	投劳受益农民
水域空间	3554	长兴县人民政府
小计	24305	长兴县人民政府
	213	乡镇人民政府

(3)水资源使用权量的分配

①天然水资源使用权量的计算

天然水资源使用权量是指不建设泗安水库的情况下的天然水资源可利用量。以泗安水库所在的坝址在1958—2016年的径流量、河道生态环境需水量、城镇供水及农业灌溉用水量等数据为基础,按河道生态环境、生活、工业、农业等依次进行供需分析,计算得到泗安水库坝址处在95%来水频率下天然水资源使用权量为1407万 m^3,90%来水频率下天然水资源使用权量为1680万 m^3。

②工程水资源使用权量的计算

工程水资源使用权量是指水库水资源使用权总量减去天然水资源使用权量后的数值。经分析计算,到泗安水库在95%来水频率下工程水资源使用权量为1106万 m^3,90%来水频率下工程水资源使用权量为1213万 m^3。

③物权与他物权水资源使用权量的分析

根据式5.23、式5.24分析泗安水库自物权与他物权水资源使用权量,根据表5.15计算其他主体、国家拥有水库资产的比例,计算结果为:$K_{其他主体}=0.9\%$、$K_{国家}=99.1\%$。据此得到泗安水库在95%来水频率下自物权水资源使用权量为10万 m^3,他物权水资源使用权量为2503万 m^3;90%来水频率下自物权水资源使用权量为11万 m^3,他物权水资源使用权量为2882万 m^3。

表 5.15　不同类型的水资源使用权量

来水频率	水资源使用权量(万 m^3)			
	天然水资源使用权量	工程水资源使用权量	自物权量	他物权量
95%	1407	1106	10	2503
90%	1680	1213	11	2882

自物权量分配:泗安水库自物权人工程在建设初期为满足其灌溉需要而投劳,是灌溉用水受益主体,因此将其分配给农业灌溉用水受益主体,即95%来水频率年份农业灌溉用水,自然获得10万 m^3 的水资源使用权量,90%来水频率下的为11万 m^3。

他物权量分配:泗安水库他物权水资源使用权量基于水资源合理配置的行业初始水权分配方法进行分配,分配结果见表5.16。

表5.16　泗安水库他物权量的分配成果

来水频率	初始水权量(万 m^3)				
	生态基流	生活	工业	农业	合计
95%	475	869	453	1181	2978
90%	475	1000	522	1360	3357

④泗安水库水资源使用权量的分配

综合上述的分析结果,得到泗安水库基于产权理论的行业初始水权分配结果,见表5.17。

表5.17　泗安水库水资源使用权量的分配成果

来水频率	行业初始水权量(万 m^3)				
	生态基流	生活	工业	农业	合计
95%	475	869	453	1191	2988
90%	475	1000	522	1371	3368

5.3　面向水库(群)的调度运行规则的研究

调度运行规则是指导水库调度运行的重要工具,它不仅是以水库为核心的水资源系统改扩建决策的参考要素,而且是运行管理期水库综合效益发挥的关键因素之一。这里分三种情况进行研究说明。

5.3.1　单一水库调度运行规则的研究

5.3.1.1　针对情况说明

具有多功能大中型水库的调度运行,需要协调解决的矛盾包括四个方面。第一,水库防洪与兴利的矛盾,在水库总库容一定的情况下,防洪能力越大,兴利功能相对越弱;防洪能力越小,兴利功能相对越强。第二,水库来水的随机性和不确定性、用水量的持续增长和波动性以及极端水文气象,导致水库来水过程与用水过程不协调,水资源的供需矛盾进一步突出。第三,在资源有限的情况下,依法有序协调城乡生活用水和生态基流优先、保护取用水户合法权益的矛盾需要切实可行的方法。第四,从发展角度出发,无论是优先权利还是合法权利,都要基于系统性的全局视野,以整体效益最佳为目标,需要协调整体利益和局部利益的矛盾。因此,需要建立一套科学、合理的规则来指导水库调度运行。

5.3.1.2　模型原理与求解方法

(1)基本思路

最常用的规则形式是调度图和调度函数。本研究选用调度图的规则形式。水库调度图是指导水库运行控制线图,由一些控制水库蓄水量和供水量的指标线将水库的兴利库容划分出不同的调度区,它是指导水库控制运行的主要工具。水库防洪和兴利的矛盾通过汛限水位来控制,这里重点阐述水库兴利调度规则的确定问题。水库调度运行控制线的确定方法较多,这里选择基于模拟技术的用水优先控制线的确定方法[58][59]。

基本思路:按照用水优先的顺序,高优先级用水优先满足的原则。高优先级用水达到设计保证率,确定其供水库容后,再确定下一优先级用水库容,直至最后一个用水功能或对象。其包括以下步骤。

1)根据水库多种功能及其重要性,确定水库用水的优先顺序,并将其用水的优先顺序表述为水库兴利库容自下而上的分区形式。

2)根据长系列来水和不同分区用水资料,采用逆时序递推法确定历年逐时段满足该分区用水要求的水库蓄水量控制线,进而确定其外包络线。

3)采用各功能用水保证率与外包络线法相融合来确定其用水管理控制线。本思路不仅能够有效协调解决水库的多种功能用水矛盾的问题,而且具有直观、高效、易操作等特点。

(2)数学模型

在保障河道生态基流的前提下,按照生活、工业、农业、环境等优先顺序,依次达到设计保证率的原则,构建目标函数如下:

$$\begin{cases} P'_s \geqslant P_s \\ P'_g \geqslant P_g \\ P'_n \geqslant P_n \\ P'_e \geqslant P_e \\ P'_s > P'_g > P'_n > P'_e \end{cases} \qquad (式5.25)$$

式中:P'_s、P'_g、P'_n、P'_e 分别为生活、工业、农业、环境用水的实际供水保证率;P_s、P_g、P_n、P_e 分别为生活、工业、农业、环境用水户的设计供水保证率。

约束条件包括:

1)水库水量平衡约束

$$V(t) = V(t-1) + P(t) - Q(t) - Qq(t) - [WZ(t) + WS(t)] \qquad (式5.26)$$

式中:$V(t)$、$V(t-1)$ 分别为水库水源 t 时段末、时段初的蓄水量;$P(t)$ 为水库 t 时段的入库径流量;$Q(t)$ 为水库 t 时段的供水量;$Qq(t)$ 为水库 t 时段的泄水量(或称弃水量);$WZ(t)$ 为水库水 t 时段的蒸发水量;$WS(t)$ 为水库 t 时段的渗漏水量。

2)水库蓄水能力约束

$$V^{\min} \leqslant V(t) \leqslant V^{\max} \qquad (式5.27)$$

式中：V^{min}、V^{max} 分别为水库 t 时段蓄水能力的下限和上限。

3）工程能力约束

$$QQ^{min} \leqslant Q(t) \leqslant QQ^{max} \tag{式 5.28}$$

式中：$Q(t)$ 为水库 t 时段的供水量；QQ^{min} 为工程最小的过水要求；QQ^{max} 为工程的最大过水能力。

4）需水量约束

$$Q(t) = \sum_{i=1}^{NI} q_i(t) \leqslant q^{max}(t) \tag{式 5.29}$$

式中：$q_i(t)$ 为第 i 用水户 t 时段的需水量；$q^{max}(t)$ 为第 i 用水户 t 时段的需水量的上限值。

（3）求解方法与步骤

多功能水库调度运行管理控制线的确定逻辑框，见图 5.3。

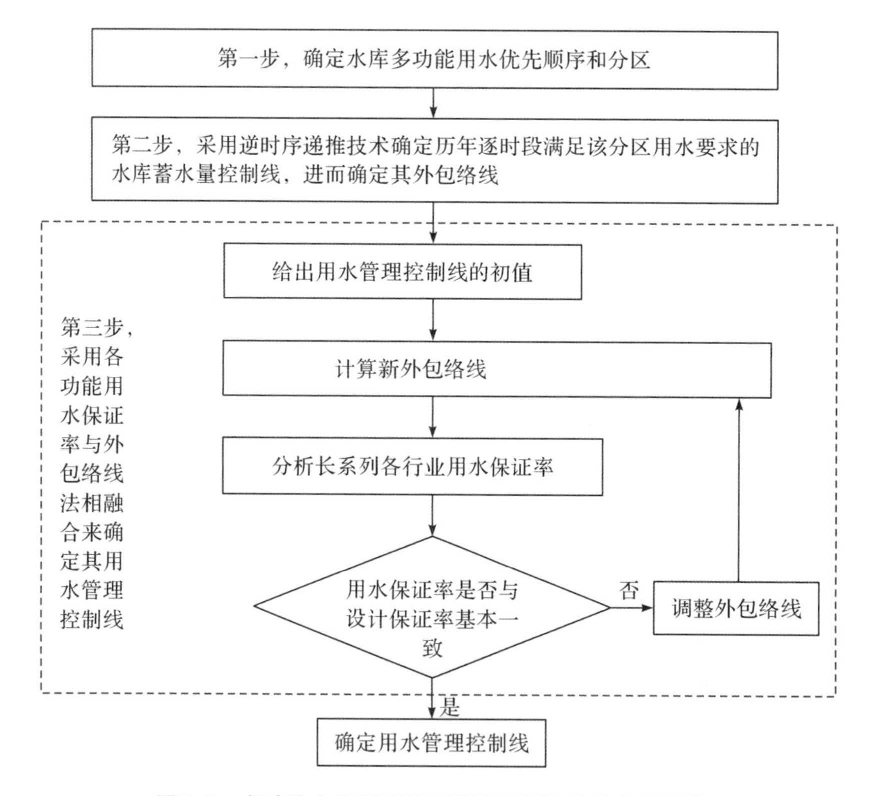

图 5.3　多功能水库调度运行管理控制线的确定逻辑框

具体步骤包括：

第一步，根据水库功能及其重要性确定水库的用水优先顺序，例如：将水库供水、生态基流、灌溉、环境补水的用水优先顺序表述为水库兴利库容自下而上的四个分区（见图 5.4），即 $R_1 > R_2 > R_3 > R_4$。

其中，R_1、R_2、R_3、R_4 分别为供水、生态基流、灌溉、环境补水功能分区。

R_1 分区属于最高优先权分区，该分区只允许供水，限制其他功能用水；R_2 分区属于第二优先权分区,该分区允许供水和生态基流用水,限制其他功能用水;其他分区以此类推;该方法利用优先或限制分区直观、有序地协调多功能水库的用水矛盾。

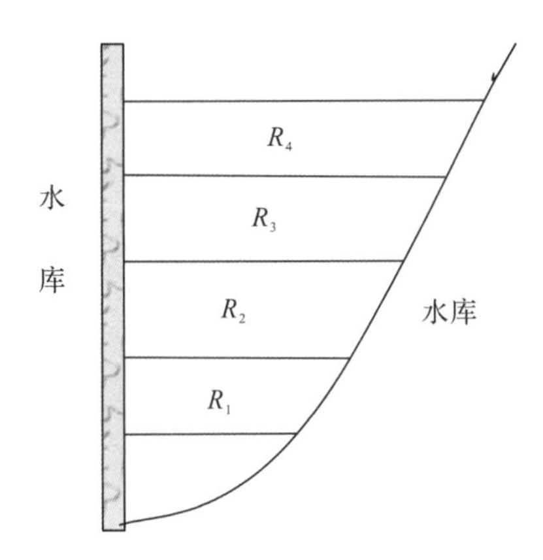

图5.4 水库用水优先顺序的分区示意

第二步,根据水库长系列来水和用水资料,采用水库水量平衡约束,采用逆时序递推法确定历年逐时段满足该分区用水要求的水库蓄水量控制线,进而确定其外包络线。

所述的 $V_n^{\max}$ 的确定方法为:利用所述的水库蓄水量逆时序递推方程,计算第 n 分区第 i 年由 NT 个蓄水量组成的水库全年蓄水过程线 $V_n^i(t)$,$t=1,2,\cdots,NT$;确定 NI 年长系列历年第 t 时刻水库的最大蓄水量 $v_n^{\max}(t)$,进而确定外包络线 $V_n^{\max}$,其中:

全年蓄水过程线 $V_n^i=\{v_n^i(1),v_n^i(2),\cdots,v_n^i(t),\cdots,v_n^i(NT)\},t=1,2,\cdots,NT$

$$v_n^{\max}(t)=\max(v_n^i(t),i=1,2,\cdots,NI;t=1,2,\cdots,NT)$$

外包络线 $V_n^{\max}=\{v_n^{\max}(1),v_n^{\max}(2),\cdots,v_n^{\max}(t),\cdots,v_n^{\max}(NT)\},t=1,2,\cdots,NT$

式中:NT 为水库用水管理控制线的划分时段数;NI 为逆时序递推模型的长系列模拟计算年数。

第三步,确定多功能水库用水管理控制线的方法,具体步骤为:

1)取第 n 分区的用水管理控制线的初值为 $V_n^*=V_n^{\max}$;

2)选择第 n 分区用水管理控制线的最大蓄水容积 $w_n^{\max}(t)=\max[v_n^*(t)]$,$t=1,2,\cdots,NT$,确定与 $w_n^{\max}(t)$ 同时段蓄水容积的次大值 $w_n^0(t)$,以该次大值替换 $w_n^{\max}(t)$,形成新外包络线 V_n^*;

3)计算第 n 功能及优先该功能用水保证率 p_n;

4)若 $p_n\approx p_n^0$,则新包络线即为第 n 分区用水管理控制线;若 $p_n<p_n^0$,则替换前的包络线为第 n 分区用水管理控制线;若 $p_n>p_n^0$,则返回第二步,形成新的外包络线。

5.3.1.3 应用实例:义乌市岩口水库

(1)水库系统的概况

岩口水库位于义乌市西部上溪镇的岩口村,距义乌城区约有12km。其所在的河流为钱塘江流域东阳江支流航慈溪上游,周围分别与上溪、溪华、黄山三镇村接壤。水库主坝高33.65m,坝顶长208m,坝址以上的集水面积53.5km^2,正常的蓄水位108.50m,相应库容3140万m^3,总库容3590万m^3,其是义乌市域内最大的水库。岩口水库灌溉面积4.6万亩,它是一座以灌溉、供水、防洪为主,结合养殖的综合利用水利工程。

(2)水资源调查评价与需水量计算

根据义乌市水资源综合规划的成果,岩口水库不同水文年的水资源量的成果见表5.18,现状年需水量成果见表5.19。

表5.18　义乌市岩口水库水资源量的成果

水库名称	所在地	类型	集雨面积(km^2)	不同水文年水资源量(万m^3)			
				多年平均	75%	90%	95%
岩口	义乌市上溪镇	中型	53.5	3666	2595	1985	1738

表5.19　义乌市岩口库现状年需水量成果

水库名称	所在地	需水量(万m^3)		
		管网(生活+工业)	农业灌溉	总计
岩口	义乌市上溪镇	3300	1108	4408

(3)其他参数

①用水保证率:城乡生活和重要工业用水的供水保证率95%,一般工业用水的供水保证率85%,农田灌溉用水保证率85%,生态环境用水保证率80%。

②梅汛期、台汛期和非汛期的分期:梅汛期为4月15日—7月15日,台汛期为7月16日—10月15日,非汛期为10月16日—次年4月14日。

③岩口水库特征参数见表5.20。

表5.20　岩口水库的特征参数

特征参数		备注
总库容(万m^3)	3590	
校核洪水位(m)	109.94	
兴利库容(万m^3)	3140	
正常蓄水位(m)	108.5	
汛限水位(m)	108.5	
死库容(万m^3)	499	
死水位(m)	94.8	
泄洪能力(m^3/s)	584.0	
调节性能	多年调节	

(4)各水库的功能与分区

根据义乌市各中型水库的功能,将各水库兴利库容进行用水优先分区,分区结果见表5.21。

表5.21　岩口水库的用水优先分区

水库名称	柏峰	枫坑
第一优先区	管网用水优先区	管网用水优先区
第二优先区	农业工业用水优先区	农业工业用水优先区
第三优先区	环境配水优先区	环境配水优先区

(5)研究成果

按照上述方法,研究制定岩口水库的中长期调度规则,见图5.5。

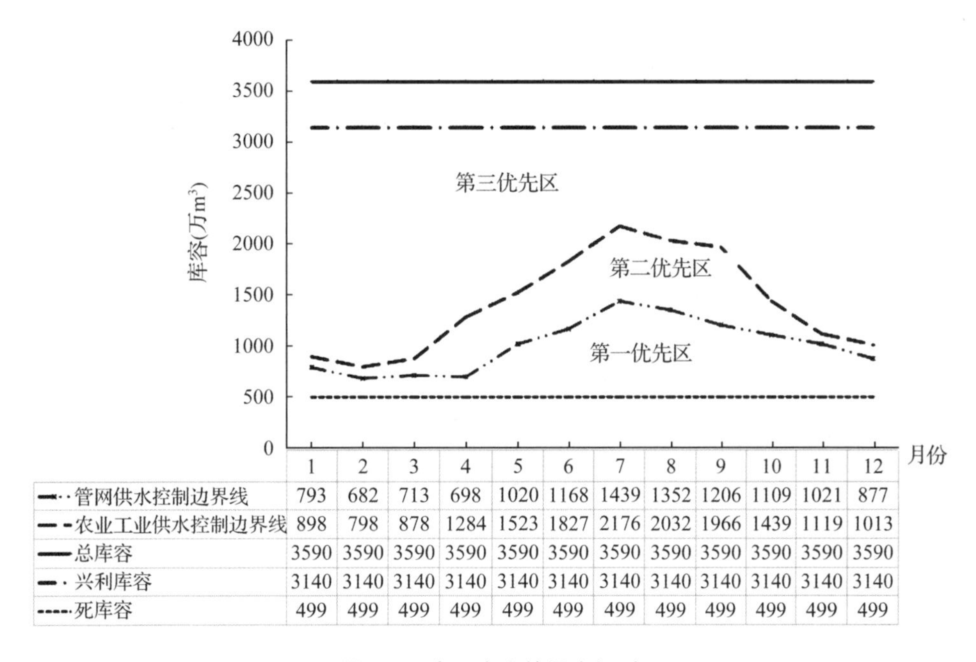

	1	2	3	4	5	6	7	8	9	10	11	12
管网供水控制边界线	793	682	713	698	1020	1168	1439	1352	1206	1109	1021	877
农业工业供水控制边界线	898	798	878	1284	1523	1827	2176	2032	1966	1439	1119	1013
总库容	3590	3590	3590	3590	3590	3590	3590	3590	3590	3590	3590	3590
兴利库容	3140	3140	3140	3140	3140	3140	3140	3140	3140	3140	3140	3140
死库容	499	499	499	499	499	499	499	499	499	499	499	499

图5.5　岩口水库的调度规则

5.3.2　梯级水库调度运行规则的研究

5.3.2.1　针对情况说明

梯级水库是指为充分利用水利水力资源,从河流或河段的上游到下游,修建的一系列呈阶梯式的水库。梯级水库与单一水库在调度运行上相比较,既有相同点,也有不同点。相同点体现在5.3.1.1中需要协调的4个矛盾都存在;不同点体现在其多功能不是由单一水库承担,而是由梯级水库共同承担。梯级水库的工作特点表现在:其上库、下库因集雨面积、总库容不同而导致调节性能不同;上下库之间存在径流和水力上的联系、功能和经济上的联系。这里以调度图形式研究梯级水库调度运行规则。

5.3.2.2 模型原理与求解方法

(1)基本思路

梯级水库水资源系统是有两个或以上具有紧密水力联系、共同或独立承担多种功能的复杂水资源系统。梯级水库群系统的相互关系见图5.6所示。图中:I_1、I_2 分别为上库、下库入流量,Q_1、Q_2 分别为上库、下库泄流量,WS_1 为上库多种功能配置水量,Qm_1 为上库至下库的区间入流量。

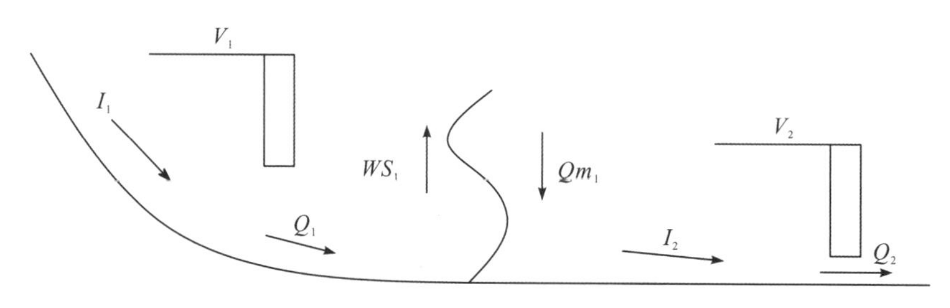

图5.6 梯级水库群系统的相互关系

梯级水库水资源系统调度运行可以概化为由一个控制中心和若干功能子系统构成,见图5.7。其中:控制中心是梯级水库调度运行的核心,通过它调控梯级水库的水资源配置方案和梯级水库之间的水力联系;功能子系统包括防洪、供水、灌溉、发电等,具体的实际情况因其具体功能的不同而有所差异。

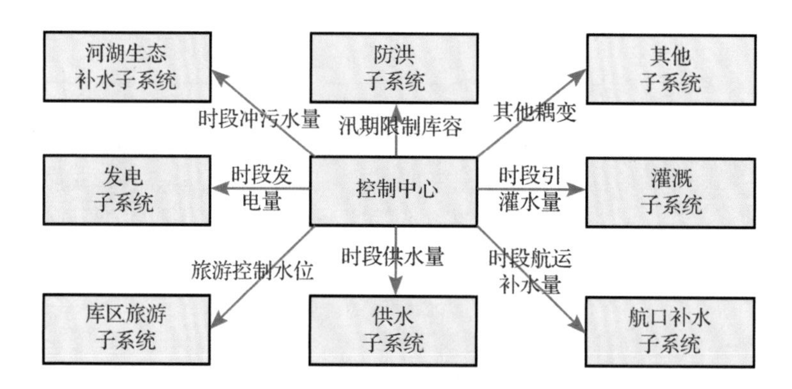

图5.7 梯级水库水资源系统概化示意图

梯级水库调度运行规则,就是建立为有效协调防洪、灌溉、供水、发电等功能的蓄水、用水矛盾,为充分发挥梯级水库综合效益的管理依据。

(2)数学模型

从充分发挥梯级水库综合效益的目标出发,其调度运行规则的目标为经济、社会和生态效益最大,其中:经济效益采用发电和供水效益最大来表征,社会效益采用各行业用水达到设计保证率来表征,生态效益采用下游生态环境用水量达到规定的标准要求表征,因此,其目标函数为:

目标函数1(经济效益):多年平均发电和供水的经济效益 F_1 最大。

$$\max F_1 = \sum_{t=1}^{NT} \sum_{i=1}^{NI} \sum_{j=1}^{NJ} [E_i(t) \times \alpha + Q_j(t) \times \beta_j] \tag{式 5.30}$$

式中：$E_i(t)$为第i个电站第t时段的发电量；α为电价；$Q_j(t)$为第j行业第t时段的供水量；β_j为第j行业的水价；NT为计算总时段数；NI为电站总数；NJ为用水行业总数。

目标函数2（社会效益）：各行业供水保证率达到设计保证率：

$$p_j \geqslant p_j^0 \tag{式 5.31}$$

式中：p_j为第j行业供水保证率；p_j^0为第j行业供水设计保证率。

目标函数3（生态效益）：这里采用双目标控制。一是下游河道生态环境用水应满足河道生态基流的要求；二是下游河道生态环境用水总量应符合相关技术规范的要求，即：

$$R_0 \geqslant R_e \tag{式 5.32}$$

$$W_0 \geqslant W_e \tag{式 5.33}$$

式中：R_0为河道生态基流的流量；R_e为河道生态环境基流的规定值；W_0为下游河道生态环境供水总量多年的平均值；W_e为下游河道生态环境供水总量多年的平均控制值。

约束条件：

①水库水量平衡约束

$$V_i(t+1) = V_i(t) + I_i(t) - Q_i(t) - q_i(t) - S_i(t) - L_i(t),\ \forall t \in NT \tag{式 5.34}$$

式中：$V_i(t)$ $V_i(t+1)$分别为第i个水库第t时段的初、末蓄水量；$I_i(t)$为第i个水库第t时段的来水量；$Q_i(t)$为第i个水库第t时段的多种功能供水量；$q_i(t)$为第i个水库第t时段的下泄水量；$S_i(t)$为第i个水库第t时段的蒸发量；$L_i(t)$为第i个水库第t时段的渗漏量。

②水库蓄量约束

$$V_i^{\min}(t) \leqslant V_i(t) \leqslant V_i^{\max}(t) \tag{式 5.35}$$

式中：$V_i^{\min}(t)$、$V_i^{\max}(t)$分别为第i个水库第t时段最小、最大允许的蓄水库容；$V_i(t)$为第i个水库第t时段的蓄水量。

③水力联系约束

$$Q_d(t) = q_1(t) + f(t) \tag{式 5.36}$$

式中：$Q_d(t)$为梯级水库下库第t时段的来水量；$q_1(t)$为梯级水库第t时段的上库下泄水量；$f(t)$为梯级水库第t时段的区间来水量。

④电站出力约束

$$N_i^{\min} \leqslant N_i(t) \leqslant N_i^{\max} \tag{式 5.37}$$

式中：$N_i^{\min}$、$N_i^{\max}$分别为第i个水电站的最小出力和装机容量；$N_i(t)$为第i个水电站第t时段的出力。

⑤工程能力约束

$$QQ^{\min} \leqslant QQ(t) \leqslant QQ^{\max} \tag{式 5.38}$$

式中：$QQ(t)$ 为工程第 t 时段的过水能力，$QQ^{\min}$ 为工程最小的过水要求，$QQ^{\max}$ 为工程最大的过水能力。

⑥非负条件约束：上述所有的变量均为非负变量，即大于 0。

(3) 求解方法

多目标数学模型的求解方法，包括约束法、分层序列法、功效系数法、评价函数法等。这里选用将免疫进化算法与粒子群算法（以下简称：PSO 算法）相融合的免疫粒子群算法（以下简称：IA-PSO 算法）模型进行求解[59-60]，具体的求解步骤分为 PSO 算法和 IA-PSO 算法两部分介绍。

PSO 算法求解的流程如下。

①参数初始化。

②在各时段允许的水位范围内，随机生成 N 组时段末水位变化序列：$(Z_1^1, Z_1^2, \cdots, Z_1^D), \cdots, (Z_N^1, Z_N^2, \cdots, Z_N^D)$；随机生成 N 组时段末水位涨落速度变化序列：$(v_1^1, v_1^2, \cdots, v_1^D), \cdots, (v_N^1, v_N^2, \cdots, v_N^D)$，即随机初始化 N 个粒子。

③计算各粒子的适应度。按照设计的适应度函数，计算种群粒子的适应度 f。

④更新粒子速度和位置，根据 N 个粒子的适应度找到每个粒子迄今为止搜索到的最好位置 $pbest_i$ 以及粒子群迄今为止搜索到的最好位置 $gbest$。

⑤判断是否达到终止条件，停止条件通常由最大迭代次数和所需达到的预测精度决定。若已经到达条件，寻优停止；若没有达到条件，则转③继续执行。

IA-PSO 算法求解是在 PSO 算法的基础上，加入了免疫记忆、免疫调节和疫苗注射等操作。具体的计算流程如下。

①参数初始化。

②初始化种群位置和速度。

③计算各粒子的适应度 f。

④更新粒子速度及位置，产生新一代 N 个粒子。将 $gbest$ 作为记忆粒子保存下来。

⑤免疫记忆与免疫调节。首先，检测新产生的 N 个粒子，若粒子所在的位置是不可行解，则用记忆粒子代替。其次，若粒子所在的位置是可行解，则在新生代 N 个粒子的基础上，随机生成满足约束条件的 M 个新粒子，根据各粒子的适应度计算粒子浓度，然后对 $M+N$ 个粒子进行排序，值比较大的前 N 个粒子被选中，将其作为进化的下一代。具体的计算过程如下：

第 i 个粒子的浓度定义如下：

$$D(X_i) = \frac{1}{\sum_{j=1}^{N+M} |f(X_i) - f(X_j)|}, i = 1,2,\cdots,N+M \quad (式 5.39)$$

基于粒子浓度概率选择公式如下：

$$P(X_i) = \frac{\frac{1}{D(X_i)}}{\sum_{i=1}^{N+M} \frac{1}{DX_i}}, i = 1,2,\cdots,N+M \quad (式 5.40)$$

⑥免疫接种的实现。第一是疫苗制作。在进化过程中,计算每一代粒子在每个分量上的浓度,并设置一个浓度阈值 ξ,当某一分量的浓度超过 ξ 时,则将该分量的特征值提取出来并将其作为疫苗。提取不同的分量就可以得到若干不同的疫苗。第二是接种疫苗:按一定的比例 α 在当前粒子群中抽取一定数量的粒子个体,并按先前提取的疫苗对这些个体的某些分量进行修改,使所得的个体以较大的概率接近全局最优解。第三是疫苗选择:对接种了疫苗的个体进行适应度值计算,若该个体的适应度不如接种前,则取消疫苗接种,否则保留该个体。

$$S(Z_d) = \frac{1}{\sum_{j=1}^{N} | z_d^i - z_d^j |}, \forall i \in [1,N] \qquad (式 5.41)$$

式中:Z_d 为粒子第 d 维分量;$S(Z_d)$ 为分量 Z_i 的浓度。

⑦判断是否达到终止条件。停止条件通常由最大迭代次数和所需达到的预测精度决定。若已经到达条件,寻优停止;若没有达到条件,则转③继续执行。

IA-PSO 算法的计算流程见图 5.8。

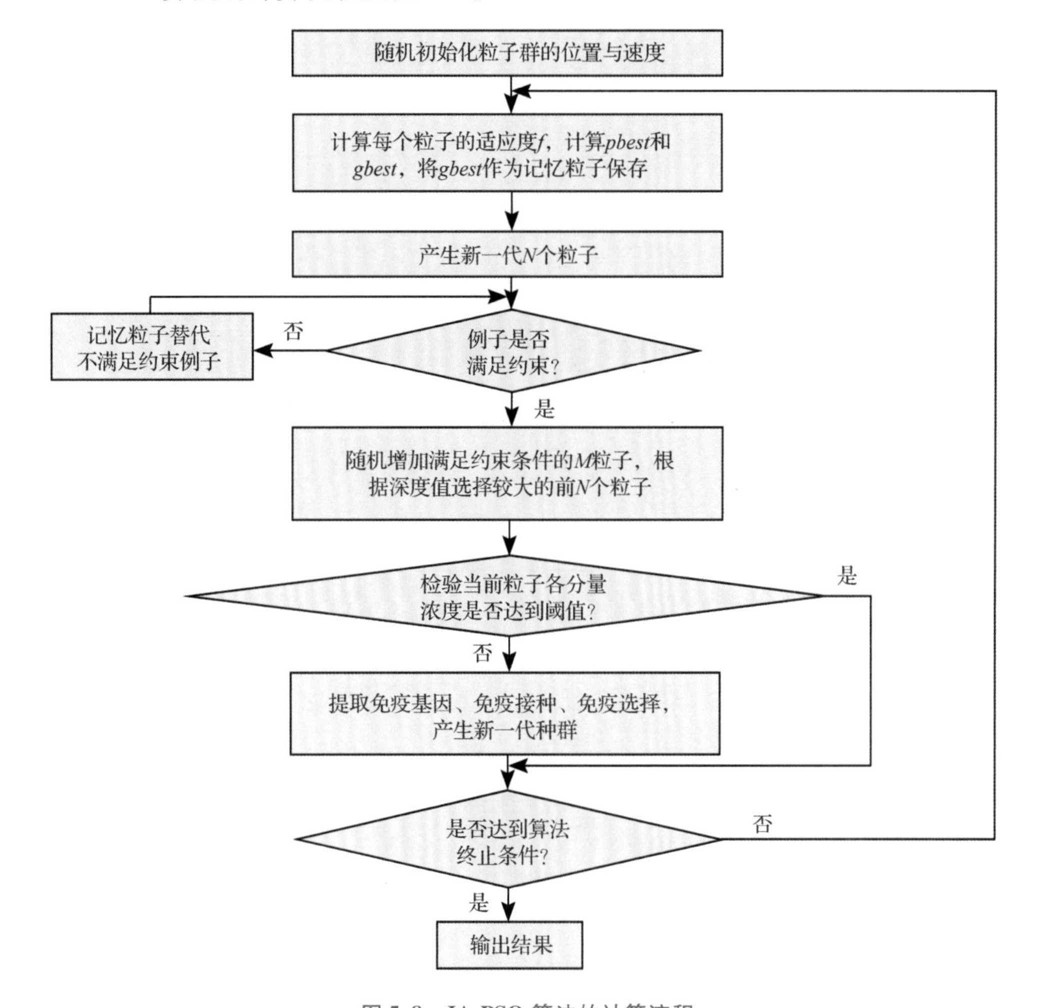

图 5.8　IA-PSO 算法的计算流程

5.3.2.3 应用实例:湖南镇—黄坛口梯级水库

(1)梯级水库的概况

湖南镇—黄坛口梯级水库位于乌溪江流域,总集雨面积 2388km^2,占乌溪江流域面积的 92.67%,总库容 22.27 亿 m^3。湖南镇水库于 1970 年 3 月兴建,于 1983 年 12 月竣工,是一座具有发电、供水、防洪等综合利用的多年调节的大型水库,其坝址以上集水面积为 2157km^2,总库容 20.67 亿 m^3。黄坛口水库位于湖南镇水库下游的乌溪江上,于 1951 年开工,于 1959 年 11 月竣工。黄坛口水库是一座具有发电、供水、灌溉、防洪等综合作用的日调节的中型水库,坝址以上集水面积 2388km^2,水库总库容 0.82 亿 m^3,其是衢州市的主要供水水源。湖南镇、黄坛口水库的特征参数见表 5.22。

表 5.22 湖南镇—黄坛口梯级水库的特征参数

特征参数	湖南镇水库	黄坛口水库
坝址集水面积(km^2)	2151	2388
多年平均流量(m^3/s)	76.3	84.9
最高水位(m)	240.25	116
总库容(亿 m^3)	20.67	0.857
正常蓄水位(m)	230	115
正常库容(m^3)	15.84	0.79
死水位(m)	190	114
死库容(亿 m^3)	4.48	0.73
调节库容(亿 m^3)	11.34	0.06
汛限水位(m)	228	115
汛限库容(亿 m^3)	15.02	0.79
库容系数(%)	46.3	0.2
调节性能	不完全多年调节	日调节
装机容量(万 kW)	27	8.2
保证出力(万 kW)	5.02	1.63
机组台数(台)	5	6
单机容量(万 kW)	4.25 万 kW×4 台+10 万 kW×1 台	0.75 万 kW×4 台+2.6 万 kW×2 台
年平均发电量(亿 kW·h)	5.273	1.75
装机利用小时(小时)	1953	2134
电站平均水头(m)	98.6	29
基荷出力(万 kW)	0	0.75
基荷流量(m^3/s)	0	33
最大调峰容量(万 kW)	27	8.2
下游河道水位(m)	117.3	85.8

经过多年的开发建设,湖南镇—黄坛口梯级水库已经建成以湖南镇水库为源头、以黄坛口为反调节,东线、中线和西线水资源综合利用的系统格局。该系统已经由原来的单目标决策问题,逐步发展成为防洪、发电、供水、灌溉、养殖、生态环境等多目标决策问题。其中:东线工程(乌溪江引水工程)利用黄坛口水库发电尾水,在衢州市柯城区石室村附近建成乌溪江引水工程枢纽,渠首引水流量38m^3/s,枢纽反调节水库的正常蓄水位82.60m,最低引水控制水位81.00m,调节库容66.3万m^3。供水范围包括衢州市柯城、衢江、龙游和金华市婺城、兰溪等地,以农业灌溉用水为主,兼顾沿线居民生活、生产用水。中线工程(石室堰引水工程)取水口位于黄坛口水电站下游约300m处。在乌溪江引水工程枢纽上游,该工程利用自然的地理优势,引乌溪江水到石室堰总渠,属无堰引水,渠首设计引水流量24.5m^3/s。石室堰取水口承担衢州市自来水公司、巨化集团公司、元立以及柯城区乌溪江西岸2.8万亩耕地灌溉等用水任务。西线工程(西干渠)渠首位于黄坛口电站水库内西岸塘坞岭,从水库内开凿长1376m的隧洞,引库水西行,于1979年12月建成。受益范围有廿里、后溪、黄家3个乡镇55个行政村,设计引水流量6.0m^3/s。

近年来,伴随着衢州市经济社会的快速发展,乌溪江流域水资源的供需矛盾日益凸显,主要表现为三个方面:一是湖南镇水库发电、灌溉、供水之间的矛盾,湖南镇水库功能定位为以发电为主,结合供水、灌溉。由湖南镇电站和黄坛口电站组成的乌溪江电厂是浙江省电网的主力调峰电厂,承担发电调峰的作用,主要根据实际用电的需求进行顶峰发电,很难兼顾下游供水、灌溉用水的需求。二是受乌溪江电厂管理体制及调度规则的制约,水库发电放水过程与下游用水过程不协调,导致系统水资源的供需矛盾较突出。特别是干旱年份和每年的干旱期,如2003—2004年,由于连续降水偏少,三大干渠出现了供水紧张的局面,给国民经济和社会稳定带来了较大的影响损失。三是区域社会经济发展对水资源配置提出了新的要求,随着社会经济的快速发展,湖南镇—黄坛口梯级水库水资源系统用水结构、用水过程及用水量发生重大变化,原有水资源的配置方案难以适应新形势条件下的用水要求。

因此,开展湖南镇—黄坛口梯级水库调度规则的研究,有序协调多方矛盾成为客观需求。

(2)水资源量与需水量的分析计算

1)水资源量分析

根据湖南镇—黄坛口梯级水库水资源系统的配置格局和用水情况,将乌溪江流域共划分为三个区域,分区情况如表5.23。

表5.23 湖南镇—黄坛口梯级水库水资源的评价分区

序号	分区名称	面积(km^2)
1	湖南镇水库集雨面积区域(简称湖南镇库区)	2157
2	湖南镇—黄坛口水库大坝区间范围(简称湖—黄区间)	231
3	黄坛口水库大坝以下范围(简称黄坛口以下)	189
合计	乌溪江流域	2577

根据湖南镇水库实测1979—2002年入库径流资料，采用三水源新安江模型（模型结构见图5.9，模型参数见表5.24）对资料系列进行插补延长，获得上述三个分区1958—2009年的逐日水资源量成果。进一步分析不同分区、不同频率的年水资源量成果及典型的年内分布过程，见表5.25、表5.26。

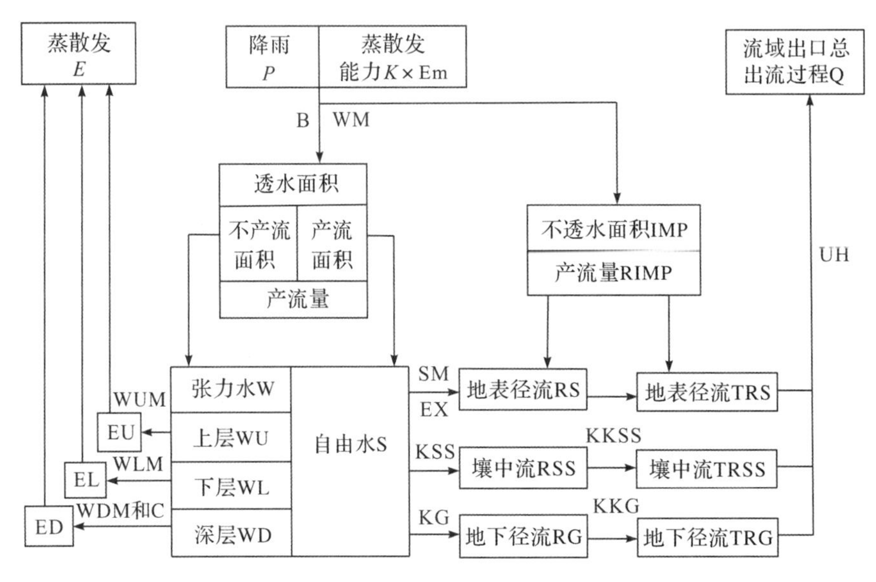

图5.9　三水源新安江的模型结构图

表5.24　三水源新安江的模型参数

分类	参数	定义	采用值
产流参数（包括蒸散发计算）	K	蒸发折算系数	1.15
	C	深层蒸发系数	0.25
	IMP	不透水面积比例	0.02
	W_m	流域蓄水容积(mm)	90
	WU_m	上层蓄水容积(mm)	10
	WL_m	下层蓄水容积(mm)	60
	WD_m	深层蓄水容积(mm)	20
	B	蓄满产流蓄水容量曲线指数	0.35
水源划分参数	SM	流域平均自由水蓄水容量(mm)	30
	EX	自由水蓄水容量曲线指数	0.8
	KG	地下径流产流的出流系数	0.25
	KSS	壤中流产流的出流系数	0.8
汇流参数	KKSS	壤中流消退系数	0.22
	KKG	地下径流消退系数	0.76

表 5.25 乌溪江流域水资源量计算成果 (单位:亿 m^3)

分区名称	频率					
	20%	50%	75%	90%	95%	多年平均
湖南镇库区	29.07	3.01	18.84	13.70	12.40	23.66
湖—黄区间	3.49	2.06	2.32	1.67	1.81	3.01
黄坛口以下	2.12	27.18	1.81	1.43	1.24	2.18
合计	34.68	32.25	22.97	16.80	15.45	28.85

表 5.26 乌溪江流域水资源量典型年内分配过程 (单位:亿 m^3)

月份	频率				
	20%(1973 年)	50%(1965 年)	75%(1960 年)	90%(2004 年)	95%(1979 年)
1 月	1.91	0.08	0.75	0.18	0.05
2 月	1.09	0.93	0.13	0.47	0.16
3 月	3.00	1.63	1.98	2.02	1.94
4 月	5.49	5.37	3.06	1.24	1.96
5 月	9.77	2.10	3.27	3.73	2.60
6 月	8.53	5.09	4.54	1.05	2.83
7 月	2.32	1.14	1.32	0.39	0.76
8 月	0.36	1.46	2.43	3.30	0.46
9 月	1.88	0.28	0.76	3.27	1.35
10 月	0.50	1.13	0.05	0.07	0.06
11 月	0.07	1.92	0.13	0.14	0.07
12 月	0.05	2.21	0.12	0.41	0.08
合计	34.97	23.34	18.54	16.27	12.32

2)需水量分析

乌溪江流域水资源的配置格局,将需水预测分为东线供水区、中线供水区和西线供水区。各分区的相应行政区域范围见表 5.27。根据乌溪江流域下游用水户的特点,将用水户分为 7 类,用水户的具体对象见表 5.28。

采用现状基准年城镇综合用水、农村综合用水、重要工业用水、农业用水、一般工业用水的计量监测资料,分析计算湖南镇—黄坛口梯级水库河道外东线、中线和西线供水区用水量,见表 5.29。

乌溪江电厂发电用水受湖南镇库区来水量和浙江电网顶峰发电的影响,由于这两个因素都有不可预见性和随机性,本研究以近 10 年黄坛口电站的发电平均水量作为发电需水量,成果见表 5.30。

表 5.27　湖南镇—黄坛口梯级水库需水量分区

分区	所含的乡镇、街道
东线供水区	龙游县詹家、龙洲街道、东华街道、湖镇、社阳；柯城区石室乡；衢江区樟潭街道、横路街道、高家镇、衢南镇、全旺镇；婺城区汤溪镇、洋埠镇、罗埠镇、蒋堂镇、琅琊镇、白龙桥镇；兰溪市上华街道
中线供水区	柯城区花园街道、石室乡、双港街道、信安街道、新新街道；衢江区黄家乡、樟潭街道
西线供水区	衢江区廿里镇、后溪镇；柯城区黄家乡

表 5.28　用水户的分类成果

序号	用水户名称	类别
1	城镇综合用水	居民生活、建筑业、第三产业和城镇公共用水
2	农村居民综合用水	农村居民生活、牲畜和农村公共水
3	重要工业用水	巨化集团、元立集团用水
4	一般工业用水	除重要工业外的其他工业用水
5	农业用水	农作物灌溉用水和养殖业用水
6	生态环境用水	乌溪江河道内生态环境用水

表 5.29　河道外用水量的计算成果　（单位：亿 m^3）

分区名称	频率			
	75%	90%	95%	多年平均
东线供水区	30785	32366	33110	29779
中线供水区	23192	23571	23606	23181
西线供水区	4488	4707	4759	4092
合计	58465	60644	61475	57052

表 5.30　湖南镇—黄坛口梯级水电站的发电需水量成果

月份	发电需水量(亿 m^3)	月份	发电需水量(亿 m^3)
1 月	1.36	7 月	2.14
2 月	1.27	8 月	1.73
3 月	1.97	9 月	1.29
4 月	2.59	10 月	1.07
5 月	2.71	11 月	1.55
6 月	3.38	12 月	1.86
合计	22.92		

本研究对乌溪江下游河道内生态环境用水采用双指标控制，即总量控制和流量控制，由于乌溪江流域水资源总量相对丰富，考虑下游河道生态环境的需求，本方案确定乌溪江黄坛口大坝至衢江口段河道内生态环境需水量采用黄坛口集雨面积总产水量的30%计算，即8.0亿m^3。同时，为保障下游河道最低的生态环境的需水要求，本方案以2000—2009年近10年来黄坛口水库最枯月的平均流量作为下游河道生态环境需水量的控制指标，即0.75m^3/s。

(3)调度规则数学模型参数的取值

湖南镇—黄坛口梯级水库调度规则优化模型的求解需要参数，包括水资源量和需水量，水库出力、用户供水保证率等约束参数，以及IA-PSO算法参数三类。其中：水资源量和需水量参数在前面已经说明，水库出力、用户供水保证率等约束参数，见表5.31，IA-PSO算法参数见表5.32。

表5.31　模型约束参数取值

参数	取值
生活与工业供水保证率(%)	95
农业供水保证率(%)	90
生态基流量(m^3/s)	0.75
生态径流量(亿m^3)	8
上库最小蓄量(亿m^3)	4.48
上库最大蓄量(亿m^3)	15.84
下库最小蓄量(亿m^3)	0.73
下库最大蓄量(亿m^3)	0.79
上库装机容量(万kW)	27
下库装机容量(万kW)	8.2
上库最小出力(万kW)	0
下库最小出力(万kW)	0

表5.32　IA-PSO算法参数取值

参数分类	进化代数	种群规模N	惯性权重w	学习因子	社会因子	浓度阈值
IA-PSO	100	100	初值1.2，终值0.8	2	2	0.6

(4)研究结果

根据1958—2009年湖南镇水库集雨面积及湖南镇—黄坛口水库区间逐日来水量、“三线”现状用水量，选用Visual Basic语言编程，按照上述模型求解，获得梯级水库调度运行规则成果，见图5.10。

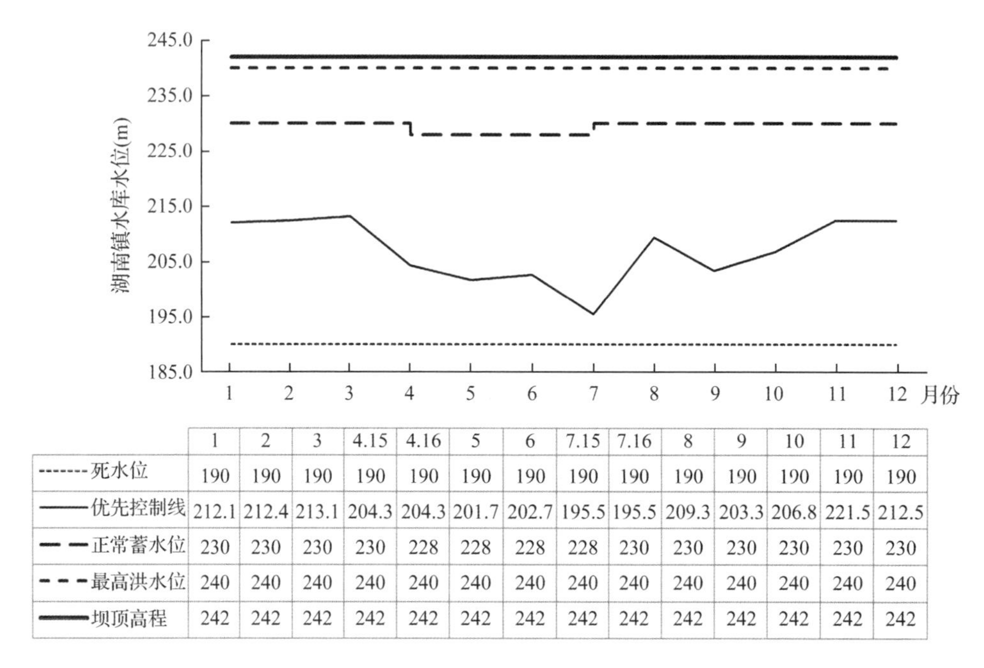

	1	2	3	4.15	4.16	5	6	7.15	7.16	8	9	10	11	12
-------死水位	190	190	190	190	190	190	190	190	190	190	190	190	190	190
——优先控制线	212.1	212.4	213.1	204.3	204.3	201.7	202.7	195.5	195.5	209.3	203.3	206.8	221.5	212.5
— —正常蓄水位	230	230	230	230	228	228	228	228	230	230	230	230	230	230
- - -最高洪水位	240	240	240	240	240	240	240	240	240	240	240	240	240	240
——坝顶高程	242	242	242	242	242	242	242	242	242	242	242	242	242	242

图 5.10　湖南镇水库调度运行规则优化成果图

需要说明的是:湖南镇—黄坛口梯级水库水资源系统,除湖南镇电厂发电之外的用水都在黄坛口水库库区或其下游,因黄坛水库调节性能为日调节,湖南镇水库为多年调节,因此,湖南镇—黄坛口梯级水库的调度运行规则就是湖南镇水库的调度运行规则。

5.3.3　多水源联合调度运行规则的研究

5.3.3.1　针对情况说明

多水源联合调度是指由多个水源与其共同、独立用水户构成的水资源系统实施的统一调度运行。其调度运行规则由供水规则和分水规则组成。供水规则是指站在水源的角度,由哪些水源供水、供多少水。分水规则是指站在用户的角度,每个水源给特定用水户分配多少水。对于单水源调度,水源和供水对象属于同一水库,使得供水规则和分水规则统一起来。对于多水源联合调度而言,共同用水户的存在,使得多水源联合供水调度规则较为复杂。一般来说,独立用水户供水规则的制定相对简单,单库供水调度规则基本相似。但在制定共同用水户联合调度规则时,不仅要参照每个任务水库状态的特征来确定供水决策,而且要根据每个任务水库的状态特征合理分配共同供水的任务[2-5]。供水规则或分水规则制定得不合理均会影响水库群的联合供水调度的效果。

这里以调度图和调度函数相结合的方式,研究多水源联合调度规则。

5.3.3.2　模型原理与求解方法

(1)基本思路

对于具有多水源、多用户的水资源系统,其调度运行规则除了需要协调解决单个水库、梯级水库面临的4个矛盾，还需要确定供水规则和分水规则。本研究提出其联合调度运行规则由两部分组成：一是基于用水优先权的水库集合调度运行控制线研究，以水库集合调度图的形式给出，该水库集合由多水源组成，既包括水库水源、河道水源，也包括再生水源。二是基于均衡理论的多水源供水规则和分水规则的研究。第一部分在5.3.1中已经有叙及，此处不再赘述，这里重点说明第二部分。

这里引入均衡这一术语。在汉语中，均衡就是指平衡，如：空间均衡、均衡发展；在经济学中有一般均衡理论。该理论认为：存在着这样一套价格系统，它可以使经济处于稳定的均衡状态，消费者可以获得最大的效用，资本家可以获得最大的利润，生产要素所有者可以得到最大的报酬；在博弈论中，均衡是核心概念，是指博弈达到的一种稳定状态，即纳什均衡，没有一方愿意单独改变战略。

对于多水源、多用户的水资源系统调度运行规则，其均衡通过三个方面来实现，具体为：

一是水库蓄水状态动态均衡。即多个水库蓄水控制参数 $\alpha_i(t)$ 在各时段内基本相等，该参数采用水库剩余蓄水量 $[V_i^{\max}-V_i(t)]$ 占其面临时段来水量 $P_i(T)$ 的比值表征[61][62]，$\alpha_i(t)=[V_i^{\max}-V_i(t)]/P_i(T)$。

二是多水源供水量组合合理以促进多水库蓄水量均衡。水库蓄水控制参数 $\alpha_i(t)=f[Q_i(t),Q_j(t),V_i(t),P_i(T)]$，其中，$Q_j(t)$ 和 $Q_i(t)$ 分别为河道水和水库水的供水量。

三是用水成效最佳。水库调度运行的综合效益最大。

(2)数学模型

第一部分：水库集合调度运行控制线确定的数学模型

在保障河道生态基流的前提下，按照生活、工业、农业、环境等优先顺序，依次达到设计保证率的原则，构建的目标函数如下：

$$\begin{cases}P'_s\geq P_S\\P'_g\geq P_g\\P'_n\geq P_n\\P'_e\geq P_e\\P'_s>P'_g>P'_n>P'_e\end{cases}\qquad(\text{式}5.42)$$

式中：P'_s、P'_g、P'_n、P'_e 分别为生活、工业、农业、生态环境用水的实际供水保证率；P_s、P_g、P_n、P_e 分别为生活、工业、农业、生态环境用水户的设计供水保证率。

约束条件包括：

①水库水量平衡约束

$$V_i(t)=V_i(t-1)+P_i(t)-Q_i(t)-Qq_i(t)-[WZ_i(t)+WS_i(t)]\qquad(\text{式}5.43)$$

式中：$V_i(t)$、$V_i(t-1)$ 分别为 t 时段末、时段初第 i 水库的蓄水量；$P_i(t)$ 为 t 时段第 i 水库的入库径流量；$Q_i(t)$ 为 t 时段第 i 水库的供水量；$Qq_i(t)$ 为 t 时段第 i 水库的泄水量(或称弃水量)；$WZ_i(t)$ 为 t 时段第 i 水库的蒸发水量；$WS_i(t)$ 为 t 时段第 i 水库的渗漏水量。

②河道水量平衡约束

$$QU_j(t)+P_j(t)-Q_j(t)=QD_j(t) \quad (式5.44)$$

式中：$QU_j(t)$、$QD_j(t)$分别为t时段第j河道上游断面、下游断面的流量；$P_j(t)$为t时段第j河道的区间径流流量；$Q_j(t)$为t时段第j河道的供水流量。

③水库蓄水能力约束

$$V_i^{\min}(t)\leqslant V_i(t)\leqslant V_i^{\max}(t) \quad (式5.45)$$

式中：$V_i^{\min}(t)$、$V_i^{\max}(t)$分别为t时段第i水库蓄水能力的下限和上限。

④工程能力约束

$$QQ^{\min}\leqslant QQ(t)\leqslant QQ^{\max} \quad (式5.46)$$

式中：$QQ(t)$为工程t时段的过水能力，$QQ^{\min}$为工程最小的过水要求，$QQ^{\max}$为工程最大的过水能力。

⑤需水量约束

$$Q(t)=\sum_{i=1}^{NI}q_i(t)\leqslant q_i^{\max}(t) \quad (式5.47)$$

式中：$q_i(t)$为第i用水户t时段的需水量；$q_i^{\max}(t)$为第i用水户t时段的需水量上限值。

第二部分：多水源供水规则和分水规则的数学模型

多水源优化配置的数学方法和模型较多，这里选用多水源总弃水量作为目标函数，因为多水源的总弃水量最小，说明多水源按照各行业用水优先顺序调度运行，没有浪费水资源，所有的水源都得到了充分高效的利用，目标函数为：

$$F=\sum_{i=1}^{NI}\sum_{t=1}^{NT}Qq_i(t) \quad (式5.48)$$

式中：F为目标函数；$Qq_i(t)$为t时段第i水源的弃水量；NI为水源数量；NT为分析计算时段总数。

约束条件：

①水库供水管理控制线约束

$$\sum_{i=1}^{NI}Q_{ik}(t)=\begin{cases}q_k(t),若\sum_{i=1}^{NI}V_i(t)\geqslant V_k^{\max}(t)\\0,若\sum_{i=1}^{NI}V_i(t)<V_k^{\max}(t)\end{cases} \quad (式5.49)$$

式中：$Q_{ik}(t)$为t时段第i水库给第k用户的供水量；$q_k(t)$为t时段第k类用户的总需水量（含输配水损失在内）；NI为水库的数量；$\sum_{i=1}^{NI}V_i(t)$为t时段初水库集合总蓄水量；$V_k^{\max}(t)$为t时段第k类用户允许供水的上限库容。

②河道供水可用水量约束

$$\sum_{k=1}^{NK}Q_{jk}(t)\leqslant QU_j(t)\times\gamma_j \quad (式5.50)$$

其中：$Q_{jk}(t)$为t时段第j河道给第k用户的供水量；$QU_j(t)$为t时段第j河道的来水量；NK为第j河道取水户的总数；γ_j为第j河道允许取水控制的系数。

③水库蓄水状态动态均衡约束

各水库各时段初蓄水控制参数$\alpha_i(t)$基本相等，即：

$$\alpha_1(t) \approx \alpha_2(t) \approx \cdots \approx \alpha_{NI}(t) \quad (式5.51)$$

$$\alpha_i(t) = [V_i^{\max} - V_i(t)]/P_i(T) \quad (式5.52)$$

式中：$V_i^{\max}$为第i水库的总库容；$V_i(t)$为t时段初第i水库的蓄水量；$P_i(T)$为调度决策面临T时段第i水库的来水量。

④工程能力约束

$$QQ^{\min} \leqslant QQ(t) \leqslant QQ^{\max} \quad (式5.53)$$

式中：$QQ(t)$为工程t时段的过水能力，$QQ^{\min}$为工程最小的过水要求，$QQ^{\max}$为工程最大的过水能力。

⑤多水源供水量与水库均衡蓄水关联约束

即：水库蓄水控制参数

$$\alpha_i(t) = f[Q_{ik}(t), Q_{jk}(t), V_i(t), P_i(T)] \quad (式5.54)$$

式中：各符号的意义同前。

⑥求解方法

第一部分数学模型求解方法在5.3.1.2中已经有详述，这里介绍第二部分求解方法。

总体思路：本求解方法中，通过调控各水库当前时段供水量来实现对其下一时段蓄水控制参数$\alpha_i(t)$的控制。$\alpha_i(t)$称为动态空库系数，该参数反映了水库某时段的空库程度，即水库剩余调蓄能力。其数值越大，表示其蓄水能力越大，供水能力可减小。当多水源向同一用户供水时，调度原则为：对$\alpha_i(t)$小者先供水，对$\alpha_i(t)$大者先蓄水；当$\alpha_i(t)$相等时，同时供水和蓄水。

具体步骤：

1）设t时段内多水源需水量为$q_k(t)$，t时段初水库集合蓄水量为$\sum_{i=1}^{NI} V_i(t)$。

2）若时段初$\alpha_1(t) \approx \alpha_2(t) \approx \cdots \approx \alpha_{NI}(t)$，在满足约束条件、优先利用河道水的前提下各水库平衡配置水资源；若时段初$\alpha_1(t) \neq \alpha_2(t) \neq \cdots \neq \alpha_{NI}(t)$，则对$\alpha_i(t)$值小的水库优先配置水资源。

3）设决策时长为T，时段末水库集合蓄水量为$\sum_{i=1}^{NI} V_i(t+T)$，则时段末保持$\alpha_1(t+T) \approx \alpha_2(t+T) \approx \cdots \approx \alpha_{NI}(t+T)$。各水库供水量$Q_{ik}(t)$为：

$$\sum_{k=1}^{NK} Q_{ik}(t+T) = V_i(t+T) - V_i(t) \quad (式5.55)$$

$$\sum_{k=1}^{NK} Q_{ik}(t+T) = q_k(t+T) - \sum_{j=1}^{NJ} Q_{jk}(t+T) = V_i(t+T) - V_i(t) \quad (式5.56)$$

按照上述流程框图采用 Visual Basic 语言编写计算程序，进行优化计算。其求解逻辑流程见图 5.11。

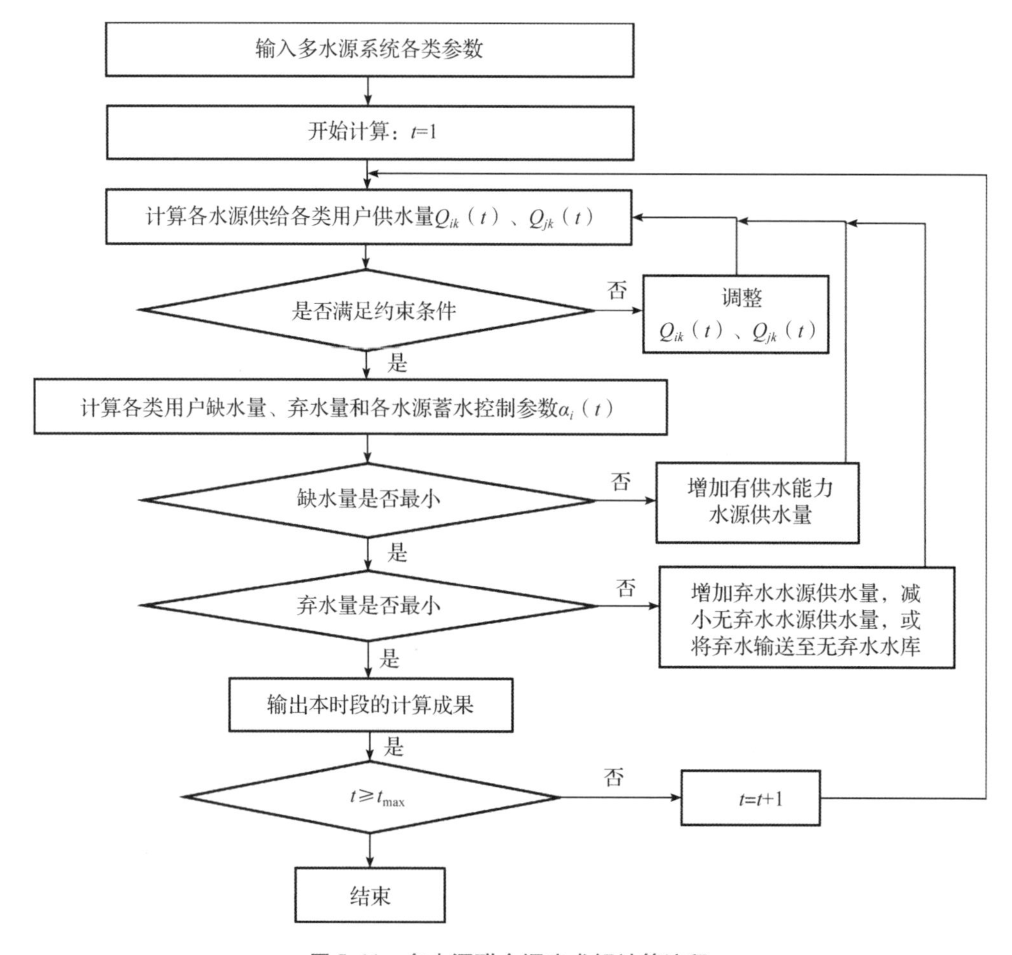

图 5.11　多水源联合调度求解计算流程

5.3.3.3　应用案例：义乌市多水源调度规则的研究

(1) 义乌市全域分质供水系统的简介

义乌市位于浙江省中部，市域在东经 119°49′～120°17′、北纬 29°02′13″～29°33′40″，南北长 58.18km，东西宽 44.41km。义乌市域面积为 1105km²，下辖 8 个街道 6 个镇，常住人口 185.94 万人。按常住人口计算的义乌市人均水资源量仅为 659m³，低于浙江省和全国平均水平，其属于南方丰水区中的缺水地区。

为解决全市水资源供需矛盾、水生态环境问题，义乌市全面落实“节水优先、空间均衡、系统治理、两手发力”的治水思路，通过长期的持续建设，已形成包括优质水供水工程、分质供水工程、水系激活工程的多层次的水资源保障格局。其中：

1) 义乌市优质水供水系统由境内 6 座中型水库（见表 5.33）和横锦水库引水、通济桥水厂引水工程组成。现有标准化水厂 9 座，总规模为 71 万 m³/d。为实现城乡供水一体化,义乌市现已连通了各片区的主要供水干管,基本形成了八都—东塘—巧溪水库群、横锦水库引水、通济桥水厂引水、岩口水库、柏峰水库、枫坑水库等主要水源的相互备用、相互应急的供水格局。义乌市现状城乡公共水厂的基本情况见表5.34。义乌市优质水供水主干管网(DN75及以上)的总长度为2300km,已覆盖全市11个镇街及所在的441个行政村、居委会(社区),供水覆盖面积为662km^2。

表5.33 义乌市中型水库工程的基本情况

水库名称	镇街	类型	集雨面积(km^2)	总库容(万m^3)	兴利库容(万m^3)	死库容(万m^3)
八都	大陈镇	中型	35.1	3674	2619	49
岩口	上溪镇	中型	53.5	3590	2641	499
巧溪	苏溪镇	中型	40.0	3285	2856	77
柏峰	赤岸镇	中型	23.4	2317	1995	15
枫坑	赤岸镇	中型	24.7	1643	1446	55
长堰	城西街道	中型	14.0	1112	899	41
合计			190.7	15621	12456	736

表5.34 义乌市现状城乡公共水厂的情况

序号	水厂名称	位置	现状供水范围	主要水源	供水规模(万m^3/d)
1	江东水厂	江东道	江东、稠城、稠江、廿三里街道	横锦水库	18
2	城北水厂	稠城街道	稠江、北苑、后宅、城西街道	八都—东塘—巧溪水库群	15
3	佛堂水厂	佛堂镇	佛堂镇	柏峰、枫坑水库	6
4	大陈水厂	大陈镇	大陈镇	八都—东塘—巧溪水库群	1
5	卫星水厂	廿三里	廿三里街道及镇东工业区	卫星、大王坑水库	4
6	上溪水厂	上溪镇	上溪、义亭、城西与稠江街道部分区域	岩口水库	10
7	苏溪水厂	苏溪镇	苏溪镇、大陈镇	巧溪水库	10
8	义南水厂	赤岸镇	赤岸镇、稠江街道部分区域	柏峰、枫坑水库	5
9	城西水厂	城西街道	城西街道	长堰水库	2
合计					71

2)以义乌江水为水源的供水系统。该系统由两部分组成:一是以义乌江、六都溪、东清溪、洪溪、城东河、城中河、城南河为纲,以水系激活供水管网为目,以幸福水库、建设水库、红旗水库、洋塘水库、义乌江水、城区中心污水处理厂尾水为水源的水系激活系统;二是以义乌江水、江东和中心污水处理厂尾水为水源,通过苏福工业水厂、义驾山生态水厂,为高新区及周边区块(苏溪镇、丝路新区、廿三里街道等)提供工业用水和生活杂用水,其为城市有机更新区及周边生活用水的分质供水系统。相关

的工程规模见表5.35。

表5.35 义乌江提水泵站和配套水厂的能力

序号	泵站名称	水厂名称	泵站规模（万t/d）	水厂规模（万t/d）	取水水源	取水用途
1	白沙泵站	苏福工业水厂	13+5	5	义乌江水、江东污水处理尾水厂	工业5万t/d，白沙湖湿地1万t/d，景观环境12万t/d
2	义驾山泵站	义驾山生态水厂	18	1+17	义乌江水、中心污水处理厂尾水	城区生活分质供水1万t/d，景观环境配水17万t/d
合计			36	23		

3）以污水处理厂尾水为水源的再生水景观环境、工业供水系统。义乌市按照排污范围划分为8个片区，现有9座污水处理厂，其处理能力和年污水处理总量见表5.36。江东、中心、稠江3个污水处理厂的尾水部分再生利用，部分排入义乌江。其中：稠江工业再生水厂以中心污水处理厂的尾水为水源，现状规模为3万m^3/d。供水对象包括义乌市经济技术开发区（稠江区块）的高新路、石鱼路、城店路和新科路上的主要的工业企业。

表5.36 义乌市污水处理厂的能力与2021年处理水量的汇总

序号	名称	处理能力（万t/d）	2021年处理水量（万t）	2021年日均处理水量（万t）
1	中心污水处理厂	7	2336	6.40
2	稠江污水处理厂	15	5321	14.58
3	江东污水处理厂	12	4099	11.23
4	后宅污水处理厂	4	1344	3.68
5	佛堂污水处理厂	6	1851	5.07
6	大陈污水处理厂	2	610	1.67
7	义亭污水处理厂	7	2385	6.54
8	苏溪污水处理厂	2	596	1.63
9	赤岸污水处理厂	2	418	1.15
合计		57	18960	51.95

（2）水资源调查评价与需水量的预测

根据《义乌市水资源综合规划》的成果，义乌市多年平均本地水资源量为7.35亿m^3（不同频率来水量见表5.37），过境水资源量为12.70亿m^3；义乌市2030年各分区各行业用水户的需水量成果见表5.38。其中：义乌境内6座中型水库的水资源量成果见表5.39、表5.40。

表 5.37 义乌市不同频率的水资源量成果

分类	均值（万 m^3）	不同频率水资源量（万 m^3）				
		95%	90%	75%	50%	20%
水资源量	73476	34033	40934	53942	70683	95161

表 5.38 义乌市中型水库的水资源量成果

水库名称	所在地	类型	集雨面积（km^2）	不同水文年的水资源量（万 m^3）			
				多年平均	75%	90%	95%
八都	大陈镇	中型	35.1	3660	2560	1934	1856
岩口	上溪镇	中型	53.5	3666	2595	1985	1738
巧溪	苏溪镇	中型	40.0	2687	1880	1420	1156
柏峰	赤岸镇	中型	23.4	1603	1135	868	680
枫坑	赤岸镇	中型	24.7	1692	1198	916	802
长堰	城西街道	中型	14.0	959	679	519	454
合计			190.7	14267	10047	7642	6686

注：八都水库水资源量含东塘水库集雨面积的水资源量。

表 5.39 义乌市 2030 年的用水需求成果

行业分类		需水量（万 m^3）					
		主城区	义东区	义北区	义南区	义西区	全市
农村生活需求量		85	10	263	385	477	1220
城镇综合需求量		13886	1635	1760	2575	3189	23044
一般工业需求量		3405	481	827	540	953	6206
农业需求量	50%	2218	856	1247	1962	1647	7930
	75%	2873	1117	1569	2519	2141	10219
	85%	2972	1154	1610	2601	2223	10560
合计	50%	19593	2981	4097	5462	6265	38399
	75%	20249	3242	4419	019	6760	40689
	85%	20347	3279	4460	6101	6842	41030

表 5.40 义乌市分质供水的需求量成果

行业分类		需水量（万 m^3）					
		主城区	义东区	义北区	义南区	义西区	全市
城镇综合需水	总量	13886	1635	1760	2575	3189	23044
	生活	7811	920	990	1448	1794	12962
	三产	6075	715	770	1127	1395	10082

续表

行业分类		需水量(万 m³)					
		主城区	义东区	义北区	义南区	义西区	全市
工业需水量		3405	481	827	540	953	6206
优质水需水量	生活	5858	690	743	1086	1345	9722
	三产	4253	501	539	789	977	7057
	工业	1703	241	424	270	477	3103
	合计	11814	1432	1706	2145	2799	19882

(3)多水源分质供水系统的概化

根据义乌市多水源分质供水系统水资源配置的格局,可以将义乌市水资源系统调度运行规则的研究分为两部分:其一是由义乌市6座中型水库与东阳横锦水库引水(0.8亿 m^3)、浦江县通济桥水厂(0.1亿 m^3)引水工程组成的优质水供水系统调度运行规则研究,系统概化图见图5.12;其二是以义乌江水资源、污水处理厂尾水为水源,由4个泵站(白砂、塔下、杨宅、半月湾泵站)、3个水厂(义驾山、苏福、稠江)、二库(建设水库和幸福水库)组成的义乌市分质供水与水系激活系统调度运行规则的研究,系统概化图见图5.13。

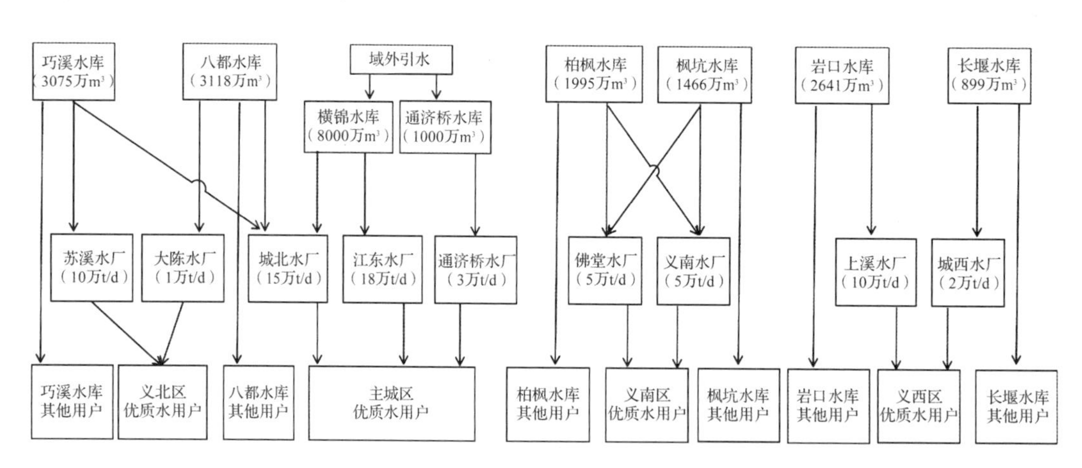

图5.12 义乌市6座中型水库与域外引水组成的优质水系统概化图

关于优质水供水系统调度运行规则的研究,因东阳横锦水库引水(0.8亿 m^3)直接进入江东水厂和城北水厂、浦江县通济桥水厂(0.1亿 m^3)引水直接进入供水管网,因此,其调度运行规则就是由6座中型水库组成水库群的调度运行规则研究,其示意图见图5.14、图5.15。

关于分质供水与水系激活系统调度运行规则的研究,由于义乌江水水量年际和年内分布不均匀,在工程建设上,4个泵站和4个水厂可以直接给城市内河进行配水,也可以提升至建设水库、幸福水库进行调蓄,补充义乌江枯水年份、枯水期水源的不足。水系激活系统调度包括两个方面:一是基于各城市内河配水需求的泵站或水库

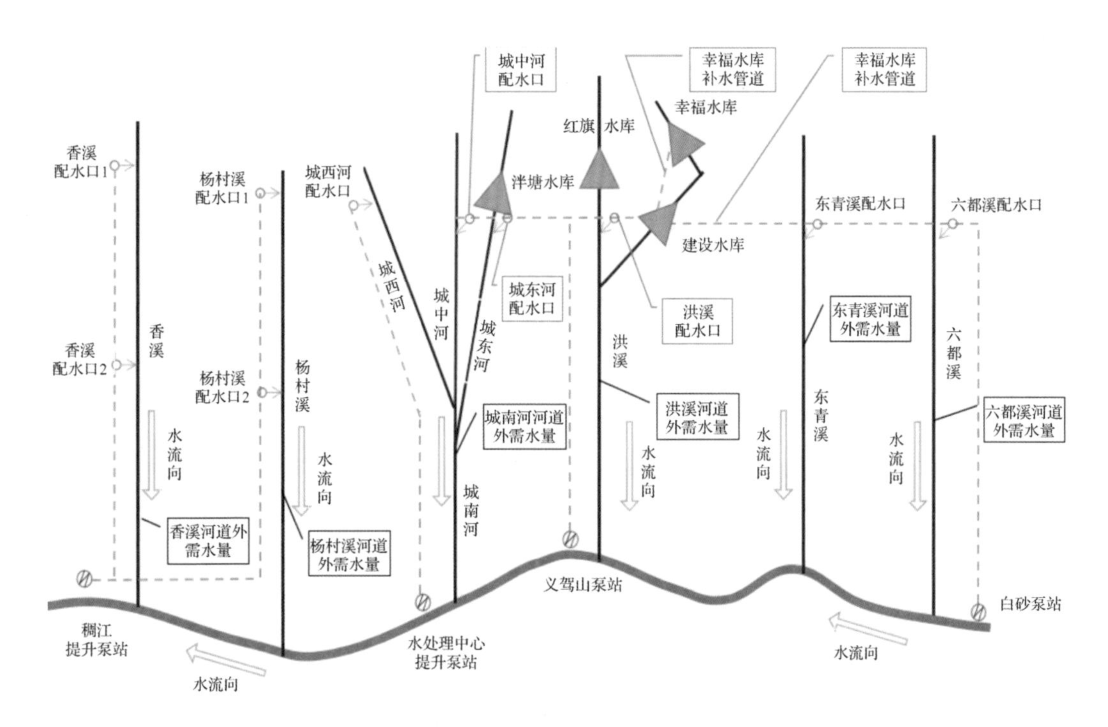

图 5.13　义乌市分质供水与水系激活系统概化图

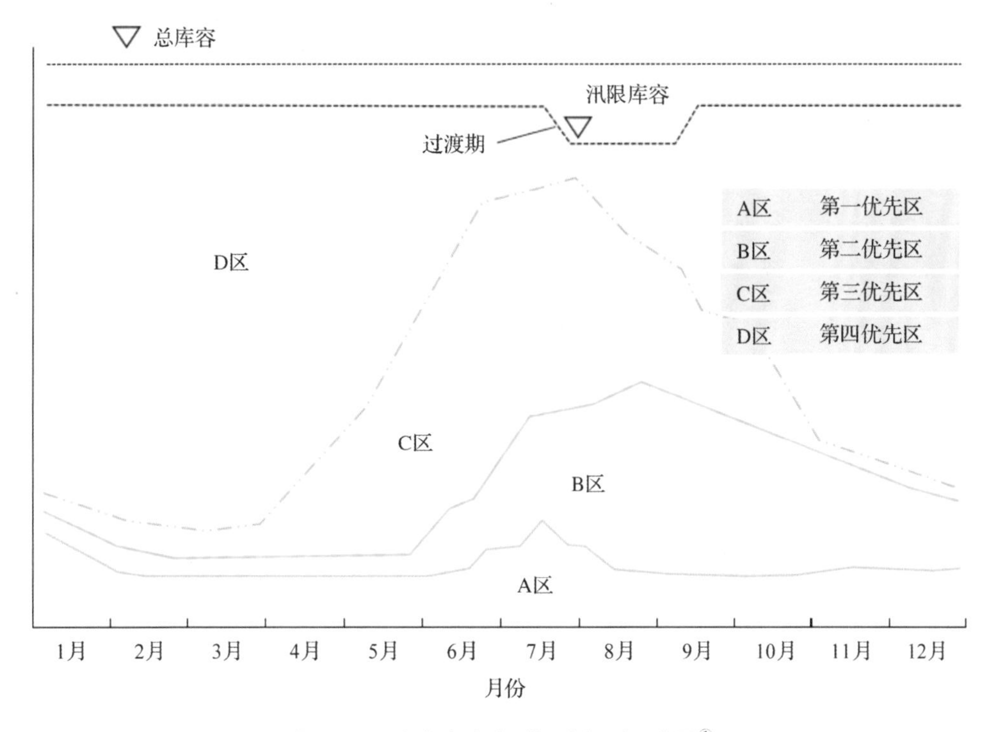

图 5.14　义乌市水库群调度规则示意图[1]

---

① A、B、C、D 分区，可以根据水库群总体功能和用水优先顺序进行调整。

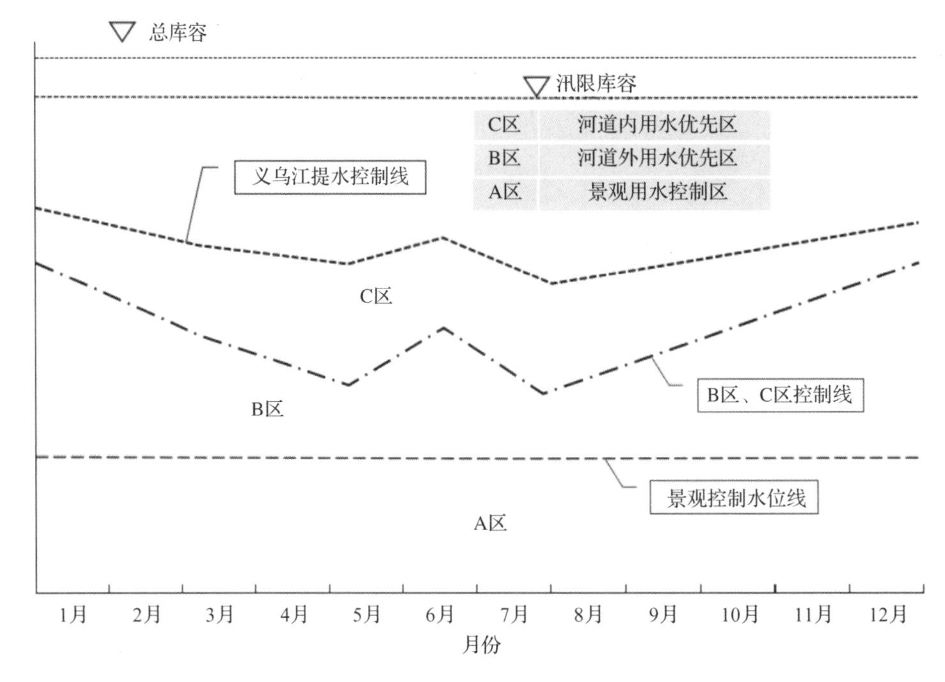

图 5.15　义乌市幸福水库、建设水库调度规则示意图

的配水流量；二是为补充义乌江枯水年份、枯水期水源不足，丰水年份、丰水期提升义乌江水进入建设水库和幸福水库的水量。前者在调度时根据内河的需要进行调度控制，后者因为涉及义乌江、建设水库、幸福水库水量调控的问题，需要制定调度规则。该调度规则包括两个方面：一是义乌江提水入库时间的选择；二是建设水库和幸福水库的合理蓄水量的确定。其示意图见图 5.16。

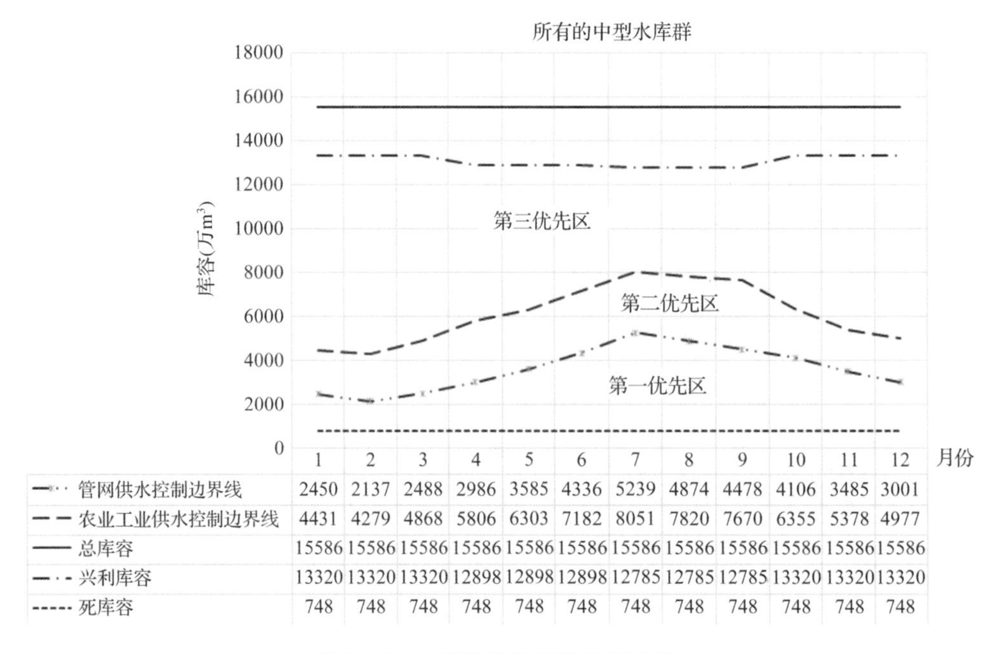

	1	2	3	4	5	6	7	8	9	10	11	12
管网供水控制边界线	2450	2137	2488	2986	3585	4336	5239	4874	4478	4106	3485	3001
农业工业供水控制边界线	4431	4279	4868	5806	6303	7182	8051	7820	7670	6355	5378	4977
总库容	15586	15586	15586	15586	15586	15586	15586	15586	15586	15586	15586	15586
兴利库容	13320	13320	13320	12898	12898	12898	12785	12785	12785	13320	13320	13320
死库容	748	748	748	748	748	748	748	748	748	748	748	748

图 5.16　水库群总调度运行规则图

(4)多水源联合调度规则的成果

采用前述模型的原理和求解方法,计算义乌市6座中型水库群和各水库调度运行规则,以及建设—幸福水库调度运行规则,成果见图5.17~图5.25。

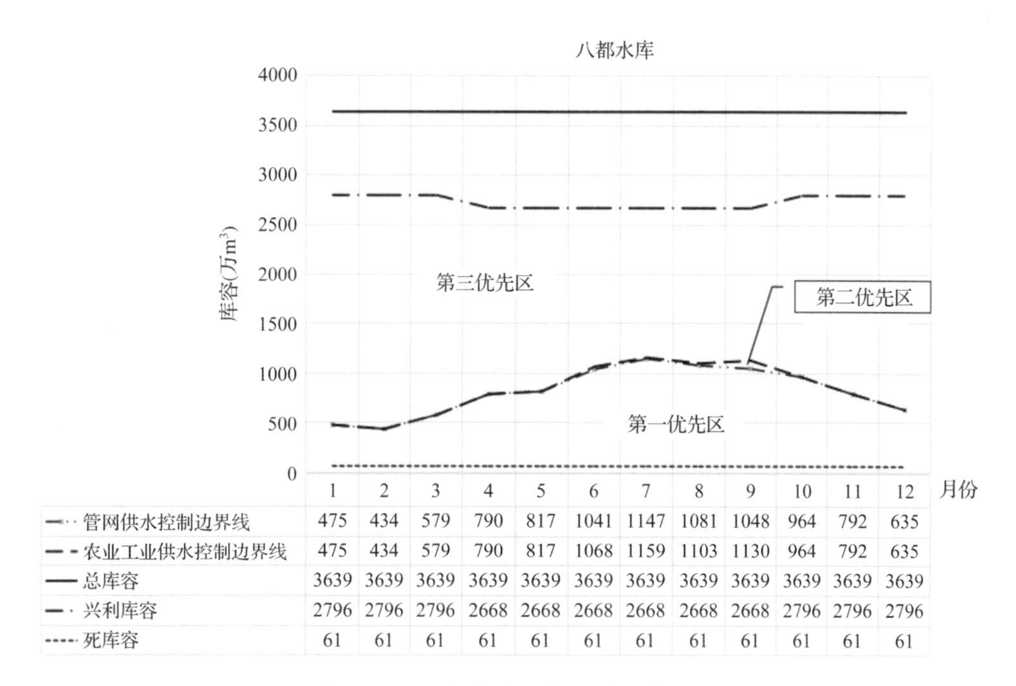

	1	2	3	4	5	6	7	8	9	10	11	12
管网供水控制边界线	475	434	579	790	817	1041	1147	1081	1048	964	792	635
农业工业供水控制边界线	475	434	579	790	817	1068	1159	1103	1130	964	792	635
总库容	3639	3639	3639	3639	3639	3639	3639	3639	3639	3639	3639	3639
兴利库容	2796	2796	2796	2668	2668	2668	2668	2668	2668	2796	2796	2796
死库容	61	61	61	61	61	61	61	61	61	61	61	61

图5.17　八都水库调度运行规则图

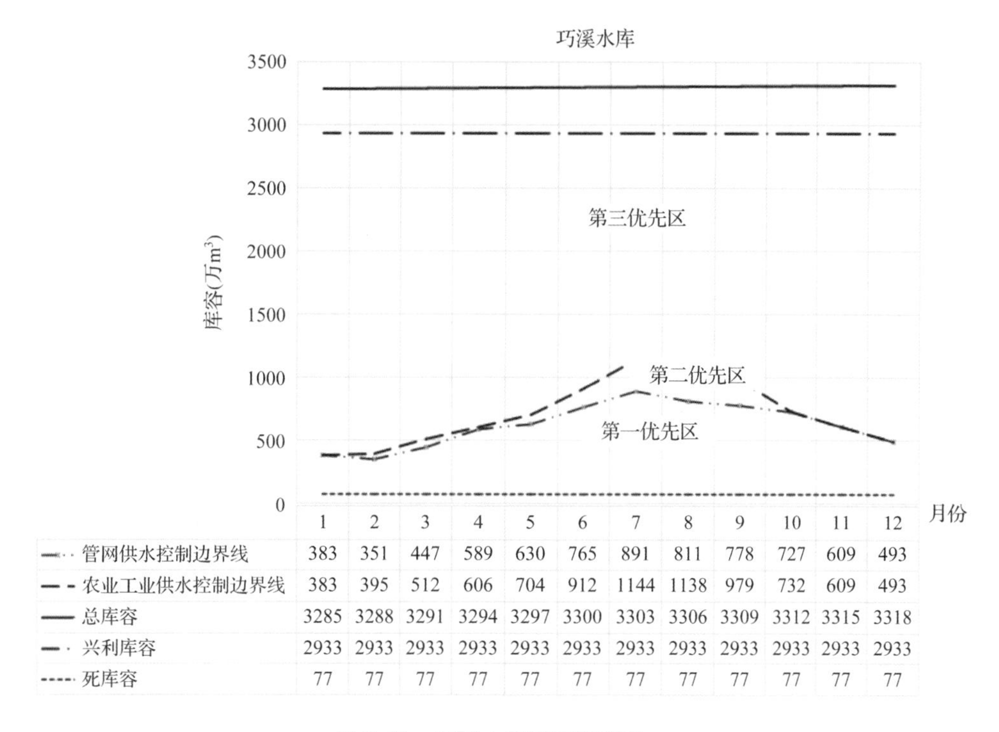

	1	2	3	4	5	6	7	8	9	10	11	12
管网供水控制边界线	383	351	447	589	630	765	891	811	778	727	609	493
农业工业供水控制边界线	383	395	512	606	704	912	1144	1138	979	732	609	493
总库容	3285	3288	3291	3294	3297	3300	3303	3306	3309	3312	3315	3318
兴利库容	2933	2933	2933	2933	2933	2933	2933	2933	2933	2933	2933	2933
死库容	77	77	77	77	77	77	77	77	77	77	77	77

图5.18　巧溪水库调度规则图

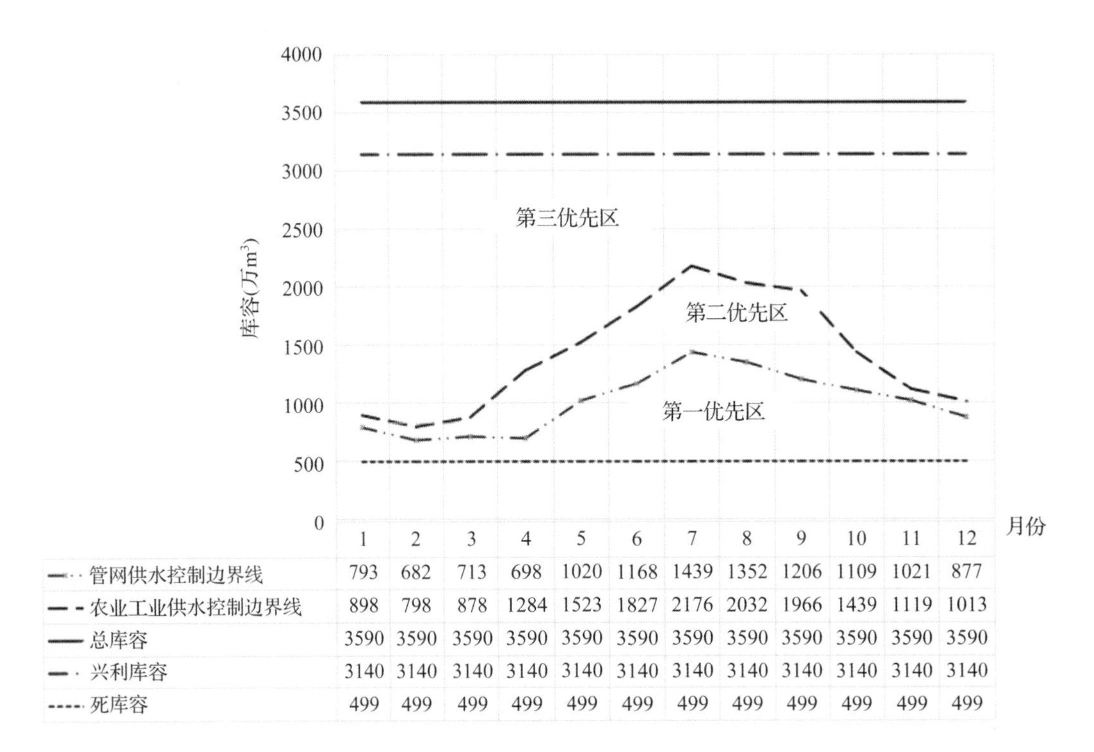

	1	2	3	4	5	6	7	8	9	10	11	12
管网供水控制边界线	793	682	713	698	1020	1168	1439	1352	1206	1109	1021	877
农业工业供水控制边界线	898	798	878	1284	1523	1827	2176	2032	1966	1439	1119	1013
总库容	3590	3590	3590	3590	3590	3590	3590	3590	3590	3590	3590	3590
兴利库容	3140	3140	3140	3140	3140	3140	3140	3140	3140	3140	3140	3140
死库容	499	499	499	499	499	499	499	499	499	499	499	499

图 5.19　岩口水库调度规则图

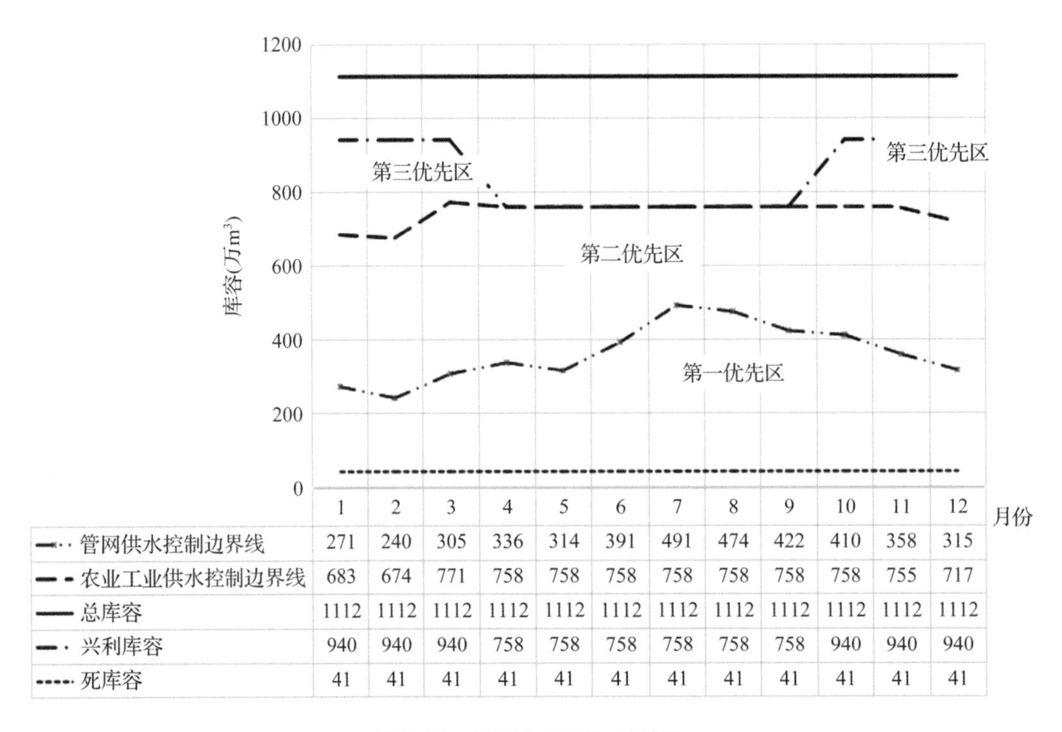

	1	2	3	4	5	6	7	8	9	10	11	12
管网供水控制边界线	271	240	305	336	314	391	491	474	422	410	358	315
农业工业供水控制边界线	683	674	771	758	758	758	758	758	758	758	755	717
总库容	1112	1112	1112	1112	1112	1112	1112	1112	1112	1112	1112	1112
兴利库容	940	940	940	758	758	758	758	758	758	940	940	940
死库容	41	41	41	41	41	41	41	41	41	41	41	41

图 5.20　长堰水库调度规则图

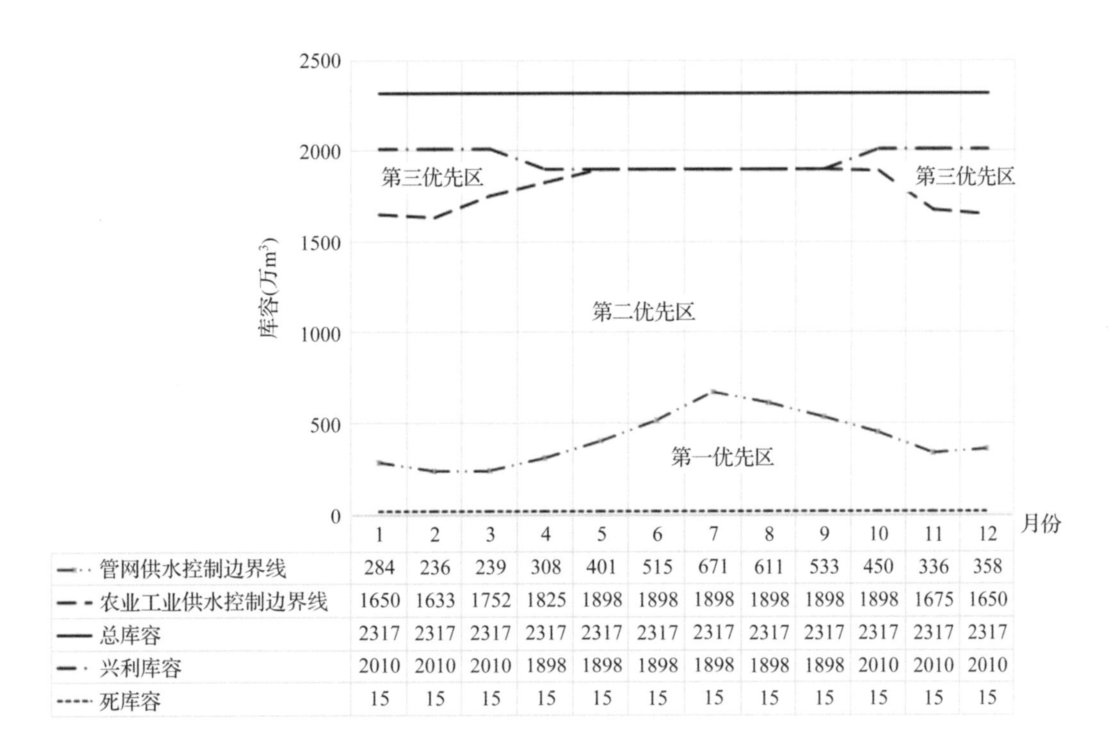

	1	2	3	4	5	6	7	8	9	10	11	12
管网供水控制边界线	284	236	239	308	401	515	671	611	533	450	336	358
农业工业供水控制边界线	1650	1633	1752	1825	1898	1898	1898	1898	1898	1898	1675	1650
总库容	2317	2317	2317	2317	2317	2317	2317	2317	2317	2317	2317	2317
兴利库容	2010	2010	2010	1898	1898	1898	1898	1898	1898	2010	2010	2010
死库容	15	15	15	15	15	15	15	15	15	15	15	15

图 5.21 柏峰水库调度规则图

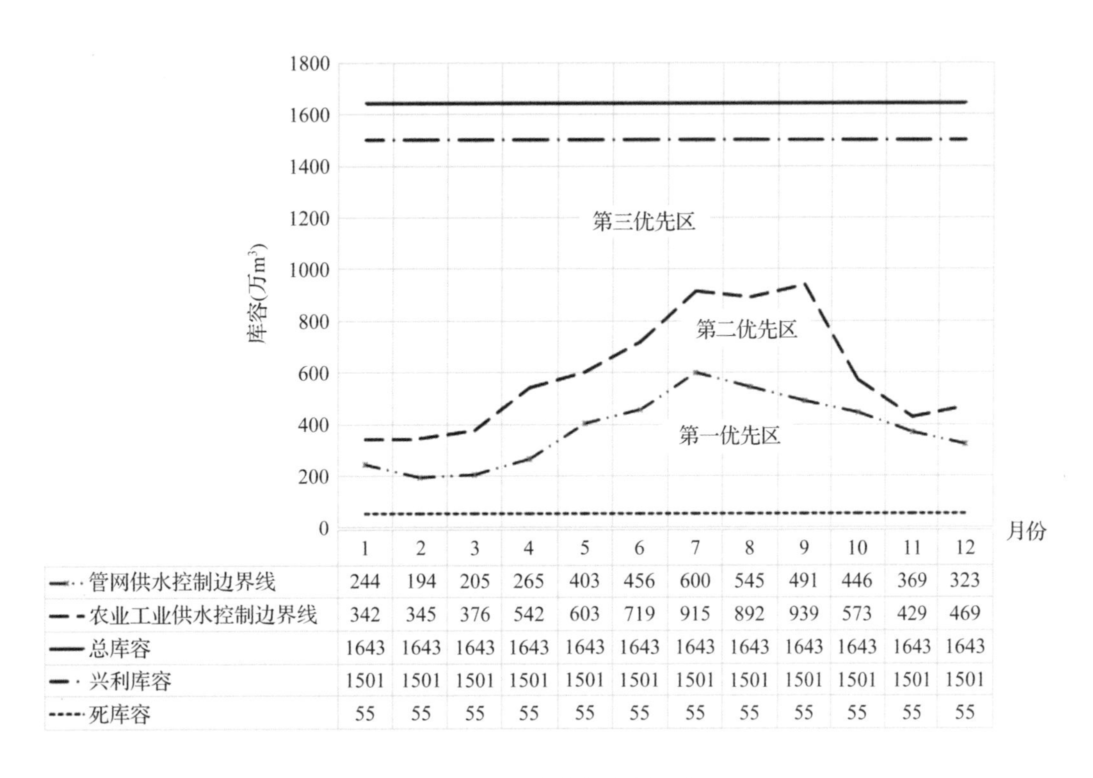

	1	2	3	4	5	6	7	8	9	10	11	12
管网供水控制边界线	244	194	205	265	403	456	600	545	491	446	369	323
农业工业供水控制边界线	342	345	376	542	603	719	915	892	939	573	429	469
总库容	1643	1643	1643	1643	1643	1643	1643	1643	1643	1643	1643	1643
兴利库容	1501	1501	1501	1501	1501	1501	1501	1501	1501	1501	1501	1501
死库容	55	55	55	55	55	55	55	55	55	55	55	55

图 5.22 枫坑水库调度规则图

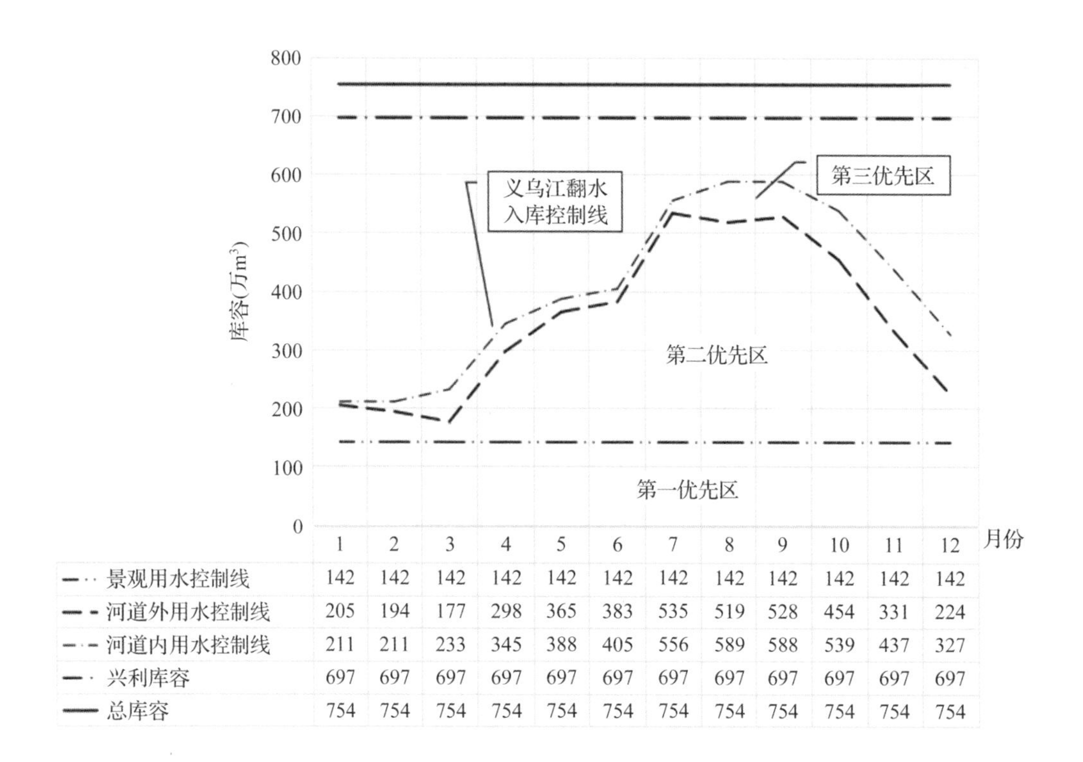

	1	2	3	4	5	6	7	8	9	10	11	12
景观用水控制线	142	142	142	142	142	142	142	142	142	142	142	142
河道外用水控制线	205	194	177	298	365	383	535	519	528	454	331	224
河道内用水控制线	211	211	233	345	388	405	556	589	588	539	437	327
兴利库容	697	697	697	697	697	697	697	697	697	697	697	697
总库容	754	754	754	754	754	754	754	754	754	754	754	754

图 5.23　建设—幸福水库群总调度规则图

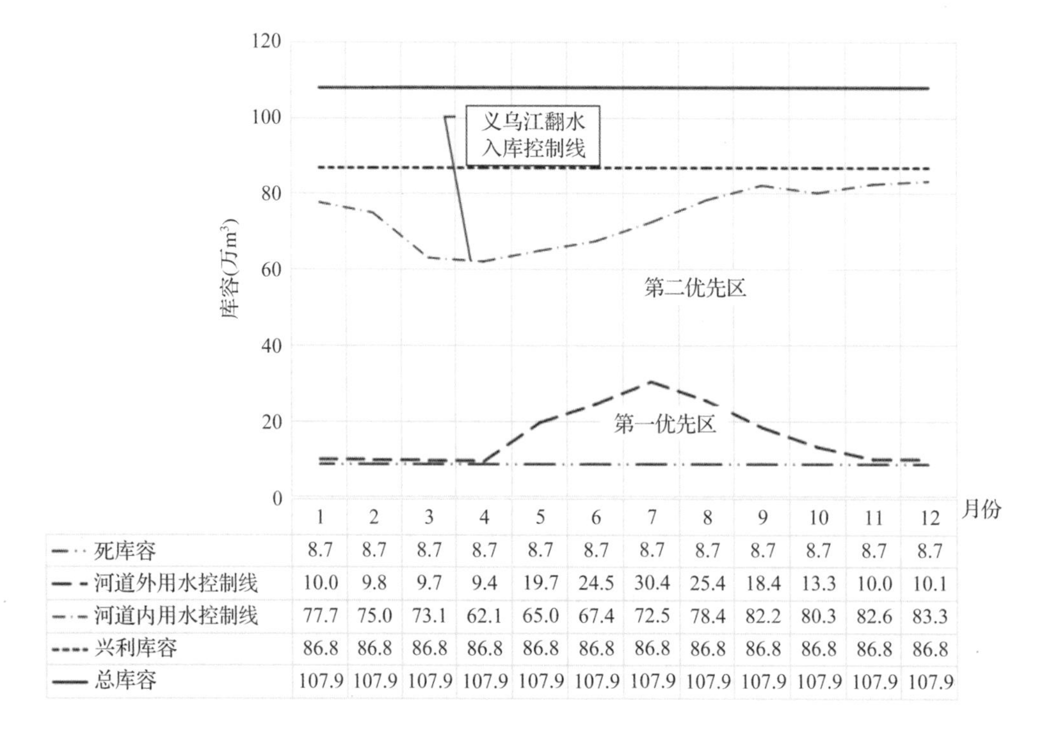

	1	2	3	4	5	6	7	8	9	10	11	12
死库容	8.7	8.7	8.7	8.7	8.7	8.7	8.7	8.7	8.7	8.7	8.7	8.7
河道外用水控制线	10.0	9.8	9.7	9.4	19.7	24.5	30.4	25.4	18.4	13.3	10.0	10.1
河道内用水控制线	77.7	75.0	73.1	62.1	65.0	67.4	72.5	78.4	82.2	80.3	82.6	83.3
兴利库容	86.8	86.8	86.8	86.8	86.8	86.8	86.8	86.8	86.8	86.8	86.8	86.8
总库容	107.9	107.9	107.9	107.9	107.9	107.9	107.9	107.9	107.9	107.9	107.9	107.9

图 5.24　建设水库调度规则图

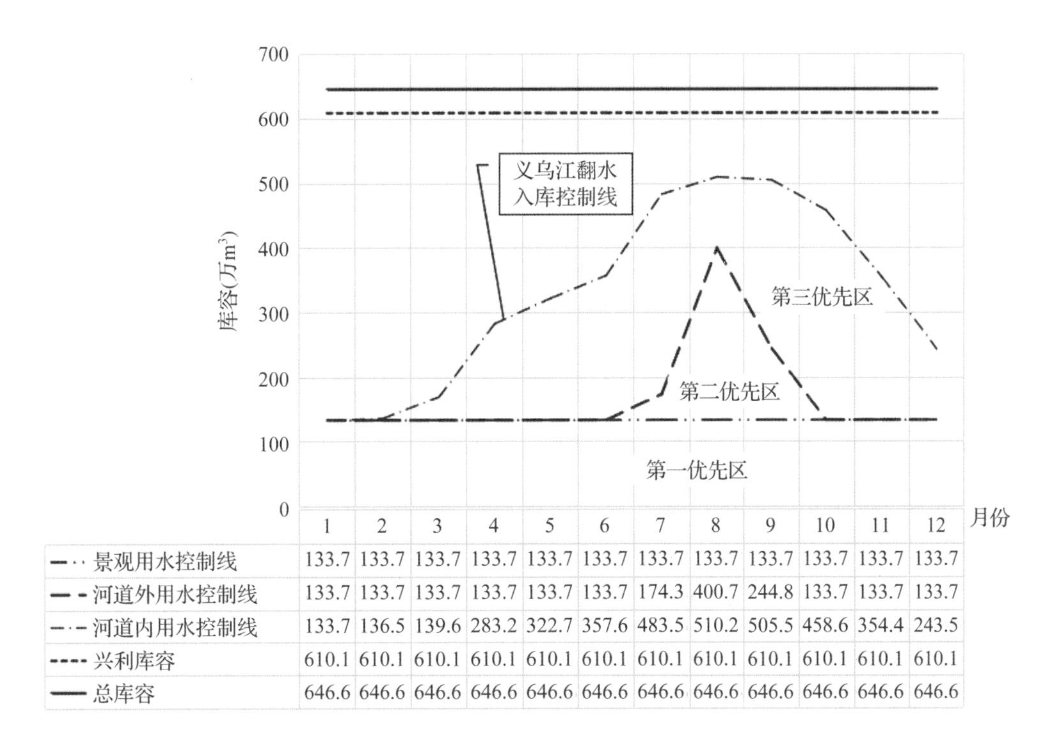

	1	2	3	4	5	6	7	8	9	10	11	12
景观用水控制线	133.7	133.7	133.7	133.7	133.7	133.7	133.7	133.7	133.7	133.7	133.7	133.7
河道外用水控制线	133.7	133.7	133.7	133.7	133.7	133.7	174.3	400.7	244.8	133.7	133.7	133.7
河道内用水控制线	133.7	136.5	139.6	283.2	322.7	357.6	483.5	510.2	505.5	458.6	354.4	243.5
兴利库容	610.1	610.1	610.1	610.1	610.1	610.1	610.1	610.1	610.1	610.1	610.1	610.1
总库容	646.6	646.6	646.6	646.6	646.6	646.6	646.6	646.6	646.6	646.6	646.6	646.6

图 5.25 幸福水库调度规则图

5.4 面向过程的节水管控标准的说明

5.4.1 城镇水厂节水管控标准

5.4.1.1 针对情况说明

城镇水厂是指能完成自来水生产的全过程,水质符合城镇一般生产用水和生活用水要求的生产单位。其中,与节水有关的生产过程包括混凝、沉淀、过滤三道工艺(对于排泥水回用的,还包括回用工艺),各工艺与节水相关的因素和参数见图 5.26。水厂生产过程中会形成一定数量的排泥水和反冲洗水,这部分水为水厂自用水。自用水率与水厂构筑物的类型、原水水质和处理方法等因素有关;为规范城镇水厂的自用水量、提升其建设和运行管理的节水水平,相关部门制定了自用水率等层次的技术标准。因此,选用该指标作为水厂节水管控的指标,水厂自用水是否回用及其回用率也体现了水厂节水的水平。

5.4.1.2 技术标准要求

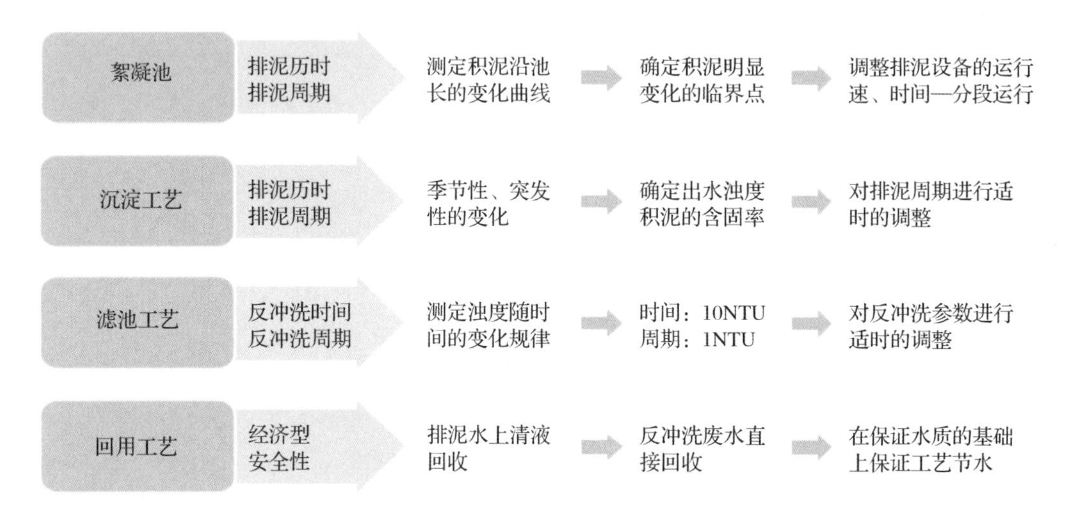

图 5.26 城镇水厂节水工艺环节示意图

5.4.1.3 城镇水厂节水管控标准

按照现有的规定，水厂自用水量是指水厂进水量和出水量的差值。按此定义，目前有两种理解。一种理解是指水厂厂区内所有环节的用水量，包括生产、生活和绿化用水等；另一种理解是《室外给水设计标准》(GB 50013—2018)中规定的，水厂自用水量指水厂内制水过程中的生产用水，不包括生活和绿化用水。从水厂内部计量率和节水管理的实际考虑，第一种理解更有操作性，更符合水厂运行管理的实际。即自用水率β：

$$\beta = \frac{W_{in} - W_{out}}{W_{in}} \times 100\% \qquad (式 5.57)$$

式中：W_{in}为进入水厂的水量；W_{out}为水厂供出的水量。

关于水厂自用水率，截至目前，有定量数据成果的技术标准有两个。一是《室外给水设计标准》(GB 50013—2018)规定的 5% ~10% 。二是《供水企业节水管理规范》(DB11/T 1936—2021)规定不应高于 4% 。前者是从工程建设的角度，从水厂实际运行的情况分析，取值明显偏大；后者是从运行管理的实际出发，更符合实际，因此，这里建议该取值为 4% 。

5.4.1.4 义乌市江东水厂自用水率的分析

江东水厂的设计规模为 18 万吨/天，实际的生产规模为 13 万吨/天。采用的处理工艺为平流沉淀池、V 型滤池；反冲洗方式分为气冲、气水混合、水冲三个阶段；排泥方式有机械排泥(吸泥机)；水厂回用系统包含回用水池、排泥水调节池、污泥浓缩池、平衡池、离心式脱水机房等。

(1)运行参数

①沉淀池的排泥周期为：低浊期(＜10NTU)为 6 ~ 7 天，常规期间(10 ~ 20NTU)

为4～5天，高浊期（>20NTU）为2～3天。

②滤池的反冲洗时间为12min，反冲洗强度为气冲每小时55m³/m²、气水混冲每小时7.5m³/m²（气水比为4∶1到3∶1）、水冲每小时15m³/m²，反冲洗面积为140m²/组（共8组）。

（2）智能化管理

江东水厂根据自身的处理工艺建立了自动化的监控系统，见图5.27，配以机电类设备和各类传感器，包括水泵、电动调节阀、电磁流量计、液位计等。在沉淀池、滤池、加药间、回用水池、排泥水调节池、污泥浓缩池、平衡池、脱水机房实现现场数据采集和设备控制。在管理的过程中，可通过数据，预测各工艺的生产效率、能耗、水质、自用水量等信息，为管理提供决策支持。

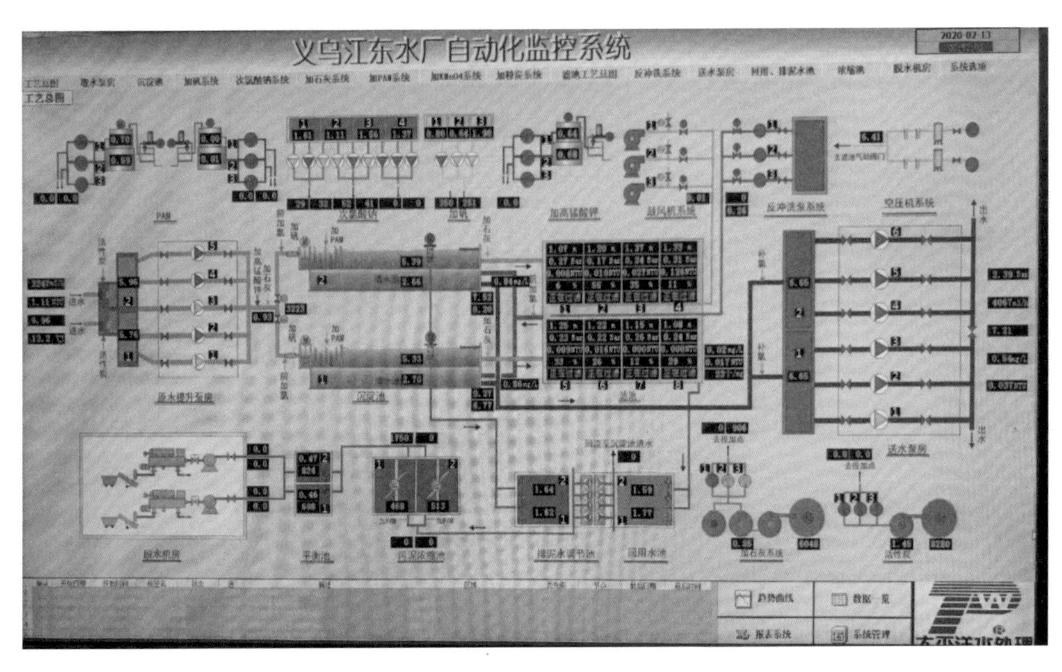

图5.27　江东水厂智能化管理系统平台

（3）自用水率的计算

根据江东水厂2019—2021年的取水量、供水量的数据成果，计算其自用水率，成果见表5.41。

表5.41　江东水厂2019—2021年的取水量、供水量统计

年份	2019年	2020年	2021年	合计
水源端取水量（万吨）	4351	4879	5077	14307
供水端供水量（万吨）	4307	4830	5026	14163
自用水率（%）	1.011	1.004	1.005	1.007

5.4.2 农村水站节水管控的标准

5.4.2.1 针对情况说明

农村水站一般采用一体化净水装置。该装置具有加药、混合、絮凝、沉淀、过滤、消毒等完整的全过程的净水工艺，可采用整体式或分体式。其用水工艺流程见图5.28所示，其节水工艺环节在于反冲洗用水，称为自用水量。水站自用水量与进厂总水量的比值称为自用水率。自用水率与水站一体化净水装置的结构、原水水质等因素有关，该指标反映了水站节水的水平。

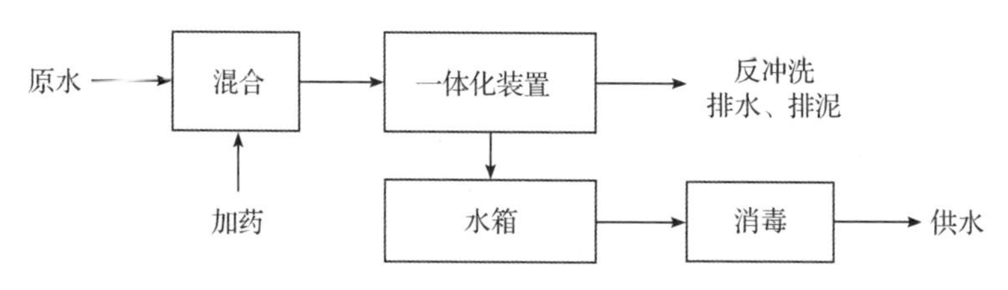

图5.28 农村水站用水工艺环节示意图

5.4.2.2 农村水站节水管控的标准

按照现有的规定，水站自用水量是指水站进水量和出水量的差值。即自用水率β：

$$\beta = \frac{W_{in} - W_{out}}{W_{in}} \times 100\% \qquad (式5.58)$$

式中：W_{in}为进入水站的水量；W_{out}为水站供出的水量。

根据《村镇供水工程技术规范》等相关规定，结合现状农村水站实际运行的情况，建议将其反冲洗自用水率控制标准取为10%。

5.4.2.3 永康舟一村水站自用水率的分析

（1）舟一村一体化设备的简介

该设备以“接触絮凝—过滤—消毒”为核心，设备结构示意图见图5.29。其主要由接触絮凝过滤器和次氯酸钠发生器组成，同时配备加药系统、自动化监控系统。其主要由预过滤器、半封闭式气—水联合反冲洗接触絮凝—过滤装置、高性能次氯酸钠发生器三部分组成。

该设备技术的原理示意图如图5.30所示。其主要的技术环节包括：

1）采用气—水联合反冲洗技术。与单独水力反冲洗技术相比，气—水联合反冲洗技术的大部分的水被空气代替，反冲洗水流的流速由单独水力反冲洗的40～50m/h降低至约12m/h，反冲洗的用水量大幅度降低。同时，气—水联合反冲洗技术利用上升气泡的振动来加强滤料颗粒间的摩擦碰撞和流体剪切力的作用，能有效提高反冲洗的效果，从而延长过滤制水的周期，降低反冲洗的频率，有利于节水。

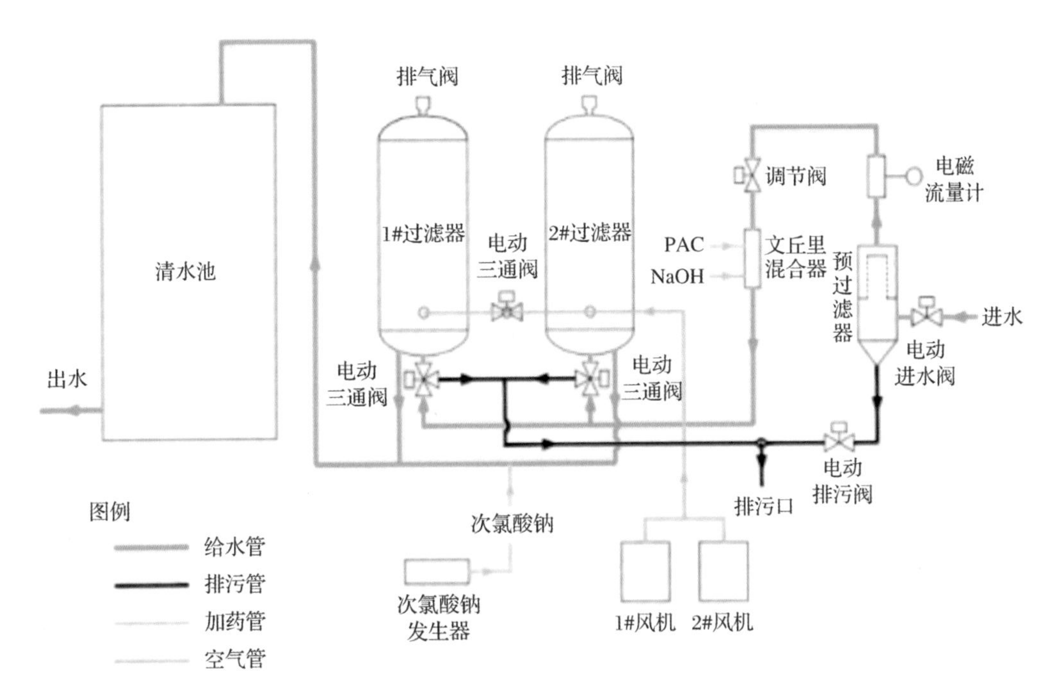

图 5.29 撬装式成套设备的示意图

2)采用半封闭过滤技术。在过滤器的顶部安装自动排气阀。该排气阀依靠浮力作用自动关闭,依靠重力自动打开。也可将其更换为电动阀、电磁阀、气动阀等自动阀中的任一种,其在气—水联合反冲洗阶段自动打开,保持气体畅通;在过滤制水阶段自动关闭,使过滤器处于完全封闭的状态,相当于压力式过滤器。该技术能有效提高可利用的水头,最大允许水头的损失达 4 ~ 5m,与敞开式过滤器相比,其制水周期可延长约 1 倍。

过滤制水阶段:自动排气阀自动关闭,防止过滤器内的水体外溢,此时相当于压力式过滤器,最大允许水头较常规的滤池延长 1 倍,可被设置为 4 ~ 5m。原水和絮凝剂的混合液经进水管自上而下穿过滤料层,水中的细小悬浮物和胶态杂质在絮凝剂的作用下形成絮状物,被滤料层截留,过滤后的出水经出水口排出。

反冲洗阶段:当过滤器顶部的压力、出水浊度与制水时间三个参数中的任何一个达到预设值时,2 个并联的过滤器先后交替进行反冲洗。采用气—水联合反冲洗的方式,用水量为单独水力反冲洗的 1/4 ~ 1/3。此时,自动排气阀自动打开,保持气体畅通,既大幅节省反冲洗的用水量,又保证反冲洗的效果,反冲洗废水由排污口排出。

具体见图 5.30。

(2)设备性能

①采用气—水联合反冲洗,与单独水力反冲洗技术相比,其反冲洗水流的强度由 $13 \sim 15L/(s \cdot m^2)$ 降至 $3 \sim 4L/(s \cdot m^2)$,同时有效提高反冲洗的效果,延长过滤制水的周期。

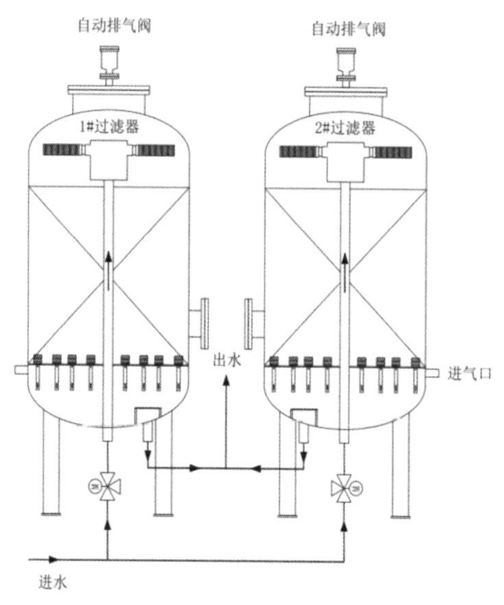

（a）制水时水流方向示意图

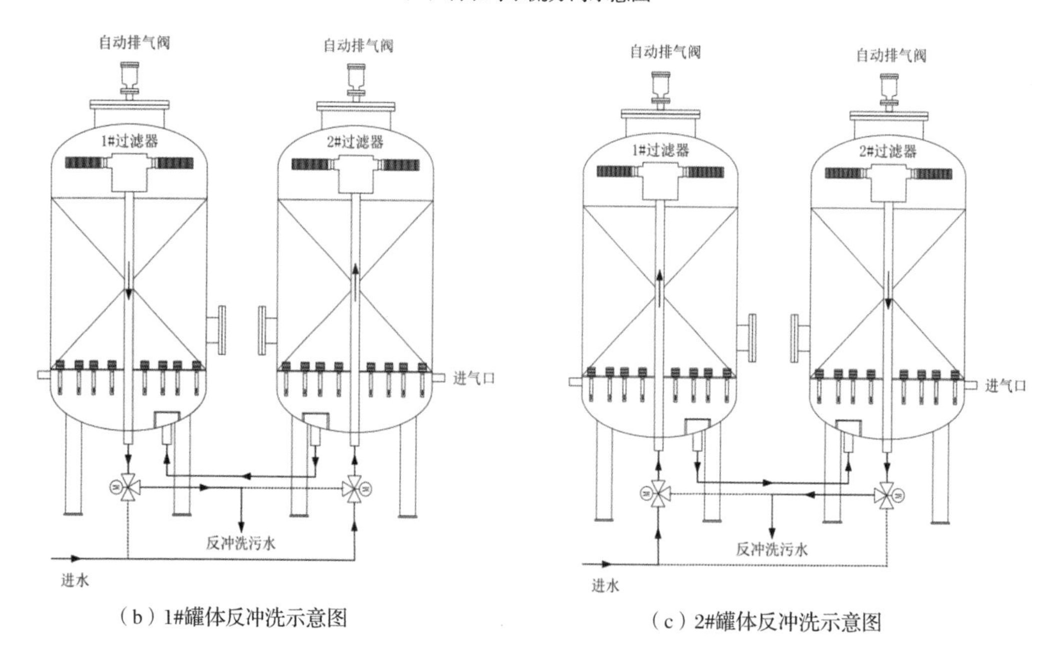

（b）1#罐体反冲洗示意图　　（c）2#罐体反冲洗示意图

图 5.30　技术原理示意图

②半封闭过滤能有效提高可利用水头的性能，显著延长过滤制水的时间；结合气—水联合反冲洗技术，大幅度降低净水站的自用水率。

③出水指标：浑浊度小于 1NTU，未检出总大肠杆菌，菌落总数小于 100CFU/mL，余氯 0.3～1.0mg/L，其余的指标达到《生活饮用水卫生标准》（GB 5749—2022）。

④实现饮用水工程安全消毒、日常运行无人值守。

浙江省永康市舟山镇舟一村建成农村水站 1 处，见图 5.31 所示，供水人口 1400

人，供水规模为200吨/天。

（a）示范工程现场环境图

（b）净水系统装置图

（c）厂房环境图

（d）药品自动投加系统装置图

图5.31　农村饮用水示范工程现场图

因采用独特的半封闭式气—水联合反冲洗过滤的新技术，既显著延长过滤制水的时间，又大幅节省反冲洗的用水量，使净水系统的自用水率降至1.5%以下，与市场上的同类产品相比节水80%。

5.4.3　供水管网节水管控的标准

5.4.3.1　针对情况说明

供水管网是给水工程中向用户输水和配水的管道系统，由管道、配件和附属设施组成。其中：不直接向用户供水、起输水作用的管道的管径一般较大，称为输水管道；从输水管道分出向用户供水的管道的管径较小，一般为100mm或150mm，称为配水管道。衡量供水管网节水成效的通用指标为管网漏损率。管网漏损率是指某一供水管网年漏损水量与其年供水总量之比，它反映了供水管网输配水过程中水资源的利用效率。

管网漏损率是概念清晰、较难确定的参数。一方面，因为供水管网、用水户水表计量设施的配置率低，分区供水量、用水量计量的统计成果不完整，导致较难获得其真实值；另一方面，其影响因素较多，包括管网供水区域地形地貌与总长度、控制管道的材质及建设年代、管道配件与附属设施、管道埋深、施工质量、管网运行参数等。为提升不同地区的供水管网漏损率的可比性，2002 年，中华人民共和国住房和城乡建设部组织编制了《城市供水管网漏损控制及评定标准》（CJJ92—2002）；2017 年，中华人民共和国住房和城乡建设部修订了该标准。

5.4.3.2 供水管网节水管控的标准

综上，目前的供水管网漏损率，统一采用《城镇供水管网漏损控制及评定标准》（CJJ92—2022）的规定，即管网漏损率 R：

$$R_i = R_{0i} - R_{ni} = \frac{Q_{si} - Q_{ai}}{Q_{si}} \times 100\% - (R_{1i} + R_{2i} + R_{3i} + R_{4i}) \qquad (式 5.59)$$

式中：R_i 为第 i 管网漏损率（%）；R_{0i} 为第 i 管网综合漏损率（%）；R_{ni} 为第 i 管网漏损率的总修正值（%），其中：$n = 1, 2, 3, 4$ 分别为抄表到户水量、单位供水量管长、年平均出厂压力和最大冻土深度的修正值；Q_{si} 为第 i 管网供水总量；Q_{ai} 为第 i 管网注册用户的用水量。

区域管网漏损率 $\overline{R}$ 为：

$$\overline{R} = \sum_{i=1}^{NI} (R_i \times Q_{si}) / \sum_{i=1}^{NI} Q_{si} \qquad (式 5.60)$$

式中：$\overline{R}$ 为区域管网漏损率（%）；NI 为区域管网的数量。

关于供水管网漏损率的取值标准，可以根据不同的用途采用不同的标准。其中：

- 在日常管理方面，采用《城镇供水管网漏损控制及评定标准》（CJJ92—2022）的规定，即一级为 10%，二级为 12%。
- 在节水型社会建设方面，采用水利部的规定，管网漏损率不大于 9%。
- 在节水型城市建设方面，采用住建部的规定，管网漏损率不大于 10%。

5.4.4 灌溉渠系节水管控的标准

5.4.4.1 针对情况说明

灌溉渠系是指从灌区灌溉水源取水、输送、分配到田间的各级渠道，以及相应的建筑物和设施的总称；总体上，可分为渠道灌溉系统和管道灌溉系统两类。渠道灌溉系统由灌溉渠首工程，输、配水渠道，渠系建筑物和田间灌溉工程等部分组成。其中：具有区域特色的灌溉系统包括：南方长藤结瓜式灌溉系统、北方地表水地下水联合运用的灌溉系统。管道灌溉系统又可以细分为喷灌系统、滴灌系统和低压管道输水灌溉系统等，主要由首部取水加压设施、输水管网及灌溉出水装置三部分组成。

灌溉渠系的用水效率采用灌溉水有效利用系数（也称灌溉水利用系数）指标来衡量。灌溉水有效利用系数是指灌区内灌入田间可被作物利用的水量与灌溉水源取水口引入水量的比值。该参数反映了灌区各级渠道的配套建设情况和运行管理水平，可以综合反映灌溉渠系的节水水平和节水潜力。

5.4.4.2 灌溉渠系节水管控的标准

灌溉水有效利用系数的衡量对象可以分为两类。一类是以灌区为衡量对象,《灌溉与排水工程设计规范》(GB 50288—2018)是从灌区工程建设的角度,给出了不同规模、不同输配水渠(管)道、不同种植结构的渠系水利用系数和田间水有效利用系数的取值要求;《节水灌溉工程技术标准》(GB/T 50363—2018)不仅给出了灌区渠系水利用系数和田间水有效利用系数的取值要求,而且给出了其灌溉水有效利用系数的取值要求。另一类是以行政区域为衡量对象,通过水资源管理和节水领域的政策性文件给出,将其作为区域灌溉用水效率和用水水平考核的依据。

灌区灌溉水有效利用系数 η_i:

$$\eta_i = \eta_i^1 \times \eta_i^2 \tag{式 5.61}$$

式中:η_i 为第 i 灌区灌溉水有效利用系数;η_i^1 为第 i 灌区渠系水利用系数,根据《节水灌溉工程技术标准》确定;η_i^2 为第 i 灌区田间水利用系数,根据《节水灌溉工程技术标准》确定。

区域灌溉水有效利用系数$\overline{\eta}$:

$$\overline{\eta} = \sum_{i=1}^{NI} (\eta_i \times W_{si}) / \sum_{i=1}^{NI} W_{si} \geqslant \eta^* \tag{式 5.62}$$

式中:$\overline{\eta}$为区域灌溉水的有效利用系数;W_{si} 为第 i 灌区的灌溉用水量;η^* 为上级部门分解给区域的灌溉水的有效利用系数的控制指标;NI 为区域灌区的数量。

对于灌区的灌溉渠系节水管控的标准,可以根据《节水灌溉工程技术标准》(GB/T 50363—2018)和《灌溉与排水工程设计规范》(GB 50288—2018)的相关规定,确定具体的数值如下。

1)渠道防渗输水灌溉工程:大型灌区的不应低于 0.50,中型灌区的不应低于 0.60,小型灌区的不应低于 0.70。其中:地下水灌区的不应低于 0.80。

2)管道输水灌溉工程的不应低于 0.80。

3)喷灌工程的不应低于 0.80。

4)微灌工程的不应低于 0.85,喷灌工程的不应低于 0.90。

对于区域的灌溉渠系节水管控的标准,一般由上级主管部门根据本行政区域灌区的基本情况、灌溉水的有效利用系数的现状分解确定。这里给出浙江省各设区市“十四五”时期末灌溉水的有效利用系数目标值,见表 5.42。

表 5.42 浙江省各设区市“十四五”时期末灌溉水有效利用系数目标值

序号	设区市名称	2020 年现状值	2025 年目标值	增幅
1	杭州市	0.608	0.614	0.006
2	宁波市	0.618	0.625	0.007
3	温州市	0.596	0.605	0.009
4	嘉兴市	0.662	0.668	0.006

续表

序号	设区市名称	2020 年现状值	2025 年目标值	增幅
5	湖州市	0.630	0.634	0.004
6	绍兴市	0.603	0.608	0.005
7	金华市	0.583	0.593	0.01
8	衢州市	0.543	0.570	0.027
9	舟山市	0.699	0.704	0.005
10	台州市	0.590	0.608	0.018
11	丽水市	0.584	0.592	0.008

5.5 面向用户的节水管控标准的研究

这里以生活、生产和生态分类为基础,结合用水特点和管理实际,把用户分为农业灌溉、生活与工业、生态环境三个大类,再根据法律法规、政策性文件等对其管理和控制要求研究,提出相应的管控规则。

5.5.1 农业灌溉节水管控标准的研究

5.5.1.1 针对情况说明

按照现有政策的规定,农业灌溉节水管理和控制主要体现在三个方面。一是落实用水定额管理制度,该制度贯穿农业用水管理的全过程;二是以灌区为管控对象,实施取水许可管理和计划用水管理;三是以区域为对象的农业用水总量管理,该指标是区域用水总量的重要的组成部分,服务于区域水资源和节水管理。

5.5.1.2 农业灌溉节水管控的标准

根据现有政策的规定,农业用水管理对象包括灌区和区域两类,其中,灌区的农业用水管理又包括超许可和超计划两个方面。

灌区农业节水管控规则为不得超取水许可用水和超计划用水,其具体的表达式如下:

$$W_i^n \leqslant W_i^{n\max} \quad (式 5.63)$$

$$W_i^n \leqslant W_i^{np}, 且\ W_i^{np} \leqslant W_i^{n\max} \quad (式 5.64)$$

式中:W_i^n 为第 i 灌区的灌溉用水量;$W_i^{n\max}$ 为第 i 灌区的取水许可量指标;W_i^{np} 为第 i 灌区的计划用水量指标。

区域农业用水管控规则为不得超过上级行政区分解给本区域的农业灌溉用水总量指标,其表达式为:

$$W^n = \sum_{i=1}^{NI} W_i^n \leqslant W^{nmax} \quad (式 5.65)$$

式中：W^n 为区域灌溉用水量；W^{nmax} 为区域农业用水总量指标；NI 为区域内灌区的数量。

各用水管理控制指标的取值如下。

①灌区取水许可量指标：该指标通过灌区水资源论证制度，由水行政主管部门颁发灌区取水许可证获得。

②灌区计划用水量指标：该指标经灌区管理部门申请，由所在地的水行政主管部门审核批准并发布相关的文件获得。

③农业用水总量指标：该指标以上级主管部门分解下达的用水总量控制指标依据，利用基准年本区域水资源公报成果中农业用水的占比，计算得出。

5.5.1.3 应用案例

根据义乌市水务局的相关文件，义乌市2个中型灌区的取水许可量、2023年度计划用水量指标，见表5.43。

表5.43 义乌市中型灌区取水许可量与2023年度取水计划

序号	许可证编号	取水用途	取水单位	许可水量（万 m^3）	取水计划（万 m^3）
1	D330782S2021－0082	农业灌溉	岩口水库灌区	990.4	990.4
2	D330782S2021－0083	农业灌溉	柏峰水库灌区	353.9	353.9

根据金华市水利局的相关文件，“十四五”时期末义乌市用水总量指标为3.1216亿 m^3。以2020年为基准年。2020年义乌市用水总量为2.6099亿 m^3，全市的用水结构见表5.44。其中：农业用水量占总用水量的比例为19.74%，据此计算义乌市2025年末农业用水总量控制指标为0.6162亿 m^3。

表5.44 义乌市2020年的用水量与用水结构

分类	农田灌溉	工业用水	城镇公共用水	居民生活用水	合计
用水量（亿 m^3）	0.5153	0.9606	0.2396	0.6123	2.3278

5.5.2 生活与工业节水管控的标准

5.5.2.1 针对情况说明

按照现有的政策规定，生活与工业用水管理和控制主要体现在三个方面。一是落实用水定额管理制度，该制度贯穿用水的全过程；二是以取用水户为管控对象，实施取水许可管理和计划用水管理；三是以区域为对象的工业和生活用水总量以及万元工业增加值的用水量，该指标作为区域用水总量的重要的组成部分，服务于水资源和节水管理工作。

5.5.2.2 节水管控的标准

根据现有的政策规定，生活与工业用水管理对象包括取用水户和区域两类，其中:取用水户管理又包括超许可和超计划两个方面。

取用水户节水管控规则为不得超取水许可用水和超计划用水,其具体的表达式如下:

$$W_i^{ws} \leqslant W_i^{ws\max} \tag{式 5.66}$$

$$W_i^{ws} \leqslant W_i^{wsp}, \text{且 } W_i^{wsp} \leqslant W_i^{ws\max} \tag{式 5.67}$$

式中:W_i^{ws} 为第 i 取用水户的用水量;$W_i^{ws\max}$ 为第 i 取用水户的取水许可量指标;W_i^{wsp} 为第 i 取用水户的计划用水量指标。

区域生活与工业节水管控规则:生活与工业用水量不得超过上级行政区分解给本区域的生活与工业用水总量指标;万元工业增加值用水量不得超过上级行政区分解给本区域的万元工业增加值用水量指标,其表达式为:

$$W^{ws} = \sum_{i=1}^{NI} W_i^{ws} \leqslant W^{ws\max} \tag{式 5.68}$$

$$w^{ws2} = \frac{W^{ws2}}{E^{ws2}} \leqslant w^{ws2\max} \tag{式 5.69}$$

式中:W^{ws} 为区域生活与工业用水量;$W^{ws\max}$ 为区域生活与工业用水总量控制指标;NI 为区域内取用水户的数量;w^{ws2} 为区域万元工业增加值用水量;W^{ws2} 为区域工业用水总量;E^{ws2} 为区域工业增加值;$w^{ws2\max}$ 为区域万元工业增加值用水量的控制指标。

各用水管理控制指标的取值如下:

①取用水户取水许可量指标:该指标通过取水户水资源论证制度,经水行政主管部门颁发取水许可证获得。

②取用水户计划用水量指标:该指标经取用水户申请,经所在地水行政主管部门审核批准并发布相关的文件获得。

③生活和工业用水量控制指标:该指标以上级主管部门分解下达的用水总量控制指标,结合基准年本区域水资源公报成果中生活和工业用水量的占比,计算得出。

④万元工业增加值用水量控制指标:该指标以上级主管部门分解下达。

5.5.2.3 应用案例

根据义乌市水务局的相关文件,义乌市非农业重点用水户取水许可量和2023年度取水计划,见表5.45。

表5.45 义乌市非农业重点用水户取水许可量和2023年度取水计划

序号	许可证编号	取水用途	取水单位	许可水量(万 m^3)	取水计划(万 m^3)
1	D330782S2021-0090	制水供水	浙江义乌市自来水有限公司	5000	5000
2	D330782S2021-0091	制水供水	义乌市第二自来水有限公司	3000	3000
3	D330782S2021-0044	工业取水	浙江华川实业集团有限公司	1330	1100
4	D330782S2021-0040	工业取水	浙江富元能源开发有限公司	120	100

根据金华市水利局的相关文件[91]，“十四五”时期末义乌市用水总量的控制指标为3.1216亿m^3。以2020年为基准年，2020年义乌市用水总量为2.6099亿m^3。其中：工业用水量占总用水量的比例为36.81%，生活用水量占总用水量的比例为32.64%，据此计算义乌市2025年末工业和生活用水量控制指标分别为1.1491亿m^3、1.0189亿m^3。

5.5.3　生态环境节水管控的标准

5.5.3.1　针对情况说明

保障河湖生态流量是复苏河湖生态功能的基础，随着经济的快速发展，水资源开发利用的程度得到不断提高，人类对水生态系统的干扰不断增加，导致了一系列的生态问题。国外自20世纪40年代起就开始注意到河湖生态的需水问题，国内生态需水研究始于20世纪70年代。随着科技的进步和认知的提高，相继的研究提出了多种河湖生态环境需水量的计算方法。这些计算方法总体上可以分为水文学法、水力学法、水文-生物分析法、生境模拟法和综合分析法等五类，为推进水生态环境保护、复苏河湖生态环境提供了技术支撑。

按照现有的政策规定，生态环境用水对象是河流或湖泊，河湖生态环境用水的管理和控制取决于两个要素：一是河湖自身来水量及其过程；二是河湖生态环境的需水量。按照现有的资料和方法，河湖自身来水量及其过程可以得到有效的解决，难点在于河湖生态环境需水量的确定。受资料支撑条件的限制，应用最广泛的是水文学法，现有的技术标准也推荐采用该方法。这里选择最典型的水文学方法——Tennant法作为河湖生态环境需水量的推荐方法。

水利部进行了全面部署，先后发布《关于做好河湖生态流量确定和保障工作的指导意见》和《关于复苏河湖生态环境的指导意见》以强化各级水行政主管部门的生态流量管理意识，印发《水利部办公厅关于印发2019年重点河湖生态流量（水量）研究以保障工作方案的通知》、《河湖生态系统保护与修复工程技术导则》（SL/T 800—2020）、《河湖生态环境需水计算规范》（SL/T 712—2021）、《河湖生态流量保障实施方案编制技术导则》（T/CHES 89—2022）等标准明确技术要求，印发《全国重点河湖生态流量确定工作方案》，以及《水库生态流量泄放规程》（SL/T 819—2023）和《水利水电工程生态流量计算与泄放设计规范》（SL/T 820—2023）等。

5.5.3.2　生态环境用水管控的标准

河湖生态环境用水管控的标准采用基于水文学原理的Tennant法确定。Tennant法以河湖多年平均径流量百分数为基础，将保护河湖水生态环境的河流径流量推荐值分为7个级别；在依据径流量年内分布的规律，分为枯水时段和丰水时段，见表5.46。

表 5.46 河湖生态环境需水量的计算方法(Tennant 法)

序号	不同径流量百分比对应河湖生态环境的状态	占河湖径流量的百分比(%)	
		年内水量较枯的时段	年内水量较丰的时段
1	最佳	60 ~ 100	
2	优秀	40	60
3	很好	30	50
4	良好	20	40
5	一般或较差	10	30
6	差或最小	10	10
7	极差	0 ~ 10	0 ~ 10

5.5.3.3 应用案例:义乌市城市内河配水规则的研究

(1)义乌市城市内河的概况

义乌市城市内河由义乌江及其义乌境内支流城东河、城中河、城西河、城南河、洪溪、东青溪、香溪、杨村溪、六都溪等组成。为有效改善城市内河水环境,义乌市制定了城市内河水系激活工程的实施方案,分五期实施城市内河水系激活工程。累计铺设配水管道约 40km,新建 10 万吨/日、13 万吨/日配水提升泵站各 1 座,改造生态水厂 18 万吨/日、4.5 万吨/日各 1 座,总配水能力达到 43.5 万吨/日。通过这些工程建设,实现了义乌江、城中河、城南河、城西河、城东河、洪溪、杨村溪、香溪、东青溪、六都溪等城市内河水系的互联互通,并可以将义乌江水源、主要污水处理厂的达标尾水输送至相应的各城市内河。

内河水系激活工程的配水水源主要来自污水处理厂达标的出水和义乌江水。从 2013 年 10 月开始,义乌市 9 座污水处理厂在严格执行国家排放一级 A 类标准的前提下,经过提标改造,出水严格执行“义乌标准”,即将氨氮控制在 1mg/L 以下、将总磷控制在 0.4mg/L 以下。“五水共治”实施以来,义乌江水的水质得到很大的改观,水质指标绝大部分保持在氨氮 0.5 ~ 2.0mg/L、总磷 0.1 ~ 0.2mg/L。

(2)城市内河生态流量和配水量的确定

根据 Tennant 法、各城市内河的集雨面积、义乌市长系列降水和水资源资料,确定义乌市各城市内河生态环境需水量和生态环境配水量成果,见表 5.47、表 5.48。其中:4 月 15 日—10 月 15 日为丰水时段,10 月 16 日—次年 4 月 14 日为枯水时段。

表 5.47 义乌市城市内河生态环境需水量计算成果表

名称	集雨面积(km^2)	很好级需求		良好级需求	
		枯水时段	丰水时段	枯水时段	丰水时段
城东河	3.4	0.02	0.03	0.01	0.03
城中河	8.7	0.05	0.09	0.03	0.07

续表

名称	集雨面积（km^2）	很好级需求		良好级需求	
		枯水时段	丰水时段	枯水时段	丰水时段
城西河	6.3	0.04	0.06	0.02	0.05
城南河	7.1	0.04	0.07	0.03	0.06
洪溪	12.5	0.07	0.12	0.05	0.10
东青溪	38	0.23	0.38	0.15	0.30
香溪	40.3	0.24	0.40	0.16	0.32
杨村溪	21	0.12	0.21	0.08	0.17
六都溪	37	0.22	0.37	0.15	0.29

表5.48　义乌市城市内河景观流量配置需水情况表

内河名称	配水量（万吨/日）		内河名称	配水量（万吨/日）	
	很好级	良好级		很好级	良好级
城东河	0.13	0.10	东青溪	1.63	1.11
城中河	0.37	0.25	香溪	1.71	1.18
城西河	0.27	0.17	杨村溪	0.88	0.62
城南河	0.29	0.22	六都溪	1.57	1.08
洪溪	0.50	0.37	合计	7.35	5.10

5.6　总　结

本章基于现阶段节水管控工作的需要，从面向系统、面向过程、面向用户三个层面分别开展了水量分配方法、水源调度运行规则制定方法、供水过程节水管控标准和用户节水管控规则确定方法的研究，并开展了实例应用。应用结果表明，这些方法满足节水管控工作的需要，实用可行。研究成果为建立形成了覆盖取水、供水和用水过程的节水管控规则体系，以及推动节水管控规范化、标准化，提供技术支撑和决策依据。

详细的研究成果如下。

（1）解释了节水管控的规则与标准，介绍了节水管控的规则与标准的制定原则。基于节水对象的特点、节水属性的要求和效应，研究提出了面向系统、面向过程、面向用户的节水管控的规则与标准的分类方法，建立了覆盖取水、供水和用水过程的节水管控规则体系。

（2）在面向系统层面，针对取水环节的节水管控规则的制定方法，从取水权管理和调度运行管理两个方面开展相关技术方法的研究，为从取水端建立取水权属管理和调度运行管理相结合的节水管控规则提供了理论依据和技术支撑。其中：

在取水权管理方面，采用层次分析法、水资源系统模拟技术、模糊优化技术等，开展流域水量分配到行政区域的水量分配方法、行政区域水量分解下一级行政区域和用水行业的水量分配方法的研究，以及面向水资源用途管控的水库水量分配方法的研究，为形成细化取水权管理颗粒度、明确节水管理对象和管控指标，建立"流域—区域—行业—取水口"全过程覆盖、权责明确的取水权管控依据提供了技术支撑。

在调度运行管理方面，采用水资源系统模拟技术、大系统优化技术、智能算法、蓄水均衡规则技术等开展面向单一水库、梯级水库和多水源的调度运行规则制定方法的研究，形成了用水优先顺序与调度运行规则相结合以及更直观便捷的单一水库、梯级水库和多水源的调度运行规则图，服务其运行管理的需要。

（3）在面向过程层面，针对供水环节的节水管控标准，采用调查统计法从城镇水厂和农村水站自用水、供水管网漏损、灌区灌溉水有效利用系数三个方面，归纳总结了规范标准、政策性文件等节水管控的要求，给出了分析计算模型和实际应用的案例。

（4）在面向用户层面，针对不同行业的节水管控标准，采用调查统计法从农业、生活与工业、生态环境城镇水厂三个方面，归纳总结了规范标准、政策性文件等节水管控的要求，给出了分析计算模型和实际应用的案例。

参考文献

[1]尹正杰，胡铁松，崔远来，等. 水库多目标供水调度规则研究. 水科学进展，2005(6)：875-880.

[2]郭旭宁，胡铁松，黄兵，等. 基于模拟—优化模式的供水水库群联合调度规则研究. 水利学报，2011，42(6)：705-712.

[3]曾祥，胡铁松，郭旭宁，等. 并联供水水库解析调度规则研究Ⅱ：多阶段模型与应用. 水利学报，2014，45(9)：1120-1126，1133.

[4]郭旭宁，胡铁松，曾祥，等. 基于调度规则的水库群供水能力与风险分析. 水利学报，2013，44(6)：664-672.

[5]曾光明，黄瑾辉. 三大饮用水水质标准指标体系及特点比较. 中国给水排水，2003(7)：30-32.

[6]吴普特，冯浩，牛文全，等. 中国用水结构发展态势与节水对策分析. 农业工程学报，2003(1)：1-6.

[7]王若尧，张雅君，许萍. 城市综合节水技术标准现状及框架体系研究. 环境保护，2008(24)：10-12.

[8]黄修桥，李英能，顾宇平，等. 节水灌溉技术体系与发展对策的研究. 农业工程学报，1999(1)：124-129.

[9] CAUBERGHE V, VAZQUEZ-CASAUBON E, VAN DE SOMPEL D. Perceptions of

water as commodity or uniqueness? The role of water value, scarcity concern and moral obligation on conservation behavior. J Environ Manage,2021,292:112677.

[10]CHU C Y. System dynamics evaluation of household water use behavior and associated greenhouse gas emissions and environmental costs:a case study of Taipei city. J Water Process Eng,2020,37:101409.

[11]DANIEL K. Water conservation campaigns in an emerging economy:how effective are they? Inter J Advert,2020,40(3):452-472.

[12]MEN B H,LIU H Y. Water resource system vulnerability assessment of the Heihe River Basin based on pressure-state-response(PSR) model under the changing environment. Water Sci Tech-W Sup,2018,18(6):1956-1967.

[13]田贵良,赵秋雅,吴正. 乡村振兴下水权改革的节水效应及对用水效率的影响. 中国人口·资源与环境,2022,32(12):193-204.

[14]王红瑞,李一阳,杨亚锋,等. 水资源集约安全利用评估模型构建及应用. 水资源保护,2022,38(1):18-25.

[15]杨文娟,赵荣钦,张战平,等. 河南省不同产业碳水足迹效率研究. 自然资源学报,2019,34(1):92-103.

[16]王煜,彭少明,郑小康. 黄河流域水量分配方案优化及综合调度的关键科学问题. 水科学进展,2018,29(5):614-624.

[17]马立亚,惠宇,马彪,等. 南水北调中线工程受水区年度水量分配方法研究. 人民长江,2024,55(5):107-111.

[18]焦军,王江,詹同涛. 基于用水总量控制的湖泊水量分配方法研究. 水利水电技术(中英文),2023,54(S1):35-40.

[19]崔世博,罗琳,胡诗若,等. 跨省江河水量分配的理论基础与定量方法. 水力发电学报,2021,40(10):95-104.

[20]陈琛,郭甲嘉,沈大军. 黄河流域水量分配和再分配. 资源科学,2021,43(4):799-812.

[21]向龙,冯智敏,刘治骑,等. 河网区跨界水量分配方法研究. 水文,2023,43(2):18-23.

[22]胡智丹,郑航,王忠静. 黄河干流水量分配的演变及多数据流模型分析. 水力发电学报,2015,34(8):35-43.

[23]聂艳华,段文刚,刘东. 南水北调东线工程山东段水量分配方案研究. 长江科学院院报,2013,30(8):75-78.

[24]汪党献,郦建强,刘金华. 用水总量控制指标制定与制度建设. 中国水利,2012(7):12-14.

[25]刘淋淋,曹升乐,于翠松,等. 用水总量控制指标的确定方法研究. 南水北调与水利科技,2013,11(5):159-163.

[26]李芳芝,李玉林. "双碳"目标下长江经济带沿线省份工业用水效率及其地区差

距研究. 长江流域资源与环境,2023,32(11):2360-2369.

[27]何刚,赵杨秋,阮君,等. 安徽省工业用水效率及影响因素时空分异解析. 安全与环境学报,2022,22(3):1671-1679.

[28]崔永正,刘涛. 黄河流域农业用水效率测度及其节水潜力分析. 节水灌溉,2021(1):100-103.

[29]徐依婷,穆月英. 粮食生产水足迹动态演变及分解效应. 华南农业大学学报(社会科学版),2020,19(3):70-83.

[30]苏飞,董增川,沈仁英. 区域产业节水效应的层次性和时段性分析. 中国农村水利水电,2012(4):55-57,60.

[31]温进化,王磊,陈欣,等. 区域农业用水量核定与分解方法:CN201810644592.9. 2018-12-07.

[32]汪恕诚. 水权和水市场——谈实现水资源优化配置的经济手段. 水电能源科学,2001(1):1-5.

[33]田圃德,张淑华. 水权制度创新潜在效益及影响理论探讨. 人民长江,2003(7):21-22.

[34]孔珂,解建仓,岳新利,等. 水市场的博弈分析. 水利学报,2005(4):491-495.

[35]罗慧,李良序,王梅华,等. 水权准市场交易模型及市场均衡分析. 水利学报,2006(4):492-498.

[36]陈洪转,羊震,杨向辉. 我国水权交易博弈定价决策机理. 水利学报,2006(11):1407-1410.

[37]冯文琦,纪昌明. 水资源优化配置中的市场交易博弈模型. 华中科技大学学报(自然科学版),2006(11):83-85.

[38]赵永,王劲峰,蔡焕杰. 水资源问题的可计算一般均衡模型研究综述. 水科学进展,2008(5):756-762.

[39]吴丹,马超. 基于水权初始配置的区域利益博弈与优化模型. 人民黄河,2018,40(1):40-45.

[40]赵洋. 黄河流域省区间水权分配及水生态补偿——兼顾水质与水量的双重视角. 大连:东北财经大学,2021.

[41]强安丰,汪妮,雒少江,等. 基于成本视角的水质水量双向调节生态补偿量研究. 水土保持通报,2022,42(2):144-149.

[42]耿翔燕,葛颜祥. 基于水量分配的流域生态补偿研究——以小清河流域为例. 中国农业资源与区划,2018,39(4):36-44.

[43]陈艳萍,周颖. 基于水质水量的流域生态补偿标准测算——以黄河流域宁夏回族自治区为例. 中国农业资源与区划,2016,37(4):119-126.

[44]朱仁显,李佩姿. 跨区流域生态补偿如何实现横向协同——基于13个流域生态补偿案例的定性比较分析. 公共行政评论,2021,14(1):170-190.

[45]孙翔,王玢,董战峰. 流域生态补偿:理论基础与模式创新. 改革,2021(8):

145-155.
[46]于立宏,程思佳. 生态保护补偿制度能否提高地区水资源利用效率——基于水权试点的实证研究. 财经研究,2023,49(2):19-33.
[47]王雨蓉,陈利根,陈歆,等. 制度分析与发展框架下流域生态补偿的应用规则:基于新安江的实践. 中国人口·资源与环境,2020,30(1):41-48.
[48]陈牧风,董增川,贾文豪,等. 梯级水库群多目标调度增益分配的组合系数法. 水力发电学报,2020,39(11):90-99.
[49]王本德,周惠成,卢迪. 我国水库(群)调度理论方法研究应用现状与展望. 水利学报,2016,47(3):337-345.
[50]王贺龙,王士武,王思琪,等. 基于供水保证率约束的水库水资源使用权量初始分配方法:CN201810105865. 2. 2018-07-20.
[51]王贺龙,李其峰,温进化,等. 基于水库资产分配的水库行业水权分配研究. 水力发电学报,2019,38(3):83-91.
[52]王士武,王贺龙,温进化. 水库调度图优先控制线优化方法研究. 水力发电学报,2015,34(6):35-40.
[53]王贺龙,王士武,王思琪. 免疫粒子群算法及其在水库调度图优先控制线优化中的应用. 中国农村水利水电,2014(9):76-79.
[54]叶碎高,温进化,王士武. 多目标免疫遗传算法在梯级水库优化调度中的应用研究. 南水北调与水利科技,2011,9(1):64-67.
[55]温进化,王士武. 优化技术在水库群联合调度中的应用研究. 浙江水利科技,2007(2):12-14,19.
[56]建筑给水排水与节水通用规范(GB 55020—2021). [2024-05-21]. https://www.mohurd.gov.cn/gongkai/zhengce/zhengcefilelib/202110/20211013_762458.html.
[57]城镇供水厂运行、维护及安全技术规程(CJJ 58—2009). [2024-05-21]. https://www.mohurd.gov.cn/gongkai/fdzdgknr/zqyj/202107/20210727_761362.html.
[58]室外给水设计标准(GB 50013—2018). [2024-05-21]. https://www.mohurd.gov.cn/gongkai/zhengce/zhengcefilelib/201908/20190828_241590.html.
[59]民用建筑节水设计标准(GB 50555—2010). [2024-05-21]. https://www.mohurd.gov.cn/gongkai/fdzdgknr/zqyj/202004/20200415_244918.html.
[60]城镇给水排水技术规范(GB 50788—2012). [2024-05-21]. http://issjs.com/wp-content/uploads/2021/01/P/2020/GB50788-2012%20%E5%9F%8E%E9%95%87%E7%BB%99%E6%B0%B4%E6%8E%92%E6%B0%B4%E6%8A%80%E6%9C%AF%E8%A7%84%E8%8C%83.pdf.
[61]城市给水工程项目规范(GB 55026—2022). [2024-05-21]. https://www.mohurd.gov.cn/gongkai/zhengce/zhengcefilelib/202204/20220412_765626.html.
[62]住房城乡建设部. 城镇供水设施改造技术指南(试行). 城镇供水,2010(1):79.
[63]城市供水厂运行管理技术规程(DB 4403/T 205—2021). [2024-05-21]. https://

amr. sz. gov. cn/attachment/0/928/928005/9772236. pdf.
[64]孔祥达,龚德洪,刘阔,等. 供水企业节水管理规范(DB11/T 1936—2021)解读. 城镇供水,2023(4):85-89,95.
[65]供水企业节水管理规范(DB11/T 1936—2021). [2024-05-21]. http://bzh. scjgj. beijing. gov. cn/bzh/apifile/file/2022/20220207/b56c6490-511c-4040-8f9f-9a04c8e2f445. pdf.
[66]村镇供水工程技术规范(SL 310—2019). [2024-05-21]. http://www. jsgg. com. cn/Files/ftp/SL% 20310-2019% 20% E6% 9D% 91% E9% 95% 87% E4% BE% 9B% E6% B0% B4% E5% B7% A5% E7% A8% 8B% E6% 8A% 80% E6% 9C% AF% E8% A7% 84% E8% 8C% 8320200109-001. pdf.
[67]镇(乡)村给水工程技术规程(CJJ 123—2008). [2024-05-21]. https://www. mohurd. gov. cn/gongkai/zhengce/zhengcefilelib/201607/20160715_228120. html.
[68]姜金鑫. 城市供水厂综合节水模型的应用研究. 哈尔滨:哈尔滨工业大学,2010.
[69]城镇供水管网漏损控制及评定标准(CJJ 92—2016). [2024-05-21]. https://www. mohurd. gov. cn/gongkai/zhengce/zhengcefilelib/201703/20170306_230866. html.
[70]邓晓婷. 城市供水管网漏损因素分析及控制. 太原:太原理工大学,2012.
[71]城市节水评价标准(GB/T 51083—2015). [2024-05-21]. https://www. mohurd. gov. cn/gongkai/zhengce/zhengcefilelib/201504/20150410_224051. html.
[72]水利部办公厅关于开展县域节水型社会达标建设评估工作的通知(办节约〔2023〕223 号). [2024-05-21]. http://www. mwr. gov. cn/zwgk/gknr/202309/t20230915_1683226. html.
[73]住房城乡建设部 国家发展改革委关于印发城镇节水工作指南的通知. [2024-05-21]. https://www. mohurd. gov. cn/gongkai/zhengce/zhengcefilelib/201701/20170106_230239. html.
[74]关于印发《全民节水行动计划》的通知(发改环资〔2016〕2259 号). [2024-05-21]. https://www. gov. cn/xinwen/2016-10/31/content_5126615. htm.
[75]崔远来,龚孟梨,刘路广. 基于回归水重复利用的灌溉水利用效率指标及节水潜力计算方法. 华北水利水电大学学报(自然科学版),2014,35(2):1-5.
[76]崔远来,谭芳,郑传举. 不同环节灌溉用水效率及节水潜力分析. 水科学进展,2010,21(6):788-794.
[77]崔远来,熊佳. 灌溉水利用效率指标研究进展. 水科学进展,2009,20(4):590-598.
[78]崔远来,董斌,李远华,等. 农业灌溉节水评价指标与尺度问题. 农业工程学报,2007(7):1-7.
[79]住房城乡建设部关于发布国家标准《灌溉与排水工程设计标准》的公告. [2024-05-21]. https://www. mohurd. gov. cn/gongkai/zhengce/zhengcefilelib/201904/

20190403_240004. html.

[80]节水灌溉工程技术标准(GB/T 50363—2018).[2024-05-21]. https://www. mohurd. gov. cn/gongkai/zhengce/zhengcefilelib/201904/20190403_239996. html.

[81]浙江省水利厅办公室关于印发《浙江省农田灌溉水有效利用系数测算分析工作考评实施细则(2021)》的通知.[2024-05-21]. https://slt. zj. gov. cn/art/2021/7/16/art_1229229426_4687787. html.

[82]水利部 国家发展改革委关于印发“十四五”用水总量和强度双控目标的通知(水节约〔2022〕113 号).[2024-05-21]. http://www. mwr. gov. cn/zwgk/gknr/202203/t20220317_1565122. html.

[83]王西琴,刘昌明,杨志峰. 生态及环境需水量研究进展与前瞻. 水科学进展,2002(4):507-514.

[84]王西琴. 河流生态需水理论、方法与应用. 北京:中国水利水电出版社,2007.

[85]杨志峰,崔保山,杨薇. 一种生态环境需水阈值的计算方法:CN200910162568. 2. 2009-12-30.

[86]杨志峰,崔保山,尹民,等. 一种生态需水分区、分类指标及方法:CN200910162567. 8. 2010-03-31.

第6章　智慧节水场景化数学模型研究

6.1　综合说明

6.1.1　场景理论与节水场景

(1)场景理论的简介

“场景”一词来源于戏剧、电影中的场面,随着该词汇在社会学、传播学上的应用,其释义演变为描述人与其周围环境关系的集合。其核心要素包括场所、周围环境等物质要素,以及与物质要素相关联的氛围、心理、需求等非物质要素。20世纪90年代以特里·克拉克和丹尼尔·西尔为首的新芝加哥学派创立了场景理论。该理论从消费角度来解释后工业城市发展的经济社会现象,从真实性、戏剧性、合法性三个方面共15个维度描述场景的价值取向,涵盖了经济社会生活的方方面面。伴随着互联网、大数据时代的到来,场景理论在国内外得到广泛的应用。

场景作为描述人与其周围环境关系的集合,由场和景两部分组成。场是由时间(time)和空间(space)组成,即有具体的时间和空间地点,没有具体的时间和空间就没有场;景是由人(people)和事件(event)组成。因此,可以将场景简称为“STEP”。

(2)节水场景

节水场景是指将场景理论应用于全社会的节水过程中,基于节水多重属性,针对不同相关利益主体的发展需求(表现为用水行为或过程,称为节水事件)构建的人水关系集合。

按照场景的概念,节水场景是指在特定的时间、空间范围内,由事件主体、模型技术、数据资源和实际需求等要件构成的人水关系集合。其中,事件主体是核心,以其为核心构建场景;模型技术是场景功能实现的技术基础;数据资源是场景构建的条件保障,实际需求是场景构建的具体目标。对于事件主体单一、实际需求与水资源系统的关联性不强时,其节水场景的构建相对简单,需要的模型技术也相对单一,数据资源相对较少,如取用水户实际取用水量的统计、预测、预警等场景;对于事件主体众多、实际需求与水资源系统的关联性较强时,其节水场景的构建相对复杂,需要的模型技术、数据资源不仅较多,而且互为条件,如水资源系统实时调度场景、干旱期应急场景等。

6.1.2 智慧节水场景化的释义

场景化是基于用户角度来考虑的,致力于实现最优的用户体验。其本质是改善用户的感知与体验,围绕用户功能的需求,在合理的工作场景下,无需知道怎么建设、怎么连接,只需体会友好界面,就能实现所有的需求。每个主体、每个需求都是一个场景,在特定的时间、空间范围内,由技术、资源、需求和主体等要件构成的模块化或其集合就是相应的场景化成果。

智慧节水场景化就是智慧节水场景模块化的过程。该过程以标准化为基础,以系统化为重点。通过标准化建立通用的、可重复使用的规则(包括流程、标准和目标等);通过系统化建立水资源系统不同场景之间的连接与反应,每个场景都处在一个大的、复杂场景系统之中,利益主体之间、场景之间、资源之间、需求之间是互相连接、相互影响的,一个场景的变化往往会触发影响另一个主体相关场景的变化,把这种连接和响应关系找出来的过程就是系统化的过程。

6.1.3 智慧节水场景的分类

根据场景分析数据的基础和场景目标的特点,场景类型可以分为现状诊断型、预测诊断型和交互预测诊断型三类。现状诊断型是指根据现状及以前的历史数据进行诊断的场景,该类型场景的数据资源、实际需求具有确定性。预测诊断型是指根据现状及以前的历史数据以及预测的未来数据进行诊断的场景,该类型场景的部分数据资源、实际需求具有确定性,部分数据资源具有不确定性。交互预测诊断型一般是指面向系统的场景,根据现状及以前的历史数据以及预测的未来数据在交互分析的基础上进行诊断的场景,该类型场景的数据资源之间相互影响,多个实际需求之间相互制约。

根据场景的时间尺度和空间范围的不同,场景可分为微观场景、中观场景和宏观场景三个尺度。微观场景是指根据现状、历史或未来数据对单一环节或事件主体的需求进行诊断的场景。中观场景是指根据现状、历史或未来数据对具有两个或两个以上环节或事件主体且环节与事件主体之间相互独立的需求进行诊断的场景。宏观场景是指根据现状、历史或未来数据对具有多个环节或事件主体且环节与事件主体之间互为条件的需求进行诊断的场景。

根据场景中诊断对象和节水属性的特点,场景类型可以分别为面向用户、面向过程和面向系统三类。这里,我们将面向用户场景界定为根据现状、历史或未来数据信息,对生活、生产和生态环境用水户(或对象)的用水行为或成效进行诊断的场景;面向过程场景界定为根据现状、历史或未来数据对用水户的取水、供水过程进行诊断的场景;面向系统场景是指根据现状、历史或未来数据对多环节、多主体且相互关联的用水行为与成效进行诊断的场景。

根据现状的法律法规和政策性文件的要求、不同评价对象的用水行为和成效的特点，结合上述的分析释义，我们将智慧节水场景分为面向用户场景、面向过程场景、面向系统场景三类。面向用户场景以生活、生产（工业、农业和第三产业）和生态环境用水户（或对象）的用水行为作为诊断对象，面向过程场景以社会水循环的取—供—用水过程为诊断对象，面向系统场景以多用水环节、多事件主体为诊断对象。拟建立的智慧节水场景类型，见表6.1。

表6.1　智慧节水场景类型

序号	分类	诊断对象	场景类型	场景功能
1	面向用户场景	生活与工业用水户	现状诊断型	生活综合与工业用水量统计、评价
2			预测诊断型	生活综合与工业用水量预测、预警
3		农业用水户（灌区）	现状诊断型	农业用水量统计、评价
4			预测诊断型	农业用水量预测、预警
5		生态环境用水户	现状诊断型	生态环境用水量统计、评价
6	面向过程场景	城镇供水水厂	现状诊断型	水厂自用水率统计、评价
7		乡村供水水站	现状诊断型	水站自用水率统计、评价
8		供水管网	现状诊断型	管网漏损率统计、评价
9			预测诊断型	管网漏损率异常诊断预报
10		灌溉渠系	现状诊断型	灌溉水有效利用系数统计、评价
11	面向系统场景	区域用水总量	现状诊断型	区域用水总量统计、评价
12			预测诊断型	区域用水总量预报、预警
13		区域用水效率	现状诊断型	区域用水效率统计、评价
14			预测诊断型	区域用水效率预报、预警
15		区域节水评价	现状诊断型	区域节水效率和节水水平评价
16			现状诊断型	区域水资源承载情况评价
17		区域水资源承载状态	预测诊断型	区域水资源承载情况预警
18			现状诊断型	水库供水能力分析
19		水库供水能力	预测诊断型	水库供水能力预测
20			现状诊断型	水库（群）实时能力分析、评价
21		水库（群）实时调度	预测诊断型	水库（群）实时能力预测、评价
22			预测诊断型	水库（群）实时能力预测、预警
23		建设项目取水	预测诊断型	建设项目对现有用水户影响预测、评价
24			预测诊断型	建设项目对流域水文情势影响预测、评价

下面分别对各类场景的数学模型及其应用进行详细说明。

6.2　面向用户的场景化数学模型研究

6.2.1　生活综合与工业用水量统计和预测预警模型

6.2.1.1　统计与评价模型

根据相关的法律法规、政策性文件及其执行现状，生活综合与工业用水一般具有完整的计量监测数据，其用水量采用计量监测数据累加，获得当年截至当前时段的累计用水量，称为累计用水量。评价当前时段用水量和累计用水量，采用同比模型法和环比模型法。

(1)统计模型

生活或工业用水量统计模型如下：

$$W_{sg}^{NT} = \sum_{t=1}^{NT} w_{sg}(t) \quad (式6.1)$$

式中：W_{sg}^{NT}为截至NT时段的生活综合或工业累计用水量；$w_{sg}(t)$为第t时段的生活综合或工业用水量；NT为当前所处的时段。

(2)评价模型

生活综合和工业用水量评价模型有两个，分别为同比评价模型和环比评价模型，其中，同比评价模型为：

$$\alpha_1 = (W_{sg}^{NT} - W_{sg}^{NT0}) / W_{sg}^{NT0} \times 100\% \quad (式6.2)$$

环比评价模型为：

$$\alpha_2 = (w_{sg}^{NT} - w_{sg}^{NT-1}) / w_{sg}^{NT-1} \times 100\% \quad (式6.3)$$

式中：α_1、α_2分别为生活综合、工业用水量同比变化率和环比变化率；W_{sg}^{NT0}为上一年度截至NT时段的生活综合或工业累计用水量；w_{sg}^{NT-1}为第$NT-1$时段的生活综合或工业用水量。

需要说明的是，同比评价模型评价的是指累计用水量与上一年度同期用水量的变化情况，该模型可以消除季节变化对用水量的影响；环比评价模型，评价的是指当前时段用水量与前一时段用水量的变化情况，该模型没有考虑消除季节变化对用水量的影响，所以只能用于评价用水量年内分布较稳定的行业。

6.2.1.2　预测模型

生活用水和工业用水量的预测模型较多，这里重点介绍自回归模型、指数平滑模型、支持向量机模型、长短期记忆网络模型等四类。

(1)自回归模型

自回归法是依据要素历史数据寻找其自身的变化规律，建立自回归模型，并对其发展变化趋势进行预测。设自回归模型$\bar{Y}(t+1) = a + b \times Y(t)$，采用最小二乘法估

计模型参数,其公式为:

$$W_{sg}^{NT} = \sum_{t=1}^{NT} w_{sg}(t) \quad (式6.4)$$

$$\bar{a} = \bar{Y}(t+1) - b \times \bar{Y}(t) \quad (式6.5)$$

$$\bar{b} = \frac{\sum_{t=1}^{n-1} [Y(t) - \bar{Y}(t)][Y(t+1) - \bar{Y}(t+1)]}{\sum_{t=1}^{n-1} [Y(t) - \bar{Y}(t)]^2} \quad (式6.6)$$

a、b 分别为自回归模型的截距、斜率;$Y(t)$、$Y(t+1)$ 分别为第 t 期、第 $t+1$ 期的历史数据。

(2)指数平滑模型

指数平滑模型亦称指数加权平均法,以时间为序揭示其历史资料的变化规律,通过修匀历史数据来区别基本数据模式和随机变动,从而获得时间序列的平滑值。常用的指数平滑法包括一次指数平滑法、二次指数平滑法和三次指数平滑法。这里介绍二次指数平滑法,其预测方程为:

$$s_t^{(1)} = ay_t + (1-a)s_{t-1}^{(1)} \quad (式6.7)$$

$$s_t^{(2)} = as_t^{(1)} + (1-a)s_{t-1}^{(2)} \quad (式6.8)$$

式中:$s_t^{(1)}$、$s_{t-1}^{(1)}$分别为第 t 期、第 $t-1$ 期的一次指数平滑值;$s_t^{(2)}$、$s_{t-1}^{(2)}$分别为第 t 期、第 $t-1$ 期的二次指数平滑值;$t=1,\cdots,n$;a 为指数平滑系数。

利用 $s_t^{(1)}$、$s_t^{(2)}$ 值估计线性模型的截距值,即

$$a_t = 2s_t^{(1)} - s_t^{(2)} \quad (式6.9)$$

$$b_t = a(s_t^{(1)} - s_t^{(2)})/(1-a) \quad (式6.10)$$

a_t、b_t 均为线性模型的截距。进行预测:

$$Y_{t+T} = a_t + b_t T \quad (式6.11)$$

式中,Y_{t+T}为第 T 期的预测值;初始值 $s_0^{(1)} = s_0^{(2)} = y_{(1)}$。

(3)支持向量机模型

该模型的主要思想是利用非线性映射将样本集从低维空间映射到高维空间,再从高维空间中构建回归方程。假设给定样本集 $S = \{x_i, y_i\}_{i=1}^n$,x 为输入向量,$x_i \in \mathbf{R}^n$,y 为相应的输出向量,$y_i \in \mathbf{R}$。其非线性映射可定义为:

$$f(x) = \omega\varphi(x) + b \quad (式6.12)$$

式中,x 为输入数据;$\varphi(x)$为非线性映射函数;ω 为权重;b 为截距。根据结构风险最小化原则,$f(x)$可等效于求解优化问题,即:

$$\frac{1}{2}\|\omega\|^2 + C\sum_{i}^{n} L(f(x_i), y_i) \quad (式6.13)$$

式中,L 为损失函数;C 为惩罚因子,是调节样本回归模型的复杂性与样本拟合精度的因子,若 C 越大,则越重视离群点。通过引入松弛变量$\{\xi_i\}_{i=1}^n$和$\{\xi_i^*\}_{i=1}^n$来纠正不规则的因子,此时可得:

$$\min R(\omega,b,\xi)=\frac{1}{2}\|\omega\|^2+C\sum_{i}^{n}L(\xi_i,\xi_i^*) \tag{式6.14}$$

$$s.t.\begin{cases}y_i-\omega\varphi(x)-b\leqslant\varepsilon+\xi_i\\ \omega\varphi(x)+b-y_i\leqslant\varepsilon+\xi_i^*\\ \xi_i,\xi_i^*\geqslant 0\end{cases} \tag{式6.15}$$

式中,ε 为不敏感损失因子(允许的最大误差),$\varepsilon>0$。将回归问题转换为求取目标函数的最小化问题,利用对偶原理,同时引入拉格朗日乘法算子,可转换为:

$$\max R(\alpha_i^*,\alpha_i)=-\frac{1}{2}\sum_{i,j}^{n}(\alpha_i^*-\alpha_i)(\alpha_j^*-$$

$$\alpha_j)\varphi(x_i)\varphi(x_j)\sum_{i}^{n}\alpha_i(y_i+\varepsilon)+\sum_{i}^{n}\alpha_i^*(y_i-\varepsilon) \tag{式6.16}$$

$$s.t.\begin{cases}\sum_{i=1}^{n}(\alpha_i-\alpha_i^*)=0\\ 0\leqslant\alpha_i,\alpha_i^*\leqslant C\end{cases} \tag{式6.17}$$

式中,α_i 和 α_i^* 为拉格朗日乘数。根据 Mercer 定理法则,求解上述凸二次规划问题并获得非线性映射 SVR 的表达式为:

$$f(x)=\omega\varphi(x)+b=\sum_{i}^{n}(\alpha_i-\alpha_i^*)K(x_i,x) \tag{式6.18}$$

式中,$K(x_i,x)=\varphi(x_i)\varphi(x_j)$,为核函数。径向基函数(radial basis function,RBF)的用途广泛,它也是被广大学者所采用的核函数,因此选取 RBF 核函数,其可定义为:

$$K_{\mathrm{RBF}}(x_i,x)=\exp(-\gamma\|x_i-x\|^2) \tag{式6.19}$$

式中,γ 为核参数,$\gamma=\frac{1}{(2\sigma^2)}$。

惩罚因子 C 和核参数 γ 直接决定了 SVR 方法的准确性,为了提高 SVR 模型的预测精度,需要对这两个参数进行寻优选取。因此,选取粒子群优化算法(particle swarm optimization,PSO)对惩罚因子 C 和核参数 γ 进行寻优。

(4)长短期记忆网络模型

长短期记忆网络(long short-term memory,LSTM),其核心思想是在 RNN 的基础上增加一个细胞记忆状态 c,用来保存和传递信息,从而实现长序列信息“记忆”。模型通过四个不同的“门”来控制信息。这些“门”会对上一时刻的输出和当前的输入信息进行控制,决定有多少信息被保存而能继续往下传递、多少信息被舍弃。在每一步传递时,细胞状态 c 都参与更新以保持信息长期依赖和输出有价值的信息。其单元典型结构如图 6.1 所示。

LSTM 具体的信息处理过程如下:

①在 t 时刻,有两部分输入,分别是前一时刻的输出结果 h_{t-1} 和当前时刻的新输入信息 x_t。首先计算遗忘门 f,遗忘门是控制输入信息有多少将被遗忘。将输入信息传给 sigmoid 函数,输出的 f_t 在 0 ~ 1 之间,0 表示相应的信息应该舍弃,1 表示相应的信息被保留,保证信息不会冗余。其计算式如下:

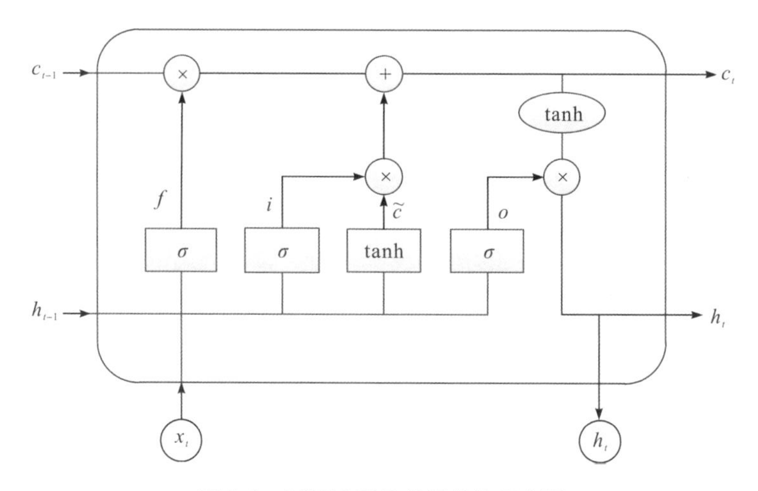

图 6.1　LSTM 网络单元结构示意图

$$f_t = \sigma(W_f x_t + U_f h_{t-1} + b_f) \quad \text{（式 6.20）}$$

②计算输入门 i，输入门是控制有多少输入信息将参与细胞更新。将上一时刻的输出和当前的输入信息传递给 sigmoid 函数而输出 i_t，另外加入 tanh 函数而生成 $\tilde{c}_t$，由这两部分结合共同完成对信息的更新。其计算式如下：

$$i_t = \sigma(W_i x_t + U_i h_{t-1} + b_i) \quad \text{（式 6.21）}$$

$$\tilde{c}_t = \tanh(W_{\tilde{c}} x_t + U_{\tilde{c}} h_{t-1} + b_{\tilde{c}}) \quad \text{（式 6.22）}$$

③对之前的细胞状态 c_{t-1} 进行更新，细胞状态 c 是 LSTM 模型的核心部分。信息经过遗忘门和输入门筛选后，利用简单的线性交互将两部分的信息进行整合，完成对信息的更新。即将遗忘门与上一时刻的细胞状态相乘，然后与输入门和 $\tilde{c}_t$ 的乘积进行叠加。其计算式如下：

$$c_t = f_t \odot c_{t-1} + i_t \odot \tilde{c}_t \quad \text{（式 6.23）}$$

④计算输出门 o，输出门是控制有多少信息将用于生成最终的结果。同样需要经过 sigmoid 函数处理，然后将 o 与 tanh 函数变换的细胞状态 c 相乘得到 h_t。最终，h_t 经过变换得到最终结果 y。其计算式如下：

$$o_t = \sigma(W_o x_t + U_o h_{t-1} + b_o) \quad \text{（式 6.24）}$$

$$h_t = \tanh(c_t) \odot o_t \quad \text{（式 6.25）}$$

$$y = W_d h_t + b_d \quad \text{（式 6.26）}$$

式中：σ 表示 sigmoid 函数；tanh 为双曲余弦函数；W、U 表示权重矩阵；b 表示偏置向量；$\odot$表示向量标量积；x 表示新输入的信息；h 表示输出结果。

6.2.1.3　预警模型

用水户预警模型分为超计划用水、取水许可用水两个，数学模型的表达式如下。

超计划用水预警判别模型：

$$\begin{cases} \sum_{t=1}^{NTT} w_{sg}^{i}(t) \leq 0.95 \times W_{sg}^{i*} & \text{不预警} \\ \sum_{t=1}^{NTT} w_{sg}^{i}(t) > 0.95 \times W_{sg}^{i*} & \text{开始预警} \end{cases} \quad \text{（式 6.27）}$$

超取水许可预警判别模型：

$$\begin{cases} \sum_{t=1}^{NTT} w_{sg}^{i}(t) \leqslant 0.95 \times W_{sg}^{i0} & \text{不预警} \\ \sum_{t=1}^{NTT} w_{sg}^{i}(t) > 0.95 \times W_{sg}^{i0} & \text{开始预警} \end{cases} \quad (式6.28)$$

式中：$w_{sg}^{i}(t)$为第i用水户t时段的实际用水量；W_{sg}^{i*}为第i用水户全年的计划用水量；W_{sg}^{i0}为第i用水户的取水许可量；NTT为年内时段总数。

6.2.1.4 应用案例

(1)统计与评价模型的应用

浙江义乌市自来水有限公司和浙江华川实业集团有限公司的基础信息见表6.2，其2021—2023年逐月取用水过程见表6.3。

表6.2 义乌市典型生活和工业取用水户信息

取水户	许可证	许可水量（万 m^3）	电子证照	行业类别
浙江义乌市自来水有限公司	取水(浙义)字〔2018〕第028号	5000	D330782S2021－0090	自来水生产和供应
浙江华川实业集团有限公司	取水(浙义)字〔2019〕第011号	1330	D330782S2021－0044	电力生产

表6.3 义乌市典型生活和工业取用水户2021—2023年用水量

月份	浙江义乌市自来水有限公司				浙江华川实业集团有限公司			
	2020年	2021年	2022年	2023年	2020年	2021年	2022年	2023年
1	244	271	329	405	19.7	55.9	44.1	68.2
2	354	384	386	463	85.5	68.2	78.6	89.0
3	362	427	369	448	80.8	80.5	69.7	85.1
4	373	442	362	228	87.4	89.0	70.3	94.1
5	329	421	329	352	97.5	44.0	74.7	98.6
6	356	436	479	385	81.1	89.5	92.0	89.8
7	441	338	152	393	42.5	91.7	79.3	79.6
8	206	348	466		29.3	88.7	86.5	
9	388	427	489		26.8	86.4	78.8	
10	305	420	361		37.2	85.9	83.0	
11	435	270	375		15.1	68.7	83.6	
12	306	364	390		57.1	66.2	55.3	
合计	4099	4548	4487		660	914.7	895.9	

分析计算浙江义乌市自来水有限公司和浙江华川实业集团有限公司2023年第一季度、第二季度以及上半年的用水量及其同比、环比评价指标见表6.4。

表6.4 义乌市典型生活和工业取用水户2023年用水量分析成果

月份	浙江义乌市自来水有限公司			浙江华川实业集团有限公司		
	第一季度	第二季度	上半年	第一季度	第二季度	上半年
取水量(万 m^3)	1316	965	2281	242.3	282.5	524.8
同比数值(万 m^3)	1084	1170	2254	192.4	237	429.4
同比变化率(%)	21.4	-17.5	1.2	25.9	19.2	22.2
环比数值(万 m^3)	1126	1316	2233	221.9	242.3	466.5
环比变化率(%)	16.9	-26.7	2.1	9.2	16.6	12.5

从表6.4可以看出：

1)浙江义乌市自来水有限公司2023年上半年的取水量同比增加1.2%,环比增加2.1%,表明其半年用水量变化总体平稳,但其第一季度和第二季度的取水量的变化较大。其中,第一季度取水量同比增加21.4%,环比增加16.9%,增长幅度明显;而第二季度取水量同比减少17.5%,环比减少26.7%,减少明显。

2)浙江华川实业集团有限公司2023年上半年取水量同比增加22.2%,环比增加12.5%;第一季度取水量同比增加25.9%,环比增加9.2%;第二季度取水量同比增加19.2%,环比增加16.6%,增加明显。

(2)预测模型应用

根据表6.3中浙江义乌市自来水有限公司和浙江华川实业集团有限公司2020年1月—2023年7月数据序列,采用6.2.1.3中的模型预测其2023年7月—2023年12月的取用水量,成果见表6.5。

表6.5 义乌市典型生活和工业取用水户2023年用水量预测成果表

月份	浙江义乌市自来水有限公司				浙江华川实业集团有限公司			
	自回归模型	二次指数平滑模型	支持向量机模型	长短期记忆网络模型	自回归模型	二次指数平滑模型	支持向量机模型	长短期记忆网络模型
8	425	367	373.0	381.3	78.5	74.4	71.3	71.7
9	488	462	372.0	380.1	77.7	70.3	72.4	72.1
10	383	389	373.4	386.5	77.1	75.0	79.0	71.2
11	403	387	372.2	382.9	76.7	62.1	74.1	71.0
12	397	381	372.2	367.2	76.4	65.8	78.4	73.5

采用表6.3、表6.5的数据,计算浙江义乌市自来水有限公司和浙江华川实业集团有限公司2023年的取用水量,结果见表6.6;将其许可水量、计划用水量和2023年预测水量进行对比,结果见表6.7。

表 6.6 义乌市典型生活和工业取用水户 2023 年用水量预测成果

月份	浙江义乌市自来水有限公司				浙江华川实业集团有限公司			
	自回归模型	二次指数平滑模型	支持向量机模型	长短期记忆网络模型	自回归模型	二次指数平滑模型	支持向量机模型	长短期记忆网络模型
1	405	405	405	405	68.2	68.2	68.2	68.2
2	463	463	463	463	89	89	89	89
3	448	448	448	448	85.1	85.1	85.1	85.1
4	228	228	228	228	94.1	94.1	94.1	94.1
5	352	352	352	352	98.6	98.6	98.6	98.6
6	385	385	385	385	89.8	89.8	89.8	89.8
7	393	393	393	393	79.6	79.6	79.6	79.6
8	425	367	373	381	78.5	74.4	71.3	71.7
9	488	462	372	380	77.7	70.3	72.4	72.1
10	383	389	373	387	77.1	75	79	71.2
11	403	387	372	383	76.7	62.1	74.1	71
12	397	381	372	367	76.4	65.8	78.4	73.5
合计	4770	4660	4536	4572	990.8	952	979.6	963.9

表 6.7 义乌市典型生活和工业取用水户 2023 年预测水量对比

取水户	许可水量（万 m^3）	2023 年计划水量（万 m^3）	2023 年预测水量（万 m^3）
浙江义乌市自来水有限公司	5000	5000	4537～4770
浙江华川实业集团有限公司	1330	1100	952～990.8

根据表 6.7 中的许可水量和 2023 年计划水量，计算浙江义乌市自来水有限公司、浙江华川实业集团有限公司的预警条件。

浙江义乌市自来水有限公司：$0.95 \times W_i^* = 0.95 \times W_i^0 = 4750$ 万 m^3。

浙江华川实业集团有限公司：$0.95 \times W_i^* = 1045 < 0.95 \times W_i^0 = 1263.5$ 万 m^3。

根据上述结果，结合表 6.6 可以看出：2023 年浙江义乌市自来水有限公司、浙江华川实业集团有限公司总体上不存在超计划用水、超许可用水的可能，因此不需要预警。

6.2.2 灌区用水量统计与预测预警模型

灌区用水与灌区规模、灌区水源结构与布局、渠系结构与布局、水文气象条件与作物种植结构等因素关系密切。对于单一水源型灌区，其灌溉用水量统计与预测预警工作相对简单，依据其水源供水量计量（或监测）数据，就可以开展统计、预测预警等工作。对于具有多个水源的大中型灌区，其灌区用水量统计和预测预警工作比较复杂,主要有三个方面:一是灌区内水源众多,计量监测体系无法实现全部覆盖;二是灌区的主要水源和水利骨干功能众多,除了农业灌溉,还包括供水、发电等多种功能,其计量监测水量不仅仅是灌溉用水,还包括其他用水;三是灌区内水力联系比较复杂,存在着灌溉回归水多重循环利用的现象,大多数的灌区不宜采用计量水量累加的方法。

因此,这里提出三种灌区用水量统计模型和一种评价方法,即基于计量监测数据的农业用水量统计方法、基于水循环模拟的多水源灌区灌溉用水量统计方法、基于复蓄次数的塘坝灌溉用水量统计方法以及同比评价模型。因为农业用水跟降水时程分布、作物生育期等因素有关,其用水量及其时程分布极不均匀,环比评价模型法不适用。

6.2.2.1 统计模型

(1)基于计量监测数据的灌区用水量统计模型

$$W_{\mathrm{arg}}^{NT} = \sum_{t=1}^{NT} \sum_{i=1}^{NI} w_{\mathrm{arg}}^{i}(t) \tag{式 6.29}$$

式中:W_{arg}^{NT}为截至 NT 时段灌区灌溉用水量;$w_{\mathrm{arg}}^{i}(t)$为第 t 时段第 i 水源的灌溉供水量;NT 为时段数;NI 为灌区灌溉水源数量。

(2)基于水循环模拟的多水源型灌区灌溉用水量统计模型

1)总体思路

在对灌区水资源系统概化的基础上,构建考虑回归水利用的多水源多用户型灌区二元水循环模拟模型;利用率定后的灌区水循环模型对灌区水循环过程进行模拟;在利用灌区模拟成果提取其灌溉用水量与主要影响因素之间的关系,并根据该关系采用多元线性回归技术建立灌溉用水量确定模型,为多水源型灌区灌溉用水量统计提供依据。

2)数学模型

第一步,考虑回归水利用的多水源型灌区二元水循环模型。

由 NM 个水源 NK 类用户构成的灌区系统,采用改进 SWAT 模型将其概化为 NI 个子系统和 NJ 个水文响应单元(HRU),对于年度总历时 NT 内的任意 t 时段内,关于回归水相关计算模型如下。

①第 j 水文响应单元第 m 河道型水源节点 t 时段的水量平衡方程:

$$QY_{mj}(t) = QY_{mj1}(t) + QY_{mj2}(t-1) \tag{式 6.30}$$

式中:$QY_{mj}(t)$为第 j 水文响应单元内第 m 水源节点 t 时段的平均来水量;$QY_{mj1}(t)$为第 j 水文响应单元内第 m 水源节点 t 时段上游降水来水量;$QY_{mj2}(t-1)$为第 j 水文响应单元内第 m 水源节点 $t-1$ 时段上游水文响应单元的回归水量,包括上游的渗漏水量(含水源、渠道和田间的渗漏水量)和各类用水户的排水量。

②第 j 水文响应单元第 m 蓄水工程(水库或塘坝)水源节点 t 时段水量平衡方程:

$$WY_{mj}(t) = WY_{mj}(t-1) + QY_{mj1}(t) + QY_{mj2}(t-1) + QY_{mj3}(t) - \sum_{k=1}^{NK}\sum_{j=1}^{NJ} Q_{mkj}(t) - q_{mj}(t) - [WZ_{mj}(t) + WS_{mj}(t)] \quad \text{（式 6.31）}$$

式中，$WY_{mj}(t)$、$WY_{mj}(t-1)$分别为第j水文响应单元第m蓄水工程（水库或塘坝）水源节点t时段末、时段初的蓄水量；$QY_{mj1}(t)$为第j水文响应单元内第m水源节点t时段上游降水来水量；$QY_{mj2}(t-1)$为第j水文响应单元内第m水源节点$t-1$时段上游水文响应单元的回归水量，其来源包括上游的渗漏水量（含水源、渠道和田间的渗漏水量）和各类用水户排水量；$QY_{mj3}(t)$为第j水文响应单元内第m水源节点t时段上游蓄水工程（水库或塘坝）的泄水量（即弃水量）；$Q_{mkj}(t)$为第m蓄水工程（水库或塘坝）水源节点t时段供给第j水文响应单元k用户的供水量；η_{mkj}为灌区第m水源供给j水文响应单元k用户的输配水损失系数；$\sum_{m=1}^{NM}\sum_{k=1}^{NK}[Q_{mkj}(t) \times \eta_{mkj}]$为$t$时段灌区$j$水文响应单元的输配水损失量；$q_{mj}(t)$为第$j$水文响应单元内第$m$蓄水工程（水库或塘坝）水源节点$t$时段的泄水量（或称弃水量）；$WZ_{mj}(t)$为第$j$水文响应单元内第$m$蓄水工程（水库或塘坝）水源节点$t$时段的蒸发量；$WS_{mj}(t)$为第$j$水文响应单元内第$m$蓄水工程（水库或塘坝）水源节点$t$时段的渗漏水量，根据其所在的水文响应单元，成为其水文响应单元径流的一部分。

③第j水文响应单元t时段田间灌溉回归水模型：

$$QR_j(t) = \sum_{m=1}^{NM}\sum_{k=1}^{NK}[Q_{mkj}(t) \times \eta_{mkj}] + \sum_{k=1}^{NK} ES_{kj}(t) + \sum_{m=1}^{NM} WS_{mj}(t) \quad \text{（式 6.32）}$$

式中，$QR_j(t)$为t时段灌区第j水文响应单元的回归水量；$Q_{mkj}(t) \times \eta_{mkj}$为$t$时段灌区$j$水文响应单元各类用水户的输配水损失量；$ES_{kj}(t)$为$t$时段灌区$j$水文响应单元各类用水户排水量；$WS_{mj}(t)$为$t$时段灌区$j$水文响应单元各类水源渗漏量。

④扣除回归水后的灌区灌溉用水量计算

若$Q_{m1j}(t)$为t时段灌区第m水源供给j水文响应单元的灌溉供水量，扣除灌区灌溉回归水的重复利用量后，灌区为t时段j水文响应单元灌溉用水量$E_j(t)$为：

$$E_j(t) = \sum_{m=1}^{NM}\left[Q_{m1j}(t) \times \frac{QY_{mj2}(t-1)}{QY_{mj1}(t) + QY_{mj2}(t-1) + QY_{mj3}(t)}\right] \quad \text{（式 6.33）}$$

灌区灌溉用水量$E(t)$为：

$$E(t) = \sum_{j=1}^{NJ} E_j(t) \quad \text{（式 6.34）}$$

式中，$E_j(t)$为t时段灌区j水文响应单元的灌溉用水量；$E(t)$为t时段灌区的灌溉用水量；$Q_{m1j}(t)$为t时段灌区第m水源供给j水文响应单元的灌溉供水量；$QY_{mj1}(t)$为第j水文响应单元内第m水源节点t时段上游降水来水量；$QY_{mj2}(t-1)$为第j水文响应单元内第m水源节点$t-1$时段上游水文响应单元的回归水量，包括上游渗漏水量（含水源、渠道和田间的渗漏水量）和各类用水户排水量；$QY_{mj3}(t)$为第j水文响应单元内第m水源节点t时段上游蓄水工程（水库或塘坝）的泄水量（即弃水量）。

第二步,采用多元线性回归法建立灌区灌溉用水量统计模型。

提取长系列历年灌溉用水量与其影响因素的响应关系,并根据该关系采用多元线性回归技术建立灌溉用水量的确定模型。

提取其灌溉用水量 $E(t)$ 与其主要影响因素 $X(t)$ 的响应关系,并根据该关系采用多元线性回归法建立灌区灌溉用水量的确定模型,多元线性回归法的计算方程为:

$$E(t) = f[X(t)] = \sum_{k=1}^{NX} \beta_k \times x_k(t) + \varepsilon \quad \text{（式 6.35）}$$

式中:β_k 为第 k 个影响因素的回归系数;$x_k(t)$ 为第 k 个影响因素 t 时段的取值;ε 为随机误差。

灌区灌溉用水量确定模型建立后,需进行 F 检验、t 检验、回归系数的置信区间以及拟合优度检验。

(3)基于复蓄次数的小型灌区灌溉用水量统计方法

1)总体思路

塘坝具有面广量大、管理形式多元、计量建设滞后、管理基础薄弱等特点,基于复蓄次数的塘坝灌溉系统灌溉用水量的估算方法是可行的方法,确定复蓄次数是其关键技术。因此,这里提出基于模式识别的塘坝复蓄次数的确定方法,以提高塘坝灌溉用水量统计工作的精度和效率。主要内容包括:建立经参数率定验证的塘坝灌溉系统模拟模型;采用 K 均值聚类算法模型,根据多种类型塘坝灌溉系统长系列复蓄次数模拟成果的复蓄次数与其主要影响因素序列,将复蓄次数与其主要影响因素的响应关系划分为若干个模式;对于每个模式,采用多元线性回归技术建立塘坝复蓄次数与其主要影响因素的回归模型。实际应用时,根据每个模式的回归模型以及待定塘坝及其主要影响因素取值,先确定模式,再对塘坝复蓄次数进行确定。

2)数学模型

第一步,建立塘坝灌溉系统模拟模型。

建立复蓄次数目标函数,其表达式如下:

$$F = \{f_1, f_2, \cdots f_i, \cdots, f_{NI}\}, f_i = \sum_{t=1}^{NT} D_i(t)/V_{\max} \quad \text{（式 6.36）}$$

式中:$D_i(t)$ 为塘坝第 i 年第 t 时段的供水量,当塘坝蓄水量满足面临时段灌溉用水要求时,$D_i(t) = \sum_{j=1}^{NJ} E_i(t,j)/\eta_{水}$,当塘坝蓄水量不足、不能面临时段灌溉用水的要求时,$D_i(t) = DP_i(t)$。

建立约束条件,所述的约束条件包括:

①水位约束

$$Z_{\min}(t) \leqslant Z(t) \leqslant Z_{\max}(t) \quad \text{（式 6.37）}$$

②水量平衡约束

$$V(t+1) = V(t) + Q(t) - D(t) - EF(t) - QE(t) \quad \text{（式 6.38）}$$

③工程能力约束

$$gs(t) \leqslant QS_{\max} \quad \text{（式 6.39）}$$

④非负约束，上述各式中的各变量不小于零。

式中，F 为目标函数，为历年复蓄次数组成的时间序列；f_i 为第 i 年的复蓄次数，NI 为系列总年数，NT 为年内时段总数，V_{max} 为塘坝总容积，$E_i(t,j)$ 为塘坝第 i 年第 t 时段第 j 灌溉用水户的需水量，NJ 为用水户的数量，$\eta_{水}$ 为水利用系数，$DP_i(t)$ 为塘坝第 i 年第 t 时段可以供给的水量，$Z(t)$ 为第 t 时段的塘坝蓄水位，$Z_{max}(t)$、$Z_{min}(t)$ 分别为第 t 时段塘坝蓄水位的上限值和下限值；$V(t)$、$V(t+1)$ 分别为第 t 时段初和时段末塘坝蓄水容积，$Q(t)$ 为第 t 时段的塘坝来水量，$EF(t)$ 为第 t 时段塘坝蒸发渗漏量，$QE(t)$ 为第 t 时段的塘坝弃水量；$gs(t)$ 为第 t 时段各类工程的实际通过水量，QS_{max} 为各类工程的最大能力。

根据所述的目标函数、决策变量以及约束条件，建立塘坝灌溉系统模拟模型，并对模型参数进行率定与验证。

第二步，K 均值聚类算法模型。

根据多种类型塘坝灌溉系统长系列复蓄次数模拟成果的复蓄次数与其主要影响因素序列，将复蓄次数与其影响因素的响应关系划分为若干个模式，包括基于目标函数 $F=\{f_1,f_2,\cdots f_i,\cdots,f_{NI}\}^T$ 和其主要影响因素 $X_{i,k}$，采用 K 均值聚类算法将复蓄次数与其影响因素的响应关系划分为 P 个模式。其中，$X_{i,k}$ 为塘坝复蓄次数主要影响参数矩阵，$k=1,\cdots,Nk$，Nk 为主要影响因素的个数。

采用 K 均值聚类算法将复蓄次数与其影响因素的响应关系划分为 P 个模式，具体为：对于给定的一个包含 NP 个多种类型塘坝灌溉系统的数据集 $F^p=\{f_1^p,f_2^p,\cdots f_i^p,\cdots,f_{NI}^p\}$，$p=1,\cdots,NP$，将数据集划分为 P 个簇，每个簇 C_p 代表一个模式，每个模式 C_p 有一个类中心 u_p，选取欧式距离作为相似性和距离判断准则，聚类目标为各模式总距离平方和最小，其聚类准则函数 $J(C_p)$ 为

$$J(C_p)=\min\sum_{p=1}^{NP}\sum_{i=1}^{NI}\delta_i^p\times\|f_i^p-u_p\|^2 \quad (式6.40)$$

其中，若 $F^p\in u_p$，则 $\delta_i^p=1$，否则 $\delta_i^p=0$；δ_i^p 为多样本聚类分析时第 i 样本聚类为 P 模式的判别系数。

所述的 K 均值聚类算法模型的计算步骤如下：

①在 NP 个塘坝灌溉系统中随机选取 P 个样本作为初始簇中心。

②计算各塘坝灌溉系统数据集与各个簇中心的距离，并将其归于与其距离最近的簇。

③重新计算各个簇数据集的均值并将其作为新的簇中心。

④重复①～③，直到每个簇不再发生变化。

第三步，建立塘坝复蓄次数多元线性回归模型。

进一步地，对于每个模式，采用多元线性回归技术建立塘坝复蓄次数与其主要影响因素的多元线性回归模型。

回归方程为：

$$f_i=g(X_{i,k})=\sum_{k=1}^{Nk}\beta_k\times x_{i,k}+\varepsilon \quad (式6.41)$$

式中，β_k 为第 k 个影响因素的回归系数，$x_{i,k}$ 为第 k 个影响因素值，ε 为随机误差。

6.2.2.2 预测模型

国内对农业用水需求预测研究起始于20世纪70年代，国外最早开始于20世纪初的美国。目前，农业需水预测研究已较为充分，先后提出了200多种方法。这里介绍其中3种典型方法。

（1）基于水量平衡原理的数学模型

时段灌溉用水量 $M(t)$ 的计算数学模型为：

$$M(t)=[m_1(t)\times A_1+m_2(t)\times A_2]/\eta \quad \text{（式 6.42）}$$

式中，A_1、A_2 分别为水田和旱田的灌溉面积；η 为灌溉水有效利用系数；$m_1(t)$、$m_2(t)$ 分别为时段水田和旱田的灌水量，其水田的计算方法如下：

$$h(t)+p(t)+m_1(t)-e(t)-s(t)-c(t)=h(t+1) \quad \text{（式 6.43）}$$

式中，$h(t)$、$h(t+1)$ 分别为 t 时段初、末田面水层深度；$p(t)$ 为 t 时段内降水量；$m_1(t)$ 为 t 时段内灌水量；$e(t)$ 为 t 时段内作物需水量；$s(t)$ 为 t 时段内田间渗漏水量；$c(t)$ 为 t 时段内田间排水量。

旱田：

$$W_0(t)+W_T(t)+P_0(t)+K(t)+m_2(t)-E(t)=W_0(t+1) \quad \text{（式 6.44）}$$

式中，$W_0(t)$、$W_0(t+1)$ 分别为时段初、末计划湿润层的土壤含水量；$W_T(t)$ 为 t 时段由于计划湿润层加深而增加的水量；$P_0(t)$ 为 t 时段保存在计划湿润层内的有效雨量；$K(t)$ 为 t 时段地下水补给量；$E(t)$ 为 t 时段作物需水量；$m_2(t)$ 为 t 时段灌水量。

（2）*BP* 人工神经网络模型

BP 人工神经网络模型（图6.2）是一种按误差逆传播算法训练的多层前馈网络，是目前应用最广泛的神经网络模型之一。其学习规则是最速下降法，通过反向传播来不断调整网络的权值和阈值，网络的误差平方和最小。感知器是神经网络的重要组成部分，又称权值的学习方法，包含输入结点和输出结点。每个输入结点通过若干加权的链连接到输出结点，感知器模型的数学模型如下：

$$\hat{Y}=\text{sign}(\overline{w}_1x_1+\cdots+\overline{w}_nx_n-t) \quad \text{（式 6.45）}$$

式中，$\overline{w}_1,\cdots,\overline{w}_n$ 为输出链的权值；$x_1,\cdots,x_n$ 为输入数据；t 为偏置因子；*sign* 为输出神经元的激活函数。

对于数据序列 $\{(x_i,Y_i),i=1,\cdots,N\}$，需要预测 $\hat{Y}_i^{(k)}$，步骤如下：

1）随机初始化权值 $\overline{w}^{(0)}$；

2）对每个数据通过感知器计算 $\hat{Y}$；

3）更新每个权值，$\overline{w}_j^{(k+1)}=\overline{w}_j^{(k)}+\lambda(Y_i-\hat{Y}_i^{(k)})x_{ij}$；

4）重复步骤2和3直到满足神经网络的终止条件。其中，k 为循环次数，λ 为学习率，x_{ij} 为训练样本 x_i 的第 j 个属性值。

BP 人工神经网络的输入神经元的数量为 n 时，隐含层神经元的数量 m 选取 $2n+1$ 能使神经网络更好地反映实际。

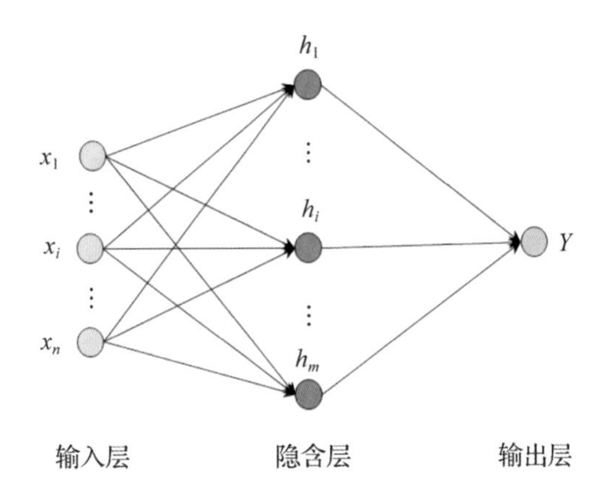

图 6.2　BP 人工神经网络模型示意图

(3) $GM(1,1)$ 灰色模型

灰色预测模型是一种应用于小样本的单变量，通过少量的、不完全的信息，建立数学模型并做出预测的一种预测方法。灰色预测模型的思想是将原数据一阶累加拟合为指数。对于数据序列 $x^{(0)}=(x^{(0)}(1),\cdots,x^{(0)}(n))$，对数据进行累加，即 $x^{(1)}(n)=\sum_{i=1}^{n}x^{0}(i)$，得累加数列 $x^{(1)}=(x^{1}(i),i=1,\cdots,n)$。

定义 x^1 的灰导数 $d(k)=x^0(k)=x^1(k)-x^1(k-1)$ 和其邻值生成数列 $z^1(k)=ax^1(k)+(1-a)x^1(k-1)$。解灰微分方程式(6.46)，得发展系数 a 和灰作用量 b，再解白化方程(式 6.47)得 $x^1(t)$，令 $t+1=t$，就是灰色模型的预测值(式 6.48)。

$$\begin{cases}x^0(n)+az^1(n)=b\\d(k)+az^1(k)=b\end{cases}\quad\text{(式 6.46)}$$

$$\frac{dx^1(t)}{dt}+ax^1(t)=b\quad\text{(式 6.47)}$$

$$x^1(t+1)=\left(x^0(1)-\frac{b}{a}\right)e^{-a}+\frac{b}{a}\quad\text{(式 6.48)}$$

分数阶灰色模型:灰色模型的拟合是基于指数函数，如果原数据的规律不符合指数规律，预测的效果就会很不理想。分数阶灰色模型(FGM)通过分数阶累加，使累加的数据符合指数规律，可以有效地提高灰色模型的准确性。改进之处是把累加生成改进为分数阶累加(式 6.49)，同时改进还原公式(式 6.48)，将累加得到的序列再进行 $1-r$ 阶累加(式 6.50)，再进行累减运算式(6.51)。

$$x^{(r)}(k)=\sum_{i=1}^{k}C_{k-i+r-1}^{k-i}x^{(0)}(i)$$

$$C_{k-i+r-1}^{k-i} = \frac{(k-i+r-1)\cdots(r+1)r}{(k-i)!} \tag{式6.49}$$

$$x^{(1)}(k) = \sum_{i=1}^{k} C_{k-i+r-1}^{k-i} x^{(r)}(i) \tag{式6.50}$$

$$x^{(0)}(k) = x^{(1)}(k) - x^{(1)}(k-1) \tag{式6.51}$$

6.2.2.3 预警模型

灌区用水预警模型分为超计划、取水许可用水预警模型。其数学模型表达式如下。

超计划用水预警模型：

$$\begin{cases} \sum_{t=1}^{NTT} w_{sg}^{i}(t) \leqslant 0.95 \times W_{sg}^{i*} & \text{不预警} \\ \sum_{t=1}^{NTT} w_{sg}^{i}(t) > 0.95 \times W_{sg}^{i*} & \text{开始预警} \end{cases} \tag{式6.52}$$

超取水许可预警判别模型：

$$\begin{cases} \sum_{t=1}^{NTT} w_{sg}^{i}(t) \leqslant 0.95 \times W_{sg}^{i0} & \text{不预警} \\ \sum_{t=1}^{NTT} w_{sg}^{i}(t) > 0.95 \times W_{sg}^{i0} & \text{开始预警} \end{cases} \tag{式6.53}$$

式中：$w_{\text{arg}}^{i}(t)$为第 i 灌区 t 时段的实际用水量；W_{arg}^{i*}为第 i 灌区的全年计划用水量；W_{arg}^{i0}为第 i 灌区的取水许可量；NTT 为年内时段的总数。

6.2.2.4 应用案例

（1）江山市碗窑灌区灌溉用水量统计模型

1）灌区概况

碗窑灌区水源工程包括 2 座大型水库、1 座中型水库、16 座小型（一）水库和 2500 余座小水库、山塘。灌溉骨干工程有碗窑总干渠和南干渠、峡口东干渠和西干渠。灌区实际的灌溉面积为 26.50 万亩，粮食作物以双季稻和单季稻为主，复种指数为 1.90。灌区除灌溉功能以外，还包括城乡供发电、生态补水等功能。在主要水源渠首、支渠分水口、灌片进出水口、流域总出水口等位置共布设 25 处用水计量监控设施（其中水源渠首取水口 16 个，支渠分水口 6 个，区域排水口 3 个）。

2）基于改进 SWAT 模型灌区概化与模型参数率定验证

利用灌区 DEM（数字高程模型）数据，提取灌区河流水系。根据河流水系的分布、渠系工程的分布以及用户空间的分布，采用改进 SWAT 模型将灌区划分为 148 个水文响应单元。

模型输入的参数包括：1990—2017 年长系列降雨量、气温、相对湿度、太阳辐射、日均风速等水文气象数据，水库、山塘等水源工程特征参数、库容曲线，各类用水户信息等。其中，1990—2006 年为改进 SWAT 模型参数率定期，2007—2017 年为改进 SWAT 模型参数验证期。通过参数率定，得到改进 SWAT 模型敏感性参数取值，见表

6.8;率定期模型模拟效果评价参数见表6.9。

表6.8　改进SWAT模型敏感性参数取值

参数	林地		水稻	旱地	果园	城镇
LAT_TIME		0.035				
ALPHA_BF	0.65		0.92	0.65	0.8	0.52
FLOWFR		0.66				
ESCO	0.84		0.36	0.79	0.71	0.61
SURLAG		13.42				
CN2		0.11				
MSK_CO2		0.43				
MSK_X	0.98		0.98	0.71	0.44	0.84
MSK_CO1		0.85				
SOL_AWC		1.15				

表6.9　率定期模拟评价参数计算成果

模拟期	出口名称	出口子流域编号	年份	RE(%)	R^2	NS
率定期	江山港	6	1990—2006	4.9	0.92	0.89
	大桥镇	25		4.2	0.90	0.88

由表6.9可知,通过对改进SWAT模型参数率定,碗窑灌区水循环模型模拟成果的精度较高。绘制碗窑灌区江山港、大桥镇等2个出口在1990—2006年逐月实测平均流量与模拟平均流量的对比图,见图6.3、图6.4。

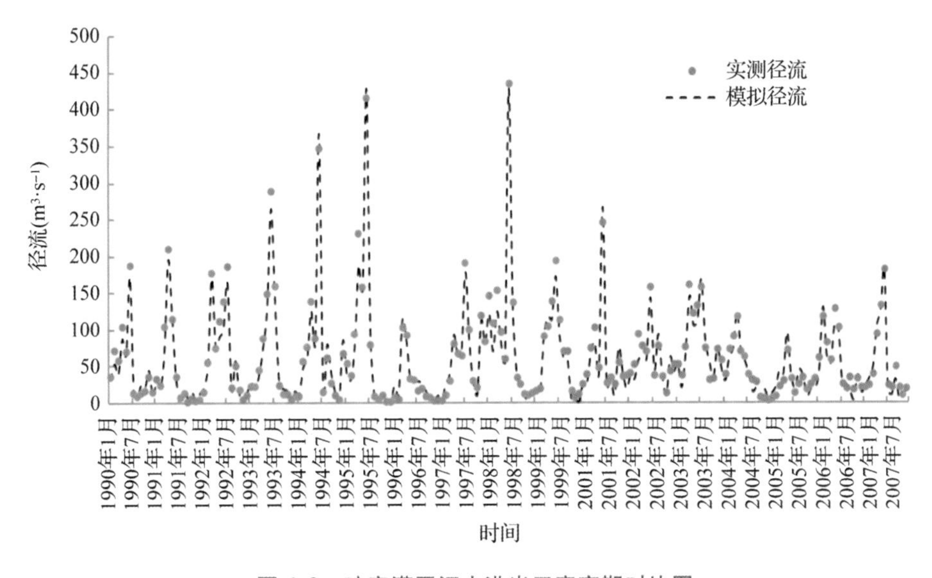

图6.3　碗窑灌区江山港出口率定期对比图

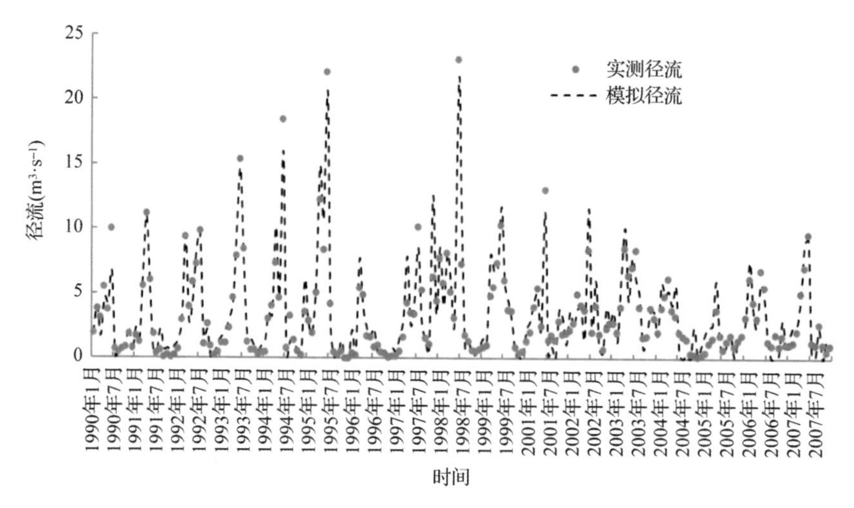

图 6.4　碗窑灌区大桥镇出口率定期对比图

以江山港、大桥镇等 2 个出口在 2007—2017 年逐月流量资料为基础，采用 SWATCUP 软件对模型进行验证，检验经过参数率定模型的适用性及稳定性。碗窑灌区模型验证期模型的模拟效果评价参数取值见表 6.10。

表 6.10　模型验证期评价参数计算成果表

分类	出口名称	出口子流域编号	年份	RE(%)	R^2	NS
验证期	江山港	6	2007—2017	4.8	0.91	0.90
	大桥镇	25		3.8	0.91	0.89

由表 6.10 可知，经过参数率定的碗窑灌区水循环模型验证期的模拟精度较高，稳定性良好。图 6.5、图 6.6，给出了碗窑灌区水循环模型验证期，2 个流域出口逐月平均流量模拟结果与实测平均流量的对比图。

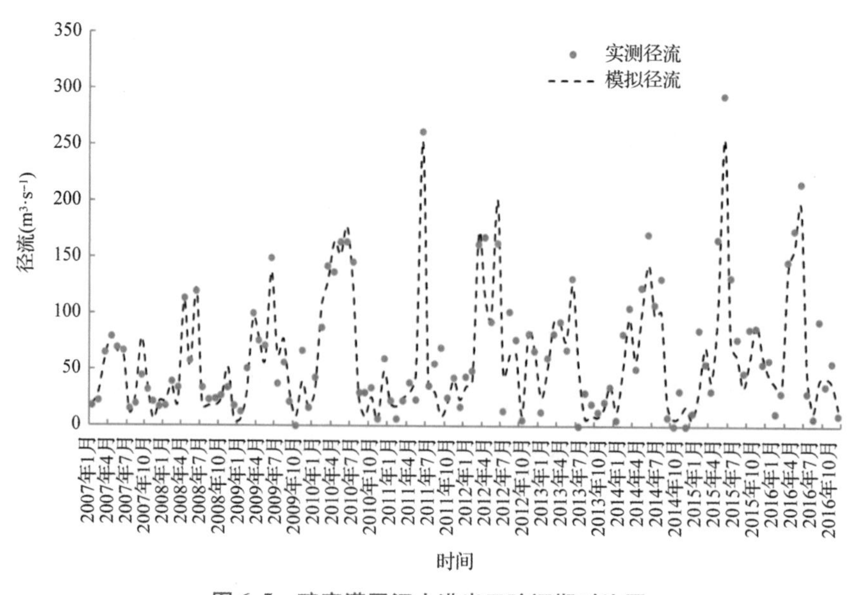

图 6.5　碗窑灌区江山港出口验证期对比图

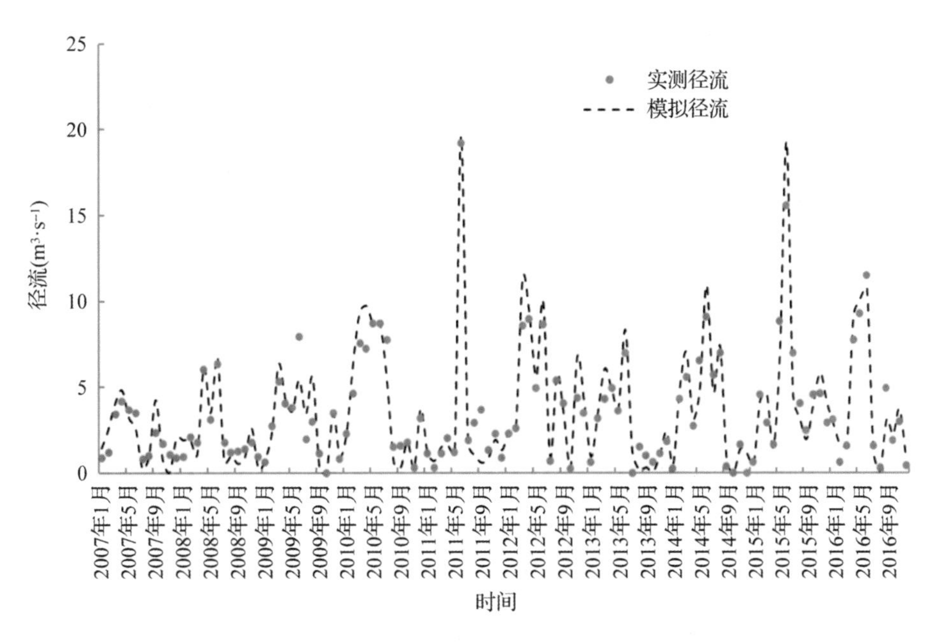

图 6.6　碗窑灌区大桥镇出口验证期对比图

3)灌区水循环模型模拟成果

采用已构建的碗窑灌区水循环模型,基于灌区现状年的下垫面分布数据、水利工程基本信息及1990—2017年水文、气象数据,对碗窑灌区现状下垫面条件与工程布局状况下1990—2017年水循环过程进行模拟。

根据模拟结果,统计碗窑灌区长系列多水源来水量与供水量、发电水量过程,结果见图6.7~图6.10。

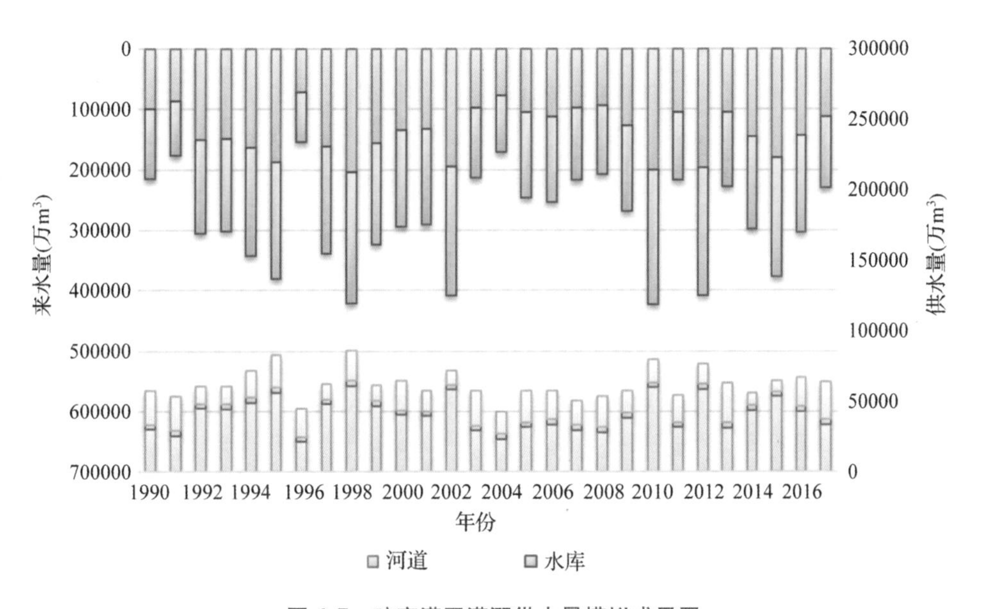

图 6.7　碗窑灌区灌溉供水量模拟成果图

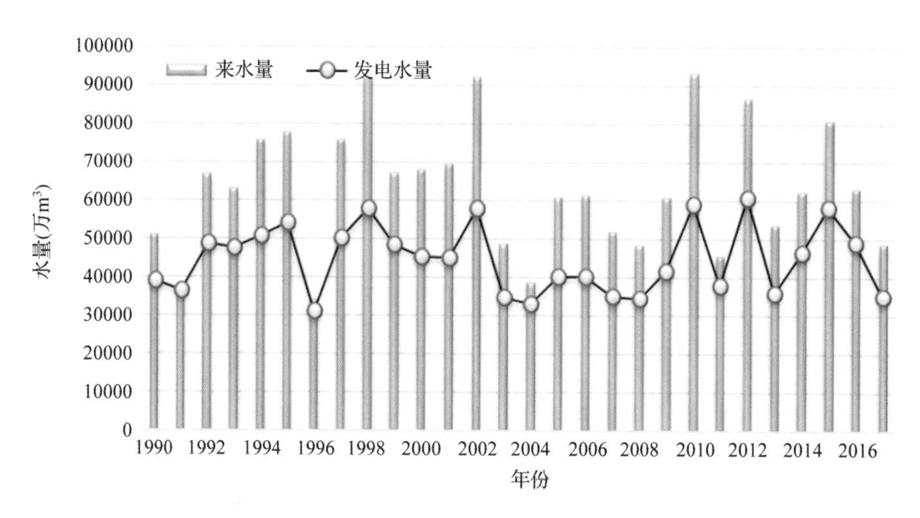

图 6.8　碗窑灌区白水坑电站发电用水量模拟成果图

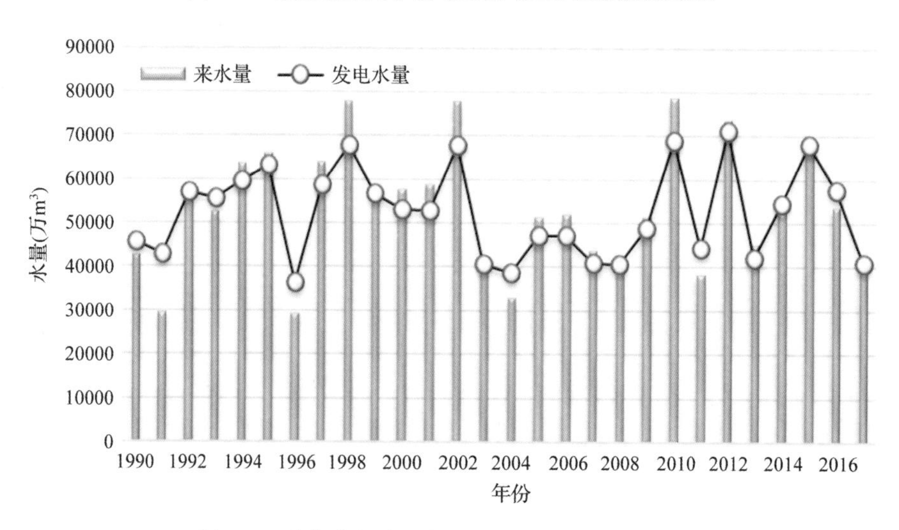

图 6.9　碗窑灌区峡口电站发电用水量模拟成果图

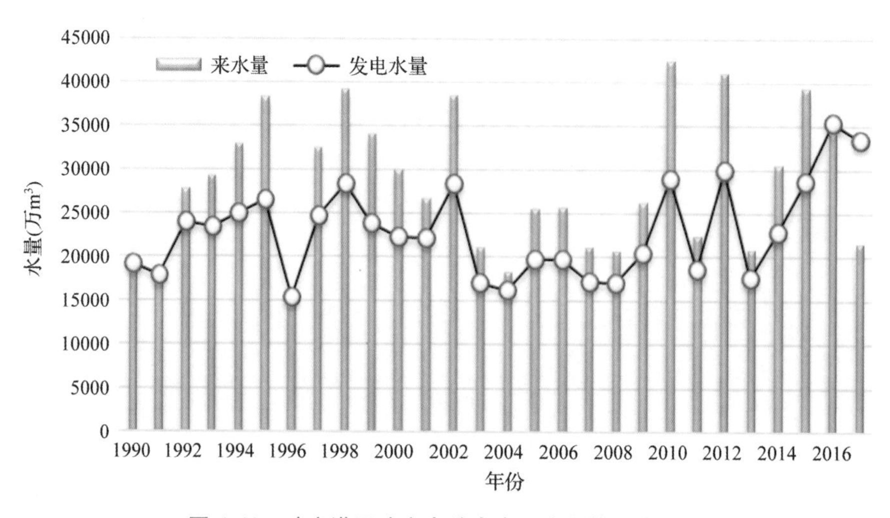

图 6.10　碗窑灌区碗窑电站发电用水量模拟成果图

根据碗窑灌区改进SWAT模型农业灌溉用水量的模拟结果，对灌区灌溉用水总量进行统计，结果见表6.11、图6.11。

表6.11 碗窑灌区农业灌溉用水量模拟成果统计

不同来水频率	水源供水量(万 m^3)					农业用水总量(万 m^3)	灌溉定额(m^3/亩)
	河道	山塘	小型水库	峡口水库	碗窑水库		
25%	3036	1735	3355	3358	634	12118	360
50%	1918	1176	3308	6085	1673	14160	420
75%	2554	1016	3066	6194	2423	15253	453
95%	2254	916	2409	10141	3484	19204	570
多年平均	2990	1456	3435	6568	2140	16589	493

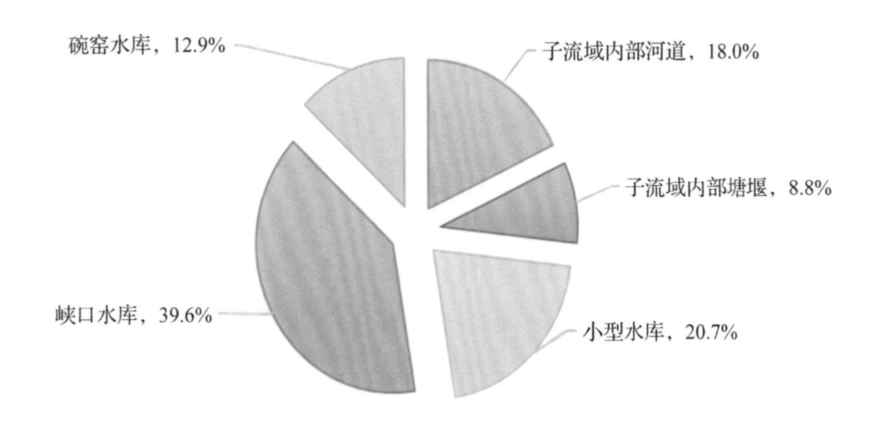

图6.11 碗窑灌区农业灌溉用水量组成图

4)建立回归模型及其验证

经多方案优化、多参数必选，确定碗窑灌区回归统计模型选用的自变量为：参考作物需水量ET_0、水稻种植面积S_{rice}、白水坑-峡口梯级水库灌溉用水量W_{XK}和碗窑水库灌溉用水量W_{WY}。碗窑灌区农业用水量统计模型为：

月尺度模型：

$$W_{gross}=9.48ET_0+17.82S_{rice}+1.60W_{XK}+0.85W_{WY}-1129.98 \quad (式6.54)$$

年尺度模型：

$$W_{gross}=45.60S_{rice}+1.40W_{XK}+1.34W_{WY}+1312.88 \quad (式6.55)$$

月尺度和年尺度的回归模型与回归系数显著性检验及复相关系数分析结果见表6.12。

表 6.12　碗窑灌区农业用水量回归模型检验结果表

尺度	自变量	整体显著性检验		回归系数显著性检验		R^2
		F 检验数	$F_{0.90}$	t 检验数	$t_{0.95}$	
月尺度	ET_0	907.46	1.98	4.58	1.66	0.97
	S_{rice}			3.02		
	W_{XK}			13.27		
	W_{WY}			3.12		
年尺度	S_{rice}	943.81	2.23	2.41	1.71	0.99
	W_{XK}			10.43		
	W_{WY}			4.18		

回归模型验证：以 2007—2017 年统计数据为基础，分别计算碗窑灌区年、月度灌溉用水量，并与其原始记录值进行比较，相应结果见图 6.12、图 6.13。总体而言，两个尺度模型成果满足灌溉用水的统计要求。

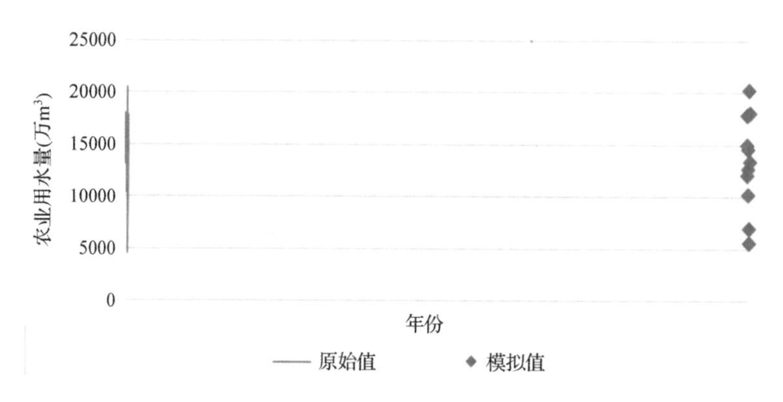

图 6.12　年尺度回归模型对比图

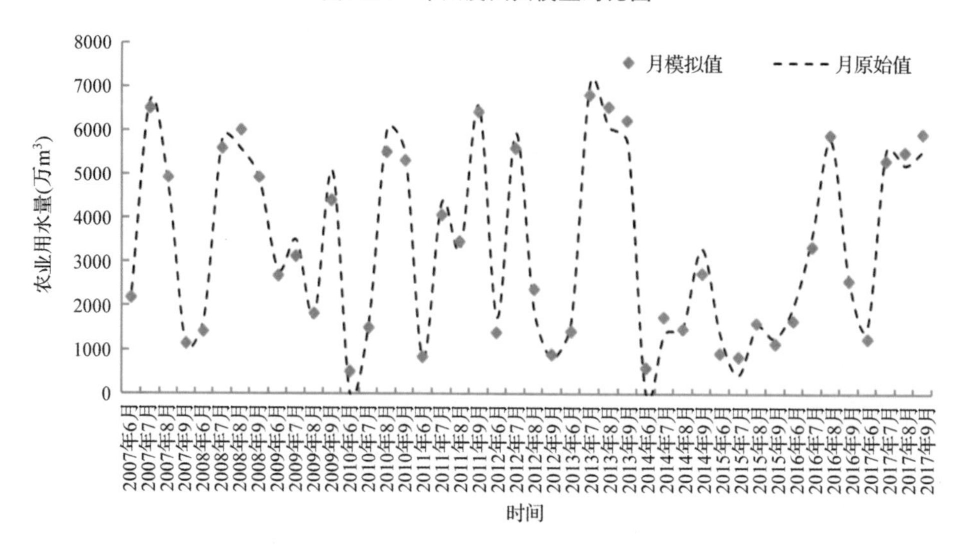

图 6.13　月尺度回归模型对比图

(2)义乌市典型塘坝型灌区灌溉用水量统计模型

在义乌市选择A、B、C三个以塘坝为水源的灌溉系统,其主要参数见表6.13。

表6.13　A、B、C塘坝灌溉系统的主要参数

序号	塘坝名称	塘坝控制集雨面积(km^2)	总库容(万m^3)	控制灌溉面积(亩)
1	A塘坝	10.5	5.8	20
2	B塘坝	3.2	6.4	80
3	C塘坝	0.5	3.7	58

根据所述的目标函数、决策变量以及约束条件,建立A、B、C塘坝灌溉系统模拟模型,采用2016—2020年实测资料对所述的模拟模型的模型参数进行率定与验证后,选用1963—2014年52年长系列水文气象资料,模拟A、B、C塘坝灌溉系统历年复蓄次数与其控制集雨面积的降水量、来水量等参数的响应关系,见表6.14。

表6.14　A、B、C塘坝历年复蓄次数与其主要影响因素的响应关系

年份	全年降水量(mm)	全年降水量C_v值	灌溉期降水量(mm)	灌溉期降水量C_v值	A塘坝		B塘坝		C塘坝	
					灌溉期来水量(万m^3)	复蓄次数	灌溉期来水量(万m^3)	复蓄次数	灌溉期来水量(万m^3)	复蓄次数
1963	1153	0.82	552	0.63	2.63	0.06	0.80	0.21	0.13	0.07
1964	1112	0.67	443	0.79	1.49	0.17	0.45	0.29	0.07	0.07
1965	1412	0.59	548	0.66	2.41	0.18	0.74	0.27	0.11	0.07
1966	1295	0.50	421	0.54	1.72	0.21	0.52	0.34	0.08	0.09
1967	1060	0.91	240	1.03	1.21	0.32	0.37	0.28	0.06	0.08
1968	1193	0.72	489	0.69	3.01	0.22	0.92	0.24	0.14	0.06
1969	1536	0.61	660	0.60	3.74	0.18	1.14	0.41	0.18	0.11
1970	1432	0.71	501	0.84	2.54	0.18	0.77	0.34	0.12	0.09
1971	1097	0.87	375	0.75	0.49	0.32	0.15	0.17	0.02	0.05
1972	1518	0.60	535	0.81	1.92	0.09	0.59	0.25	0.09	0.07
1973	1890	0.99	718	1.00	4.06	0.14	1.24	0.50	0.19	0.19
1974	1444	0.33	457	0.48	1.58	0.15	0.48	0.43	0.08	0.06
1975	1575	0.54	665	0.59	2.93	0.12	0.89	0.44	0.14	0.13
1976	1388	0.76	429	0.36	1.67	0.17	0.51	0.46	0.08	0.12
1977	1451	0.73	472	0.57	2.09	0.11	0.64	0.38	0.10	0.10
1978	929	0.62	271	0.57	0.44	0.14	0.13	0.20	0.02	0.05
1979	1066	0.66	439	0.45	1.35	0.14	0.41	0.20	0.06	0.05

续表

年份	全年降水量(mm)	全年降水量 C_v 值	灌溉期降水量(mm)	灌溉期降水量 C_v 值	A 塘坝		B 塘坝		C 塘坝	
					灌溉期来水量(万 m^3)	复蓄次数	灌溉期来水量(万 m^3)	复蓄次数	灌溉期来水量(万 m^3)	复蓄次数
1980	1490	0.69	471	0.80	1.95	0.09	0.60	0.33	0.09	0.10
1981	1600	0.41	581	0.24	1.86	0.06	0.57	0.21	0.09	0.08
1982	1279	0.61	510	0.63	2.40	0.09	0.73	0.34	0.11	0.10
1983	1749	0.65	805	0.19	5.32	0.10	1.62	0.35	0.25	0.15
1984	1431	0.52	548	0.40	1.78	0.10	0.54	0.38	0.08	0.09
1985	1113	0.63	461	0.58	1.04	0.11	0.32	0.40	0.05	0.06
1986	1253	0.59	513	0.47	1.37	0.13	0.42	0.36	0.07	0.06
1987	1661	0.59	699	0.57	3.59	0.11	1.10	0.41	0.17	0.11
1988	1371	0.89	576	0.89	3.63	0.11	1.11	0.42	0.17	0.12
1989	1887	0.74	1091	0.54	7.83	0.05	2.39	0.18	0.37	0.15
1990	1579	0.56	590	0.72	3.04	0.11	0.93	0.40	0.14	0.10
1991	1232	0.66	370	0.33	1.01	0.14	0.31	0.49	0.05	0.09
1992	1586	0.76	807	0.49	5.17	0.12	1.58	0.43	0.25	0.12
1993	1658	0.74	780	0.69	4.46	0.10	1.36	0.34	0.21	0.11
1994	1625	0.98	503	0.85	2.44	0.14	0.74	0.52	0.12	0.11
1995	1474	0.95	424	0.67	2.34	0.19	0.71	0.70	0.11	0.14
1996	1279	0.94	436	0.62	1.02	0.15	0.31	0.33	0.05	0.07
1997	1679	0.80	864	0.74	5.08	0.09	1.55	0.32	0.24	0.09
1998	1497	0.84	581	0.99	3.12	0.14	0.95	0.49	0.15	0.15
1999	1488	0.81	645	0.75	3.93	0.08	1.20	0.28	0.19	0.11
2000	1388	0.63	480	0.71	1.61	0.12	0.49	0.42	0.08	0.07
2001	1169	0.57	421	0.66	1.45	0.10	0.44	0.24	0.07	0.07
2002	1888	0.59	885	0.70	4.87	0.08	1.48	0.28	0.23	0.13
2003	1041	0.56	400	0.77	1.11	0.18	0.34	0.47	0.05	0.07
2004	1050	0.53	408	0.38	0.72	0.16	0.22	0.10	0.03	0.03
2005	1304	0.47	384	0.34	0.55	0.14	0.17	0.29	0.03	0.08
2006	1170	0.63	363	0.40	1.00	0.17	0.31	0.23	0.05	0.06
2007	1165	0.49	499	0.55	1.56	0.13	0.47	0.18	0.07	0.05
2008	1349	0.79	499	0.51	2.12	0.11	0.64	0.26	0.10	0.07

续表

年份	全年降水量（mm）	全年降水量 C_v 值	灌溉期降水量（mm）	灌溉期降水量 C_v 值	A 塘坝		B 塘坝		C 塘坝	
					灌溉期来水量（万 m^3）	复蓄次数	灌溉期来水量（万 m^3）	复蓄次数	灌溉期来水量（万 m^3）	复蓄次数
2009	1378	0.60	556	0.67	2.36	0.12	0.72	0.26	0.11	0.07
2010	2017	0.42	826	0.40	4.42	0.12	1.35	0.44	0.21	0.16
2011	1424	0.95	597	0.42	2.48	0.11	0.76	0.40	0.12	0.08
2012	1936	0.47	708	0.53	3.57	0.13	1.09	0.45	0.17	0.14
2013	1438	0.63	569	0.71	2.55	0.17	0.78	0.52	0.12	0.11
2014	1557	0.86	888	0.82	5.45	0.07	1.66	0.24	0.26	0.12

根据表中数据，采用 K 均值聚类算法模型，将 A、B、C 塘坝灌溉系统长系列历年复蓄次数与其主要影响因素响应的划分成果见表 6.15。其中，A 塘坝灌溉系统为用水控制模式；B 塘坝灌溉系统聚类为 2 类模式，分别为来水控制模式、用水控制模式；C 塘坝灌溉系统因其来水集雨面积小、控制灌溉面积大，其复蓄次数属于来水控制模式。

表 6.15　A、B、C 塘坝灌溉系统历年复蓄次数 K 均值聚类成果

A 塘坝			B 塘坝			C 塘坝		
年份	复蓄次数	K 均值聚类成果	年份	复蓄次数	K 均值聚类成果	年份	复蓄次数	K 均值聚类成果
1963	0.06	用水控制模式	1971	0.17	来水控制模式、用水控制模式	1963	0.07	来水控制模式
1964	0.17		1967	0.28		1964	0.07	
1965	0.18		1968	0.24		1965	0.07	
1966	0.21		2004	0.10		1966	0.09	
1967	0.32		1966	0.34		1967	0.08	
1968	0.22		1965	0.27		1968	0.06	
1969	0.18		2006	0.23		1969	0.11	
1970	0.18		1978	0.20		1970	0.09	
1971	0.32		1964	0.29		1971	0.05	
1972	0.09		1979	0.20		1972	0.07	
1973	0.14		1970	0.34		1973	0.19	
1974	0.15		2007	0.18		1974	0.06	
1975	0.12		1969	0.41		1975	0.13	
1976	0.17		1996	0.33		1976	0.12	

续表

A 塘坝			B 塘坝			C 塘坝		
年份	复蓄次数	K均值聚类成果	年份	复蓄次数	K均值聚类成果	年份	复蓄次数	K均值聚类成果
1977	0.11	用水控制模式	2005	0.29	来水控制模式、用水控制模式	1977	0.10	来水控制模式
1978	0.14		2009	0.26		1978	0.05	
1979	0.14		2003	0.47		1979	0.05	
1980	0.09		2008	0.26		1980	0.10	
1981	0.06		1976	0.46		1981	0.08	
1982	0.09		2001	0.24		1982	0.10	
1983	0.10		1986	0.36		1983	0.15	
1984	0.10		1974	0.43		1984	0.09	
1985	0.11		2013	0.52		1985	0.06	
1986	0.13		1972	0.25		1986	0.06	
1987	0.11		2000	0.42		1987	0.11	
1988	0.11		1977	0.38		1988	0.12	
1989	0.05		1997	0.32		1989	0.15	
1990	0.11		1963	0.21		1990	0.10	
1991	0.14		1973	0.50		1991	0.09	
1992	0.12		1975	0.44		1992	0.12	
1993	0.10		1980	0.33		1993	0.11	
1994	0.14		1981	0.21		1994	0.11	
1995	0.19		1982	0.34		1995	0.14	
1996	0.15		1983	0.35		1996	0.07	
1997	0.09		1984	0.38		1997	0.09	
1998	0.14		1985	0.40		1998	0.15	
1999	0.08		1987	0.41		1999	0.11	
2000	0.12		1988	0.42		2000	0.07	
2001	0.10		1989	0.18		2001	0.07	
2002	0.08		1990	0.40		2002	0.13	
2003	0.18		1991	0.49		2003	0.07	
2004	0.16		1992	0.43		2004	0.03	
2005	0.14		1993	0.34		2005	0.08	
2006	0.17		1994	0.52		2006	0.06	

续表

A塘坝			B塘坝			C塘坝		
年份	复蓄次数	K均值聚类成果	年份	复蓄次数	K均值聚类成果	年份	复蓄次数	K均值聚类成果
2007	0.13	用水控制模式	1995	0.70	来水控制模式、用水控制模式	2007	0.05	来水控制模式
2008	0.11		1998	0.49		2008	0.07	
2009	0.12		1999	0.28		2009	0.07	
2010	0.12		2002	0.28		2010	0.16	
2011	0.11		2010	0.44		2011	0.08	
2012	0.13		2011	0.40		2012	0.14	
2013	0.17		2012	0.45		2013	0.11	
2014	0.07		2014	0.24		2014	0.12	

采用EXCEL软件回归函数，分析A、B、C塘坝灌溉系统复蓄次数的主要影响因素，并建立其多元线性回归模型，成果见表6.16、表6.17。

表6.16　A、B、C塘坝复蓄次数多元线性回归方程

塘坝	模式分类	主要影响因素	回归方程
A塘坝	用水控制模式	灌溉期降水量x_1、灌溉期降水量C_V值x_2	$f=-0.00018x_1+0.06426x_2+0.19552$
B塘坝	来水控制模式(全年来水量/需水量≤1.1)	全年来水量x_1、全年来水量C_V值x_2	$f=0.13259x_1-0.05903x_2+0.14073$
	用水控制模式(全年来水量/需水量>1.1)	灌溉期降水量x_1、灌溉期降水量C_V值x_2	$f=-0.00031x_1+0.09006x_2+0.53251$
C塘坝	来水控制模式	全年来水量x_1、全年来水量C_V值x_2	$f=0.13664x_1+0.00831x_2-0.01027$

表6.17　A、B、C塘坝复蓄次数回归方程检验成果表

塘坝	回归方程	回归方程检验			
		R	F检验	T检验	
				x_1	x_2
A塘坝	$f=-0.00018x_1+0.06426x_2+0.19552$	0.63	15.74	−5.21	2.06
B塘坝	$f=0.13259x_1-0.05903x_2+0.14073$	0.67	9.88	4.24	−1.09
	$f=-0.00031x_1+0.09006x_2+0.53251$	0.50	3.63	−2.48	0.91
C塘坝	$f=0.13664x_1+0.00831x_2-0.01027$	0.95	208.96	20.14	1.42

在具体应用时，先根据具体塘坝灌溉系统的控制集雨面积、灌溉面积等参数，根据具体的实施成果，分析确定其复蓄次数的模式分类。对于确定的模式，根据所述的

塘坝特定年的影响来水、用水的参数，采用相应的回归方程来确定塘坝复蓄次数。

(3)义乌市柏峰和岩口水库灌区灌溉用水量预测与预警模型

义乌市柏峰和岩口水库灌区取水许可和2023年计划用水信息见表6.18，其2020—2023年上半年逐季度用水量见表6.19。

表6.18　义乌市典型灌区取水许可水量和计划用水水量成果表

灌区名称	取水许可证编号	许可取水量（万 m^3）	2023年计划用水量（万 m^3）
柏峰水库灌区	取水(浙义)字〔2018〕第029号	353.9	353.9
岩口水库灌区	取水(浙义)字〔2019〕第012号	990.4	990.4

表6.19　义乌市典型灌区2020—2023年用水序列成果表

年份	季度	柏峰水库灌区			岩口水库灌区		
		灌溉面积（万亩）	取水量（万 m^3）	亩均用水量（m^3/亩）	灌溉面积（亩）	取水量（万 m^3）	亩均用水量（m^3/亩）
2020	1季度	3.2	34.4	10.75	6.16	94.70	15.37
2020	2季度	3.2	14.1	4.41	6.16	146.80	23.83
2020	3季度	3.2	180.8	56.50	6.16	267.10	43.36
2020	4季度	3.2	20.7	6.47	6.16	63.90	10.37
2021	1季度	2.84	34.4	12.11	6.16	10.50	1.70
2021	2季度	2.84	24.2	8.52	6.16	157.00	25.49
2021	3季度	2.84	125.1	44.05	6.16	322.60	52.37
2021	4季度	2.84	56.7	19.96	6.16	49.40	8.02
2022	1季度	2.84	0.0	0.00	5.32	0.00	0.00
2022	2季度	2.84	62.5	22.01	5.32	350.18	65.82
2022	3季度	2.84	123.1	43.35	5.32	274.15	51.53
2022	4季度	2.84	57.1	20.11	5.32	42.96	8.08
2023	1季度	2.84	5.0	1.76	5.32	1.32	0.25
2023	2季度	2.84	56.0	19.72	5.32	313.76	58.98

采用表6.19中亩均用水量的数据，分别选用BP人工神经网络模型和指数平滑法，预测柏峰和岩口水库灌区2023年下半年农业用水量，结果见表6.20。

根据表6.19和表6.20计算义乌市典型灌区2023年灌溉用水量：

柏峰水库灌区灌溉用水量 $=5.0+56.0+(115.84+59.55)$ 或 $(137.48+45.33)=236.39$ 万 m^3 ~ 243.81 万 m^3。

岩口水库灌区灌溉用水量 $=1.32+313.76+(275.95+7.45)$ 或 $(278.71+64.48)=598.48$ 万 m^3 ~ 658.27 万 m^3。

表 6.20　义乌市典型灌区 2023 年用水量预测成果表

分类	柏峰水库灌区				岩口水库灌区			
	BP 模型		指数平滑模型		BP 模型		指数平滑模型	
	取水量（万 m^3）	亩均用水量（m^3/亩）	取水量（万 m^3）	亩均用水量（m^3/亩）	取水量（万 m^3）	亩均用水量（m^3/亩）	取水量（万 m^3）	亩均用水量（m^3/亩）
第三季度	115.84	40.79	137.48	48.41	275.95	51.87	278.71	52.39
第四季度	59.55	20.97	45.33	15.96	7.45	1.40	64.48	12.12

对照表 6.18 中灌区取水许可量和计划用水量，柏峰水库灌区和岩口水库灌区的灌溉用水量不需要进行预警。

6.2.3　河湖生态环境用水量统计与评价模型

河湖生态环境用水与需水的内涵丰富，计算方法众多，每一种计算方法都需要基础数据作为依据。而目前除了大江大河上通过水文站网和水利枢纽工程建设获得的数据资料之外，其他面广量大的河湖上系统性计量监测数据的成果很少。因此，这里将河湖生态环境用水量统计模型分为两类：一是有系统性监测资料的河湖（以下简称有资料的河湖）；二是缺少系统监测资料的河湖（以下简称少资料的河湖）。

6.2.3.1　统计模型

河湖生态环境用水量统计模型：

$$W_{st}^{NT} = \sum_{t=1}^{NT} w_{st}(t) = \sum_{t=1}^{NT} Q_{st}(t) \times t \tag{式6.56}$$

式中：W_{st}^{NT}至截止 NT 时段的河湖生态环境用水量；$w_{st}(t)$、$Q_{st}(t)$分别为 t 时段河湖生态环境用水量和用水流量。

对于有资料的河湖，采用实测资料，利用上式确定河湖生态环境用水量。对于少资料的河湖，可采用水文比拟法以所在流域或邻近流域的水文站和水利枢纽工程的数据成果为基础，以其面积占比来确定河湖逐时段生态环境用水量（或流量），即：

$$w_{st}(t) = \begin{cases} wo_{st}(t) \times f/fo, 若\ wo_{st}(t) \times f/fo \leqslant w_{st}^{0}(t) \\ w_{st}^{0}(t), 若\ wo_{st}(t) \times f/fo > w_{st}^{0}(t) \end{cases} \tag{式6.57}$$

$$Q_{st}(t) = \begin{cases} Qo_{st}(t) \times f/fo, 若\ Qo_{st}(t) \times f/fo \leqslant Q_{st}^{0}(t) \\ Q_{st}^{0}(t), 若\ Qo_{st}(t) \times f/fo > Q_{st}^{0}(t) \end{cases} \tag{式6.58}$$

式中：W_{st}^{NT}为截至 NT 时段的生态环境用水量；$w_{st}(t)$、$Q_{st}(t)$分别为 t 时段河湖生态环境用水量和用水流量；$wo_{st}(t)$、$Qo_{st}(t)$分别为参照水文站或水利枢纽 t 时段径流量和流量；$w_{st}^{0}(t)$、$Q_{st}^{0}(t)$分别为 t 时段生态环境需水量和流量；f 为计算河湖的集雨面积；fo 为参照水文站或水利枢纽的集雨面积。

6.2.3.2　评价模型

河湖生态环境用水量评价采用以年为统计周期的保证率法，即年生态环境用水

得到保证的时段数占全年总时段数的百分数,即:

$$p = \frac{nt}{N} \times 100\% \quad （式 6.59）$$

生态用水是否满足的判别模型为:

$$w_{st}(t) \geqslant w_{st}^{0}(t) \text{ 且 } Q_{st}(t) \geqslant Q_{st}^{0}(t) \quad （式 6.60）$$

$$Q_{st}(t) = Q_{st}^{1}(t) \cup Q_{st}^{2}(t) \cup Q_{st}^{3}(t) \quad （式 6.61）$$

式中:$w_{st}^{1}(t)$、$w_{st}^{2}(t)$、$w_{st}^{2}(t)$分别为 t 时段河湖生态基流相应水量、敏感期生态流量相应水量和目标生态流量相应水量;$Q_{st}^{1}(t)$、$Q_{st}^{2}(t)$、$Q_{st}^{3}(t)$分别为 t 时段河湖生态基流、敏感期生态流量和目标生态流量。

对于生态流量已确定并公布实施的河湖,采用该生态流量(或水位)作为生态用水是否满足的判别标准;其他河湖的生态流量可采用基于水文学原理的 Tennant 法确定。该方法以河湖多年平均径流量百分数为基础,将保护河湖生态环境的径流量推荐值分为 7 个级别;又依据径流量年内分布规律,分为枯水时段和丰水时段季节性,见表 6.21。

表 6.21　Tennant 法河湖生态环境用水量评价标准

序号	河湖生态环境状态评价标准	占河湖径流量百分比(%)	
		年内水量较枯时段	年内水量较丰时段
1	最佳	60～100	
2	优秀	40	60
3	很好	30	50
4	良好	20	40
5	一般或较差	10	30
6	差或最小	10	10
7	极差	0～10	0～10

6.2.3.3　应用案例

1. 鳌江流域埭头断面生态流量达标情况评价

(1)流域概况

鳌江是浙江八大水系之一,位于浙江省东南部,是浙江省独流入海的水系之一。其干流发源于文成县珊溪镇吴地山麓桂库地方,流域面积为 1544.92km²。鳌江干流的流向为由西向东:西部多为高山、丘陵,地势高,仅在峡谷地带有小片零星水田;东部大多是滨海平原,有大片的水田。

其中,从河源到平阳顺溪为上游,长 19.1km,由于受两岸山岩所制,河道弯曲狭窄,坡降为 39.8‰,属山地溪流;从顺溪镇至詹家埠(北岸)与小南下峥(南岸)为中游,长 24.7km,平均坡降 2.9‰。两岸逐渐离开山岩控制,但水流仍湍急,河道多曲折。自詹家埠、下峥至河口为下游,长 48.67km,为感潮河段,平均坡降 0.1‰,两岸为冲积平原和滨海平原。

埭头断面位于鳌江流域北源—北港流域的中游，位于平阳县南雁镇埭头村，是第一批国家生态流量管控断面，断面以上的集水面积为 346km²，多年平均降水量为 2062.5mm，多年平均蒸发量为 726.7mm，埭头站多年平均径流量为 4.851 亿 m³。埭头断面以上有蓄水工程 6 座，总库容为 4885.3 万 m³；供水引水工程有 2 处，取水规模分别为 7.4 万 m³/d、2m³/s。

(2)埭头断面生态流量

根据《水利部关于印发第一批重点河湖生态流量保障目标的函(水资管函 202043 号)》对年度生态流量考核的要求，河流主要控制断面的生态基流保障情况原则上按日均流量进行评价，保证率原则上应不小于 90%。采用埭头站 1961—2021 年逐日实测和还现流量资料，根据上述方法确定该断面的生态流量为 1m³/s。

(3)埭头断面生态流量达标情况的评价

根据埭头断面 2020—2022 年逐日流量过程(见图 6.14)，对照生态流量目标，按以下原则判断控制断面日平均流量的达标情况。若日平均流量不小于生态流量目标，则认为达标，记为 1，否则记为 0。

$$x_j=\begin{cases}1, q_j\geqslant 1\mathrm{m^3/s}\\0, q_j<1\mathrm{m^3/s}\end{cases}\quad j=1,2,\cdots t \tag{式 6.62}$$

式中，x_j 表示第 j 日的达标情况；q_j 表示第 j 日的流量；t 为一年的天数。

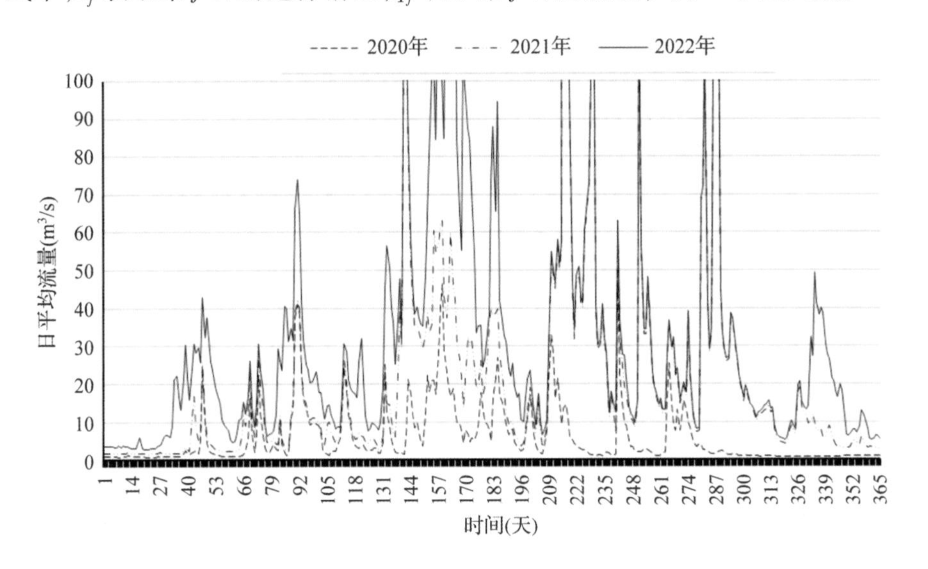

图 6.14　埭头断面 2020—2022 年逐日流量过程

埭头断面生态流量的评价结果为：在达标天数方面，2020 年为 265 天、2021 年为 323 天、2022 年为 315 天；在相应的日保证率方面，2020 年为 72.6%、2021 年为 88.5%、2022 年 86.3%。对照 90% 日保证率要求，该断面生态流量的保障程度不足，未达标。

2. 义乌市香溪流域生态流量达标情况的分析

义乌市香溪流域系义乌江支流，位于义乌市西北部，地貌以丘陵为主，流域面积为 40.3km²，主流长 15.0km，平均坡降 5‰。流域自上游到下游流经义乌市城西街道和稠江街道，其属于季节性城市内河。该流域多年平均降水量为 1410mm，多年平均蒸发量为 880mm，多年平均径流深 665mm，径流量为 2680 万 m^3。

该流域多年平均降水天数为 150 天，多年平均降水量年内分布见图 6.15，作为丘陵区季节性河流，其全年 2/3 的时间基本断流。为满足河边居民亲水、幸福河湖（或美丽河湖）的建设要求，有效改善香溪流域水生态环境，义乌市建设了城市内河水系激活工程，利用义乌市稠江污水处理厂尾水补充香溪流域生态环境用水的不足。

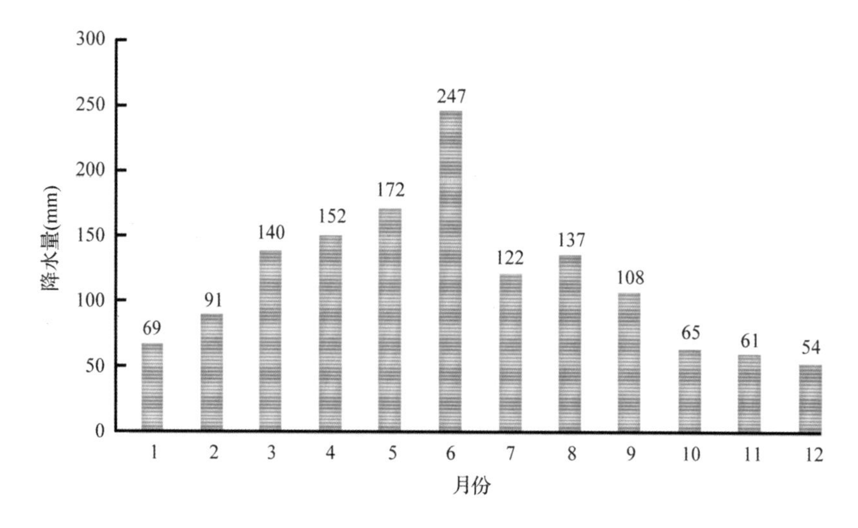

图 6.15　义乌市多年平均降水量年内分配图

稠江污水处理厂的现状规模为 15 万吨/日，近三年平均日处理污水量为 14.58 万吨/日。香溪再生水配水提升泵站规模为 5 万吨/日、配水管道长度为 7km，2015 年 10 月投入运行。

香溪流域 2020—2021 年逐月补水量成果见图 6.16，香溪流域 2020—2021 年逐月降水和流量过程见表 6.22，采用 Tennant 法计算香溪流域生态环境需水量结果见表 6.23。进而分析计算香溪流域生态环境用水保证程度，见表 6.24。

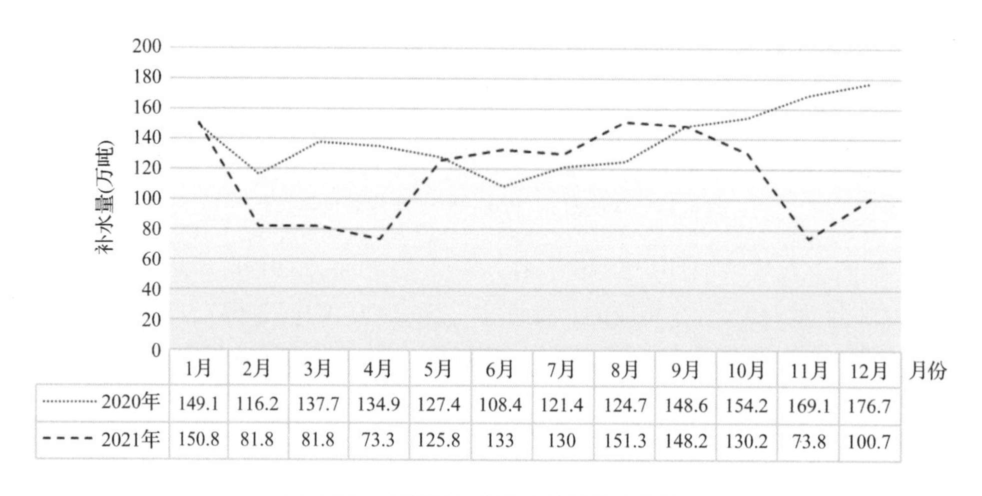

	1月	2月	3月	4月	5月	6月	7月	8月	9月	10月	11月	12月
2020年	149.1	116.2	137.7	134.9	127.4	108.4	121.4	124.7	148.6	154.2	169.1	176.7
2021年	150.8	81.8	81.8	73.3	125.8	133	130	151.3	148.2	130.2	73.8	100.7

图 6.16　稠江泵站再生水生态补水案例

表 6.22　香溪流域 2020—2021 年逐月降水和流量过程表

时间	2020 年			2021 年		
	降水量(mm)	水量(万 m^3)	流量(m^3/s)	降水量(mm)	水量(万 m^3)	流量(m^3/s)
1 月	155.5	294	1.097	10	19	0.07
2 月	99	187	0.773	77.5	146	0.61
3 月	168	318	1.185	194.5	368	1.37
4 月	73.5	139	0.536	68.5	129	0.50
5 月	206	389	1.454	287.5	543	2.03
6 月	356	673	2.596	270	510	1.97
7 月	199	376	1.404	144.5	273	1.02
8 月	117.5	222	0.829	31	59	0.22
9 月	127.5	241	0.930	32.5	61	0.24
10 月	15	28	0.106	66	125	0.47
11 月	31.5	60	0.230	80	151	0.58
12 月	25.1	47	0.177	22	42	0.16
合计	1573.6	2974		1284	2426	

表 6.23　香溪流域生态环境需水量计算成果表

时间	多年平均降水量(mm)	水资源量(万 m^3)	生态环境需水量(Tennant 法)		
			占比(%)	需水量(万 m^3)	需水流量(m^3/s)
1 月	69	130.4	30	39.1	0.146
2 月	91	172.0	30	51.6	0.213
3 月	140	264.6	30	79.4	0.296
4 月	152	287.3	50	143.6	0.554
5 月	172	325.1	50	162.5	0.607
6 月	247	466.8	50	233.4	0.901
7 月	122	230.6	50	115.3	0.430
8 月	137	258.9	50	129.5	0.483
9 月	108	204.1	50	102.1	0.394
10 月	65	122.8	30	36.9	0.138
11 月	61	115.3	30	34.6	0.133
12 月	54	102.1	30	30.6	0.114
合计	1418	2680			

表 6.24 香溪流域 2020—2021 年生态环境用水保证程度评价表

时间	需水量(万 m^3)	需水流量(m^3/s)	实际径流量(万 m^3)		供需平衡(万 m^3)	
			2020 年	2021 年	2020 年	2021 年
1 月	39.1	0.146	436	168	397	129
2 月	51.6	0.213	271	263	219	211
3 月	79.4	0.296	452	505	373	426
4 月	143.6	0.554	282	264	138	121
5 月	162.5	0.607	531	671	369	508
6 月	233.4	0.901	788	619	555	385
7 月	115.3	0.430	499	394	384	279
8 月	129.5	0.483	372	183	243	54
9 月	102.1	0.394	392	210	290	108
10 月	36.9	0.138	187	279	150	242
11 月	34.6	0.133	210	320	176	286
12 月	30.6	0.114	201	218	171	188

注:正数代表盈余、负数代表短缺。

从表 6.24 可以看出,香溪流域生态环境用水远超过 Tennant 法中“很好”层次评价标准的用水需要。进一步分析表明,香溪实际生态环境配水量达到 Tennant 法中的“最佳”等级。

6.3 面向过程的场景化数学模型研究

6.3.1 水厂(水站)自用水率分析与预警模型

6.3.1.1 统计模型

按照现有政策,城镇水厂取水端和供水端应安装计量设施,计量设施的选用、安装、维护应满足《取水计量技术导则》(GB/T 28714—2023)、《建筑给水排水与节水通用规范》(GB 55020—2021)和《城镇供水厂运行、维护及安全技术规程》(CJJ 58—2009)的规定要求,即计量仪器和设施,应检定合格,计量误差在允许范围内。因此,城镇水厂自用水率分析计算数据的基础较好。农村水站自用水率计算原理与城镇水厂完全一致,即通过水站取水端和供水端计量水量来计算其自用水率。

自用水率计算数据使用的关键是进水厂(或水站)原水的计量点位问题。不同水厂(或水站)原水取水的设施的差异较大,其差异主要体现在两个方面:一是原水线路长度,取水线路越长,输水损失越大,反之则小;二是原水输水管材,隧洞输水,输水损失相对较大;其他管材的损失,相对较小。因此,为提升水厂(或水站)自用水率的可比性,建议选用原水管线水厂端的计量数据作为水厂自用水率的计算依据。

基于上述分析,根据5.4.1关于水厂(或水站)自用水量的规定,水厂(或水站)自用水率的计算模型为:

$$\beta=\frac{W_{in}-W_{out}}{W_{in}}\times 100\% \quad (式6.63)$$

式中:β为水厂(或水站)自用水率;W_{in}为原水管网水厂(或水站)端水量;W_{out}为水厂(或水站)供出水量。

水厂自用水率的评价模型为:

$$\beta\leqslant\beta_0 \quad (式6.64)$$

式中:β_0为水厂自用水率的控制标准;其他符号的意义同前。

6.3.1.2 预警模型

时段自用水率超标准预警判别模型为:

$$\begin{cases}\beta(t)\leqslant\beta_0,\text{不预警}\\ \beta(t)>\beta_0,\text{预警}\end{cases} \quad (式6.65)$$

式中:$\beta(t)$为水厂t时段的自用水率;其他符号的意义同前。

6.3.1.3 应用案例

浙江省义乌市四个水厂2021年计量水厂成果见表6.25,根据该表计算各水厂自用水率,结果见图6.17。

表6.25 浙江省义乌市四个水厂2021年计量水厂成果表

月份	原水管网水厂端计量水量(万吨)				水厂供水端计量水量(万吨)			
	江东水厂	城北水厂	上溪水厂	苏溪水厂	江东水厂	城北水厂	上溪水厂	苏溪水厂
1月	371.2	391.8	151.9	150.0	367.5	380.0	139.7	139.5
2月	279.3	251.7	106.9	121.0	276.5	244.1	98.4	112.5
3月	390.7	411.9	150.7	168.2	386.8	399.5	138.7	156.4
4月	419.8	368.5	127.3	175.7	415.6	357.5	117.1	163.4
5月	449.9	360.1	124.3	199.2	445.4	349.3	114.4	185.3
6月	432.5	362.3	127.7	189.5	428.1	351.5	117.5	176.2
7月	467.6	421.6	211.8	210.3	462.9	409.0	194.8	195.6
8月	427.0	429.9	208.7	241.0	422.7	417.0	192.0	224.2
9月	464.8	421.4	210.2	225.1	460.2	408.8	193.3	209.3
10月	471.1	384.6	195.8	237.1	466.4	373.1	180.1	220.5
11月	453.6	335.9	169.3	238.7	449.1	325.8	155.8	222.0
12月	449.2	317.6	181.5	240.0	444.7	308.1	167.0	223.2
合计	5076.7	4457.3	1966.1	2395.8	5025.9	4323.7	1808.8	2228.1

从图 6.17 可以看出：第一，2021 年各水厂自用水率的差异明显，其中最小的江东水厂仅为 1%，而最大的上溪水厂达到 8%，相差 8 倍；第二，各水厂尽管每个月制水量存在一定的差异，但其自用水率年内基本稳定，说明水厂自用水率是一个相对稳定的数值，其主要影响因素是水厂制水工艺和原水水质，若原水水质基本稳定，该参数也基本稳定；第三，以 4% 为自用水率的控制标准，江东水厂和城北水厂符合节水要求，上溪水厂和苏溪水厂则不符合。

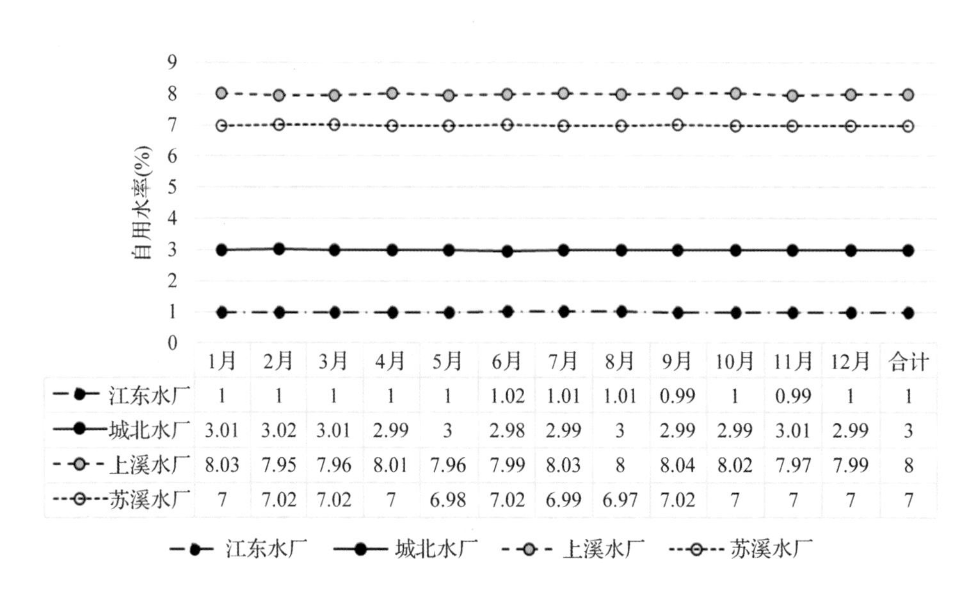

	1月	2月	3月	4月	5月	6月	7月	8月	9月	10月	11月	12月	合计
江东水厂	1	1	1	1	1	1.02	1.01	1.01	0.99	1	0.99	1	1
城北水厂	3.01	3.02	3.01	2.99	3	2.98	2.99	3	2.99	2.99	3.01	2.99	3
上溪水厂	8.03	7.95	7.96	8.01	7.96	7.99	8.03	8	8.04	8.02	7.97	7.99	8
苏溪水厂	7	7.02	7.02	7	6.98	7.02	6.99	6.97	7.02	7	7	7	7

图 6.17　浙江省义乌市四个水厂 2021 年自用水率对比图

按照图 6.17 的数据成果，取 $\beta_0=5\%$，则上溪水厂和苏溪水厂的自用水率超标严重，应该预警，并完善整改措施。

6.3.2　供水管网漏损率分析与预警模型

6.3.2.1　统计与预警模型

（1）数学模型

为反映管网漏损的真实性、可靠性，这里采用管网供水和用水户用水的比值作为管网漏损的评价指标，其计算模型为：

$$\alpha = \frac{W_{use}}{W_{\sup}} \times 100\% = \frac{\sum_{j=1}^{NJ} w_{use}^{j}}{\sum_{i=1}^{NI} w_{\sup}^{i}} \times 100\% \qquad (式 6.66)$$

式中，α 为供水管网的实际漏损率；w_{use}^{j} 为第 j 用水户的用水量；$w_{\sup}^{i}$ 为第 i 水厂的供水量；W_{use} 为水厂供水端的总供水量；$W_{\sup}$ 为用水户用户端的总用水量。

（2）预警模型

若某时段管网漏损率大于目标管网漏损率，则应预警，其表达式为：

$$\alpha(t) > \alpha_0 \qquad (式 6.67)$$

式中，$\alpha(t)$为t供水管网漏损率；α_0为目标管网漏损率。

(3)应用案例

义乌市优质水供水管网系统漏损率分析。该系统水源工程由义乌市内6座中型水库和横锦水库引水、通济桥水厂引水工程组成，现有供水水厂10座，各水厂位置、主要供水范围、供水水源和工程规模见表6.26。义乌市优质水供水主干管网(DN75及以上)的总长度为大于2300km，已覆盖全市11个镇街及所在的441个行政村、居委会(社区)，供水覆盖面积为662km^2。

表6.26 义乌市公共水厂基本情况一览表

序号	水厂名称	位置	现状供水范围	主要水源	供水规模(万m^3/d)
1	江东水厂	江东道	江东、稠城、稠江、廿三里街道	横锦水库	18
2	城北水厂	稠城街道	稠江、北苑、后宅、城西街道	八都水库群	15
3	佛堂水厂	佛堂镇	佛堂镇	柏峰、枫坑水库	6
4	大陈水厂	大陈镇	大陈镇	八都水库群	1
5	卫星水厂	廿三里街道	廿三里街道及镇东工业区	卫星水库、大王坑水库	4
6	上溪水厂	上溪镇	上溪、义亭、城西与稠江街道部分区域	岩口水库	10
7	苏溪水厂(原义北水厂)	苏溪镇	苏溪镇、大陈镇	巧溪水库	10
8	义南水厂	赤岸镇	赤岸镇、稠江街道部分区域	柏峰、枫坑水库	5
9	城西水厂	城西街道	城西街道	长堰水库	2
10	通济桥水厂	浦江	后宅、北苑街道	通济桥水库	3
合计					74

近年来，义乌市通过节水型社会、节水型城市建设，已经建立了基本完善的优质水供水系统计量监测(控)体系，计量监测设施由水源取水端、水厂供水端、用水户用水端三类对象组成。义乌现有公共供水用水户有308224户。

根据义乌市水务集团下属单位各类工程水厂供水端、用水户用水端计量监测(控)设施、各镇街抄见量信息，统计分析其优质水供水系统2019—2021年实际计量监测(控)数据，获得水厂供水端、用水户用水端的数据，见表6.27和表6.28，进而计算义乌市优质水供水系统管网漏损系数，结果见表6.29。

表 6.27　优质水厂 2019—2021 年供水端计量水量统计

年份	水厂供水端计量水量(万 m^3)							
	江东	城北	上溪	苏溪	义南	城西	通济桥	合计
2019 年	4307	3829	1582	1559	1035	236	576	13124
2020 年	4830	3760	1840	1682	664	217	799	13792
2021 年	5026	4324	1809	2228	724	127	947	15185

注:表中数据来源于各水厂供水段端计量水量统计表。

表 6.28　优质水厂 2019—2021 年用户端抄见量水量统计

年份	水厂用户端计量水量(万 m^3)											
	北苑街道	城西街道	赤岸镇	稠城街道	稠江街道	福田街道	后宅街道	江东街道	上溪镇	苏溪镇	义亭镇	合计
2019 年	1908	609	136	1122	1132	1567	835	1821	420	1093	665	11308
2020 年	1949	679	271	1027	1111	1600	915	1822	457	1591	690	12112
2021 年	2084	739	332	1066	1036	1857	1003	2054	535	1709	989	13404

注:表中数据来源于各镇街抄见量水量统计表。

表 6.29　义乌市优质水管网漏损率计算成果

时间	2019 年	2020 年	2021 年
管网漏损率(%)	13.8	12.2	11.7

按照表 6.29,取 $\alpha_0 = 12\%$,则义乌市优质水供水管网漏损率超标,应该预警,并进行整改。

6.3.2.2　管网漏损异常诊断预报模型

(1)基本原理

管网漏损异常检测旨在及时对管网漏损事件做出响应,降低其带来的危害,是保障供水安全的重要手段。通常采用各种硬件设备(如监听棒、漏损噪声相关器)来检查管道内的声波信号,实现对漏损的检测和定位。这些方法尽管有很高的精度,但费时费力且成本较高。随着 Supervisory Control and Data Acquisition(SCADA)系统的发展,基于数据驱动的方法正逐渐成为主流。与基于硬件的方法相比,基于数据驱动的方法能实现更快、更经济的爆管检测。这里给出了两种基于压力监测数据挖掘的供水管网漏损异常事件的检测方法。

一是基于单点压力监测数据的供水管网漏损异常的识别方法。该方法集成采用孤立森林算法、K 均值聚类算法和局部离群概率算法,对单点压力监测数据的疑似异常进行识别;再采用基于统计理论对单点疑似异常确认,以实现对监测数据异常的识别。

二是基于压力监测数据时间序列的供水管网漏损异常的识别方法。该方法利用监测数据时间序列之间欧氏距离的变化来识别监测数据的正常或异常。根据数据来源可以将其分为监测点之间的数据和基于监测点自身的数据。

(2)基于单点压力监测数据的供水管网漏损异常识别数学模型

x 表示压力监测点的监测数据,监测点 1 的当天 m 时段的监测数据表示为 $x_1^0(m)$,$m=1,\cdots,NM$(每天时段数),该点的历史监测数据表示为 $x_1^t(m)$,$t=1,\cdots,n_d$。将监测数据 $x_1^0(m)$ 与 $x_1^t(m)$ 进行比较,利用下述数学模型判断其是否异常。

孤立森林算法(iForest)是一种无监督时间序列数据异常的检测方法。该算法通过路径长度来检测异常事件。数据的异常程度通过其异常分值 $S(x,n)$ 判断,其表达式如下:

$$c(n)=2H(n-1)-\frac{2(n-1)}{n} \quad (式6.68)$$

$$S(x,n)=0.5-2^{-\frac{E(h(x))}{c(n)}} \quad (式6.69)$$

式中,x 为压力监测点的监测数据,n 为样本总数;$H(i)$ 为谐波次数,通过 $\ln(i)+0.5772156649$(欧拉常数)估算;$c(n)$ 为二叉搜索树的平均路径长度,用于 $h(x)$ 标准化;$E(h(x))$ 是样本点 x 在孤立森林中所有孤立树路径长度的平均值。当异常分值 $S(x,n)$ 越小,则其异常程度越高,是异常点的可能性越大。

局部离群概率算法(HSDFOD):给定数据集 $X=\{x_1,\cdots x_i,\cdots,x_n\}$,$i=1,\cdots,n$,$x_i\in \mathrm{R}^d$,对于 $x_i,x_j\in X$,它们的相似度采用高斯核密度公式来计算两个数据点之间的相似性,计算公式如下:

$$\mathrm{sim}(x_i,x_j)=\exp\left(\frac{-\|x_i-x_j\|^2}{2\delta^2}\right) \quad (式6.70)$$

式中,$\|x_i-x_j\|$ 为 x_i 和 x_j 之间的欧氏距离;δ 为核函数的带宽,计算方法如下:

$$\delta=\sqrt{\frac{1}{|V|}\sum_{x_i,x_j\in X}\|x_i-x_j\|^2} \quad (式6.71)$$

式中,$|V|$ 是数据集包含的数据点数。

计算数据集中每两个点之间的相似度,进而得到整个数据集的相似矩阵 $S^T=S$

$$S=\begin{bmatrix}\mathrm{sim}(x_1,x_1) & \mathrm{sim}(x_1,x_2) & \cdots & \mathrm{sim}(x_1,x_n)\\ \mathrm{sim}(x_2,x_1) & \mathrm{sim}(x_2,x_2) & \cdots & \mathrm{sim}(x_2,x_n)\\ \cdots & \cdots & & \cdots\\ \mathrm{sim}(x_n,x_1) & \mathrm{sim}(x_n,x_2) & \cdots & \mathrm{sim}(x_n,x_n)\end{bmatrix} \quad (式6.72)$$

数据点 x_i 的局部邻居 $LN(x_i)$ 的相似度大于阈值 ε_i(为数据点 x_i 的自适应阈值)的点视为该数据点的邻居点。

$$LN(x_i)=\{x_j|x_j\in X\wedge \mathrm{sim}(x_i,x_j)\geqslant\varepsilon_i\} \quad (式6.73)$$

$$\varepsilon_i=(2\mu_i-\sigma_j)/2 \quad (式6.74)$$

式中,μ_i 为集合 $\{\mathrm{sim}(x_1,x_1),\mathrm{sim}(x_2,x_2),\cdots,\mathrm{sim}(x_n,x_n)\}$ 的期望;σ_i 为该集合的标准差。

K 均值聚类算法是一种无监督聚类算法。对于包含 N 个 d 维数据点的样本集 $X=\{x_i^j,i=1,\cdots,n;j=1,\cdots,d\}$，$x_i\in \mathrm{R}^d$，根据样本数据，将其划分为 K 个簇 $C=\{c_k,k=1,\cdots,K\}$。每个簇代表一个分类，每个类有一个类中心 μ_k；从样本集中随机选择 K 个样本，作为一个簇的初始中心；选取欧式距离作为相似性和距离来判断准则，计算剩余样本到各个簇中心的距离 $J(c_k)=\sum\limits_{x_i\in\mu_k}\|x_i-\mu_k\|^2$，并将其划归到与其距离最短的簇 $J(C)=\sum\limits_{k=1}^{K}J(c_k)$；计算每个簇的平均值，并将其作为该簇新的中心。重复上述过程，直到聚类准则函数 $J(C)$ 收敛。

$$J(C)=\min\sum_{k=1}^{K}\sum_{i=1}^{N}\delta_i^k\times\|x_i-u_k\|^2 \tag{式 6.75}$$

其中，若 $x_i\in c_k$，则 $\delta_i^k=1$，否则 $\delta_i^k=0$。

(3)基于压力监测数据时间序列的供水管网漏损异常识别数学模型

待识别监测点 1 数据时间序列表示为 $X_1^0=\{x_1^0(m),m=1,\cdots,NM\}$，该点历史监测数据为 $X_1^t=\{x_1^t(m),t=1,\cdots,n_d;m=1,\cdots,NM\}$；其他压力监测点与监测点 1 同时段数据为 $X_p^0=\{x_p^0(m),m=1,\cdots,NM;p=1,\cdots,NP\}$。这里采用 2 组数据的距离大小来检测数据异常的方法，对于 2 组数据序列 X_1^0 和 $X_p^t(t=1,\cdots,n_d,p=1,\cdots,NP)$，2 组数据的距离可以表示为：

$$D(X_1^0,X_p^t)=\sqrt{2L\left(1-\frac{M(X_1^0,X_p^t)-L\mu(X_1^0)\mu(X_p^t)}{L\sigma(X_1^0)\sigma(X_p^t)}\right)} \tag{式 6.76}$$

式中：$D(X_1^0,X_p^t)$ 是数据序列 X_1^0 和 X_p^t 的点积，$M(X_1^0,X_p^t)=\sum\limits_{i=1}^{L}x_1^{0i}\times x_p^{ti}$，$L$ 为数据序列 X_1^0 和 X_p^t 的长度；$\mu(X_1^0)$ 和 $\sigma(X_1^0)$ 分别为待识别数据序列 X_1^0 的平均值和标准差；$\mu(X_p^t)$ 和 $\sigma(X_p^t)$ 分别为对比数据序列 X_p^t 的平均值和标准差。

如果数据序列 X_1^0 和 X_p^t 的各个数据保持不变，则 $D(X_1^0,X_p^t)$ 保持基本不变；如果其中个别数据发生了较大的变化，则会引起 $D(X_1^0,X_p^t)$ 的变化，即监测数据中发生异常变化，管网漏损异常。当 $p=1$ 时，采用数据为监测点自身的数据序列；当 $t=0$ 时，采用数据为监测点之间的数据序列。

(4)应用案例

永康市派溪吕村由象珠水厂供水，水源为三渡溪水库，供水范围为唐先镇、象珠镇以及花街镇双舟线沿线村，供水规模为 2.5 万 m^3/d，供水管网长 6.0km，总体上，树状管网内部含有环状结构，管径为 DN60 ~ DN160。选用 EPANET 示例管网模型 Net3 进行案例研究，管网拓扑结构如图 6.18 所示，包含 92 个节点、117 条管道、3 个水箱和 2 个恒定水头水源。模拟参数设置为：总模拟时长为 24h，水力时间步长为 10min，水质时间步长为5min，模式时间步长为 10min。传感器布置如图 6.18 所示，传感器的编号分别为 169、204 和 275。

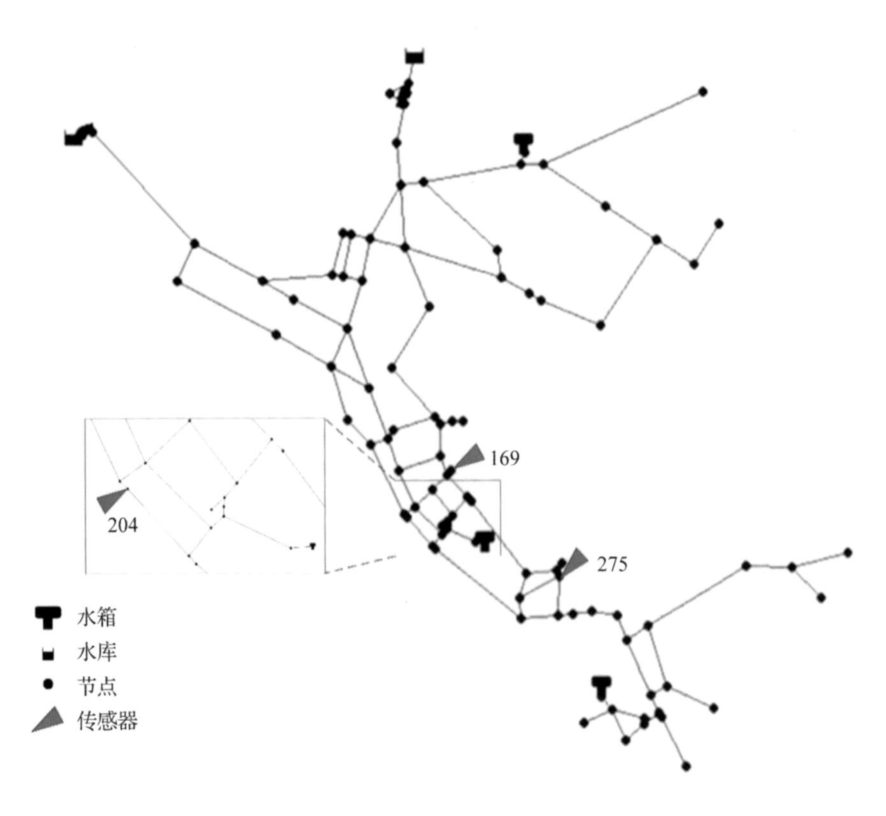

图 6.18　Net3 管网拓扑结构示意图

①异常事件检测的结果

图6.19 所示为发生异常事件后各个异常检测模块的报警情况。图6.19(a)为单点异常识别模块的识别结果,由于爆管导致管网各个节点的压力下降,因此,该模块检测到3 个传感器的异常监测值。图 6.19(b)显示发生爆管时开始的几个时刻,传感器自身序列均报警,但是在爆管发生一段时间后,传感器自身序列不再报警。显然,在爆管刚开始时由于节点压力下降导致时间序列形状发生变化,从而发生报警。然而,在发生爆管一段时间后,尽管节点压力继续下降,但形状与之前的类似,从而不再继续报警。图 6.19(c)所示为传感器之间序列的报警情况,2 表示两个时间序列出现异常。对于传感器之间的报警情况,管网发生爆管后,各个传感器的数据均出现下降,从而传感器自身序列不报警。图 6.19(d)为定性模块异常识别的结果,管网在发生爆管后,导致压力均下降,从而定性模块大部分出现“-1”的情况。

图6.20 为单个传感器发生故障(传感器 1)时各个模块的异常检测的情况。如图 6.20(a)所示,由传感器发生故障而导致的监测数据异常与实际的数据较为接近,从而大部分时刻的单点异常识别模块没有检测到异常。如图 6.20(b)所示,传感器自身序列均出现报警情况,显然,异常监测数据的出现导致监测数据时间序列的形状发生了变化,从而出现连续报警的情况。而对于传感器与传感器之间的报警情况,如图6.20(c)所示,传感器 1 与 2 的时间序列均出现报警情况,而传感器 2 和 3 之间的

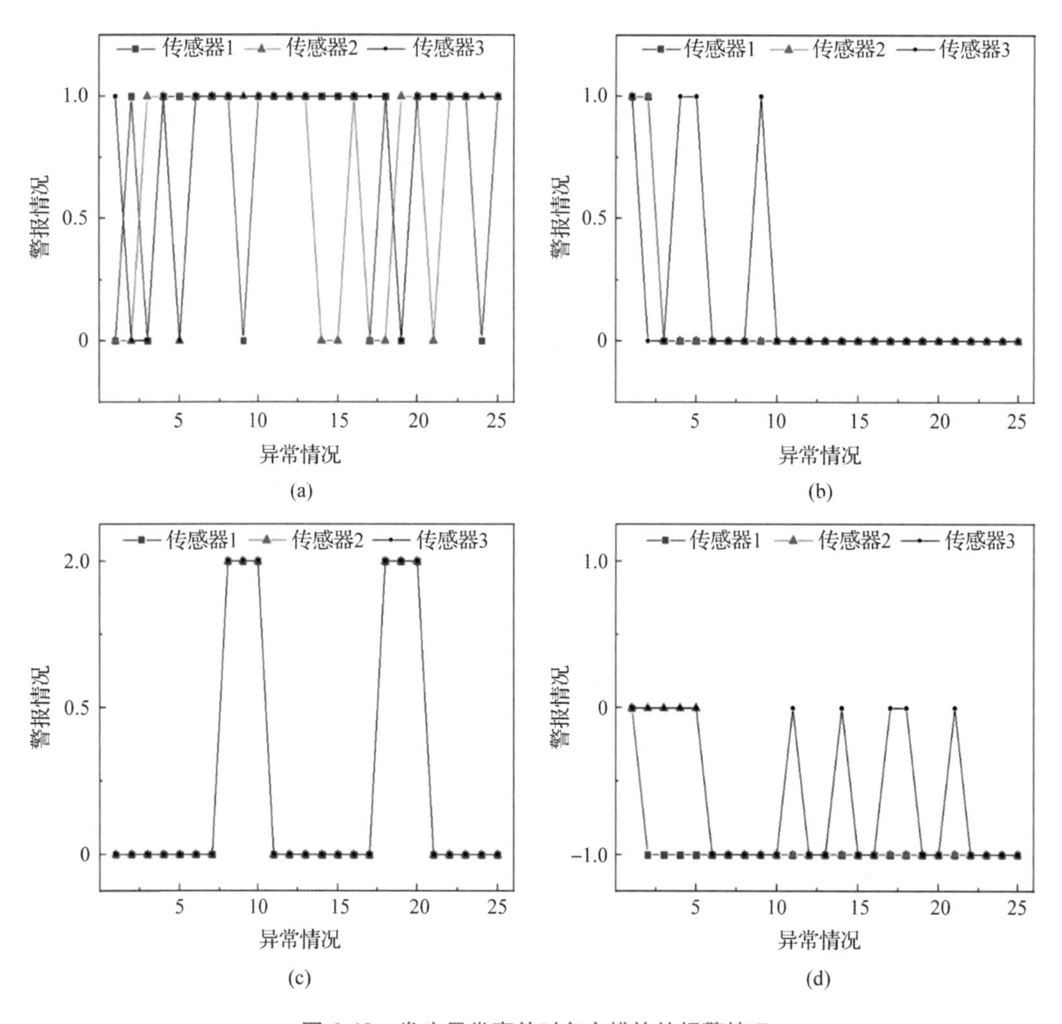

图 6.19　发生异常事件时各个模块的报警情况

序列均不报警。对于定性模块,检测到了传感器 1 监测数据中的异常并报警(1 和 -1),而传感器 2 和 3 的监测数据没有异常。因此,当单个传感器发生故障而导致监测数据出现异常时,根据 4 个检测模块的报警结果,能够准确对其进行判断(出现故障的传感器报警,其余的传感器不报警)。

图 6.21 所示为 2 个传感器发生故障(传感器 1 和 2)时的报警情况。如图 6.21(a)所示,单点异常识别模块中传感器 1 和 2 的监测数据均出现报警情况,而传感器 3 的监测数据没有报警。如图 6.21(b)所示,传感器 1 和 2 自身时间序列均出现大量的报警情况,而传感器 3 的自身序列无报警情况发生。如图 6.21(c)所示,传感器与传感器之间的序列均出现报警情况。如图 6.21(d)所示,传感器 1 和 2 的监测数据均出现报警情况,而传感器 3 无报警情况发生。显然,当部分(2 个)传感器同时发生故障时,发生故障传感器的监测数据中的异常能够被各个异常检测模块检测到,同时也会是发生故障的传感器与正常的传感器之间的时间列发生变化。

图 6.22 给出了 9 种异常情况的检测正确率(σ_1)、异常识别率(σ_2)和异常检测

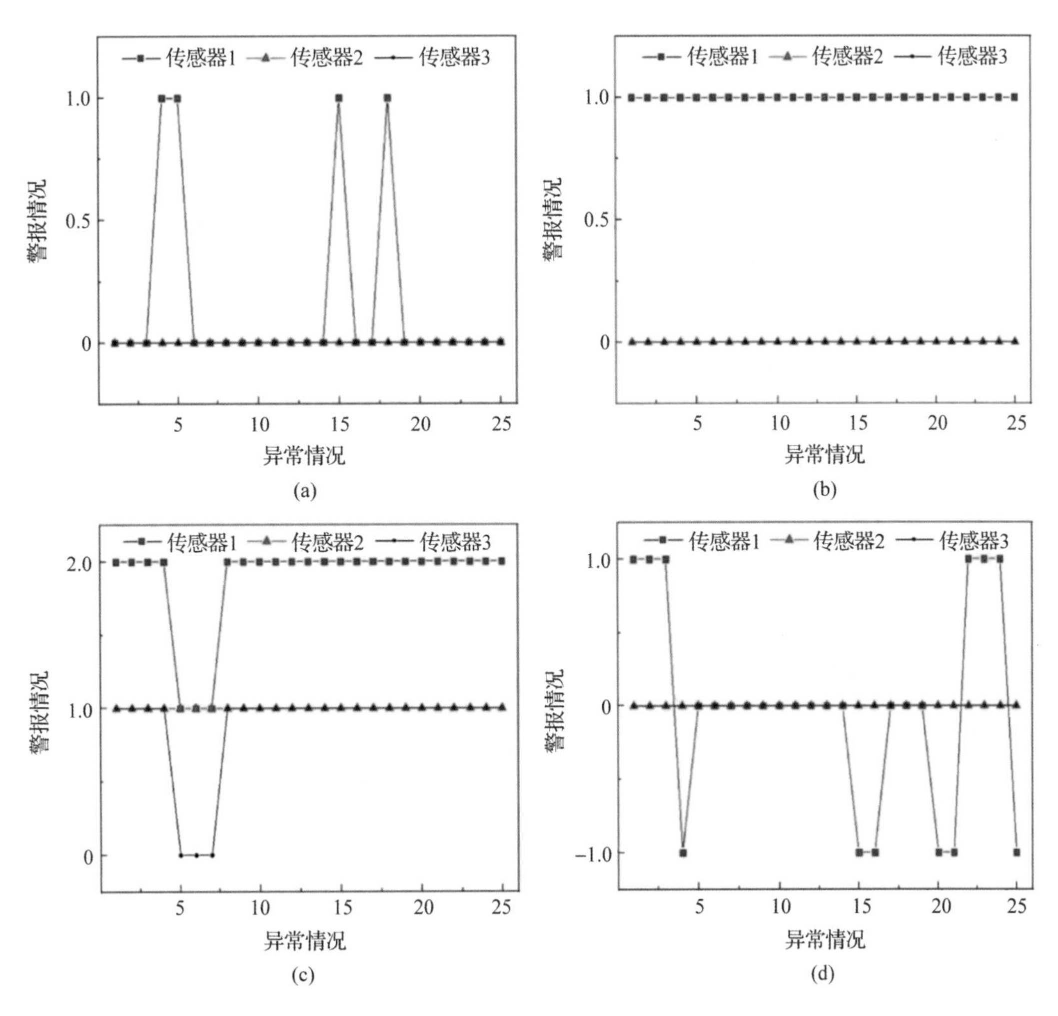

图 6.20　单个传感器发生故障时的报警情况

率(σ_3)的结果示意图。在对各种异常情况进行检测时,没有出现错误报警的情况,即发出报警的所有情形均为实际发生的异常。9 种异常情况的 σ_1 均在 95% 以上,所提出的方法能够有效检测到监测数据发生异常的情况。模型研究情景中,绝大多数情景的 σ_2 均在 2% 左右。这说明所提出的方法不仅能够准确检测到监测数据中的异常,同时还能够对各种异常情况进行有效区分。

②各异常事件检测模块的作用

为了对各个模块进行比较,考虑了 4 种组合情况,即去掉单点识别模块、去掉自身序列模块、去掉监测点之间的模块和去掉统计模块。得到各种异常情况检测和识别结果,如图 6.23 所示,分析如下。

如图 6.23(a)所示,去掉单点异常识别模块后的影响不大,即单点异常识别模块对传感器发生故障的情况影响不大,但是对于爆管的影响较大,主要体现在正确率和持续时间上。去掉单点异常识别模块后,会导致一些误报以及漏报的情况,导致正确率出现下降。影响最大的体现在检测持续时间上,由于去掉了单点异常识别模块,多

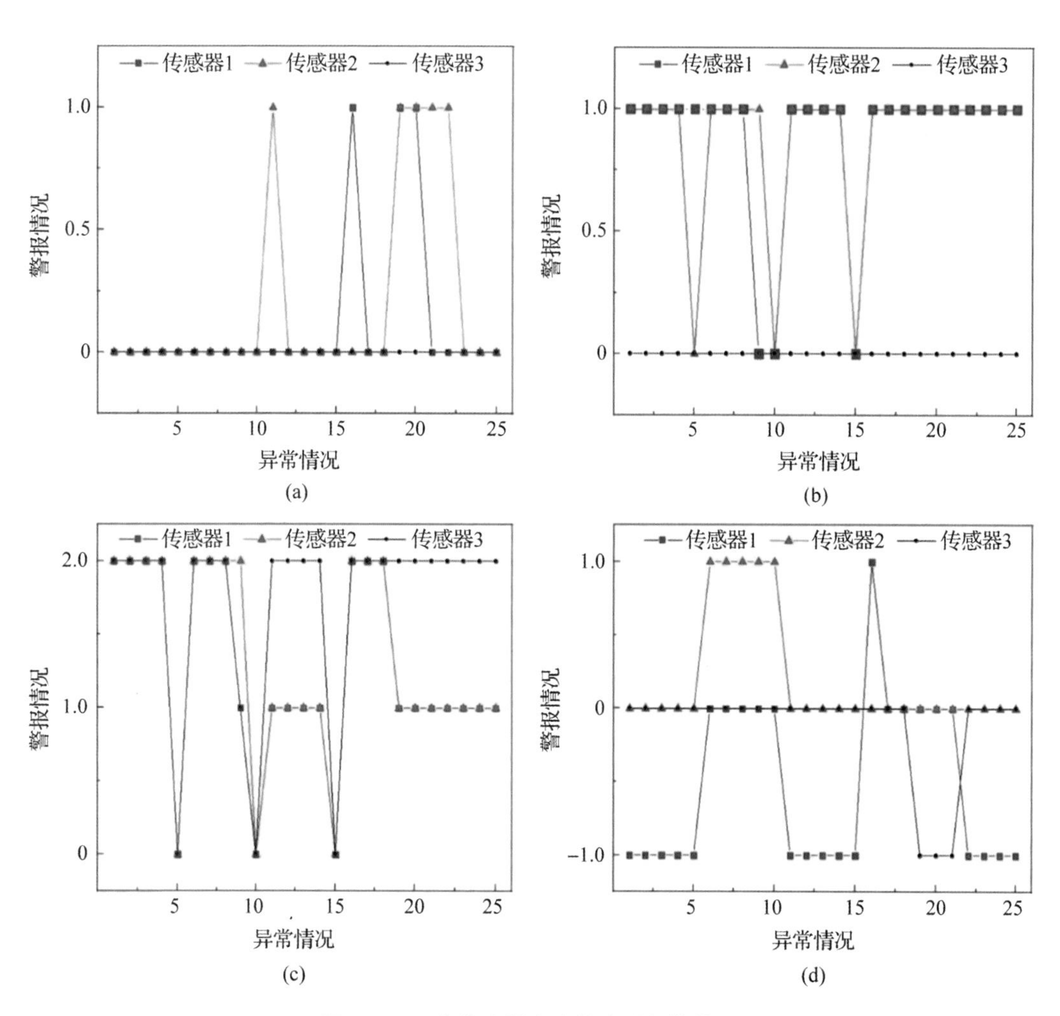

图 6.21　2 个传感器发生故障时报警情况

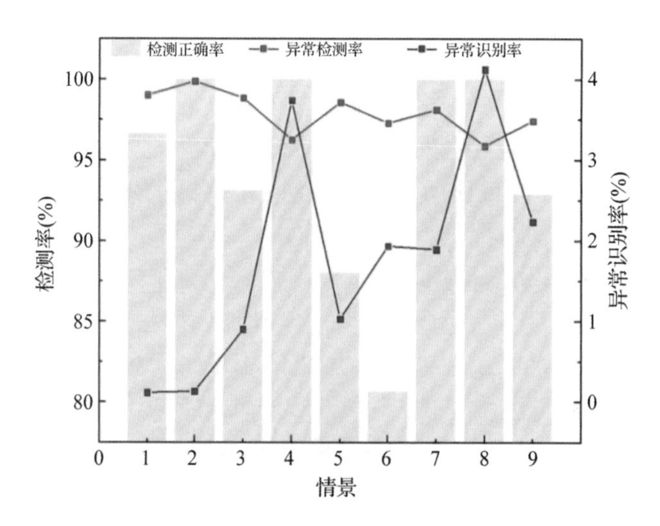

图 6.22　各种异常情景的异常检测率、检测正确率和异常识别率

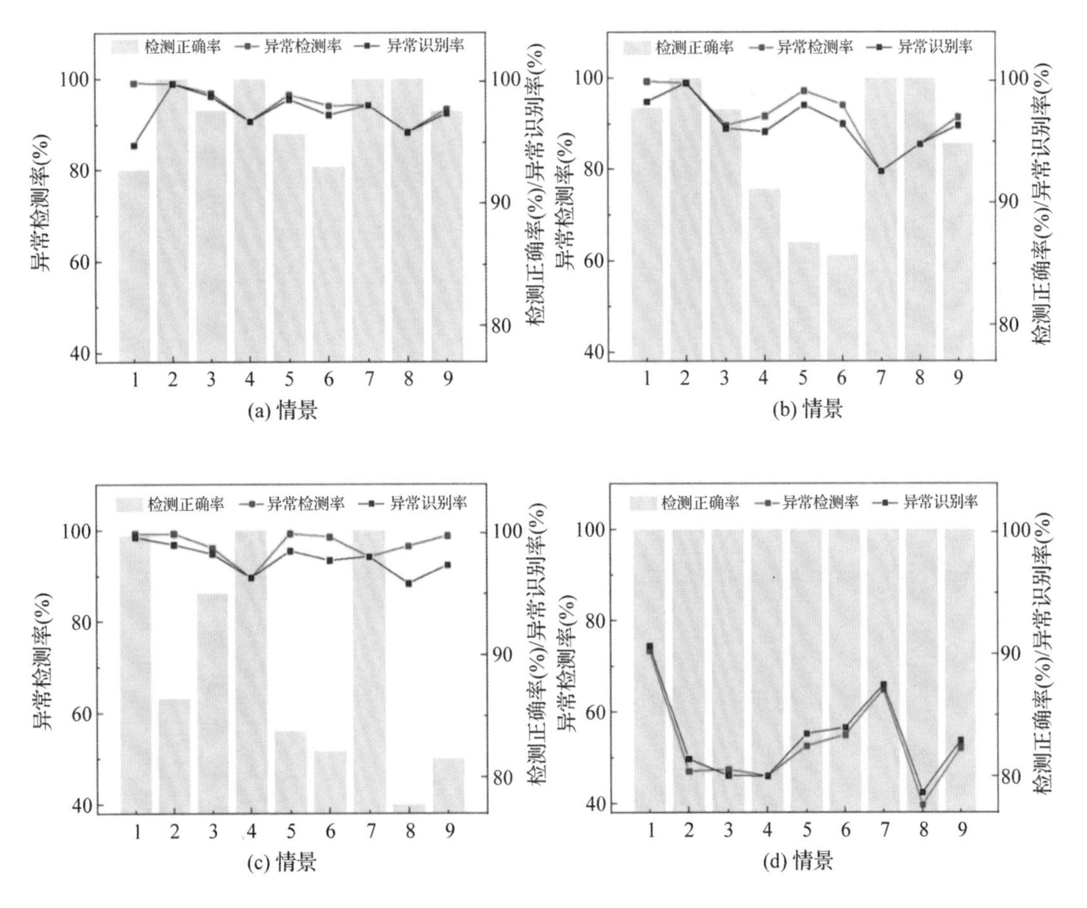

图 6.23 去掉各个模块后的检测结果

个时刻的爆管没有被检出。主要体现在发生爆管的一段时间后。由于去掉了单点异常识别模块,很多异常不会被检测出来。

如图 6.23(b)所示,去掉自身序列后,一方面,异常持续时间检测出现下降,另一方面,对爆管和各种异常情况的识别率也出现下降。因为传感器监测数据出现异常后会使其自身的时间序列形状发生变化。一些监测数据出现异常时,由于监测值大小的变化不大,从而不能被其他模块检测出来,导致异常持续时间检测出现下降。另外,各个传感器自身序列报警情况的缺失也使得其对各种异常事件的识别率出现下降。

如图 6.23(c)所示,去掉监测点之间的检测结果后主要是异常持续时间检测出现下降。这说明许多时刻的异常监测值主要是通过传感器之间时间序列的相异性检测得到。在传感器监测值变化较小时,通过其他模块可能很难对其进行检测。但是各种异常监测值的出现,会导致传感器之间的时间序列发生变化。

如图 6.23(d)所示,去掉统计模块识别结果后会导致异常检测的准确率出现下降。在正常的工况下,天气或者节假日等导致需水模式发生波动,从而导致管网各个传感器的监测数据发生变化,而这些变化可以被传感器自身序列和传感器之间的序列检测到。用水量的正常波动也被其他模块识别为异常时间并报警,统计模块的作用可以有效排除这些误报的发生。

6.3.3 灌区灌溉水有效利用系数统计与评价模型

6.3.3.1 统计模型

根据《全国灌溉水有效利用系数测算分析技术指导细则》，采用“首尾测算分析法”，即直接用灌入田间可被作物吸收利用的水量（净灌溉用水量）与灌区从水源取用的灌溉总水量（毛灌溉用水量）的比值来计算灌区灌溉水有效利用系数，计算公式如下：

$$\eta = \frac{W_{净}}{W_{毛}} \quad \text{（式 6.77）}$$

式中，η 为灌区灌溉水有效利用系数；$W_{净}$ 为灌区净灌溉用水总量；$W_{毛}$ 为灌区毛灌溉用水总量。为能够反映灌区灌溉水利用的整体情况，其分析计算时段一般采用日历年（每年 1 月 1 日至 12 月 31 日止）。

灌区毛灌溉用水总量采用实测法获得；灌区净灌溉用水量采用典型田块确定，具体有两种方法：一是直接量测法；二是观测分析法。其数学模型为：

$$W_{毛} = \sum_{i=1}^{NI} W_{毛i} \quad \text{（式 6.78）}$$

式中，$W_{毛}$ 为灌区年毛灌溉用水总量；$W_{毛i}$为灌区第 i 个水源取水量；NI 为灌区水源数量。

$$W_{净} = \sum_{j=1}^{NJ} w_j \times A_j \quad \text{（式 6.79）}$$

式中，$W_{净}$ 为灌区年净灌溉用水总量；w_j 为灌区 j 种作物亩均净灌溉用水量；A_j 为灌区第 j 种作物的灌溉面积；NJ 为灌区作物种类。

$$w_j = \frac{1}{NK} \sum_{k=1}^{NK} w_{田净j}^{k} \quad \text{（式 6.80）}$$

式中，w_j 为灌区第 j 种作物的亩均净灌溉用水量；NK 为灌区第 j 种作物典型田块数量；$w_{田净j}^{k}$为灌区第 j 种作物第 k 典型田块亩均净灌溉定额。

6.3.3.2 评价模型

目前，国家没有灌区灌溉水有效利用系数考核评价指标，这里选用《节水灌溉技术标准》的要求，对灌溉水有效利用系数进行评价，其评价模型为：

$$\eta_i \geqslant \eta_0 \quad \text{（式 6.81）}$$

式中，η_i 为第 i 灌区灌溉水有效利用系数；η_i^0 为第 i 灌区灌溉水有效利用系数控制目标。

6.3.3.3 应用案例

（1）灌区概况

赋石水库灌区位于安吉县的西北部，西苕溪北岸。灌区南北长 46km，东西宽3 ~ 25km，土地面积 428.3km^2（64.25 万亩），其中，耕地面积 13.49 万亩。灌区范围内的主要河流包括西溪、西港、西亩溪、里溪、定胜河、浑泥港等。灌区地处亚热带季风气候，光照充足，气候温和，雨量充沛，四季分明，灌区内年平均气温在 12.2 ~ 15.6℃，多年平均降雨量为1430.7mm。灌区的受益范围涉及3个乡镇、2个街道、1个林场、47个行政村，灌区受益人口有13.71万人。灌区内乡镇企业较为发达，其是安吉县竹制品生产基地，也是安吉县商品粮的生产基地和国家农业综合开发项目区，主要种植单季稻、苗木和蔬菜等作物。近年来，灌区农业种植结构不断调整，灌区经济不断发展。

灌区现有大型(二)水库1座(赋石水库)，总库容2.18亿 m^3；中型水库1座(天子岗水库)，总库容1801万 m^3；小型(一)水库1座(石冲水库)，总库容217万 m^3；小型(二)水库16座，总库容286万 m^3；容积10万 m^3 以下的山塘1385座，总容积654万 m^3。

灌区渠道工程自1976年底动工兴建，先后历经17年，至1993年10月竣工，1994年全线通水受益。灌溉渠道量多面广。其中，主干渠—赋石干渠全长43.2km，引水流量18m^3/s。赋石干渠共有55条支渠，总长度122.2km，广泛分布于赋石水库灌区各田块、村庄内。灌区内主要的渠系建筑物包括水闸26座(其中，渠首引水闸1座、渠首冲砂闸1座、退水闸12座、节制闸11座、分水闸1座)、渠涵30处(总长2025m)、渡槽16座(总长3534m)、隧洞12座(总长3289m)、倒虹吸2处(总长53m)。其他还有渠底排水涵洞26处，分水闸55处，农桥110座。

为全面计量灌区用水量的情况，截至2021年底，赋石水库灌区结合国控二期计量、农业水价计量、系数测算等项目共计安装在线计量设施40处。其中，干渠监测点6处，支渠分水口监测点24处，灌区内部其他监测点10处。

(2)灌溉水有效利用系数的统计测算

2022年，基于赋石水库灌区及典型田块选择原则和系数测算工作具有连续性及代表性的考虑，结合实际的调研情况，赋石水库灌区保留4个单季稻田块、1个苗木田块和1个蔬菜田块，并布设2个调查田块，种植作物为草莓和西瓜，不断提高了典型田块的代表性。同时，在延续4个渠首计量点的基础上，布设了1个渠首调查点，进一步拓展了测点样本。

灌区农田灌溉水有效利用系数首尾法的测算流程如图6.24所示，灌区作物种植各项数据统计遵循“内业资料与外业调查结合”、“点上调查与面上分析结合”、“由下往上与上下联动”等原则。

根据观测与分析计算作物年亩均净灌溉用水量，进而计算灌区年净灌溉用水量为1768.55万 m^3，测算过程与结果见表6.30。在灌区毛灌溉用水量测算的过程中，除考虑区域内其他水源的影响之外，还需综合考虑灌区渠系的输水效率。受渠道衬砌等工程状况的影响，灌区渠道系统不同渠段的渠道输水效率不同。参照《灌溉水利用效率的理论、方法与应用》，确定赋石水库灌区计量点的渠道输水效率，如表6.31所示。综合支渠测算的亩均用水量及各支渠测点渠道输水效率，推算得到上游、中游、下游支渠测点综合亩均用水量。综合考虑不同片区次要水源分布的情况不同，因此，不同片区的综合情况可以作为灌区灌溉用水情况的综合反映。通过上、中、下游亩均灌溉用水量取平均值，得到灌区综合亩均毛灌溉用水量为368.21m^3/亩，计算过程见表6.32，赋石水库灌区毛灌溉用水量为2872.80万 m^3。

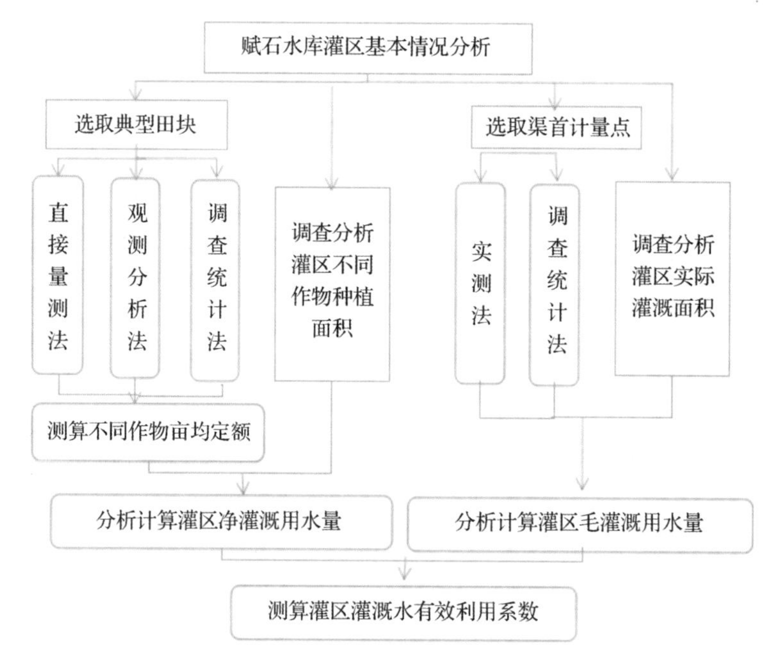

图 6.24　灌区农田灌溉水有效利用系数测算流程图

表 6.30　赋石水库灌区净灌溉用水量测算结果表

<table>
<tr><th rowspan="2">样点灌区片区</th><th rowspan="2">作物名称</th><th rowspan="2">典型田块名称</th><th colspan="4">某片某种作物</th><th rowspan="2">上下游片区年净灌溉用水量（万 m³）</th><th rowspan="2">净灌溉用水量（万 m³）</th></tr>
<tr><th>年亩均净灌溉用水量（m³/亩）</th><th>播种面积（万亩）</th><th>实灌面积（万亩）</th><th>年净灌溉用水量（万 m³）</th></tr>
<tr><td>上游</td><td>单季稻</td><td>竹根前村田块</td><td>272</td><td>2.93</td><td>2.93</td><td>798.21</td><td rowspan="6">919.62</td><td rowspan="14">1768.55</td></tr>
<tr><td>上游</td><td>蔬菜</td><td>笔架山田块 1 号</td><td>79</td><td>0.24</td><td>0.24</td><td>19.17</td></tr>
<tr><td>上游</td><td>苗木</td><td>笔架山田块 2 号</td><td>70</td><td>0.85</td><td>0.85</td><td>59.47</td></tr>
<tr><td>上游</td><td>油菜</td><td>—</td><td>31</td><td>0.16</td><td>0.16</td><td>5.02</td></tr>
<tr><td>上游</td><td>茶叶</td><td>—</td><td>55</td><td>0.47</td><td>0.47</td><td>25.74</td></tr>
<tr><td>上游</td><td>其他</td><td>—</td><td>66</td><td>0.18</td><td>0.18</td><td>12.01</td></tr>
<tr><td>下游</td><td>单季稻</td><td>良朋村田块 1</td><td>272</td><td rowspan="3">2.71</td><td rowspan="3">2.71</td><td rowspan="3">736.85</td><td rowspan="8">848.93</td></tr>
<tr><td>下游</td><td>单季稻</td><td>良朋村田块 2</td><td>272</td></tr>
<tr><td>下游</td><td>单季稻</td><td>良朋村田块 3</td><td>272</td></tr>
<tr><td>下游</td><td>蔬菜</td><td>—</td><td>79</td><td>0.22</td><td>0.22</td><td>17.70</td></tr>
<tr><td>下游</td><td>苗木</td><td>—</td><td>70</td><td>0.78</td><td>0.78</td><td>54.90</td></tr>
<tr><td>下游</td><td>油菜</td><td>—</td><td>31</td><td>0.15</td><td>0.15</td><td>4.63</td></tr>
<tr><td>下游</td><td>茶叶</td><td>—</td><td>55</td><td>0.43</td><td>0.43</td><td>23.76</td></tr>
<tr><td>下游</td><td>其他</td><td>—</td><td>66</td><td>0.17</td><td>0.17</td><td>11.09</td></tr>
</table>

表 6.31　赋石水库灌区各计量点输水效率的计算

桩位	计量点	长度(km)	损失系数	渠道输水系数
0+000	干渠	—	—	1
5+930	茶家坞	5.93	0.0133	0.987
20+680	枫树塘	20.68	0.0462	0.954
21+225	童子坑	21.225	0.0475	0.953
40+175	摩天支渠	40.175	0.0898	0.910

表 6.32　赋石水库灌区毛灌溉用水量确定过程

测算项目	综合灌溉用水量				主要水源	次要水源
计量点	茶家坞	枫树塘	童子坑	摩天支渠	干渠	山塘、小水库
亩均毛灌溉用水(m^3/亩)	79.16	334.65	251.75	707.70	85.96	—
渠道输水系数	0.987	0.954	0.953	0.910	1	—
渠首亩均毛灌溉水量(m^3/亩)	80.21	350.79	264.16	777.70	85.96	—
综合亩均用水量(m^3/亩)	368.21				85.96	282.25
毛灌溉用水量(万 m^3)	2872.80				670.68	2202.12
灌溉用水量占比(%)	100				23	77

根据测算分析得到的灌区净灌溉水量除以灌区毛灌溉水量，测算得到2022年赋石水库灌区灌溉水有效利用系数为0.6156。

6.4　面向系统的场景化数学模型研究

6.4.1　区域用水总量统计与预测预警模型

6.4.1.1　统计模型

根据《用水总量统计技术方案》，区域用水总量的统计模型如下：

$$W_{区域}^{NT} = \sum_{t=1}^{NT} \left[w_{arg}(t) + w_{ind}(t) + w_{lif}(t) + w_{evi}(t) \right] \qquad (式6.82)$$

式中：$W_{区域}^{NT}$为截至NT时段的区域用水总量；NT为统计时的时段数；$w_{arg}(t)$、$w_{ind}(t)$、$w_{lif}(t)$、$w_{evi}(t)$分别为第t时段区域农业、工业、生活和生态环境补水的用水量；

其具体的计算模型如下：

$$w_{\text{arg}}(t)=w_{\text{arg}}^{1}(t)+w_{\text{arg}}^{2}(t)+w_{\text{arg}}^{3}(t)+w_{\text{arg}}^{4}(t)+w_{\text{arg}}^{5}(t)+w_{\text{arg}}^{6}(t) \quad (式 6.83)$$

$$w_{ind}(t)=w_{ind}^{1}(t)+w_{ind}^{2}(t)+w_{ind}^{3}(t) \quad (式 6.84)$$

$$w_{lif}(t)=w_{lif}^{1}(t)+w_{lif}^{2}(t)+w_{lif}^{3}(t)+w_{lif}^{4}(t) \quad (式 6.85)$$

$$w_{evi}(t)=w_{evi}^{1}(t)+w_{evi}^{2}(t) \quad (式 6.86)$$

式中，$w_{\text{arg}}^{1}(t)$、$w_{\text{arg}}^{2}(t)$、$w_{\text{arg}}^{3}(t)$、$w_{\text{arg}}^{4}(t)$、$w_{\text{arg}}^{5}(t)$、$w_{\text{arg}}^{6}(t)$分别为第 t 时段区域耕地灌溉、林地灌溉、园地灌溉、牧草地灌溉、鱼塘补水、禽畜用水的用水量；$w_{ind}^{1}(t)$、$w_{ind}^{2}(t)$、$w_{ind}^{3}(t)$分别为第 t 时段区域电力直流冷却、电力非直流冷却和非电力工业的用水量；$w_{lif}^{1}(t)$、$w_{lif}^{2}(t)$、$w_{lif}^{3}(t)$、$w_{lif}^{4}(t)$分别为第 t 时段区域城镇居民生活、农村居民生活、建筑业和服务业的用水量；$w_{evi}^{1}(t)$、$w_{evi}^{2}(t)$分别为第 t 时段区域城乡环境与河湖补水的用水量。

各时段用水量数据的核算说明如下。

①农业用水量：按照大中型灌区取用水全部调查、小型灌区典型调查获得，鱼塘补水及畜禽用水通过定额推算或典型的调查方法获得。

②工业用水量：根据重点工业企业取用水量全部调查、非重点工业企业典型调查方法获得。

③生活用水量：根据重点公共供水企业和点服务业单位取用水量全部调查、非重点公共供水企业和服务业单位典型调查方法获得；建筑业用水及农村居民分散用水采用定额法核算。

④城乡环境与河湖补水用水量：城乡环境用水量采用典型的调查法或定额法核算，河湖补水量采用全面调查方法核算。

6.4.1.2　预测模型

区域用水总量预测模型可以选用自回归模型、指数平滑模型、支持向量机模型和长短期记忆网络模型。这四个模型在 6.2.1.2 中已经有详细介绍，这里不再赘述。

6.4.1.3　预警模型

区域用水总量预警总体上分为两类：一是按照最严格水资源管制制度考核指标规定，区域用水总量超用水总量指标预警；二是基于水量分配方案的超区域取用水权量预警。其数学模型表达式如下。

超用水总量指标预警模型：

$$\begin{cases} W_{\text{区域}}^{NTT} \leqslant 0.95W_{\text{区域}}^{*} & \text{不预警} \\ W_{\text{区域}}^{NTT} > 0.95W_{\text{区域}}^{*} & \text{开始预警} \end{cases} \quad (式 6.87)$$

式中，$W_{\text{区域}}^{NTT}$为区域用水总量；NTT 为全年统计总数；$W_{\text{区域}}^{*}$为区域用水总量控制指标。

超区域取用水权量预警模型：

$$\begin{cases} W_{区域}^{NTT} \leq 0.95 \times W_{区域}^{0} & 不预警 \\ W_{区域}^{NTT} > 0.95 \times W_{区域}^{0} & 开始预警 \end{cases} \qquad (式 6.88)$$

式中，$W_{区域}^{0}$ 为区域取用水权量控制指标；其他指标的意义同前。

6.4.1.4　应用案例

(1)统计模型应用

根据义乌市2020—2022年重点用水户用水量统计成果表(表6.33)、非重点用水户用水效率调查统计表(表6.34、表6.35)、主要社会经济指标统计表(表6.36)和其他相关参数，统计义乌市2020—2022年用水总量，结果见表6.37。

表6.33　义乌市2020—2023年分季度分行业重点用水户用水量成果表

年份	季度	重点用水户用水量(万 m³)			
		灌区	公共供水	工业	合计
2020	1季度	129.1	3063	241.8	3568.5
	2季度	160.9	4179	395.7	4917.9
	3季度	447.9	4995	335	5996.6
	4季度	84.6	4564	631.8	5482.9
2021	1季度	44.9	4027	318.4	4563.4
	2季度	181.2	4896	491.4	5758.2
	3季度	447.7	5789	478.4	6963.5
	4季度	106.1	4347	445.6	5225.2
2022	1季度	0.0	4251	314	4741.8
	2季度	412.7	5110	431.5	6283.3
	3季度	397.3	6011	468.6	7111.3
	4季度	100.1	4425	365.8	5150.0
备注		2个中型灌区	5个公共供水企业	23个取水量5万t/a的工业企业	

表6.34　义乌市非重点用水户2020—2022年用水效率调查统计表

年份	非重点行业用水效率			
	建筑业用水(m³/m²)	环卫清洁用水(m³/m²)	小型灌区亩均用水(m³/亩)	生猪养殖用水[L/(d·头)]
2020	0.20	0.04	485	—
2021	0.13	0.04	217～229	8.05
2022	0.27	0.03	245～255	7.45

表 6.35　义乌市工业非重点用水户 2020—2022 年用水效率调查统计表

单位名称	取水量(m^3)		
	2020	2021	2022
浙江万羽针织有限公司	381732	—	452787
义乌市丹溪酒业有限公司	5406	5429	7135
浙江红辣椒袜业有限公司	10032	—	—
义乌市绿宝石饰品有限公司	11500	11573	2792
浙江芊叶服饰有限公司	35476	91701	88498
义乌市远固商品混凝土有限公司	34329	48000	35284
浙江大通轻纺有限公司	9700	12710	—
义乌市天歌制衣有限公司	1436	3613	462
浙江伟达实业投资有限公司	108	335	321
浙江锦大食品有限公司	44571	42392	36129
义乌市利达针织有限公司	48613	56592	65566
浙江芬雪琳针织服饰有限公司	163304	—	—
义乌市名城新型墙体材料有限公司	7919	—	—
义乌市金歌钮扣厂	12410	8718	6832
义乌市超强水泥制品厂	18345	1076	4130
义乌市西张沙子加工厂	9817	12655	17652
义乌市俊华砂石加工厂	1877	—	—
义乌市鑫荣沙场	9889	14500	—
义乌市大利线带厂	—	136410	41104
义乌市楼初八沙场	—	11047	7471
义乌市海杭彩印有限公司	—	/	2156

注:“—”表示企业未生产或已转产。

表 6.36　义乌市 2020—2022 年主要社会经济指标统计表

年份	人口(万人)	GDP(亿元)	工业增加值(亿元)	耕地有效灌溉面积(万亩)
2020	185.94	1485.6	422.03	25.97
2021	188.51	1730.16	502.84	25.97
2022	188.80	1835.54	561.24	25.23

表 6.37　义乌市 2020—2022 年用水总量计算成果

年份	农业用水量（万 m^3）	工业用水量（万 m^3）	生活用水量（万 m^3）	总用水量（万 m^3）
2020	6215	5945	12386	27693
2021	6322	7118	13156	27916
2022	6796	6705	13630	28725

(2)预测模型应用

统计义乌市 2020—2023 年上半年逐季度用水总量、工业用水量，结果见表 6.38。

表 6.38　义乌市 2020—2023 年上半年逐季度用水总量、工业用水量成果

序号	年份	季度	用水总量（万 m^3）	工业用水量（万 m^3）
1	2020	1 季度	4950	1063
2	2020	2 季度	6821	1465
3	2020	3 季度	8317	1786
4	2020	4 季度	7605	1633
5	2021	1 季度	5659	1443
6	2021	2 季度	7141	1821
7	2021	3 季度	8635	2202
8	2021	4 季度	6480	1652
9	2022	1 季度	5849	1365
10	2022	2 季度	7751	1809
11	2022	3 季度	8772	2048
12	2022	4 季度	6353	1483
13	2023	1 季度	6193	1445
14	2023	2 季度	8130	1898

根据表 6.38 数据，分别采用 BP 人工神经网络模型、指数平滑模型、长短期记忆网络模型，预测义乌市 2023 年全年用水总量，结果见表 6.39。

表 6.39　义乌市 2023 年用水总量预测成果

季度	用水总量(万 m^3)			工业用水量(万 m^3)		
1 季度	6193			1445		
2 季度	8130			1898		
预测方法	BP 模型	指数平滑模型	长短期记忆网络模型	BP 模型	指数平滑模型	长短期记忆网络模型
3 季度	6238	8772	7286	1963	2214	1817
4 季度	5384	6353	6472	1709	1733	1486
合计	25945	29448	28081	7015	7290	6646

(3)预警模型应用

根据《水利部 国家发展改革委关于印发“十四五”用水总量和强度双控目标的通知》(水节约〔2022〕113 号)文件,义乌市用水总量控制目标为3.1216亿 m^3(其中非常规水源利用量为 0.2 亿 m^3)。

从 2020 年到 2023 年,义乌市用水总量净增加量为(−1748~1755)万 m^3。按此增长速度,到“十四五”时期末,义乌市用水总量不会超过 3.1216 亿 m^3,因此不必预警。

6.4.2　区域用水效率统计与预测预警模型

6.4.2.1　统计模型

区域用水效率选择两个指标,即万元 GDP 用水量、万元工业增加值用水量。按照统计时段的长度,其统计模型可以分为时段用水效率指标(以下简称时段指标)和截至当前时段的汇总指标(以下简称汇总指标)。其数学模型为:

$$R_{GDP}^{NT} = W_{区域}^{NT}/E_{区域}^{NT} = \sum_{t=1}^{NT}[w_{\arg}(t) + w_{ind}(t) + w_{lif}(t) + w_{evi}(t)]/\sum_{t=1}^{NT}E_{区域}(t) \quad (式 6.89)$$

$$R_{区域}(t) = [w_{\arg}(t) + w_{ind}(t) + w_{lif}(t) + w_{evi}(t)]/E_{区域}(t) \quad (式 6.90)$$

$$R_{ind}^{NT} = W_{ind}^{NT}/E_{ind}^{NT} = \sum_{t=1}^{NT}[w_{ind}(t)]/\sum_{t=1}^{NT}E_{ind}(t) \quad (式 6.91)$$

$$R_{ind}(t) = w_{ind}(t)/E_{ind}(t) \quad (式 6.92)$$

式中:R_{GDP}^{NT}为截至 NT 时段的万元 GDP 用水量,即汇总指标;$E_{区域}^{NT}$为截至 NT 时段的 GDP 累积数值;$E_{区域}(t)$为第 t 时段的 GDP 数值;$R_{区域}(t)$第 t 时段的万元 GDP 用水量,即时段指标;R_{ind}^{NT}为截至 NT 时段的万元工业增加值用水量,即汇总指标;W_{ind}^{NT}为截至 NT 时段的工业累积用水量;E_{ind}^{NT}为截至 NT 时段的工业增加值累积值;$E_{ind}(t)$第 t 时段的工业增加值;$R_{ind}(t)$第 t 时段的万元工业增加值用水量,即时段指标。

6.4.2.2　预测与预警模型

区域用水效率预测模型可以选用自回归模型、指数平滑模型、支持向量机模型和长短期记忆网络模型。由于区域层面社会经济统计数据的复杂性，月度、季度社会经济统计数据与其用水数据对应起来有很大的难度，进而可能导致区域用水效率计算结果失真，这四个模型在6.2.1.2中已经有详细的介绍，这里不再赘述。

区域用水效率预警是指按照最严格水资源管制制度考核指标的规定，区域用水效率指标（即万元GDP用水量、万元工业增加值用水量）超用水效率指标预警，其数学模型表达式如下。

万元GDP用水量指标预警模型：

$$\begin{cases} W_{区域}^{NTT} \leqslant 0.95 \times W_{区域}^{*} & 不预警 \\ W_{区域}^{NTT} > 0.95 \times W_{区域}^{*} & 开始预警 \end{cases} \tag{式6.93}$$

式中，$W_{区域}^{NTT}$为区域用水总量；NTT为全年统计总数；$W_{区域}^{*}$为区域用水总量控制指标。

万元工业增加值用水量指标预警模型：

$$\begin{cases} W_{区域}^{NTT} \leqslant 0.95 \times W_{区域}^{0} & 不预警 \\ W_{区域}^{NTT} > 0.95 \times W_{区域}^{0} & 开始预警 \end{cases} \tag{式6.94}$$

式中，$W_{区域}^{0}$为区域取用水权量控制指标；其他指标的意义同前。

6.4.2.3　应用案例

（1）统计模型应用

根据义乌市2020—2023年上半年逐季度用水总量、工业用水量和社会经济指标（利用规模以上工业和第三产业缩放），分析其用水效率指标（即万元GDP用水量、万元工业增加值用水量），结果见表6.40。

表6.40　义乌市2020—2023年上半年逐季度用水效率成果

年份	季度	用水总量（万 m^3）	工业用水量（万 m^3）	万元GDP用水量（m^3/万元）	万元工业增加值用水量（m^3/万元）
2020	1季度	4950	1063	15.75	15.74
	2季度	6821	1465	18.36	15.09
	3季度	8317	1786	21.66	15.11
	4季度	7605	1633	18.29	11.72
	全年	27693	5946	18.64	14.09
2021	1季度	5659	1443	14.69	14.35
	2季度	7141	1821	17.33	19.06
	3季度	8635	2202	19.29	15.64
	4季度	6480	1652	13.36	9.96
	全年	27915	7118	16.13	14.16

续表

年份	季度	用水总量（万 m^3）	工业用水量（万 m^3）	万元 GDP 用水量(m^3/万元)	万元工业增加值用水量(m^3/万元)
2022	1 季度	5849	1365	13.39	10.14
	2 季度	7751	1809	16.19	11.12
	3 季度	8772	2048	21.31	18.24
	4 季度	6353	1483	12.50	9.79
	全年	28725	6705	15.65	11.95
2023	1 季度	6193	1445	14.16	10.71
	2 季度	8130	1898	17.16	11.78

(2)预警模型应用

根据相关文件,义乌市用水效率控制指标为:万元 GDP 用水量下降率为 12.7%(与 2020 年相比),万元工业增加值用水量下降率为19.57%(与 2020 年相比)。按照义乌市"十四五"期间用水效率变化率年际一致考虑,则 2022 年义乌市实际用水效率变化率与目标值的比较结果见表 6.41。

表 6.41 义乌市 2022 年用水效率变化率与目标值对比

序号	实际值	目标值	备注
万元 GDP 用水量下降率(%)	16.04	5.08	以 2020 年数据为基准
万元工业增加值用水量下降率(%)	15.19	7.828	

从表 6.39 可以看出:截至 2022 年,义乌市万元 GDP 用水量下降率已经达到16.04%,已经完成"十四五"期间的全部任务;万元工业增加值用水量下降率为15.19%,已经接近"十四五"目标任务的 19.57%,预计到"十四五"期末,这两项指标可以全部达标。因此,不需要预警。

6.4.3 区域水资源承载能力评价与预警模型

6.4.3.1 评价模型

(1)评价模型一

根据《建立全国水资源承载能力监测预警机制技术大纲》(2016 年 3 月),区域水资源承载能力评价分为两个模型:一是区域水资源承载能力核算模型;二是区域负荷核算模型。其具体数学模型如下:

$$W_{区域}^{res} = \min[(W_{区域}^{sur} + W_{区域}^{gro}), W_{区域}^{*}] \quad (式6.95)$$

$$W_{区域}^{NTT} = \sum_{t=1}^{NTT} [w_{arg}(t) + w_{ind}(t) + w_{lif}(t) + w_{evi}(t)] \quad (式6.96)$$

式中，$W_{区域}^{res}$为区域水资源承载能力；$W_{区域}^{sur}$为区域地表水可供水量；$W_{区域}^{gro}$为区域地下水可开采量；$W_{区域}^{NTT}$为区域负荷总量，即用水总量；其他符号的意义同前。

(2)评价模型二

依据水资源承载力的内涵和原则，本研究利用层次分析法，建立水资源承载能力三级指标体系。一级指标1个，即水资源承载力综合指数；二级指标(专项指标)5个，即资源禀赋指数、水源工程能力指数、用水效率指数(节水指数)、河湖健康指数、水资源价值指数；三级指标(具体指标)17个。体系详见表6.42。

表6.42 水资源综合承载指数三级指标体系详表

序号	一级指标	二级指标		三级指标	
		名称	评价内容	具体指标	评价内容
1	水资源综合承载指数	资源禀赋指数	评价水资源禀赋情况	人均水资源量	人均拥有水资源量
2				单位面积水资源量(总耕地+城镇建成区)	单位面积(耕地、城镇建成区面积)拥有水资源量
3		水源工程能力指数	评价区域水资源保障工程能力，从水量和水质两个层面评价	优质水资源保障能力	优质水源保障能力
4				一般水资源保障能力	一般水源保障能力
5				县级以上集中式饮用水水源地安全保障达标率	大型集中水源安全保障程度
6				农村饮用水源水质达标率	农饮水安全保障程度
7		用水效率指数(节水指数)	评价用水(或节水)水平	城镇人均综合用水量	城镇居民人均综合用水水平
8				农业亩均毛灌溉用水量	农业用水水平
9				工业亩均用水量	工业用水水平
10				非常规水利用率	非常规水利用水平
11				工业用水重复利用率	工业企业内部用水水平
12		河湖健康指数	评价取用水后区域河湖健康状态	河湖水域面积变化率	河湖水域空间保护与管理水平
13				水资源开发利用率	水资源开发利用程度
14				水功能区水质达标率	水功能区水生态环境保护水平
15				重要断面生态流量达标率	敏感区域生态流量保障程度
16		水资源价值指数	评价区域用水价值转化效率	单位水资源经济产出	单方水经济产出能力
17				河湖水生态系统GEP	生态物质产品、调节服务、文化服务的价值

1)指标权重确定：采用主成分分析法确定二级指标权重。其中，水源工程能力指

数、用水效率指数和河湖健康指数权重为25%,资源禀赋指数为15%,水资源价值指数为10%。三级指标权重采用平均分配法,也可以根据区域特点和可操作性等因素进行微调。

2)指标承载阈值的确定方法:本研究采用三种方法确定指标承载阈值。其中,人均水资源量、优质水资源保障率、县级以上集中式饮用水水源地安全保障达标程度、水功能区达标率、水资源开发利用率和重要断面生态流量达标率等5项指标采用分档赋分法;农村饮用水源水质达标率、河湖水域面积变化率2项指标采用一票否决法;其他指标目前无公认成熟的参照标准,采用综合排序法,即按照区域年度排序赋分,设定第一名和最后一名的得分,其他名次内插赋分。

6.4.3.2 预警模型

(1)预警模型一

根据《建立全国水资源承载能力监测预警机制技术大纲》(2016年3月),水资源承载状态评价采用双指标评价法。当单个指标超载时评定为超载,当2个指标均不超载时评定为不超载,其他情况评定为临界超载。其具体的评价标准见表6.43。

表6.43 水资源承载状况分析评价标准

评价指标	度量标准	承载状况判别		
		超载	临界超载	不超载
用水总量	用水总量指标	$>W^{res}_{区域}$	$(0.9-1.0)W^{res}_{区域}$	$<0.9W^{res}_{区域}$
地下水开采量	地下水开采量指标	$>W^{gro}_{区域}$	$(0.9-1.0)W^{gro}_{区域}$	$<0.9W^{gro}_{区域}$

(2)预警模型二

利用综合赋分法,对一级指标、二级指标指数级别进行诊断,进行五级分档并赋分(即五色图),预警级别设置详见表6.44。

表6.44 水资源综合承载指数预警级别设置

预警等级	不超载(绿)	临界状态(蓝)	轻度超载(黄)	超载(橙)	严重超载(红)
指数区间	90~100	80~89	70~79	60~69	60以下

6.4.3.3 应用案例

(1)义乌市水资源承载状态分析

根据《义乌市水资源综合规划修编》(2017年9月),基于义乌市现状工况,其地表水可供水量为28222万m^3/a,地下水可开采总量为5144万m^3/a,其中与地表水资源重复计算量为1300万m^3。"十四五"末(2025年底)义乌市用水总量控制目标为31216万m^3。2022年义乌市取用水总量为28715万m^3,其中取用地下水资源量为0。则:

$$W^{res}_{区域}=\min[28222+5144-1300,31216]=31216\text{万 m}^3$$

2022 年用水总量指标:31216 万 m^3 > 28715 万 m^3 > $0.9W_{区域}^{res}$ = 28094.4 万 m^3,属于临界超载。

2022 年地下水开采量评价指标为 0,不超载。

因此,义乌市水资源系统总体上处于临界超载状态。

(2)金华市水资源综合承载指数分析

采用金华市各行业各部门 2019 年的数据成果[29],分析计算金华市各县(市、区)一级指标和二级指标的指数数值,见表 6.45。磐安县赋分相对最高,永康市和义乌市赋分相对较低。

表 6.45 金华市各县(市、区)水资源承载指数评价赋分结果

分层	指标	婺城	金东	兰溪	东阳	义乌	永康	浦江	武义	磐安
二级指标	资源禀赋指数	80	81	92	90	70	75	80	98	100
	水源工程能力指数	90	85	90	88	70	81	90	94	95
	用水效率指数	88	93	84	92	98	100	83	90	80
	河湖健康指数	100	98	100	92	90	80	90	88	100
	水资源价值指数	87	85	83	88	100	92	84	82	95
一级指标	水资源综合承载指数	89.20	88.70	90.20	90.20	84.00	85.45	85.65	91.30	93.25

根据赋分结果,金华全市水资源综合承载指数武义、磐安、兰溪和东阳为不超载状态,其他县市区均为临界状态,水资源承载现状总体平衡。二级指标中,资源禀赋轻度超载的为义乌和永康,水源工程保障能力轻度超载的为义乌,其他指标均未超载,义乌、永康和磐安节水效率和水资源价值指数处于较优水平。

6.4.4 水库供水能力分析与预测模型

6.4.4.1 水库供水能力分析模型

(1)数学模型

对于特定的水库而言,其供水能力取决于两个方面。一是水资源条件,即水库 N 年长系列来水过程$[P(t), t=1,\cdots,NT]$;二是水库用水行业用水结构及其分布过程 $Q_i(t_0), t_0=1,\cdots,NT_0; i=1,\cdots,NI, NT_0=\frac{NT}{N}$。该水库供水能力分析模型的目标函数为:

$$F = \max \sum_{i=1}^{NI} Q_i(t_0), t_0 = 1,\cdots,NT_0 \qquad (式 6.97)$$

式中:$Q_i(t_0)$ 为第 i 用水行业供水能力及其年内的分布过程;NT_0 为年内时段数;NI 为水库用水行业数。

约束条件如下。

①保证率约束:水库供水能力是指水库基于历史长系列资料、各类用水户特定保

证率的供水能力,即:

$$p_i \approx p_i^0 \tag{式6.98}$$

式中,p_i 为第 i 用水行业供水能力的计算保证率;p_i^0 为第 i 用水行业供水能力要求的保证率。

②水库水量平衡约束:

$$V(t) = V(t-1) + P(t) - \sum_{i=1}^{NI} Q_i(t) - Qq(t) - [WZ(t) + WS(t)] \tag{式6.99}$$

式中,$V(t)$、$V(t-1)$ 分别为水库水源 t 时段末、时段初的蓄水量;$P(t)$ 为水库 t 时段的入库径流量;$Q_i(t)$ 为 t 时段水库供给第 i 用水行业的水量;$Qq(t)$ 为水库 t 时段的泄水量(或称弃水量);$WZ(t)$ 为水库水 t 时段的蒸发水量;$WS(t)$ 为水库 t 时段的渗漏水量。

③水库蓄水能力约束:

$$V^{\min}(t) \leqslant V(t) \leqslant V^{\max}(t) \tag{式6.100}$$

式中,$V^{\min}(t)$、$V^{\max}(t)$ 分别为水库 t 时段的蓄水能力的下限和上限。

④生态流量约束:

$$Q_{st}(t) \geqslant Q_{st}^0(t) \tag{式6.101}$$

式中,$Q_{st}^0(t)$ 为 t 时段的水库目标生态流量;$Q_{st}(t)$ 为 t 时段的水库泄放生态流量。

⑤用水行业优先顺序约束:

$$P'_S > P'_g > P'_n > P'_e \tag{式6.102}$$

式中,P'_s、P'_g、P'_n、P'_e 分别代表生活、工业、农业、环境用水顺序。

⑥工程过水能力约束:

$$QQ^{\min} \leqslant QQ(t) \leqslant QQ^{\max} \tag{式6.103}$$

式中,$QQ(t)$ 为工程 t 时段的过水能力,$QQ^{\min}$ 为工程最小过水要求,$QQ^{\max}$ 为工程最大过水能力。

⑦非负约束。

(2)求解方法

采用 VB 语言对上述的数学模型求解,见图 6.25。

6.4.4.2 水库供水能力预测模型

(1)数学模型

对于特定水库的供水能力而言,在水资源规划与配置、调度管理中,除了关注其中长期的工况之外,还关注其预测水文条件或者特定水文频率下的水库供水能力。一是对于水库预测(或某水文频率)年来水过程 $[P(t), t=1,\cdots,NT]$;二是水库用水结构及其分布过程 $Q_i(t), t=1,\cdots,NT; i=1,\cdots,NI$。水库供水能力预测模型的目标函数为:

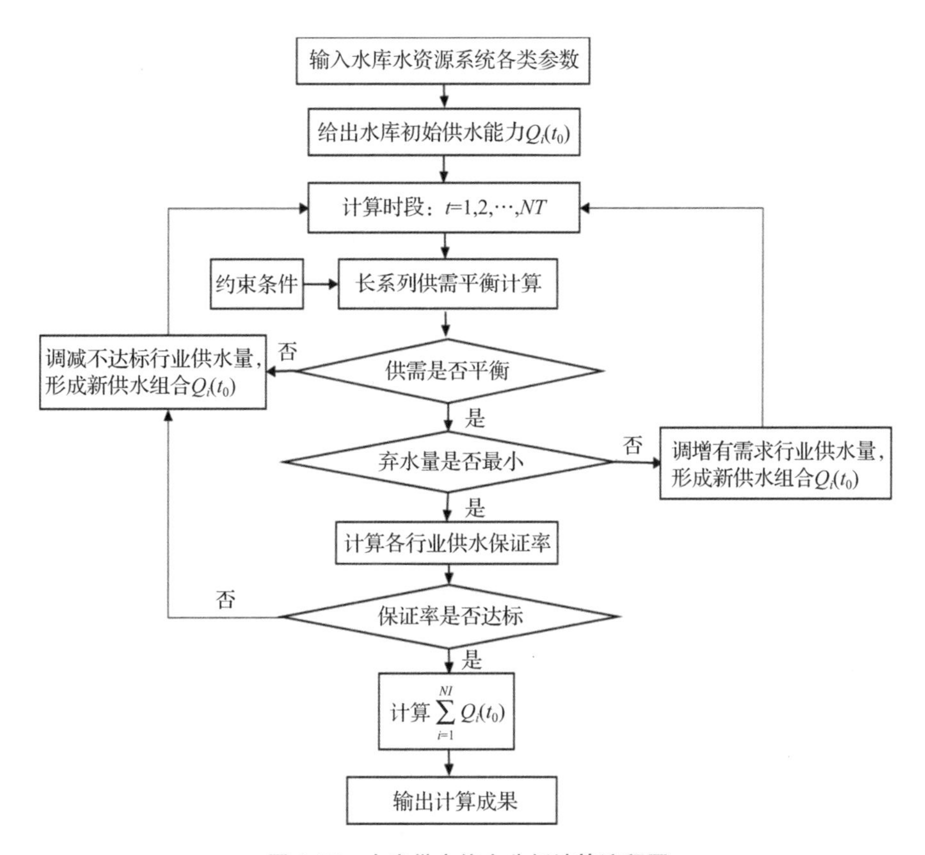

图 6.25 水库供水能力分析计算流程图

$$F = \max \sum_{i=1}^{NI} Q_i(t), t = 1, \cdots, NT \tag{式 6.104}$$

式中：$Q_i(t)$为第i用水行业供水能力及其年内的分布过程；NT为年内时段数；NI为水库用水行业数。

约束条件包括以下内容。

①水库水量平衡约束。

$$V(t) = V(t-1) + P(t) - \sum_{i=1}^{NI} Q_i(t) - Qq(t) - [WZ(t) + WS(t)] \tag{式 6.105}$$

式中：$V(t)$、$V(t-1)$分别为水库水源t时段末、时段初的蓄水量；$P(t)$为水库t时段的入库径流量；$Q_i(t)$为t时段水库供给第i用水户的水量；$Qq(t)$为水库t时段的泄水量（或称弃水量）；$WZ(t)$为水库水t时段的蒸发水量；$WS(t)$为水库t时段的渗漏水量。

②水库蓄水能力约束。

$$V^{\min}(t) \leqslant V(t) \leqslant V^{\max}(t) \tag{式 6.106}$$

式中：$V^{\min}(t)$、$V^{\max}(t)$分别为水库t时段的蓄水能力的下限和上限。

③生态流量约束。

$$Q_{st}(t) \geqslant Q_{st}^0(t) \tag{式 6.107}$$

式中，$Q_{st}^{0}(t)$ 为 t 时段的水库目标生态流量；$Q_{st}(t)$ 为 t 时段的水库泄放生态流量。

④用水优先顺序约束。

$$P'_S > P'_g > P'_n > P'_e \quad (式6.108)$$

式中，P'_s、P'_g、P'_n、P'_e 分别代表生活、工业、农业、环境用水顺序。

⑤工程过水能力约束。

$$QQ^{\min} \leqslant QQ(t) \leqslant QQ^{\max} \quad (式6.109)$$

式中，$QQ(t)$ 为工程 t 时段的过水能力，$QQ^{\min}$ 为工程最小过水要求，$QQ^{\max}$ 为工程最大过水能力。

⑥非负约束。

(2)求解方法

采用 VB 语言对所述的数学模型求解，见图 6.26。

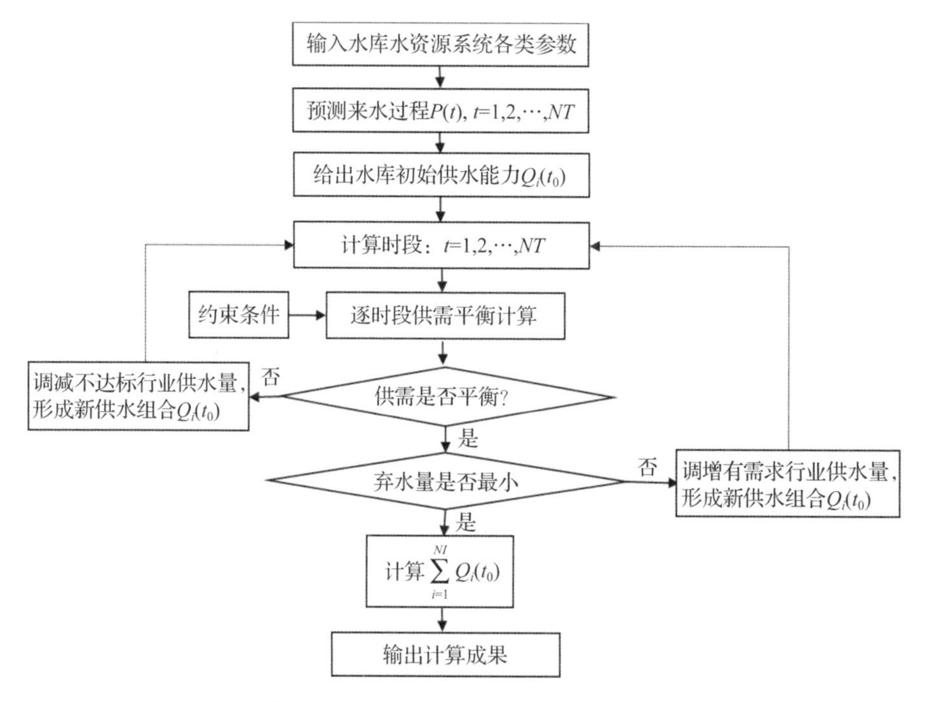

图 6.26　水库供水能力预测计算流程图

6.4.4.3　应用案例：义乌市岩口水库

1. 岩口水库供水能力的分析

(1)基础数据资料

以义乌市岩口水库 1963—2014 年长系列来水量和农业灌溉需水量的数据（该数据系列通过岩口水库灌区多水源供需平衡计算获得，是指长系列需要岩的口水库补充的灌溉需水量）为基础（见表 6.46），采用前述模型，计算岩口水库的供水能力。岩口水库特征参数见表 6.47。

表 6.46　岩口水库供水能力分析基础数据

年份	集雨面积来水量(万 m^3)	农田灌溉需水量(万 m^3)
1963	2815	234
1964	2501	360
1965	3138	518
1966	3097	636
1967	3079	1401
……	……	……
2012	5478	201
2013	3678	168
2014	4474	223

表 6.47 岩口水库特征参数

序号	项目	参数	取值
1	梅汛兴利库容(万 m^3)	VXL1	2641
2	台汛兴利库容(万 m^3)	VXL2	2641
3	正常兴利库容(万 m^3)	VXL4	2641
4	梅汛开始时间	mmdd1	415
5	台汛开始时间	mmdd2	715
6	后汛期开始时间	mmdd3	1001
7	汛期结束时间	mmdd4	1015

(2)供水能力计算结果

通过计算,岩口水库在考虑的农业灌溉用水达到设计保证率85%的情况下,按照90%保证率考虑,岩口水库的最大供水能力为6.31万吨/d,详细内容见表6.48。

表 6.48　岩口水库供水能力计算结果

序号	分类	单位	供水能力	保证率(%)
1	城镇供水	万 t/d	6.31	90
2	生态基流	万 t/d	0.02	90
3	农业灌溉	万 m^3	645	85

2. 岩口水库供水能力的预测

(1)基础数据资料

采用根据气象产品预测未来年降水量及其分布过程(见表6.49),通过岩口水库灌区多水源供需平衡计算,获得其需要岩口水库补充的灌溉需水量(见表6.49),采用前述模型,计算岩口水库供水能力,结果见表6.50。

表6.49 岩口水库未来年降水量与灌溉需水量

月份	降水量(mm)	农田灌溉需水量(万 m^3)	月份	降水量(mm)	农田灌溉需水量(万 m^3)
1	187	0.0	8	141	142.3
2	119	6.2	9	153	54.8
3	202	0.0	10	18	12.3
4	88	61.6	11	38	19.7
5	247	30.8	12	30	17.3
6	427	27.7	全年	1888	488.0
7	239	115.2			

表6.50 岩口水库未来年供水能力计算结果

序号	分类	单位	供水能力	备注
1	城镇供水	万吨/d	11.2	
2	生态基流	万吨/d	0.02	
3	农业灌溉	万 m^3	488	

6.4.5 水库(群)实时调度模型

6.4.5.1 水库实时调度模型

水库实时调度是指根据水库水资源系统实时监测(预测)的水量、水质、供用水等多源信息,利用水资源系统各类模型,进行实时评价与预报,并根据实时评价和预报的结果,按照事先制定的调度规则对水资源系统的供、用、耗、排等过程进行科学调配,以确定未来一个时段水资源的管理运行策略,以适应持续变化的水资源系统的随机性和不确定性,达到科学调度与统一管理水资源的目的。水库实时调度的主要决策流程为"监测(预测)—评价—预报—管理—调度—控制",这是一个不断反复的过程,其流程见图6.27所示。

对于具有多功能的水库水资源系统,构建其实时调度模型。

(1)目标函数

对于多功能水库水资源系统而言,为有效应对水库来水和多功能用水的随机性与不确定性,这里选择弃水量最小或基于用水优选顺序的缺水损失最小作为目标函数。即:

$$\min F = \begin{cases} \min \sum_{t=1}^{NT} Qq(t), \text{当} \sum_{t=1}^{NT} \sum_{j=1}^{NJ} Q_j(t) = \sum_{t=1}^{NT} \sum_{j=1}^{NJ} q_j(t) \\ \min \sum_{t=1}^{NT} \alpha_j [Q_j(t) - q_j(t)]^2, \text{当} \sum_{t=1}^{NT} \sum_{j=1}^{NJ} Q_j(t) < \sum_{t=1}^{NT} \sum_{j=1}^{NJ} q_j(t) \end{cases}$$

(式6.110)

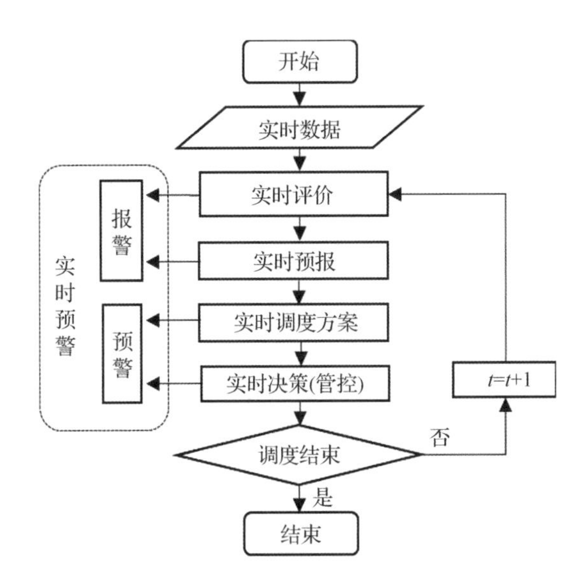

图6.27 水库水资源实时调度决策流程示意图

式中,F 为实时调度目标函数;$Qq(t)$ 为 t 时段的水库弃水量;$Q_j(t)$ 为 t 时段的第 j 行业供水量;$q_j(t)$ 为 t 时段的第 j 行业需水量;NT 为实时调度分析计算的时段长度;NJ 为水库用水行业数;α_j 为第 j 行业缺水的惩罚因子,用水优先权的越高,惩罚因子的数量级越大。

(2)约束条件

①水量平衡约束。

水库 t 时段的水量平衡方程:

$$WY(t) = WY(t-1) + P(t) - \sum_{j=1}^{NJ} Q_j(t) - Qq(t) - [WZ_i(t) + WS_i(t)] \tag{式6.111}$$

式中,$WY(t)$、$WY(t-1)$ 分别为水库 t 时段末、时段初的蓄水量;$P(t)$ 为水库 t 时段的入库径流量;$Q_j(t)$ 为水库 t 时段供给第 j 行业的水量;$Qq(t)$ 为水库 t 时段的泄水量(或称弃水量);$WZ(t)$ 为水库 t 时段的蒸发水量;$WS(t)$ 为水库 t 时段的渗漏水量。

②水库蓄水能力约束。

$$WY^{\min}(t) \leqslant WY(t) \leqslant WY^{\max}(t) \tag{式6.112}$$

式中,$WY^{\min}(t)$、$WY^{\max}(t)$ 分别为水库 t 时段的蓄水能力的下限和上限。

③水源可用水量约束。

$$\sum_{j=1}^{NJ} Q_j(t) \leqslant Q_i^{\max}(t) \tag{式6.113}$$

④调度规则约束:各水库实时调度运行,应符合水库中长期调度运行规则。

⑤各类工程能力约束:各类工程的输水、配水能力小于等于其最大能力。

⑥水库下游河道控制断面生态流量约束。

$$Q_{st}(t) \geqslant Q_{st}^{0}(t) \qquad \text{（式 6.114）}$$

式中，$Q_{st}(t)$为 t 时段的水库下游河道控制断面生态流量；$Q_{st}^{0}(t)$为 t 时段的水库下游河道控制断面目标生态流量。

⑦非负约束，所有的变量、参数均不为负。

(3)水资源量预测预报模型

水库实时调度的关键控制性要素是实施调度时段的水资源量预测预报。这里选用未来 NT 时段降水预测产品（如数字天气预报、气象预报等），获得未来 NT 时段的逐日降水量。然后采用新安江模型进行水资源量预测。

新安江三水源模型是一个具有分散参数的概念性模型，即将流域划分为 N 个单元面积，对每个单元面积，计算出到达流域出口的出流过程，N 个过程线性叠加，得流域总出流过程。该模型分为蒸散发计算、产流计算、三水源划分和汇流计算，其结构见图 6.28。

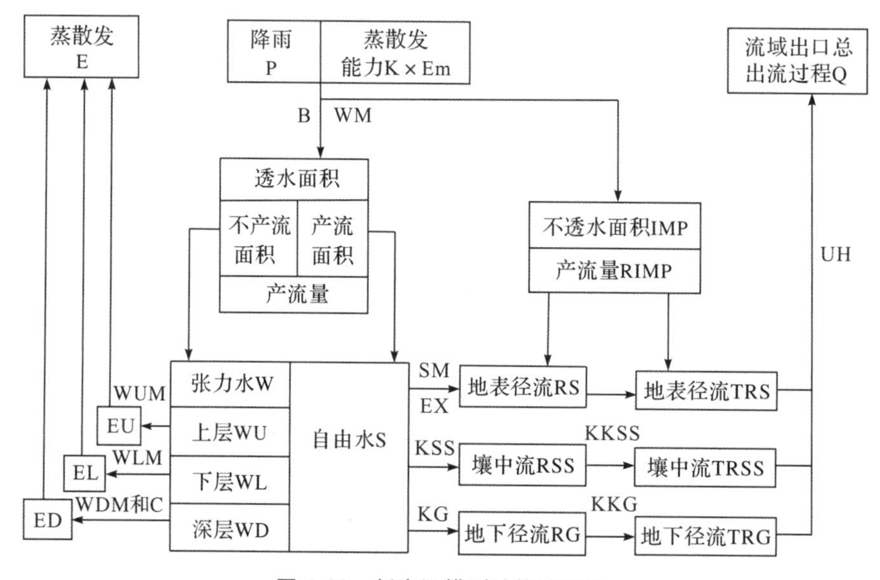

图 6.28　新安江模型结构流程图

新安江三水源模型构建的主要工作是模型参数确定。新安江三水源模型共有 15 个参数，包括多年总径流量决定 K，年径流、季径流和久旱后径流决定上层、下层蓄水容量 WU_m、WL_m 及深层蒸发系数 C，次洪径流总量决定蓄水容量 WU_m、抛物线指数 B 和不透水面积比例 IMP，地下径流决定 $KKSS$ 和 KKG 等。

(4)模型求解方法

采用 VB 语言对所述的数学模型求解，见图 6.29。

6.4.5.2　水库群实时调度模型

对于有多个水库组成的水库群水资源系统，构建其实时调度模型。

(1)目标函数

这里同样选择水库群弃水量最小或基于用水优选顺序的缺水损失最小作为目标

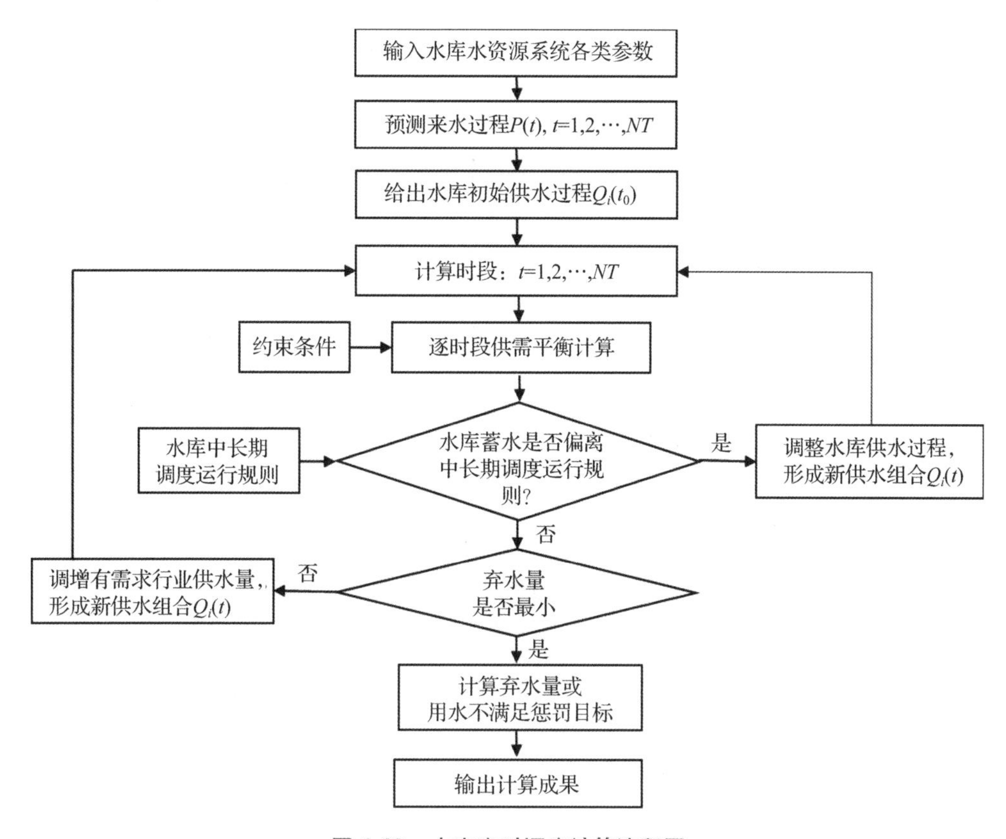

图6.29　水库实时调度计算流程图

函数。即：

$$\min F = \begin{cases} \min \sum_{t=1}^{NT} \sum Qq_i(t), 当 \sum_{t=1}^{NT} \sum_{j=1}^{NJ} \sum_{i=1}^{NI} Q_{ij}(t) = \sum_{t=1}^{NT} \sum_{j=1}^{NJ} q_j(t) \\ \min \sum_{t=1}^{NT} \alpha_j \left[\sum_{i=1}^{NI} Q_{ij}(t) - q_j(t) \right]^2, 当 \sum_{t=1}^{NT} \sum_{j=1}^{NJ} \sum_{i=1}^{NI} Q_{ij}(t) < \sum_{t=1}^{NT} \sum_{j=1}^{NJ} q_j(t) \end{cases}$$

（式6.115）

式中，F 为实时调度目标函数；$Qq_i(t)$ 为 t 时段的第 i 水库弃水量；$Q_{ij}(t)$ 为 t 时段的第 i 水库供给第 j 行业的水量；$q_j(t)$ 为 t 时段的第 j 行业需水量；NT 为实时调度分析计算的时段长度；NJ 为水库群用水行业数；NI 为水库群数量；α_j 为第 j 行业缺水的惩罚因子，用水优先权的越高，惩罚因子的数量级越大。

（2）约束条件

①水量平衡约束。

$$WY_i(t) = WY_i(t-1) + P_i(t) - \sum_{j=1}^{NJ} Q_{ij}(t) - Qq_i(t) - [WZ_i(t) + WS_i(t)]$$

（式6.116）

式中：$WY_i(t)$、$WY_i(t-1)$ 分别为第 i 水库源 t 时段末、初的蓄水量；$P_i(t)$ 为第 i 水库 t 时段的入库径流量；$Q_{ij}(t)$ 为第 i 水库 t 时段供给第 j 行业的水量；$Qq_i(t)$ 为第 i 水

库 t 时段的泄水量（或称弃水量）；$WZ_i(t)$ 为第 i 水库 t 时段的蒸发水量；$WS_i(t)$ 为第 i 水库 t 时段的渗漏水量。

②水库蓄水能力约束。

$$WY_i^{\min}(t) \leqslant WY_i(t) \leqslant WY_i^{\max}(t) \quad \text{（式 6.117）}$$

式中，$WY_i^{\min}(t)$、$WY_i^{\max}(t)$ 分别为第 i 水库 t 时段的蓄水能力的下限和上限。

③水源可用水量约束。

$$\sum_{j=1}^{NJ} Q_{ij}(t) \leqslant Q_i^{\max}(t) \quad \text{（式 6.118）}$$

式中，$Q_i^{\max}(t)$ 为第 i 水库 t 时段的供水能力的上限。

④水库蓄水状态动态均衡约束。水库群蓄水控制参数 $\alpha_i(t)$ 基本相等，即

$$\alpha_1(t) \approx \alpha_2(t) \approx \cdots \approx \alpha_{NI}(t) \quad \text{（式 6.119）}$$

$$\alpha_i(t) = (V_i^{\max} - V_i(t)) / P_i(T) \quad \text{（式 6.120）}$$

式中，$V_i^{\max}$ 为第 i 水库的总库容；$V_i(t)$ 为 t 时段初第 i 水库的蓄水量；$P_i(T)$ 为调度决策面临 TN 时段第 i 水库的来水量。

⑤水库供水管理控制线约束。

$$\sum_{i=1}^{NI} Q_{ij}(t) = \begin{cases} q_j(t), \text{若} \sum_{i=1}^{NI} V_i(t) \geqslant V_j^{\max}(t) \\ 0, \text{若} \sum_{i=1}^{NI} V_i(t) < V_j^{\max}(t) \end{cases} \quad \text{（式 6.121）}$$

式中，$Q_{ij}(t)$ 为 t 时段第 i 水库供给第 j 行业的水量；$q_j(t)$ 为 t 时段第 j 行业的总需水量（含输配水损失在内）；NI 为水库数量；$\sum_{i=1}^{NI} V_i(t)$ 为 t 时段初水库集合的总蓄水量；$V_j^{\max}(t)$ 为 t 时段第 j 行业允许供水的上限库容。

⑥水库下游河道控制断面生态流量约束。

$$Q_i^{st}(t) \geqslant Q_i^{st0}(t) \quad \text{（式 6.122）}$$

式中，$Q_i^{st}(t)$ 为 t 时段第 i 水库下游河道控制断面生态流量；$Q_i^{st0}(t)$ 为 t 时段第 i 水库下游河道控制断面目标生态流量。

⑦工程能力约束。

$$QQ^{\min} \leqslant QQ(t) \leqslant QQ^{\max} \quad \text{（式 6.123）}$$

式中，$QQ(t)$ 为工程 t 时段的过水能力，$QQ^{\min}$ 为工程最小过水要求，$QQ^{\max}$ 为工程最大过水能力。

⑧调度规则约束：各水库实时调度运行，应符合水库中长期调度运行规则。

⑨非负约束，所有的变量、参数均不为负。

（3）模型求解方法

上述模型采用模拟计算求解，求解的基本步骤如下。

1）预测面临时段的来水量与来水过程。

2）基于水库群各用水户的用水需求，结合水库群时段末的蓄水状态，给出水库群的初始供水过程。

3）检验水库群的初始供水过程是否满足工程能力、运行规则约束。若满足该约束条件，则执行下一步；否则调整供水过程，使其满足该约束。

4）分析计算水库群时段末的蓄水状态，分析其蓄水是否均衡。若满足该约束条件，则执行下一步；否则调整初始供水过程，执行第3步。

5）计算水库群的弃水量，分析其弃水量是否最小。若满足该约束条件，则执行下一步；否则调整初始供水过程，执行第3步。

6）输出水库群供水量和供水过程、用水量与用水过程、弃水量与弃水过程。

采用VB语言编程对所述的数学模型求解，见图6.30。

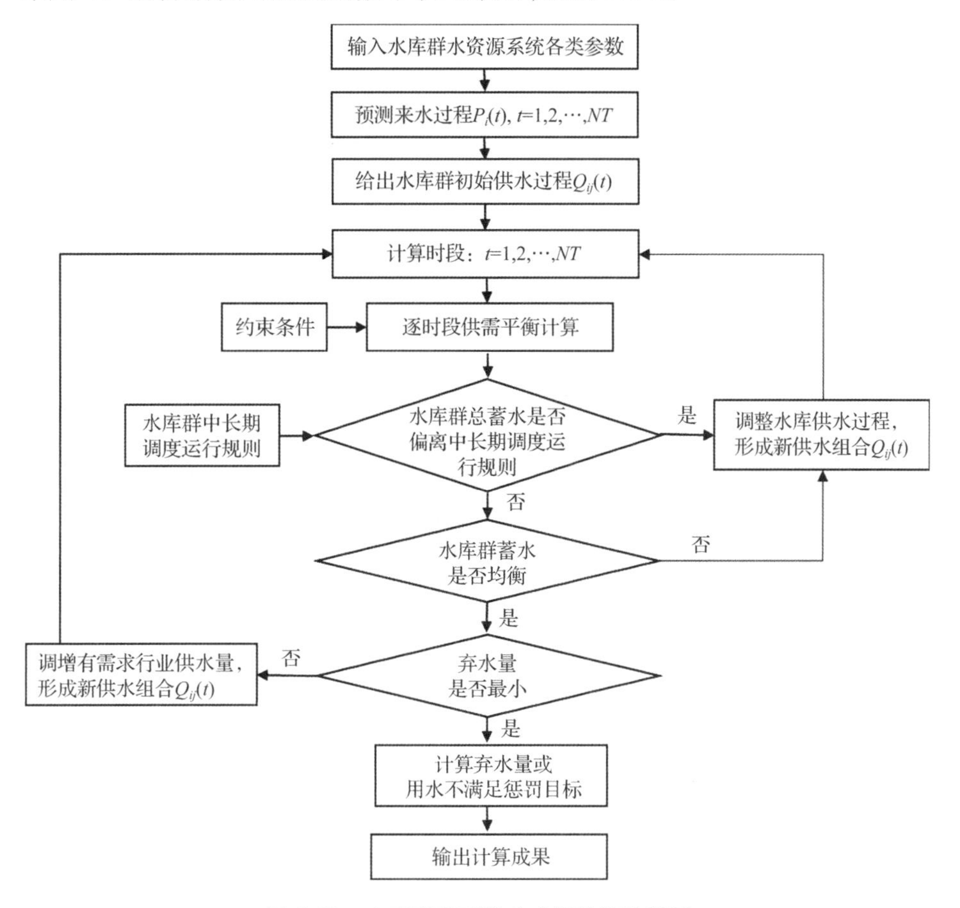

图6.30　水库群实时调度求解计算流程图

6.4.5.3　应用案例

1. 安地水库实时调度的应用研究

（1）水库概况

安地水库地处浙江中部，属亚热带季风气候，四季分明，雨量充沛，多年平均降雨量1863.6mm，多年平均径流深965.7mm，水库多年平均入库径流量1.5644亿m^3，历年最大入库流量为1098m^3/s。

按照浙江省汛期分期，安地水库每年4月15日至7月15日为梅汛期，7月16日至10月15日为台汛期，其中7月16日至7月31日为梅台过渡期。安地水库汛期分期及限制水位见表6.51，水位库容关系曲线见图6.31。

表6.51　安地水库汛期分期及其限制水位与库容表

汛期分期	梅汛期	台汛期	非汛期
时段	4月15日至7月31日	8月1日至10月15日	10月16日至次年4月14日
限制（正常）水位（m）	126.44	125.44	126.44
汛限（正常）库容（万m^3）	6250	5900	6250

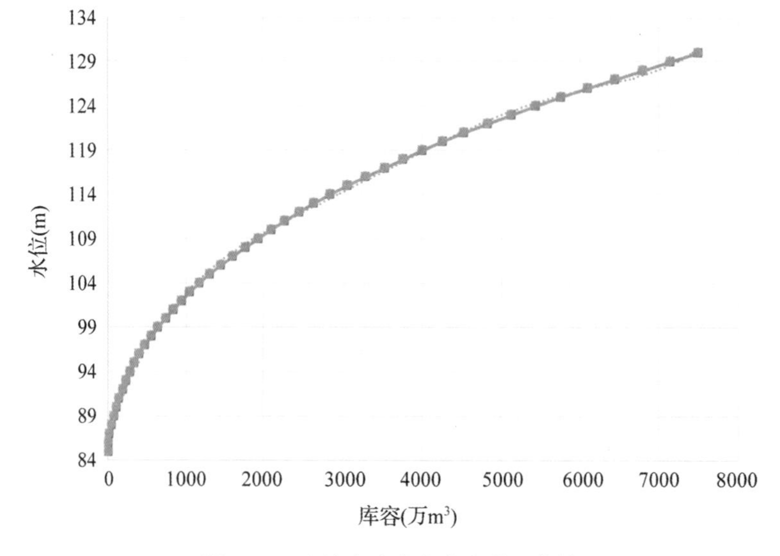

图6.31　安地水库水位库容关系曲线

（2）调度运行规则

安地水库的调度运行规则见图6.32。

1）生态供水控制线以上的区域为加大供水区（图中D区），可根据当时的天气趋势预报，安排单纯发电用水。

2）生态供水控制线以下的为正常用水区（图中A、B、C区），可以满足各用水行业的用水需求，该区域不用水、不发电。

3）生态供水控制线与第二水厂供水线之间为限制供水区，逐步控制下游生态、农业灌溉等用水，保证城镇生活用水。

4）对于第二水厂供水控制线以下的（图中A区），停止下游生态用水、农业灌溉用水，保证城镇生活用水。

（3）安地水库来水量和需水量的预测预报

取安地水库当前蓄水量3500万m^3，根据现有的水文气象产品，预测安地水库库

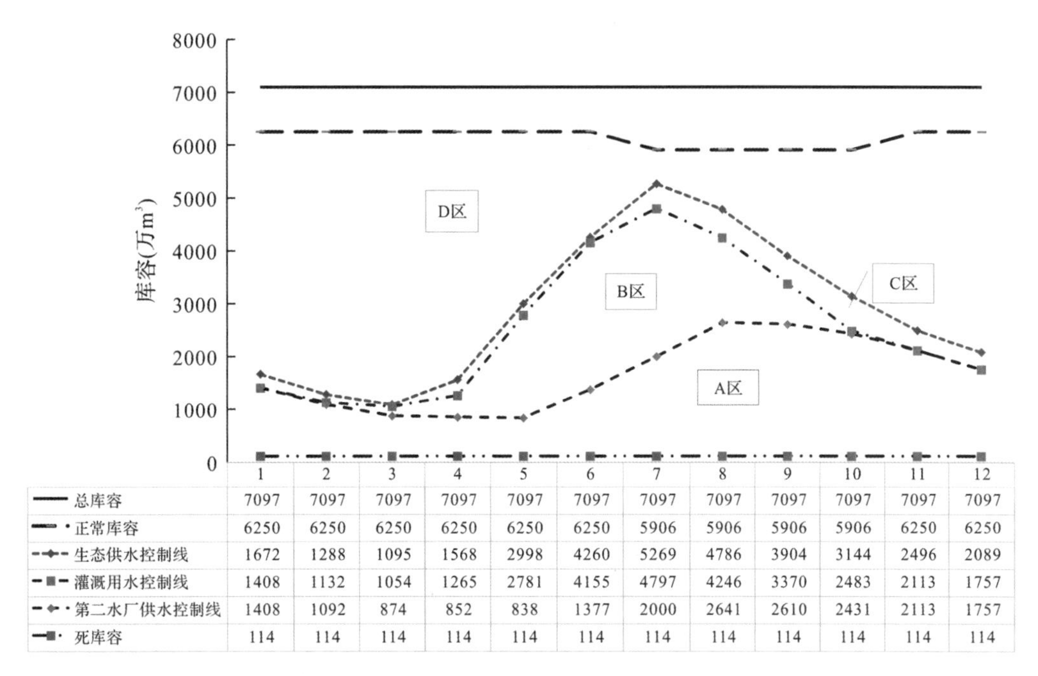

	1	2	3	4	5	6	7	8	9	10	11	12
总库容	7097	7097	7097	7097	7097	7097	7097	7097	7097	7097	7097	7097
正常库容	6250	6250	6250	6250	6250	6250	5906	5906	5906	5906	6250	6250
生态供水控制线	1672	1288	1095	1568	2998	4260	5269	4786	3904	3144	2496	2089
灌溉用水控制线	1408	1132	1054	1265	2781	4155	4797	4246	3370	2483	2113	1757
第二水厂供水控制线	1408	1092	874	852	838	1377	2000	2641	2610	2431	2113	1757
死库容	114	114	114	114	114	114	114	114	114	114	114	114

图 6.32　安地水库调度运行规则图

区未来6个月的降水量，利用新安江三水源水文模型，计算安地水库未来6个月来水量的情况，见表6.52。安地水库电站满负荷发电日需水量为40万m^3，根据安地水库市政供水、安地水库灌区灌溉面积与种植结构、河道内外生态环境需水量等情况，预测其未来需水量，结果见表6.53。

表 6.52　安地水库未来6个月降水与水资源量预测成果表

月份	第1个月	第2个月	第3个月	第4个月	第5个月	第6个月	合计
降水量(mm)	300	150	240	150	50	150	1040
水资源量(万m^3)	2211	1005	1688	950	268	800	6922

表 6.53　安地水库未来6个月需水量预测成果表

月份	第1个月	第2个月	第3个月	第4个月	第5个月	第6个月	合计
市政供水需水量(万m^3)	414	412	417	404	369	351	2367
灌溉需水量(万m^3)	1333	2255	1655	763	0	0	6006
生态环境需水量(万m^3)	147	147	143	147	143	147	874

(4)安地水库实时调度模型的应用

利用上述基础数据，开展安地水库实时调度运行计算，获得安地水库未来6个月的调度运行计划，见表6.54，分析该调度运行计划相应的各行业用水满足程度，见表6.55。

表 6.54　安地水库未来 6 个月调度运行计划表

月份	安地水库供水量(万 m³)				月末安地水库蓄水量(万 m³)
	供水	生态	灌溉	发电	
7	414	147	864	376	3954
8	412	0	2105	1240	3350
9	417	143	1404	1200	3282
10	404	147	622	618	2484
11	369	143	0	568	1672
12	35	147	0	686	1288
合计	2051	727	4995	4688	

注:①假定安地水库 7 月初蓄水量为 3500 万 m³。②安地水库灌区内部次要水源灌溉供水量为 1012 万 m³。

表 6.55　安地水库未来 6 个月各行业用水满足程度预测成果表

月份	月末安地水库蓄水量(万 m³)	缺水量				安地水库弃水量(万 m³)
		供水	生态	灌溉	发电	
7	3954	0	00	0	0	0
8	3350	0	147	0	0	0
9	3282	0	0	0	0	0
10	2484	0	0	0	0	0
11	1672	0	0	0	632	0
12	1288	0	0	0	5554	0

注:假定安地水库 7 月初蓄水量为 3500 万 m³。

2. 义乌水库群实时调度的研究

(1)义乌市水库群的概况

义乌市水库群有 6 座中型水库(见表 6.56)。该水库群与横锦水库引水、通济桥水厂引水工程、9 座标准化水厂(见表 6.57)、2300 多千米的供水管网系统共同组成义乌市多源互备、相互调剂的优质水供水格局。

表 6.56　义乌市中型水库工程的基本情况表

水库名称	镇街	类型	集雨面积(km²)	总库容(万 m³)	兴利库容(万 m³)	死库容(万 m³)
八都	大陈镇	中型	35.1	3674	2619	49
巧溪	苏溪镇	中型	40.0	3285	2856	77
岩口	上溪镇	中型	53.5	3590	2641	499
长堰	城西街道	中型	14.0	1112	899	41

续表

水库名称	镇街	类型	集雨面积（km^2）	总库容（万 m^3）	兴利库容（万 m^3）	死库容（万 m^3）
柏峰	赤岸镇	中型	23.4	2317	1995	15
枫坑	赤岸镇	中型	24.7	1643	1446	55
合计			190.7	15621	12456	736

表6.57　义乌市现状城乡公共水厂情况表

序号	水厂名称	位置	现状供水范围	主要水源	供水规模（万 m^3/d）
1	江东水厂	江东道	江东、稠城、稠江、廿三里街道	横锦水库	18
2	城北水厂	稠城街道	稠江、北苑、后宅、城西街道	八都—东塘—巧溪水库群	15
3	佛堂水厂	佛堂镇	佛堂镇	柏峰、枫坑水库	6
4	大陈水厂	大陈镇	大陈镇	八都—东塘—巧溪水库群	1
5	卫星水厂	廿三里	廿三里街道及镇东工业区	卫星、大王坑水库	4
6	上溪水厂	上溪镇	上溪、义亭、城西与稠江街道部分区域	岩口水库	10
7	苏溪水厂	苏溪镇	苏溪镇、大陈镇	巧溪水库	10
8	义南水厂	赤岸镇	赤岸镇、稠江街道部分区域	柏峰、枫坑水库	5
9	城西水厂	城西街道	城西街道	长堰水库	2
合计					71

(2)义乌市水库群调度运行规则

根据5.3.3的成果，义乌市中型水库群聚合调度运行规则如图6.33所示。

1)当水库群蓄水量位于第一优先区时，其蓄水量仅用于满足城镇管网水用水需求，停止其他一切的用水需求。

2)当水库群蓄水量位于第二优先区时，其蓄水量除了满足第一优先区的用水需求外，还可以用于灌溉和自备工业的用水需求，不能用于改善生态环境。

3)当水库群蓄水量位于第三优先区时，其蓄水量除了满足第一优先区、第二优先区的用水需求外，还可以用于改善景观环境配水。

(3)水库群来水量和需水量的预测预报

取义乌市水库群当前蓄水量5000万 m^3，根据现有的水文气象产品，预测水库群

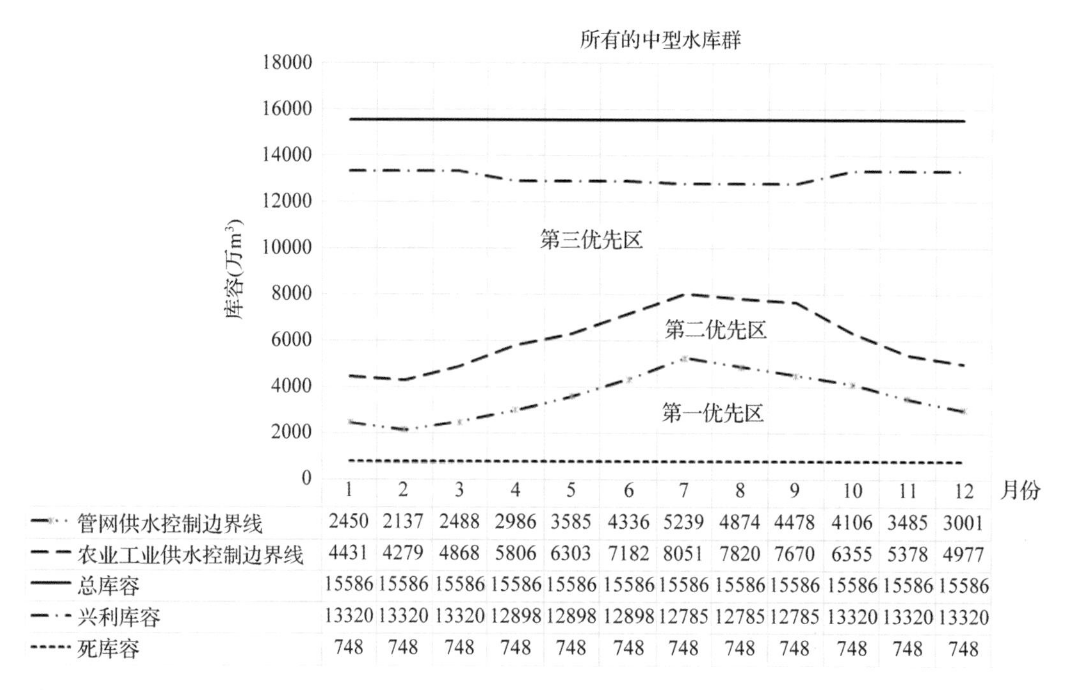

图 6.33　义乌市中型水库群聚合调度运行规则图

未来 6 个月的降水量，利用三水源新安江水文模型，计算安地水库未来 6 个月的来水量情况，见表 6.58。根据义乌市市政供水、水库群灌溉面积与种植结构、河道内外生态环境需水量的情况，预测其未来需水量，结果见表 6.59。

表 6.58　义乌市水库群未来 6 个月降水与水资源量预测成果表

指标		第 1 个月	第 2 个月	第 3 个月	第 4 个月	第 5 个月	第 6 个月	合计
降水量(mm)		300	150	240	150	50	150	1040
水资源量(万 m³)	八都	858	390	655	369	104	310	2686
	巧溪	627	285	479	270	76	227	1964
	岩口	839	381	640	360	102	304	2626
	长堰	220	100	168	94	27	79	688
	柏峰	367	167	280	158	45	133	1150
	枫坑	387	176	296	166	47	140	1212
	合计	3298	1499	2518	1417	401	1193	10326

表 6.59　义乌市未来 6 个月需水量预测成果表

指标	第 1 个月	第 2 个月	第 3 个月	第 4 个月	第 5 个月	第 6 个月	合计
市政供水需水量(万 m³)	1217.1	1419.5	1375.9	1230.0	1278.0	1178.3	7698.8
灌溉与自备工业需水量(万 m³)	37.2	37.2	36.0	37.2	36.0	37.2	220.8

续表

指标		第1个月	第2个月	第3个月	第4个月	第5个月	第6个月	合计
生态环境需水量（万 m^3）	八都	1.86	1.86	1.80	1.86	1.80	1.86	11.04
	巧溪	1.55	1.55	1.50	1.55	1.50	1.55	9.2
	岩口	2.17	2.17	2.10	2.17	2.10	2.17	12.88
	长堰	0.31	0.31	0.30	0.31	0.30	0.31	1.84
	柏峰	0.87	0.87	0.84	0.87	0.84	0.87	5.16
	枫坑	0.93	0.93	0.90	0.93	0.90	0.93	5.52
	合计	7.69	7.69	7.44	7.69	7.44	7.69	45.64

（4）水库群实时调度的应用

利用上述基础数据、6.4.5.2水库实时调度模型和求解方法，开展义乌市水库群实时调度运行计算，获得其未来6个月的调度运行计划，见表6.60，分析该调度运行计划相应的各行业用水满足程度、各水库空库系数变化过程与不同行业的供水量，结果见表6.61～表6.65。

表6.60 义乌市水库群未来6个月调度运行计划表

月份	水库群供水量（万 m^3）				月末水库群蓄水量（万 m^3）
	供水	生态	自备工业	农田灌溉	
7	452.64	7.69	37.20	0	7800
8	655.04	7.69	37.20	0	8600
9	636.10	7.44	36.00	0	10438
10	465.54	7.69	37.20	0	11345
11	538.20	7.44	36.00	0	11163
12	413.84	7.69	37.20	0	11897
合计	3161.36	45.64	220.80	0	

注：假定水库群7月初的蓄水量为5000万 m^3，其中八都、巧溪、岩口、长堰、柏峰、枫坑的初始蓄量分别为1163万 m^3、1163万 m^3、1163万 m^3、349万 m^3、581万 m^3、581万 m^3。

表6.61 义乌市水库群未来6个月各行业用水满足程度预测成果表

月份	缺水量（万 m^3）				水库群弃水量（万 m^3）
	供水	生态	灌溉	发电	
7	0	0	0	0	0
8	0	0	0	0	0
9	0	0	0	0	0
10	0	0	0	0	0
11	0	0	0	0	0
12	0	0	0	0	0

表 6.62　义乌市水库群未来 6 个月末空库系数表

月份	八都	巧溪	岩口	长堰	柏峰	枫坑
7	2.89	3.38	2.89	3.48	4.73	2.74
8	4.37	5.50	4.39	6.16	8.74	4.34
9	2.21	2.90	2.23	3.63	4.97	2.44
10	2.52	3.76	2.56	5.54	7.68	3.30
11	6.48	10.80	6.61	18.00	25.34	9.96
12	2.29	3.66	2.34	6.33	8.70	3.66

表 6.63　义乌市各水库未来 6 个月管网水供水量成果表

月份	管网水供水量(万 m^3)					
	八都	巧溪	岩口	长堰	柏峰	枫坑
7	84.68	72.25	84.49	70.32	51.72	89.18
8	130.78	103.94	130.21	92.91	65.47	131.72
9	134.88	102.79	133.94	82.24	59.94	122.30
10	110.69	74.16	109.21	50.39	36.37	84.71
11	139.95	83.98	137.11	50.37	35.79	91.01
12	107.25	67.20	105.11	38.82	28.26	67.20

表 6.64　义乌市各水库未来 6 个月自备工业与灌溉供水量成果表

月份	自备工业与灌溉供水量(万 m^3)					
	八都	巧溪	岩口	长堰	柏峰	枫坑
7	0	0	0	0	37.2	0
8	0	0	0	0	37.2	0
9	0	0	0	0	36	0
10	0	0	0	0	37.2	0
11	0	0	0	0	36	0
12	0	0	0	0	37.2	0

表 6.65　义乌市各水库未来 6 个月生态环境供水量成果表

月份	生态环境供水量(万 m^3)					
	八都	巧溪	岩口	长堰	柏峰	枫坑
7	1.86	1.55	2.17	0.31	0.87	0.93
8	1.86	1.55	2.17	0.31	0.87	0.93
9	1.8	1.5	2.1	0.3	0.84	0.9
10	1.86	1.55	2.17	0.31	0.87	0.93
11	1.8	1.5	2.1	0.3	0.84	0.9
12	1.86	1.55	2.17	0.31	0.87	0.93

6.4.6 水库干旱期应急调度模型

6.4.6.1 干旱期别参数与标准

根据《气象干旱等级标准》(GB/T 20481—2017),干旱判别参数选用降水量距平百分率,依据降水量距平百分率划分的干旱等级,见表6.66。

表6.66 降水量距平百分率划分的干旱等级划分表

等级	类型	降水量距平百分率(%)		
		月尺度	季尺度	年尺度
1	无旱	$-40 < PA(t)$	$-25 < PA(t)$	$-15 < PA(t)$
2	轻旱	$-60 < PA(t) \leqslant -40$	$-50 < PA(t) \leqslant -25$	$-30 < PA(t) \leqslant -15$
3	中旱	$-80 < PA(t) \leqslant -60$	$-70 < PA(t) \leqslant -50$	$-40 < PA(t) \leqslant -30$
4	重旱	$-95 < PA(t) \leqslant -80$	$-80 < PA(t) \leqslant -70$	$-45 < PA(t) \leqslant -40$
5	特旱	$PA(t) \leqslant -95$	$PA(t) \leqslant -80$	$< PA(t) \leqslant -45$

降水量距平百分率 $PA(t)$:

$$PA(t) = \frac{P(t) - \bar{P}(t)}{\bar{P}(t)} \times 100\% \qquad (式6.124)$$

式中,$PA(t)$为t时段的降水量距平百分率;$P(t)$为t时段的降水量;$\bar{P}(t)$为t时段的多年平均降水量。

6.4.6.2 数学模型

对于多功能水库干旱期的应急调度问题,构建其应急调度模型。

(1)目标函数

这里选择基于用水优选顺序的缺水指数最小,缺水指数取为逐时段缺水量的平方和,以实现缺水深度为宽浅式。即:

$$\min F = \min \sum_{t=1}^{NT} \sum_{j=1}^{NJ} \alpha_j [Q_j(t) - q_j(t)]^2 \qquad (式6.125)$$

式中,F为实时调度目标函数;$Q_j(t)$为t时段第j行业的供水量;$q_j(t)$为t时段第j行业的需水量;NT为实时调度分析计算时段长度;NJ为水库用水行业数;α_j为第j行业缺水的惩罚因子,用水优先权的越高,惩罚因子的数量级越大。

(2)约束条件

①水量平衡约束。

$$WY(t) = WY(t-1) + P(t) - \sum_{j=1}^{NJ} Q_j(t) - Qq(t) - [WZ_i(t) + WS_i(t)] \qquad (式6.126)$$

式中,$WY(t)$、$WY(t-1)$分别为水库t时段末、时段初的蓄水量;$P(t)$为水库t时段的入库径流量;$Q_j(t)$为水库t时段供给第j行业的水量;$Qq(t)$为水库t时段的泄水量(或称弃水量);$WZ(t)$为水库t时段的蒸发水量;$WS(t)$为水库t时段的渗漏水量。

②水库蓄水能力约束。

$$WY^{\min}(t) \leqslant WY(t) \leqslant WY^{\max}(t) \qquad (式6.127)$$

式中：$WY^{\min}(t)$、$WY^{\max}(t)$分别为水库t时段的蓄水能力的下限和上限。

③水源可用水量约束。

$$\sum_{j=1}^{NJ} Q_j(t) \leqslant Q_i^{\max}(t) \qquad (式6.128)$$

④调度规则约束：各水库实时调度运行，应符合水库中长期调度运行规则。

⑤各类工程能力约束：各类工程的输水、配水能力不大于其最大能力。

⑥非负约束，所有的变量、参数均不为负。

(3)求解方法

采用VB语言编程对所述的数学模型求解，见图6.34。

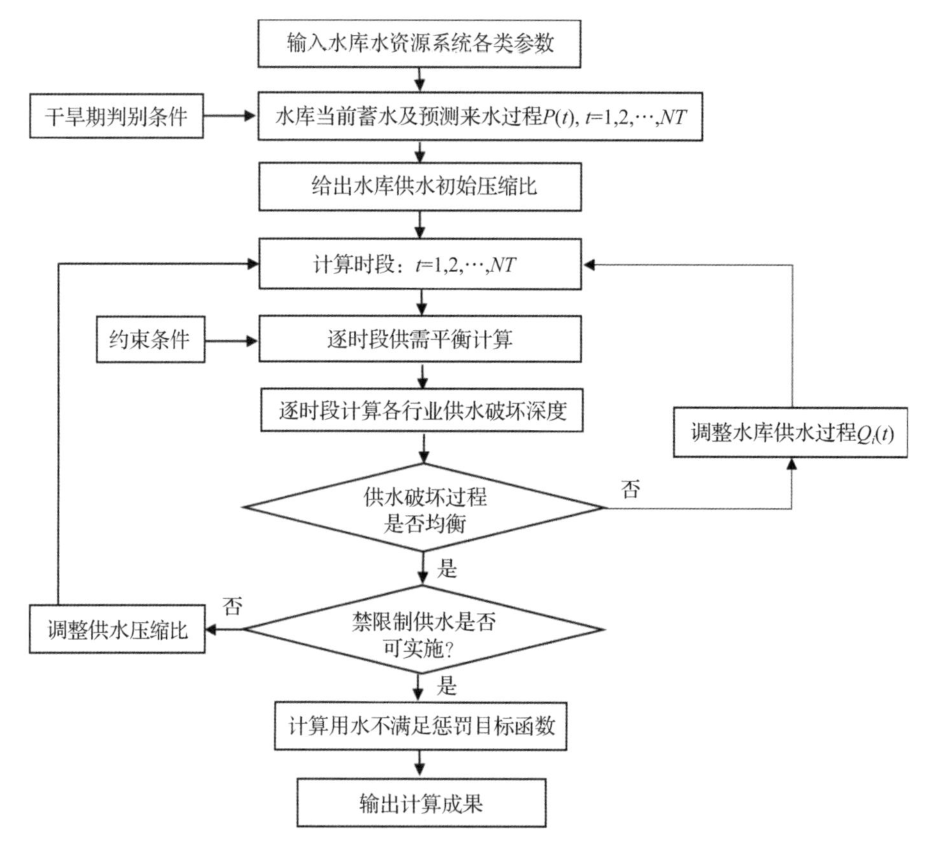

图6.34　水库应急调度模型求解流程图

6.4.6.3　应用案例

1. 安地水库应急调度研究

(1)安地水库应急调度原则

根据安地水库调度运行计划，遭遇特殊干旱年份时，由安地水库行业监管部门——金华市水利局发布旱情预警文件，并及时调整调度运行计划，按照“先生活、后生产”的原则，实行水资源分级管控，依法、科学、精准地调度水资源，原则如下。

1)出现轻度干旱时(旱情蓝色预警),安地水库停止单纯发电用水,严控生态用水,控制农灌用水。

2)中度干旱时(旱情黄色预警),安地水库停止单纯发电用水和生态用水,严控农灌用水。

3)严重或特大干旱时(旱情橙色、红色预警),安地水库根据市防指抗旱应急响应的有关规定,结合蓄水情况和旱情发展态势,全力保障生活用水,逐步停止生产、农灌、生态、发电用水。

(2)调度运行规则

安地水库调度运行规则见图6.32。

1)生态供水控制线以上的区域为加大供水区(图中D区),可根据当时的天气趋势预报,安排单纯发电用水。

2)生态供水控制线以下的为正常用水区(图中A、B、C区),可以满足各用水行业的用水需求,该区域不用水、不发电。

3)生态供水控制线与第二水厂供水线之间的为限制供水区,逐步控制下游生态、农业灌溉等用水,保证城镇生活用水。

4)第二水厂供水控制线以下的(图中A区),停止下游生态用水、农业灌溉用水,保证城镇生活用水。

(3)安地水库来水量和需水量的预测预报

取安地水库当前蓄水量,根据现有的水文气象产品,预测安地水库库区未来6个月降水量,利用三水源新安江水文模型,计算安地水库未来6个月来水量情况,见表6.67。安地水库电站满负荷发电日需水量为40万m^3,根据安地水库市政供水、灌溉面积与种植结构、生态环境需水量,预测其未来外需水量,见表6.68。

表6.67　安地水库未来6个月降水与水资源量预测成果表

月份	第1个月	第2个月	第3个月	第4个月	第5个月	第6个月	合计
降水量(mm)	100	200	100	20	80	20	520
水资源量(万m^3)	250	556	2560	0	100	0	3466

表6.68　安地水库未来6个月降水与水资源量预测成果表

月份	第1个月	第2个月	第3个月	第4个月	第5个月	第6个月	合计
市政供水需水量(万m^3)	414	412	417	404	369	351	2367
灌溉需水量(万m^3)	3866	2827	2038	369	0	0	9100
生态环境需水量(万m^3)	147	147	143	147	143	147	874

(4)干旱预警应用

利用上述基础数据、干旱判别标准和参数计算模型,分析计算安地水库干旱等级,结果见表6.69。

表 6.69　安地水库未来 6 个月干旱等级计划成果表

时间尺度	第一季度	第二季度	半年
未来降水量(mm)	400	120	520
多年平均降水量(mm)	3992	1349	5341
降水量距平百分率 $PA(t)$(%)	-90.0%	-91.1%	-90.3%

从表 6.69 中可以看出,未来 6 个月,安地水库将面临特旱级别的干旱问题,需要提醒有关部门高度关注。

(5)应急调度应用

进一步利用水库干旱期应急调度模型和求解方法,开展安地水库实时调度运行计算,获得安地水库未来 6 个月的调度运行计划,见表 6.70,分析该调度运行计划相应的各行业用水满足程度,结果见表 6.71。

表 6.70　安地水库未来 6 个月调度运行计划表

月份	安地水库供水量(万 m³)				月末安地水库蓄水量(万 m³)
	供水	生态	灌溉	发电	
7	414	0	853	853	2483
8	412	0	513	513	2113
9	417	0	199	199	1757
10	404	0	0	0	1353
11	369	0	0	0	1084
12	35	0	0	0	733
合计	2051	0	1565	1565	

注:1. 假定安地水库 7 月初蓄水量为 3500 万 m³;2. 安地水库灌区内部次要水源灌溉供水量为 300 万 m³。

表 6.71　安地水库未来 6 个月各行业用水满足程度预测成果表

月份	月末安地水库蓄水量(万 m³)	缺水量				安地水库弃水量(万 m³)
		供水	生态	灌溉	发电	
7	2483	0	147	2835	387	0
8	2113	0	147	2231	727	0
9	1757	0	143	1800	1001	0
10	1353	0	147	369	1240	0
11	1084	0	143	0	1200	0
12	733	0	147	0	1240	0

注:假定安地水库 7 月初蓄水量为 3500 万 m³。

2. 义乌水库群应急调度应用研究[31]

(1)义乌市水库群的概况

义乌市水库群由6座中型水库组成,水库群系统概况和调度运行规则见6.4.5.3所述。

(2)水库群来水量和需水量的预测预报

取义乌市水库群当前蓄水量5000万m^3,根据现有的水文气象产品,预测水库群未来6个月降水量,利用三水源新安江水文模型,计算安地水库未来6个月来水量情况,见表6.72。根据义乌市市政供水、水库群灌溉面积与种植结构、河道内外生态环境需水量情况,预测其未来需水量,见表6.73。

表6.72　义乌市水库群未来6个月降水与水资源量预测成果表

月份		第1个月	第2个月	第3个月	第4个月	第5个月	第6个月	合计
降水量(mm)		100	200	100	20	80	20	520
水资源量(万m^3)	八都	97	216	101	0	39	0	453
	巧溪	71	158	74	0	28	0	331
	岩口	95	211	99	0	38	0	443
	长堰	25	55	26	0	10	0	116
	柏峰	42	92	43	0	17	0	194
	枫坑	44	97	46	0	18	0	205
	合计	374	829	389	0	150	0	1742

表6.73　义乌市未来6个月需水量预测成果表

月份		第1个月	第2个月	第3个月	第4个月	第5个月	第6个月	合计
供水需水量(万m^3)		1217.1	1419.5	1375.9	1230.0	1278.0	1178.3	7698.8
灌溉与自备水工业需水量(万m^3)		348.9	803.5	1694.4	815.4	76.2	39.9	3778.3
生态基流需水量(万m^3)	八都	1.86	1.86	1.80	1.86	1.80	1.86	11.04
	巧溪	1.55	1.55	1.50	1.55	1.50	1.55	9.20
	岩口	2.17	2.17	2.10	2.17	2.10	2.17	12.88
	长堰	0.31	0.31	0.30	0.31	0.30	0.31	1.84
	柏峰	0.87	0.87	0.84	0.87	0.84	0.87	5.16
	枫坑	0.93	0.93	0.90	0.93	0.90	0.93	5.52
	合计	7.69	7.69	7.44	7.69	7.44	7.69	45.64

(3)干旱预警应用

利用上述基础数据、干旱判别标准和参数计算模型,分析计算义乌市水库群干旱等级,结果见表6.74。

表 6.74　安地水库未来 6 个月干旱等级计划成果表

时间尺度	第一季度	第二季度	半年
未来降水量(mm)	400	120	520
多年平均降水量(mm)	415	204	619
降水量距平百分率 $PA(t)$(%)	-3.6%	-41.2%	-16.0%

从表 6.74 中可以看出,未来 6 个月义乌市水库群将面临轻旱级别的干旱问题,提醒有关部门关注旱情发展的态势。

(4)应急调度应用

进一步利用水库干旱期应急调度模型和求解方法,开展义乌市水库群实时调度运行计算,获得其未来 6 个月的调度运行计划,见表 6.75,分析该调度运行计划相应的各行业用水满足程度、各水库蓄水均衡系数变化过程与不同行业的供水量,结果见表 6.76 ~ 表 6.78。

表 6.75　义乌市水库群未来 6 个月调度运行计划表

月份	水库群供水量(万 m^3)				月末水库群蓄水量(万 m^3)
	供水	生态	自备工业	农田灌溉	
7	452.64	0	0	0	4920
8	655.04	0	0	0	5095
9	636.10	0	0	0	4846
10	465.54	0	0	0	4381
11	538.20	0	0	0	3992
12	413.84	0	0	0	3578
合计	3161.36	0	0	0	

注:假定水库群 7 月初的蓄水量为 5000 万 m^3,其中八都、巧溪、岩口、长堰、柏峰、枫坑的初始蓄量分别为 1163 万 m^3、1163 万 m^3、1163 万 m^3、349 万 m^3、581 万 m^3、581 万 m^3。

表 6.76　义乌市水库群未来 6 个月各行业用水满足程度预测成果表

月份	缺水量(万 m^3)			水库群弃水量(万 m^3)
	供水	生态	工业与灌溉	
7	0	7.69	348.87	0
8	0	7.69	803.55	0
9	0	7.44	1694.42	0
10	0	7.69	815.43	0
11	0	7.44	76.21	0
12	0	7.69	39.88	0
合计	0	45.64	3778.36	0

表6.77 义乌市水库群未来6个月末蓄水变化过程表

月份	水库蓄水量(万 m^3)					
	八都	巧溪	岩口	长堰	柏峰	枫坑
7	1163	1163	1163	349	581	581
8	1155	1128	1152	342	570	573
9	1264	1182	1257	366	610	617
10	1257	1155	1249	360	601	610
11	1148	1055	1141	329	549	557
12	1078	984	1071	308	514	522

表6.78 义乌市各水库未来6个月管网水供水量成果表

月份	管网水供水量(万 m^3)					
	八都	巧溪	岩口	长堰	柏峰	枫坑
7	105.27	105.27	105.27	31.58	52.63	52.63
8	106.21	103.81	106.01	31.47	52.46	52.67
9	108.01	101.04	107.44	31.26	52.14	52.75
10	108.73	99.93	108.01	31.18	52.01	52.78
11	108.73	99.93	108.01	31.18	52.02	52.78
12	109.03	99.46	108.25	31.15	51.96	52.79

6.4.7 建设项目取水对水资源系统现有用水户影响的评价模型

6.4.7.1 建设项目取水的影响的相关政策

《水法》规定：直接从江河、湖泊或者地下取用水资源的单位和个人，应当向水行政主管部门或者流域管理机构申请领取取水许可证，取得取水权。任何单位和个人引水、截(蓄)水、排水，不得损害公共利益和他人的合法权益。《取水许可和水资源费征收管理条例》规定：行政区域内批准取水的总水量，不得超过流域管理机构或者上一级水行政主管部门下达的可供本行政区域取用的水量；取水涉及社会公共利益需要听证的，应当向社会公告，并举行听证。对于可能对第三者或者社会公共利益产生重大损害的建设项目，审批机关不予批准。

按照上述法律法规的规定，建设项目取水对水资源系统现有用水户的影响分为两个方面。一是对用水户初始水权的影响，该影响分析预测以现状用水户初始水权为前提基础和判别依据。二是建设项目取水对现有用水户现状权益的影响，该影响分析预测以现状用水户现状取水权为前提基础和判别依据。两者之间的差别在于现状用水户的初始水权一般大于其现状水权，基于上述分析，这里提出两个影响评价模型。

6.4.7.2 以初始水权为基准的影响评价模型

(1)数学模型

为评价建设项目取水对水资源系统现有用水户的影响,这里将取水项目建设前后各类用水户的取水保证率变化率和设计保证率情况下的多年平均缺水率作为目标函数,构建模拟模型目标函数如下:

$$F=\begin{cases}\Delta P_i = P_i^1 - P_i^0 \\ \beta_i = \dfrac{\Delta W_i}{q_i}\end{cases} \tag{式 6.129}$$

式中,F 为目标函数;ΔP_i 为取水项目建设前后第 i 用水户的取水保证率变化率;P_i^0、P_i^1 分别为取水项目建设前后第 i 用水户的取水保证率;β_i、ΔW_i 分别为取水项目建设前后第 i 用水户取水许可保证率条件下的缺水率、缺水量;q_i 为第 i 用水户许可取水量。

约束条件包括:

①水库水量平衡约束。

$$V(t) = V(t-1) + P(t) - \sum_{i=1}^{NI} Q_i(t) - Qq(t) - [WZ(t) + WS(t)] \tag{式 6.130}$$

式中,$V(t)$、$V(t-1)$ 分别为水库水源 t 时段末、时段初的蓄水量;$P(t)$ 为水库 t 时段的入库径流量;$Q_i(t)$ 为 t 时段水库供给第 i 用水户的水量,按取水许可水量确定;$Qq(t)$ 为水库 t 时段的泄水量(或称弃水量);$WZ(t)$ 为水库水 t 时段的蒸发水量;$WS(t)$ 为水库 t 时段的渗漏水量;NI 为现有用水户总数。

②河道水量平衡约束。

$$QU(t) + P(t) - \sum_{i=1}^{NI} Q_i(t) = QD(t) \tag{式 6.131}$$

式中,$QU(t)$、$QD(t)$ 分别为 t 时段河道上游断面、下游断面的流量;$P(t)$ 为 t 时段的河道区间径流流量;$Q_i(t)$ 为 t 时段第 i 用水户河道供水量,按取水许可水量确定。

③水库蓄水能力约束。

$$V^{\min}(t) \leqslant V(t) \leqslant V^{\max}(t) \tag{式 6.132}$$

式中:$V^{\min}(t)$、$V^{\max}(t)$ 分别为水库 t 时段的蓄水能力的下限和上限。

④河湖生态流量约束。

$$Q_{st}(t) \geqslant Q_{st}^0(t) \tag{式 6.133}$$

式中,$Q_{st}^0(t)$ 为 t 时段的河湖目标生态流量;$Q_{st}(t)$ 为 t 时段的河湖实际生态流量。

⑤用水行业优先顺序约束。

$$P'_S > P'_g > P'_n > P'_e \qquad (式 6.134)$$

式中，P'_s、P'_g、P'_n、P'_e 分别代表生活、工业、农业、环境用水顺序。

⑥工程过水能力约束。

$$QQ^{\min} \leqslant QQ(t) \leqslant QQ^{\max} \qquad (式 6.135)$$

式中，$QQ(t)$ 为工程 t 时段的过水能力，$QQ^{\min}$ 为工程最小过水要求，$QQ^{\max}$ 为工程最大过水能力。

⑦非负约束，所有的变量、参数均不为负。

(2)模型求解方法

采用 VB 语言编程对所述的数学模型求解，见图 6.35。

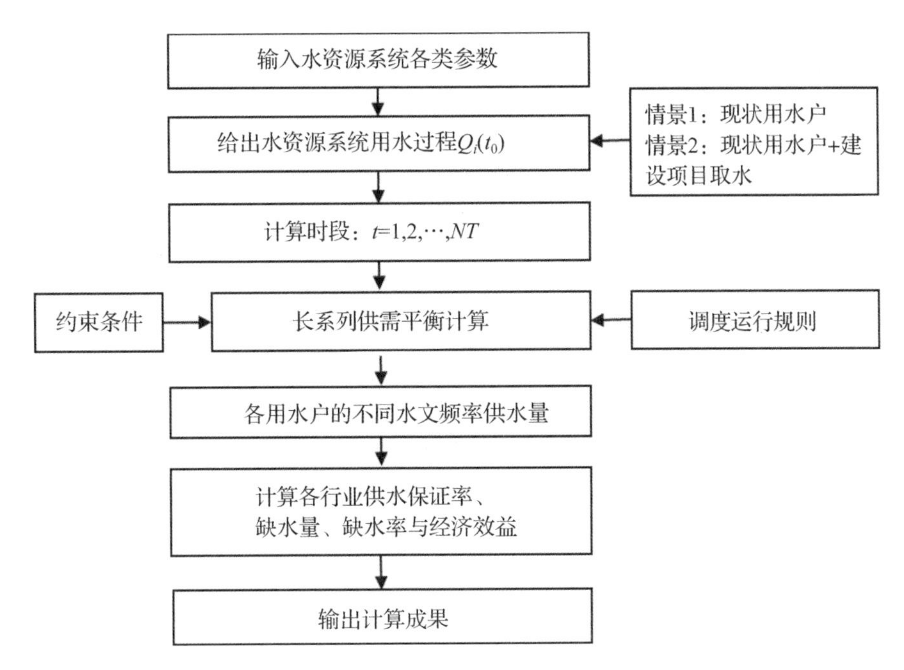

图 **6.35**　影响评价模型求解流程图

6.4.7.3　以现状取水权为基准的影响评价模型

以实际用水为依据的数学模型，除了下述内容外，其他与 6.4.7.2 的数学模型一完全一致。主要区别在于以下环节：

(1)目标函数

$$F = \begin{cases} \Delta P_i = P_i^1 - P_i^0 \\ \beta_i = \dfrac{\Delta W_i}{q_i^0} \end{cases} \qquad (式 6.136)$$

式中，q_i^0 为第 i 用水户的现状实际取水量；其他符号的意义同前。

(2)约束条件

①水库水量平衡约束：

$$V(t) = V(t-1) + P(t) - \sum_{i=1}^{NI} Q_i^0(t) - Qq(t) - [WZ(t) + WS(t)]$$

(式6.137)

式中，$Q_i^0(t)$为t时段水库供给第i用水户的水量，按实际用水量确定；其他符号的意义同前。

②河道水量平衡约束：

$$QU(t) + P(t) - \sum_{i=1}^{NI} Q_i^0(t) = QD(t) \quad \text{(式6.138)}$$

式中，$QU(t)$、$QD(t)$分别为t时段河道上游断面、下游断面的流量；$P(t)$为t时段的河道区间径流流量；$Q_i^0(t)$为t时段第i用水户的河道供水量，按实际用水量确定。

6.4.7.4 应用案例

1. 安地水库灌区的概况

安地水库位于金华市婺城区安地镇以南2km的梅溪上，距金华市区14km，水库坝址以上集雨面积162km^2(含龙潭引水21km^2)，占梅溪流域的65%。安地水库大坝始建于1959年10月，1965年底建成，总库容7097万m^3，水库的主要特征参数见表6.79。水库及其下游建设电站2处，其中：安地水库一级电站装机容量2×3200kW；安地水库二级电站装机容量2×200kW。

表6.79 安地水库特征参数表

类别	名称	单位	数量	备注
水位特性	流域面积	km^2	162	含龙潭引水21km^2
	多年平均降水量	mm	1749.3	
	多年平均径流量	万m^3	15644	
	多年平均入库流量	m^3/s	4.991	
	实测最大入库流量	m^3/s	1098	
水库特征	正常蓄水位	m	126.44	
	正常蓄水位相应库容	万m^3	6250	
	台汛期防洪限制水位	m	125.44	
	汛限水位相应库容	万m^3	5900	
	调洪库容	万m^3	847	
	水库死水位	m	90	
	死库容	万m^3	114	

续表

类别	名称	单位	数量	备注
灌溉发电洞	进口底高程	m	100	
	最大输水能力	m^3/s	20	
灌溉放空洞	进口底高程	m	90	
供水隧洞	进口底高程	m	100/108/116	

安地水库灌区设计灌溉面积12.85万亩，设计保证率为90%。除安地水库外，灌区内还有4座小型水库和12个山塘，其总集雨面积21.4km^2，总库容347.9万m^3；6座提水泵站，装机13台套，提水流量3.69m^3/s。灌区灌溉渠系总长52.7km，骨干渠道长度38.83km，主要由西干渠、中干渠、主干渠、东干渠等干渠及其5条支渠组成。

安地水库是一座以灌溉为主，结合防洪、发电等综合利用的中型水库。改革开放以来，伴随着城镇化、工业化的持续快速发展，以及美丽中国战略的全面落实，灌区内灌溉面积和用水结构发生了显著的变化。具体表现为：①灌区灌溉面积和种植结构发生了较大的变化，灌区灌溉面积由12.85万亩缩减到11.21万亩，且种植结构由以种植粮食为主转变为以种植苗木为主；②新建了金华市第二水厂，水厂的取水规模为25.0万m^3/d，年取水量4390万m^3；③按照生态流量保障的要求，核定梅溪流域安地水库坝址断面生态基流为0.485m^3/s，年用水量为1530万m^3，为金华市区重要景观湖泊—湖海塘工程景观补水，年补水量200万m^3。这些变化既给安地水库水资源用途管控和保障能力带来了巨大的挑战，也给安地水库灌溉和发电用水带来了较大的影响。

2. 以初始水权为基准的影响评价

选择安地水库灌区1965—2019年长系列逐日来水资料和用水资料，分别分析金华市第二水厂、梅溪流域生态基流和湖海塘生态补水给安地水库灌溉和发电用水带来的影响。

(1)工况设置

灌溉初始水权依据安地水库和安地水库灌区设计文件，取灌溉面积为12.85万亩，灌溉水有效利用系数为0.50，种植结构为全部种植双季稻，进行灌溉初始水权长系列分析计算，安地水库灌区不同水文频率需水量，调查金华市第二水厂用水过程和梅溪生态基流需水过程，见表6.80。

表6.80　安地水库灌区不同频率需水量计算成果表(初始水权)

月份	灌溉需水量(万m^3)				金华市第二水厂(万m^3)	梅溪生态基流(万m^3)
	多年平均	75%	90%	95%		
1	0	0	0	0	325	130
2	0	0	0	0	320	118
3	0	0	0	0	325	130

续表

月份	灌溉需水量(万 m^3)				金华市第二水厂(万 m^3)	梅溪生态基流(万 m^3)
	多年平均	75%	90%	95%		
4	0	0	0	0	342	126
5	497	1261	1494	852	358	130
6	1223	1068	1374	1754	352	126
7	1516	2266	2484	4396	414	130
8	2564	2201	984	3214	412	130
9	1882	1776	3529	2318	417	126
10	867	1512	1727	419	404	130
11	0	0	0	0	369	126
12	0	0	0	0	351	130
合计	8549	10084	11592	12953	4389	1532
备注		2008 年	2009 年	1994 年		

影响评价分为三种工况。

工况 1(初始水权基准工况):不考虑金华市第二水厂、梅溪流域生态基流和湖海塘生态补水,分析安地水库多年平均灌溉和发电用水量、缺水量和保证率。

工况 2:分析梅溪流域生态基流和湖海塘生态补水给安地水库灌溉和发电用水带来的影响(不考虑金华市第二水厂),影响评价指标为安地水库灌溉和发电用水量、缺水量和保证率。

工况 3:金华市第二水厂、梅溪流域生态基流和湖海塘生态补水给安地水库灌溉和发电用水带来的影响,影响评价指标同工况 2。

(2)影响评价

采用前述模型分析计算,结果见表 6.81。

表 6.81　安地水库灌区不同工况分析计算成果(初始水权)

分类	灌溉				发电	
	用水量(万 m^3)	缺水量(万 m^3)	缺水天数(天)	灌溉保证率(%)	用水量(万 m^3)	发电量(万度)
工况 1	6514	903	436	82	7108	658
工况 2	6301	1116	522	73	6328	586
工况 3	5526	1891	840	60	4458	413

注:①表中除供水保证率之外,其他参数为多年平均数值;②供需平衡时,已经将安地水库灌区内的次要水源(4 座小型水库、12 个山塘和 6 座泵站)纳入统筹进行分析计算;③安地水库一级电站每方水发电 0.0926kW·h,安地水库二级电站每方水发电 $7.086 \cdot 10^6$ kW·h。

从表6.81可以看出,以安地水库初始水权为基准:

1)梅溪生态基流和湖海塘生态补水给安地水库灌溉和发电用水权带来了较大的影响,安地水库灌溉用水量由6514万m^3减少到6301万m^3,减少了3.3%,发电用水量和发电量减少了11%,长系列灌溉缺水天数由436天延长到522天,灌溉保证率由82%下降到73%,下降了9个百分点。

2)梅溪生态基流和湖海塘景观补水、金华市第二水厂取水给安地水库灌溉和发电用水权带来了更大的影响,安地水库灌溉用水量由6514万m^3减少到5524万m^3,减少了15.2%,发电用水量和发电量减少了37.3%;长系列灌溉缺水天数由436天延长到840天,灌溉保证率由82%下降到60%,下降了22个百分点。

3.以现状取水权为依据的影响评价

(1)工况设置

灌溉用水按照现状取水许可文件,取灌溉面积为11.21万亩,灌溉水有效利用系数为0.56,种植结构见表6.82,计算灌区长系列需水过程,得到灌区不同水文频率需水量,调查金华市第二水厂用水过程和梅溪生态基流需水过程,结果见表6.83。

表6.82　安地水库灌区作物种植结构表(现状取水权)

种类	粮食作物(万亩)				经济作物(万亩)						合计
	早稻	晚稻	单季稻	其它	苗木	茭白	花卉	蔬菜	瓜果	其它	
面积(万亩)	0.505	0.737	1.911	0.589	3.037	0.305	0.382	2.342	2.987	0.718	13.513

表6.83　安地水库灌区不同频率需水量计算成果表(现状取水权)

月份	灌溉需水量(万m^3)				金华市第二水厂(万m^3)	梅溪生态基流(万m^3)
	多年平均	75%	90%	95%		
1	0	0	0	0	325	130
2	0	0	0	0	320	118
3	0	0	0	0	325	130
4	0	0	0	0	342	126
5	143	362	429	244	358	130
6	351	306	394	503	352	126
7	575	806	814	1570	414	130
8	1001	796	346	1253	412	130
9	793	716	1468	936	417	126
10	397	632	681	227	404	130
11	0	0	0	0	369	126
12	0	0	0	0	351	130
合计	3260	3618	4132	4733	4389	1532
备注		2008年	2009年	1994年		

影响评价分为以下三种工况。

- 工况4(灌溉用水现状实际取水权工况):不考虑金华市第二水厂、梅溪流域生态基流和湖海塘生态补水,分析安地水库多年平均灌溉和发电用水量、缺水量、缺水天数和供水保证率。
- 工况5:分析梅溪流域生态基流和湖海塘生态补水给安地水库灌溉和发电用水带来的影响(不考虑金华市第二水厂),影响评价指标为安地水库灌溉和发电用水量、缺水量、缺水天数和供水保证率。
- 工况6:金华市第二水厂、梅溪流域生态基流和湖海塘生态补水给安地水库灌溉和发电用水带来的影响,影响评价指标同工况5。

(2)影响评价

采用前述模型分析计算,计算成果见表6.84。

表6.84　安地水库灌区不同工况分析计算成果(现状取水权)

分类	灌溉				发电	
	用水量(万 m^3)	缺水量(万 m^3)	缺水天数(天)	灌溉保证率(%)	用水量(万 m^3)	发电量(万度)
工况4	2228	10.19	20	98	9710	899
工况5	2222	15.38	29	98	8824	817
工况6	2193	44.38	73	93	6269	581

注:①表中除供水保证率之外,其他参数为多年平均数值;②供需平衡时,已经将安地水库灌区内的次要水源(4座小型水库、12个山塘和6座泵站)纳入统筹进行分析计算;③安地水库一级电站每立方米水发电0.0926kW·h,安地水库二级电站每立方米水发电 7.086×10^6 kW·h。

从表6.84可以看出,以安地水库现状取水权为基准:

1)梅溪生态基流和湖海塘生态补水,对安地水库灌溉和发电用水权影响有限。安地水库灌溉用水量由2228万 m^3 减少到2222万 m^3,减少了0.3%,发电用水量和发电量减少了9.1%,长系列灌溉缺水天数由20天延长到29天,灌溉保证率保持在98%不变。

2)梅溪生态基流和湖海塘景观补水、金华市第二水厂取水对安地水库灌溉用水权影响有限,而对发电用水权影响加大。其中:安地水库灌溉用水量由2228万 m^3 减少到2193万 m^3,减少了1.6%;发电用水量和发电量减少了35.4%,长系列灌溉缺水天数由20天延长到73天,灌溉保证率由98%下降到93%。

6.4.8 建设项目取水对河流水文情势影响的评价模型

6.4.8.1 变动范围法模型(RVA法模型)

河流是陆地水循环的主要通道,河道内水资源量及其水文过程直接影响河流功能的发挥。水利枢纽工程建设及其运行管理显著改变着河流的流量、流速、枯水流量及其历时、洪峰流量、洪水量、洪水频率等水文参数。而这些水文参数对于河流生态系统功能、生物群落组成、河岸植被以及河流水质等具有重要意义。1997 年，Richter 等提出了采用变化范围法（RVA）评估河流水文情势的改变及其影响程度。该方法是以天然且与生态相关的流量特征的统计分析为基础，从量、时间、频率、延时和变化率 5 个方面的水文特征对河流进行描述，通过对比不同条件下的河流水文条件，反映河流流量受水利工程建设及运行的影响程度。其中，水文特征一般用水文改变指标（简称 IHA）来表示。

（1）水文改变指标（IHA）

水文改变指标（IHA）法以水文情势的量、时间、频率、延时和变化率 5 种基本特征为基础，根据其统计特征划分为 5 组、33 个指标，见表 6.85。

表 6.85　水文改变指标及参数特征

组别	内容	特性	指标序号	水文改变指标（IHA）
第 1 组	各月流量	量	1 ~ 12	各月流量平均值
第 2 组	年极端流量	频率	13 ~ 22	年最大、最小（1、3、7、30、90 日）流量平均值
		延时	23 ~ 24	断流天数、基流指数
第 3 组	年极端流量发生时间	时间	25 ~ 26	年最大、最小流量发生时间
第 4 组	高、低流量频率与延时	频率	27 ~ 28	每年发生低流量、高流量的次数
		延时	29 ~ 30	低流量、高流量平均延时
第 5 组	流量变化改变率及频率	频率	31 ~ 32	流量平均减小率、增加率
		变化率	33	每年流量逆转次数

河流水文改变指标主要通过月流量状况、极端水文参数的大小与延时、极端水文现象的出现时间、脉动流量的频率与延时、流量变化的出现频率与变化率五个方面描绘河流年内的流量变化特征。然而，这些河流水文改变指标与河流生态系统是密切相关的，如月流量均值可以定义栖息环境特征，如湿周、流速、栖息地面积等；极端水文事件的出现时间可作为水生生物特定的生命周期或者生命活动的信号，而其发生频率又与生物的繁殖或死亡有关，进而影响生物种群的动态变化；水文参数的变化率则与生物承受变化的能力有关等。IHA 的各组参数与河流生态系统的相关关系见表 6.86。

表 6.86　IHA 的各组参数及其对河流生态系统的影响

组别	河流生态系统的影响
第 1 组	满足水生生物的栖息地需求、植物对土壤含水量的需求、具有较高的可靠度的陆地生物的水需求、食肉动物的迁徙需求以及水温、含氧量的影响
第 2 组	满足植被扩张，河流渠道地貌和自然栖息地的构建，河流和滞洪区的养分交换，湖、池塘、滞洪区的植物群落分布的需要

续表

组别	河流生态系统的影响
第 3 组	满足鱼类的洄游产卵、生命体的循环繁衍、生物繁殖期的栖息地条件、物种的进化需要
第 4 组	产生植被所需的土壤湿度的频率和大小,满足滞洪区对水生生物的支持、泥沙运输、渠道结构、底层扰动等的需要
第 5 组	导致植物的干旱,促成岛上、滞洪区的有机物的诱捕、低速生物体的干燥胁迫等行为

(2)变动范围法(RVA)

RVA 方法是在分析 IHA 指标的基础上,以详细的流量数据来评估受水利工程建设或运行管理影响前后的河流流量自然变化的状态。一般以日流量数据为基础,以未受水利设施影响前的流量自然变化状态为基准,统计 33 个 IHA 指标建库前后的变化,分析河流受人类干扰前后的改变程度。

设置 IHA 指标受影响程度的标准一般需以生态方面受影响的资料为依据,由于资料缺乏,Richter 等提出以各指标的平均值加减一个标准偏差或各指标的发生概率 75% 及 25% 的值作为各个指标的上下限,称为 RVA 阈值。该方法认为:如果受影响后流量数据的 IHA 值落在 RVA 阈值内的频率与受影响前的频率保持一致,则表示水利工程建设与运行对河流的影响轻微,仍然保有自然的流量变化特征;若受影响后的流量数据统计值落于 RVA 阈值内的频率远大于或小于受影响前的频率,则表明水利工程建设与运行已经改变了原有河流的流量变化特性,此改变将可能进一步对河流生态系统产生严重的负面影响。采用水文改变度来衡量河流生态系统这一变化。

RVA 的评估步骤可分为以下四步:

①以受影响前的日流量资料计算 33 个 IHA 指标的特征值。

②依据上一步的计算结果定义各个 IHA 指标的 RVA 阈值范围。选取各指标变化前的发生概率 75% 及 25% 的值作为 RVA 阈值范围。

③以受影响后的日流量资料计算 33 个 IHA 指标的特征值。

④以步骤 2 所得的 RVA 阈值来评判变化后河流水文情势的改变程度,确定其影响,并以整体水文改变度表征。

Richter 等提出水文改变度的定义如下:

$$D_i = \left| \frac{Y_{0i} - Y_f}{Y_f} \right| \times 100\% \qquad (式 6.139)$$

式中,D_i 为第 i 个 IHA 的水文改变度;Y_{0i} 为第 i 个 IHA 在变化后仍落于 RVA 阈值内的年数;Y_f 为变化后 IHA 预期落于 RVA 阈值内的年数。

水文改变度的评价标准:若 D_i 值介于 0 ~ 33% 间,属于低度改变;介于 33% ~ 67% 间,属于中度改变;介于 67% ~ 100% 间,属于高度改变。

上述的 33 个 IHA 指标对变化前后的响应程度不一样,需对河流的水文情势的改变程度进行整体的评估。整体水文特性的改变情况用整体水文改变度 D_0 表示,具体的评估方式如下：

$$D_0 = \sqrt{\frac{1}{33}\sum_{i=1}^{33} D_i^2} \times 100\% \qquad （式6.140）$$

6.4.8.2　应用案例

鄞江位于浙江省宁波市南部，系奉化江的主要支流之一，源于上游章溪，经鄞江镇它山堰、洞桥镇、至横涨入奉化江。在樟溪干流上先后建有周公宅—皎口梯级水库。其中：皎口水库集雨面积259km²，总库容1.20亿m³，是一座具有防洪、供水、灌溉、发电等综合功能的大型（二）水利枢纽；周公宅水库位于皎口水库上游15km处，集雨面积132km²，总库容1.12亿m³，是一座具有防洪、供水、发电等综合功能的大型（二）水利枢纽。周公宅水库与皎口水库区间的集雨面积为127km²。随着宁波市城镇化、工业化进程的不断发展和优质水需求量的持续增加，梯级水库供水功能逐渐增强，并已成为宁波市的主要饮用水源地之一，承担宁波市约25%的优质水的供水任务。

为此，宁波市兴建了毛家坪水厂。水厂制水规模为50万吨/天，日平均供水量为41.70万吨/天。为评估毛家坪水厂从周公宅—皎口梯级水库取水对鄞江流域下游河道水文情势的影响，这里采用变动范围法模型对其影响进行评估。

利用流域1961—2007年长系列水文资料、周公宅—皎口梯级水库防洪调度和兴利调度模型，确定毛家坪水厂取水前后33个水文改变指标。以各IHA的75%及25%作为RVA阈值范围，计算结果见表6.87。

表6.87　毛家坪水厂取水前、后鄞江下游IHA参数计算成果表[a]

指标序号	指标类别	指标	均值		阈值	
			取水前	取水后	25%	75%
1	第1组	1月日均流量数值	1.39	2.77	1.39	1.80
2		2月日均流量数值	3.67	1.76	1.43	4.55
3		3月日均流量数值	5.78	1.75	1.74	8.84
4		4月日均流量数值	7.25	1.98	3.87	10.38
5		5月日均流量数值	8.03	2.38	4.83	9.72
6		6月日均流量数值	14.31	4.59	7.74	20.25
7		7月日均流量数值	22.27	11.61	18.23	24.78
8		8月日均流量数值	15.50	12.91	8.29	21.30
9		9月日均流量数值	18.48	14.98	10.33	25.91
10		10月日均流量数值	7.88	4.97	4.58	9.74
11		11月日均流量数值	3.19	2.05	1.78	2.74
12		12月日均流量数值	5.34	3.84	3.90	6.13

a 表示：①基流指数为年最小连续7天的流量与年均值流量的比值；②发生时间以公历一年中第几天表示；③低脉冲的定义为低于干扰前流量25%频率的日均流量，高脉冲的定义为高于干扰前流量75%频率的日均流量；④流量变化次数指日流量由增加变为减少或由减少变为增加的次数。

续表

指标序号	指标类别	指标	均值		阈值	
			取水前	取水后	25%	75%
13	第2组	年最大1日流量数值	336.0	275.0	327.6	345.1
14		年最小1日流量数值	1.4	1.4	1.4	1.4
15		年最大3日流量数值	455.0	403.9	332.5	431.7
16		年最小3日流量数值	4.2	4.2	4.2	4.2
17		年最大7日流量数值	547.7	492.0	383.1	573.2
18		年最小7日流量数值	9.7	9.7	9.7	9.7
19		年最大30日流量数值	1087.5	828.8	868.7	1233.3
20		年最小30日流量数值	42.4	41.7	41.7	41.7
21		年最大90日流量数值	2014.0	1365.3	1609.5	2350.0
22		年最小90日流量数值	172.3	129.9	125.9	194.7
23		断流天数	0	0	0	0
24		基流指数	0.07	0.07	0.05	0.08
25	第3组	年最大流量发生时间	231	250	201	257
26		年最小流量发生时间	1	1	1	1
27	第4组	高频流量次数	27.7	11.0	22.5	33.5
28		高频流量延时	3.5	4.3	2.5	4.2
29		低频流量次数	17.8	13.5	15.0	20.5
30		低频流量延时	10.3	21.9	7.7	12.7
31	第5组	落水率	-37	-16	-41.2	-33.2
32		涨水率	33	15	109.2	139.0
33		涨落次数	49	25	41.5	56.0

注:表中的流量单位为 m^3/s;时间单位为 d;频率单位为次;变化率单位为 $m^3 \cdot s^{-1}/d$;其他为无因次量。

根据长系列流量过程资料,统计 IHA 各参数在建设项目取水后,落入阈值范围的年数 N_i,进而计算各参数的水文改变度。水文改变度的定义如下:

$$D_i = \frac{|N_i - N_e|}{N_e} \times 100\% \qquad (式 6.141)$$

式中,D_i 为第 i 个 IHA 参数的水文改变度;N_i 为第 i 个 IHA 参数在建设项目取水后仍落于 RVA 阈值范围内的年数;N_e 为建设项目取水后 IHA 参数预期落于 RVA 阈值范围内的年数,用 $R \times N_t$ 评估,R 为建设项目取水后 IHA 落于 RVA 目标内的比例,R 取 50%,而 N_t 为建设项目取水受影响的流量记录总年数为 47 年。

根据前述水文改变度的评价标准,水库群联合调度前后各参数水文改变度的计算结果及其评价结论,见表 6.88。

表 6.88 建设项目取水水文改变度计算成果表

指标序号	指标类别	指标	N_i	N_e	D_i	改变度
1	第 1 组	1 月日均流量数值	15	23.5	36	中
2		2 月日均流量数值	28	23.5	19	低
3		3 月日均流量数值	4	23.5	83	高
4		4 月日均流量数值	4	23.5	83	高
5		5 月日均流量数值	1	23.5	96	高
6		6 月日均流量数值	8	23.5	66	中
7		7 月日均流量数值	4	23.5	83	高
8		8 月日均流量数值	18	23.5	23	低
9		9 月日均流量数值	14	23.5	40	中
10		10 月日均流量数值	21	23.5	11	低
11		11 月日均流量数值	17	23.5	28	低
12		12 月日均流量数值	19	23.5	19	低
13	第 2 组	年最大 1 日流量数值	9	23.5	62	中
14		年最小 1 日流量数值	23.5	23.5	0	最佳
15		年最大 3 日流量数值	18	23.5	23	低
16		年最小 3 日流量数值	23.5	23.5	0	最佳
17		年最大 7 日流量数值	16	23.5	32	低
18		年最小 7 日流量数值	23.5	23.5	0	最佳
19		年最大 30 日流量数值	10	23.5	57	中
20		年最小 30 日流量数值	23.5	23.5	0	最佳
21		年最大 90 日流量数值	16	23.5	32	低
22		年最小 90 日流量数值	5	23.5	79	高
23		断流天数	23.5	23.5	0	最佳
24		基流指数	24	23.5	2	低
25	第 3 组	年最大流量发生时间	31	23.5	32	低
26		年最小流量发生时间	28	23.5	19	低
27	第 4 组	高频流量次数	23.5	23.5	0	最佳
28		高频流量延时	23.5	23.5	0	最佳
29		低频流量次数	10	23.5	57	中
30		低频流量延时	5	23.5	79	高
31	第 5 组	落水率	1	23.5	96	高
32		涨水率	1	23.5	96	高
33		涨落次数	4	23.5	83	高

计算河道生态系统整体改变程度 D_0：

$$D_0 = \sqrt{\frac{1}{33}\sum_{i=1}^{33} D_i^2} \times 100 = 52.6\% \qquad (式 6.142)$$

因此,河道生态系统的水文综合改变度属于中度改变。

第 1 组参数:汛期为中、高改变度,非汛期为低、中改变度。表明梯级水库的调蓄能力得到了充分的发挥,对水生生物的栖息地、陆地生物的水需求以及水温、含氧量等产生了不同程度的影响。

第 2 组参数:一半参数为理想状态,其余参数多为低、中改变度。说明建设项目取水对河流地貌和自然栖息地的构建、河流和滞洪区的养分交换以及植物群落分布等基本未产生影响。

第 3 组参数:均为低改变度。说明建设项目取水对鱼类游产卵、生命体的循环繁衍、生物繁殖期的栖息地条件、物种进化等的影响很小。

第 4 组参数:高频流量相关参数为理想状态;低频流量相关参数为中、高改变度。说明建设项目取水对河流泥沙运输、河道结构、底层扰动等基本未产生影响,对水生生物等有一定的影响。

第 5 组参数:三个参数均为高改变度。说明建设项目取水对植物干旱、干燥胁迫等行为的影响较大。

6.5 总　结

本章从智慧节水多层次场景化应用的实际需求出发,经研究形成了面向用户、过程和系统三类场景,且具有现状诊断、预测诊断和交互预测诊断功能的 24 个场景化数学模型,并开展了实例应用。应用结果表明,这些模型满足场景化应用的需要,实用可行。

详细的研究成果如下。

(1)基于场景理论释义了智慧节水场景化,根据场景数据基础和目标特点、场景时间尺度和空间范围、场景诊断对象和属性特点,对智慧节水场景进行了分类说明。根据节水特点和管理目标,将智慧节水场景分为面向用户场景、面向过程场景、面向系统场景三大类。面向用户场景以生活、生产(工业、农业和第三产业)和生态环境用水户(或对象)的用水行为作为诊断对象,面向过程场景以社会水循环的取—供—用水过程为诊断对象,面向系统场景以多用水环节、多事件主体为诊断对象,共建立了 24 个场景。这些场景可以分为现状诊断型、预测诊断型和交互预测诊断型三种类型。

(2)针对面向用户的场景化需求,采用统计核算、自回归技术、指数平滑技术、支持向量机技术、长短期记忆网络模型、灌区二元水循环模拟技术结合多元线性回归技术、BP 神经网络技术、GM(1,1)灰色模型等,总结提出了生活综合和工业用水、灌区用水,以及河湖生态环境用水的统计、预测、预警和评价场景化应用的数学模型。

(3)针对面向过程的场景化需求,从水厂(水站)自用水、供水管网漏损、灌区灌溉水有效利用系数三个方面开展应用模型研究。其中,采用统计核算技术总结提出了水厂(水站)自用水率的统计分析、预警评价的场景化应用数学模型;研究提出了基于单点压力监测数据、集成孤立森林算法、*K* 均值聚类算法和局部离群概率算法的供水管网漏损异常识别方法,基于压力监测数据时间序列、利用监测数据时间序列之间欧氏距离的变化来识别监测数据的正常或异常的供水管网漏损异常识别方法;总结了基于首尾测算分析法的区灌溉水有效利用系数统计与评价模型。

(4)针对面向系统的场景化需求,研究提出了三个方面的应用成果。一是采用统计核算、自回归、指数平滑、支持向量机、长短期记忆网络模型、层次分析法等技术,总结提出了区域用水总量、用水效率、水资源承载能力的统计、预测、预警和评价的场景化应用数学模型;二是基于水资源系统模拟技术和优化技术的水库供水能力分析与预测数学模型、水库(群)实时调度数学模型、水库干旱期应急调度数学模型;三是基于水权理论、模拟技术的建设项目取水对现有用水户、河流水文情势影响评价的数学模型。

(5)前面所述的面向用户、过程和系统三类场景的 24 个场景化数学模型,总体覆盖现阶段智慧节水场景化应用的现实需求。实例应用的研究表明,这些模型数据的需求可获得、原理方法科学、研究成果精度可行,可以将其模块化开发、平台化推广应用。

参考文献

[1]尹西明,苏雅欣,陈劲,等. 场景驱动的创新:内涵特征、理论逻辑与实践进路. 科技进步与对策,2022,39(15):1-10.

[2]王学昭,王燕鹏,赵萍,等. 场景化智慧数据驱动的情报研究模式:概念、技术框架和实验验证. 数据分析与知识发现,2023,7(5):1-9.

[3]蔡跃洲. 数字经济的国家治理机制——数据驱动的科技创新视角. 北京交通大学学报(社会科学版),2021,2:39.

[4]张晓林,梁娜. 知识的智慧化、智慧的场景化、智能的泛在化——探索智慧知识服务的逻辑框架. 中国图书馆学报,2023,49(265):4-18.

[5]魏玺,甄峰,孔宇. 社区智慧治理技术框架构建研究. 规划师,2023,39(3):20-26.

[6]冶运涛,蒋云钟,梁犁丽,等. 数字孪生流域:未来流域治理管理的新基建新范式. 水科学进展,2022,5:0683.

[7]朱思宇,杨红卫,尹桂平,等. 基于数字孪生的智慧水利框架体系研究. 水利水运工程学报,2023,7:68-74.

[8]曲纵翔,丛杉. 论算法驱动下的数字界面及其场景化. 学习论坛,2022,5:0050.

[9]冯钧,朱跃龙,王云峰,等.面向数字孪生流域的知识平台构建关键技术.人民长江,2023,54(3):229-235.

[10]黄天意,周晋军,李雅君,等.六种预测模型在北京市城市生态环境用水短期预测中的比较.水利水电技术(中英文),2022,53(3):119-133.

[11]段衍衍,杨树滩,杨涛,等.基于不确定性分析的工业需水概率预测模型在南通市工业需水预测中的应用.水电能源科学,2015,33(1):23-25.

[12]张志果,邵益生,徐宗学.基于恩格尔系数与霍夫曼系数的城市需水量预测.水利学报,2010,41(11):1304-1309.

[13]马黎华,康绍忠,粟晓玲,等.农作区净灌溉需水量模拟及不确定性分析.农业工程学报,2012,28(8):11-18.

[14]温进化,王贺龙,王士武.南方多水源灌区农业灌溉用水量监测及统计研究.西北大学学报(自然科学版),2020,50(5):755-760.

[15]郑世宗,贾宏伟,崔远来.区分工程状况与管理水平影响的渠系水利用效率指标体系的构建.农业工程学报,2013,29(18):1-7.

[16]崔远来,熊佳.灌溉水利用效率指标研究进展.水科学进展,2009,20(4):590-598.

[17]崔远来,龚孟梨,刘路广.基于回归水重复利用的灌溉水利用效率指标及节水潜力计算方法.华北水利水电大学学报(自然科学版),2014,35(2):1-5.

[18]王贺龙,温进化,杨才杰,等.基于水循环模拟的多水源灌区灌溉用水量计量统计方法:CN202111367538.2.2022-03-18.

[19]王士武,华一安.基于模式识别的塘坝复蓄次数确定方法及装置、电子设备:CN202310326051.2.2023-04-28.

[20]许迪,刘钰,李益农,等.现代灌溉水管理发展理念及改善策略研究综述.水利学报,2008(10):1204-1212.

[21]黄修桥,康绍忠,王景雷.灌溉用水需求预测方法初步研究.灌溉排水学报,2004(4):11-15.

[22]童坤,耿雷华.不同频率与多年平均农田单位灌溉面积用水量折算方法研究.长江科学院院报,2018,35(2):23-27.

[23]童芳芳,郭萍.考虑径流来水不确定性的灌溉用水量预测.农业工程学报,2013,29(7):66-75.

[24]刘丽,迟道才,李帅莹,等.基于灰色组合模型的参考作物腾发量预测.人民长江,2008(19):32-34.

[25]常迪,齐学斌,黄仲冬.区域农业灌溉用水量预测研究进展.中国农学通报,2017,33(31):1.

[29]许开平,余国晨,刘一衡,等.基于水资源综合承载指数的金华市承载力预警机制探索.中国水利,2020(21):48-50.

[30]王贺龙,李其峰,温进化,等.基于水库资产分配的水库行业水权分配研究.水力

发电学报,2019,38(3):83-91.

[31]班璇,师崇文,郭辉,等. 气候变化和水利工程对丹江口大坝下游水文情势的影响. 水利水电科技进展,2020,40(4):1-7.

[32]郭文献,王鸿翔,徐建新,等. 三峡梯级水库对长江中下游水文情势影响研究. 中国农村水利水电,2009(12):7-10.

[33]王士武,温进化,郑建根,等. 浙江省梯级水库水资源合理配置与调度实践研究. 北京:中国水利水电出版社,2017.

第7章　智慧节水平台研发与应用示范

7.1　智慧节水平台研发

7.1.1　研发思路与关键技术

智慧节水平台的研发工作，基于物联网、大数据、云计算和移动互联的新一代信息技术，充分利用多源信息资源，开展节水信息的采集、传输、存储、处理和服务，推动二元水循环过程决策科学化、管理精细化。

按照节水管理的需求，智慧节水平台以“对象全覆盖、过程全在线”为目标，以监测感知、数据资源管理与服务、业务应用、移动应用、公共服务、安全保障等功能为重点，开展精细化智慧节水综合管理平台的研发。其主要内容应包括但不限于以下几点。

(1)结合行业管理规范，建立标准、规范、可溯源的智慧用水管理数据库。开发数据资源服务模块，提供基于云的实时监测数据与接入的非实时数据的查询、统计，数据更新服务，报表生成等功能，并具有不定期地对基础地理数据进行更新的机制。

(2)利用现有网络资源，构建节水管理部门与多种水源、多类用水户之间数据交换的安全网络通道，形成完备的数据更新机制与数据共享机制。

(3)基于业务需求和应用需求，开发水量预测预报、水资源调控与优化调度、用水管理、配水管理、排水管理、精细化分析与成效评估等多功能模块，实现社会水循环全过程智慧化、精细化管理。

(4)面向社会公众服务需求，研发移动应用小程序，促进智慧节水向面向公众、便捷高效的实用化转变。

平台研发设计的关键技术包括以下内容。

(1)地理信息(GIS)技术。地理信息系统，结合地理学与地图学以及遥感和计算机科学，已经被广泛地应用在不同的领域，是用于输入、存储、查询、分析和显示地理数据的计算机系统，随着GIS的发展，也有称GIS为“地理信息服务”。GIS是一种基于计算机的工具，它可以对空间信息进行分析和处理(简而言之，就是对地球上存在的现象和发生的事件进行成图和分析)。GIS技术把地图这种独特的视觉化效果和地理分析功能与一般的数据库操作集成在一起。GIS与其他的信息系统最大的区别是对空间信息的存储管理分析，从而使其在广泛的公众和个人企事业单位中解释事件、预测结果、规划战略等中具有实用价值。

（2）倾斜摄影技术。倾斜摄影技术是国际摄影测量领域近十几年发展起来的一项高新技术。该技术通过从一个垂直、四个倾斜、五个不同的视角同步采集影像，获取到丰富的地物顶面及侧视的高分辨率纹理。它不仅能够真实地反映地物情况，高精度地获取物方纹理信息，还可通过先进的定位、融合、建模等技术，生成真实的三维模型。该技术已经被广泛应用于应急指挥、国土管理等行业。

（3）云存储技术。云存储是一种网上在线存储的模式，即把数据存放在托管的多台虚拟服务器，而不是单独的服务器上。数据中心根据客户的需求，在后端准备存储虚拟化的资源，并将其以存储资源池（storage pool）的方式提供，客户便可自行使用此存储资源池来存放文件或对象。实际上，这些资源可能被分布在众多的服务器主机上。云存储这项服务透过Web服务应用程序接口（API），或是透过Web化的用户界面来访问。

（4）大数据分析技术。大数据分析是通过创建数据挖掘模型，对海量广维数据进行试探和计算的数据分析手段。大数据挖掘算法多种多样，且不同的算法因基于不同的数据类型和格式，会呈现出不同的数据特点。一般来讲，首先，分析用户提供的数据，然后针对特定类型的模式和趋势进行查找，并用分析结果定义创建挖掘模型的最佳参数，并将这些参数应用于整个数据集，以提取可行的模式和详细的统计信息。预测性分析，是大数据分析最重要的应用领域之一，通过结合多种高级分析的功能（特别是统计分析、预测建模、数据挖掘、文本分析、实体分析、优化、实时评分、机器学习等），达到预测不确定事件的目的。帮助用户分析结构化和非结构化数据中的趋势、模式和关系，并运用这些指标来预测将来的事件，为采取措施提供依据。

（5）Spring Cloud。Spring Cloud是一个基于Java Spring Boot实现的服务治理框架，在微服务架构中用于管理和协调服务的微服务：就是把一个单体项目，拆分为多个微服务，每个微服务可以独立技术选型，独立开发，独立部署，独立运维；并且，多个服务相互协调、相互配合，最终完成用户的价值。Spring Cloud是一系列框架的有序集合。它利用Spring Boot的开发便利性巧妙地简化了分布式系统基础设施的开发，如服务发现注册、配置中心、消息总线、负载均衡、断路器、数据监控等，都可以用Spring Boot的开发风格做到一键启动和部署，非常适用于系统平台的微服务开发工作。

7.1.2　全过程节水管理与关键技术

全过程节水管理是指以智能终端设备为基础，结合卫星遥感、5G技术、大数据、人工智能等手段，结合来水预报、供水管理、用水服务、节水评价等应用需求，通过构建多时空一体化的感知体系，将各类型感知设备（还是数据）纳入智慧节水管控平台，基于完整的数据信息，开展对水源地、水厂、污水处理厂的全面管控，对供水管网及大用水户供用水过程实时监控、计量，对再生水收集与利用、节水效果等内容在终端同步实时显示。在相关模型的支持下,实现设备运行管理清晰可查、数据成果可溯源,形成全方位、全过程的智慧节水管理体系。

全过程节水管理及其关键技术见图 7.1 所示。

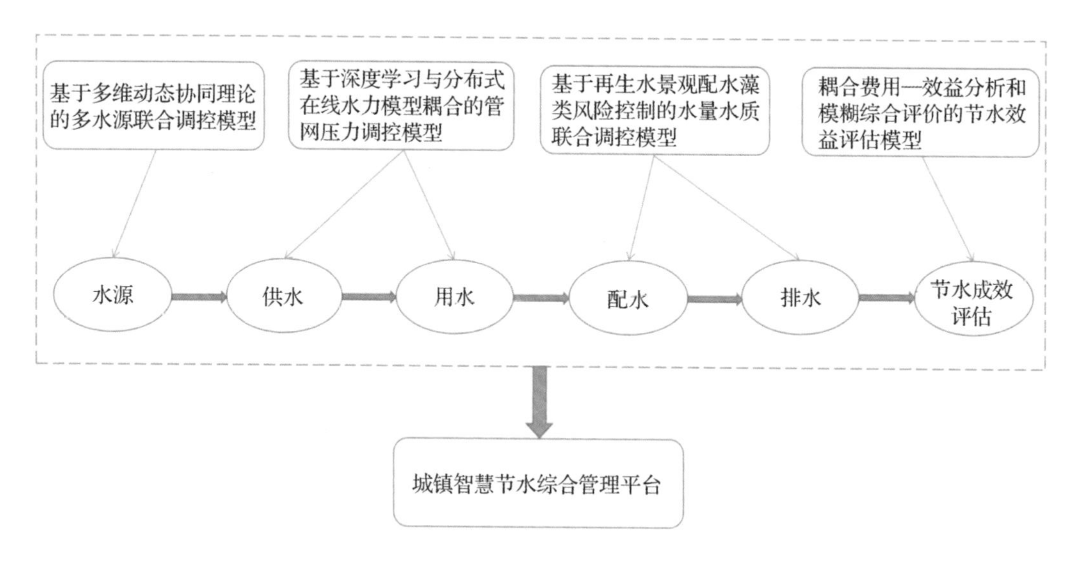

图 7.1　模型支撑下的全过程节水管理

(1)水资源调度与控制技术。针对由资源—社会经济—生态环境组成的复杂水资源系统,研究由总体配置方案、运行调度规则、实时调度模型构成的水资源全过程调控模型体系。智慧节水平台通过接入水源、水厂和用水户的基础数据与实时监测数据,集成水资源全过程调控模型体系,为水资源优化配置和科学调度提供决策支持。

(2)供水管网漏损识别技术。针对依靠人工经验,结合相关设备监测管网漏损方法存在的响应不及时、工作效率低等问题,将流量计和压力计在线信息接入智慧节水平台。平台系统基于供水管网分布、监测设备信息、供水管网分区信息,通过设定的预警阈值,实现水量、水压或水质监测设备实时超限和在线预警;集成基于深度学习与分布式在线水力模型耦合的管网压力调控模型,对出现问题的管段进行漏损识别与定位,为漏损智能监测提供基本依据。

(3)水量水质联合调控技术。根据小流域季节性缺水和水质改善难的问题,基于水量水质改善双目标,采用水量水质联合模拟技术,分析确定优化引配水格局和调度方案。平台系统通过接入小流域河道实时水位、气温、降雨量、叶绿素浓度等数据,基于水量水质联合调控模型,根据水量水质调控目标、多种水源实际水量水质和河道实时水位进行精准调度,降低生态配水运行管理成本,提高水资源节约集约利用和精细化智慧化调度水平。

(4)节水综合成效评价技术。在单个环节与单过程评价的基础上,按照评估流程可通用、指标体系可适应、节水收益可量化、评估结果可采信的要求,提出费用—效益分析与模糊综合评价技术相耦合的节水综合成效评价技术,并能适用于不同的应用场景。平台系统应提供“取水—供水—用水—排水—回用”全过程节水行为产生节水效果涉及的信息共享、分析统计、动态评价、决策支撑服务，通过反馈和建议，为全过程节水精细化管理提供依据。

7.1.3 “互联网＋节水”移动端管理与关键技术

“互联网＋”是指通过互联网的自身优势，对传统行业进行优化升级转型，传统行业能够适应当下的新发展，从而最终推动社会不断地向前发展。开发“互联网＋节水”移动端管理应用，是对节水管理在移动端应用方向上的有益探索。其中的关键技术举例如下。

（1）用水实时在线查询与分析技术。根据用户需求，定制用水量实时查询与超额用水提醒，及时发现用水异常，避免漏水等问题的发生；并可拓展到其他的民生行业，对不同用水户的用水量设置警示线，如独居老人无用水时发送亲友信息提醒等，同时开展企业用水状况与产业信息关联分析，区域用水量与产业优化布局分析等，拓展计量用水数据与政务、民用和商用的融合应用。

（2）水文站全景三维浏览技术。研究多细节层次模型逐步自适应加载技术，使用户可流畅地通过手机浏览兴趣地的全景，同时开发数据快速加载技术，添加点、线、面等矢量数据，以及相应的属性信息，快速形成可视化汇报方案，日常可用于节水科普宣传，让用户对水文站、水厂等有直观感性的认识；应急时快速加载无人机航拍数据，为决策管理者提供直观的实地实时的影像和数据。

7.2 智慧节水平台的总体技术路线

7.2.1 平台的总体技术架构设计

系统总体架构（图7.2）是系统的核心，充分考虑架构的健壮性、可扩展性、可互操作性、稳定性、可移植性和安全性等因素，结合项目的具体的建设内容及要求，将系统总体逻辑架构自下至上分为数据采集体系、传输网络、平台层、应用层和用户层，同时，标准规范体系和运维管理体系贯穿整体系统。

系统采用J2EE架构，采用Vue框架作为前端展示框架，Spring MVC框架作为后端支持框架，使用一体化进行业务设计整合，以通用性、稳定性为主导，进行分层设计和开发，横向以功能类别为导向，纵向以服务内容为导向，逐级设计，逐步细化各组件的颗粒度。设计中主要考虑以下几点。

（1）在设计时按应用需求和功能合理划分软件的层次结构，上层的实现基于下层的功能和数据，并且使同层间的功能的耦合度达到最小。

（2）在同一层次结构中，按功能相关性和完整性的原则，把逻辑功能和信息交换紧密的部分以及在同一任务下的处理过程放在同一功能组件包中。

(3)功能组件与系统主控部分有很强的接口能力,使组件具有可拆卸性,以便于实现对单个组件的更新和不断优化。

(4)可扩展性强,各功能模块以组件式开发,以供将来应用系统的调用,并方便今后的扩展开发。

(5)尽量达到应用层与功能层分离,应用层只负责用户界面和功能调用逻辑的实现,以大大简化平台上各应用的实现,并真正实现功能的共享。

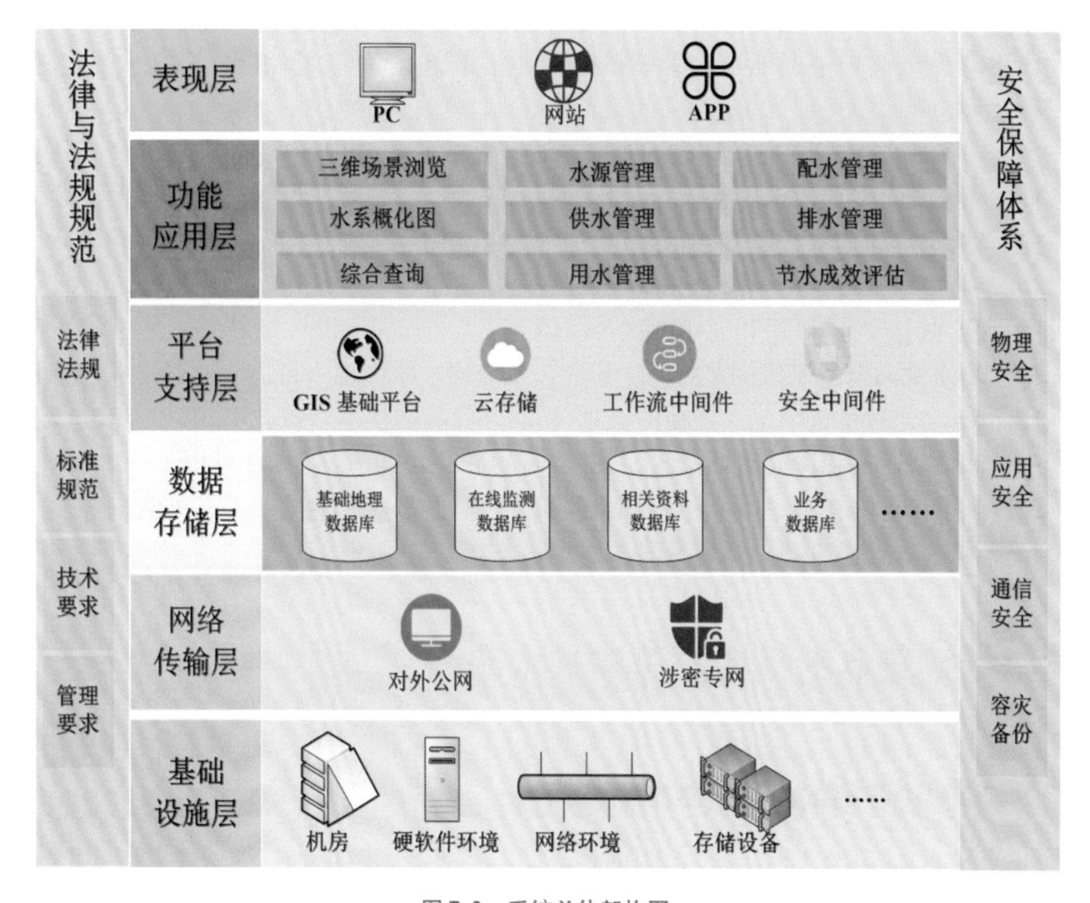

图 7.2　系统总体架构图

系统建设框架由基础设施层、网络传输层、数据存储层、平台支持层、功能应用层和表现层等 6 个具有内在联系、层次结构分明的层级有机组成。

(1)基础设施层:包括操作系统、数据库等软件平台,以及服务器、存储设备、电源设备、网络资源和网络安全设备等硬件支撑环境。

(2)网络传输层:是信息采集与数据存储间的桥梁,包括对外公网和涉密专网。涉密专网用于内部保密数据的传输。

(3)数据存储层:主要提供整个平台系统的数据以及各种基础数据的存储和管理。这一层的服务是整个系统运行的基础,尽管会随着业务模式在未来的变换中有所拓展,但主要部分或模块在未来的处理系统中可进行复用。数据存储层主要包括基础地理数据库、在线监测数据库、相关资料数据库、系统业务数据库等。

数据存储层的实现方式包括：以 SOA 方式访问网络服务；直接访问数据库；利用持久层 ORM 框架来管理数据库的操作；并且用视图和存储过程等手段，屏蔽前端复杂的应用业务逻辑，以及数据传递利用 MQ 等消息中间件和在缓存中处理等方法。

（4）平台支持层：为支撑专门业务所提供的平台支持服务，包括 GIS 基础平台、云计算、云存储、工作流中间件、安全中间件等。GIS 基础平台采用 ArcGIS 平台作为首选 GIS 开发平台，并将基础的 GIS 查询、统计、分析等功能进行二次开发封装，以服务化的方式通过系统服务总线将各项功能提供给平台自身或者业务系统使用。

（5）功能应用层：主要提供面向最终用户使用的各类服务，其内容包括信息综合查询、水源管理、供水管理、用水管理、排水管理、节水成效评估等业务功能。该层具体实现用户对系统使用的业务需求，并且包括用户对系统信息的查询、统计，以及信息的添加、修改和删除，以及系统用户的管理、数据的安全备份、图形表格的生成等功能。这个服务层次主要依赖于用户的需求，可以根据用户的需求做进一步的扩展和定制。业务层由一系列 Service 组成，主要进行业务处理。每个 Service 是一组紧密关联的业务功能，这些业务功能调用数据存储层接口来完成持久化，具体可利用 Spring Cloud 框架实现。

（6）表现层：主要包括人机交互服务和输入输出服务等。这一层次的服务和其他服务都有一定的相关性，但也具有很好的复用性，可以根据操作需求、设备需求的变化进行升级改造。表现层是用户使用系统的门户，按照风格统一、界面友好、简洁、方便用户使用等设计标准通过网络终端的浏览器进行浏览。表现层主要包括 PC 端、网站、APP 等。在表现层，具体实现使用 Vue 框架，ajax 方式调用，表现层与后端数据的传输采用 json、XML 或实体绑定。

7.2.2 系统部署架构设计

在物联网的环境下，大规模采集节水信息数据，必然发生海量数据存储、海量服务并发和海量用户访问的问题。应用传统的信息系统实现手段，将无法通过原始数据进行数据挖掘和知识发现，也不能满足高效、可接受的系统功能与性能响应。系统的应用部署本着满足业务需求、合理配置、充分发挥设备性能的原则，既要很好地保证系统发挥信用信息的收集、处理、交换等应用功能，又要充分保证应用系统和信息数据的安全。根据不同应用系统的功能来实现业务需求，在信息采集区部署信息采集服务器，在数据交换区部署数据交换前置机，在应用服务区部署应用系统，在安全管理区部署网管服务器、备份服务器、杀毒服务器、安全管理服务器、安全管理堡垒机、漏洞扫描服务器。整个部署架构从计算资源、存储资源、网络资源、管理资源、备份资源、安全及灾备等全面保驾护航。

（1）系统部署结构

系统部署的架构采用共有云服务和自有服务器资源相结合的方式。系统的基础设施服务基于云平台的资源，实现基础资源按需分配与动态扩容，满足系统建设所需的计算资源、存储资源与网络资源调配和使用,降低服务运营的成本。对于高访问量、高应用率的服务或者保密敏感数据,则可以选择放置在自有的私有服务器资源,以提高服务效率和达到数据保密的目的。采用共有云服务和自有服务器资源相结合的部署方式可以达到降低服务器的成本、增加存储和可扩展性、提高可用性和访问能力、提高敏捷性和灵活性、获得应用集成的目的。

需要考虑服务的高可用、负载均衡与异构服务的快速集成与发布,可采用微服务管理平台进行统一的维护管理。微服务管理平台需具备服务统一监控、快速发布、资源隔离与快速启动等特性,需能提供统一的微服务监控管理页面,实现服务状态的一体化管理与监控。

(2)系统部署框架

系统的应用部署图见图7.3。

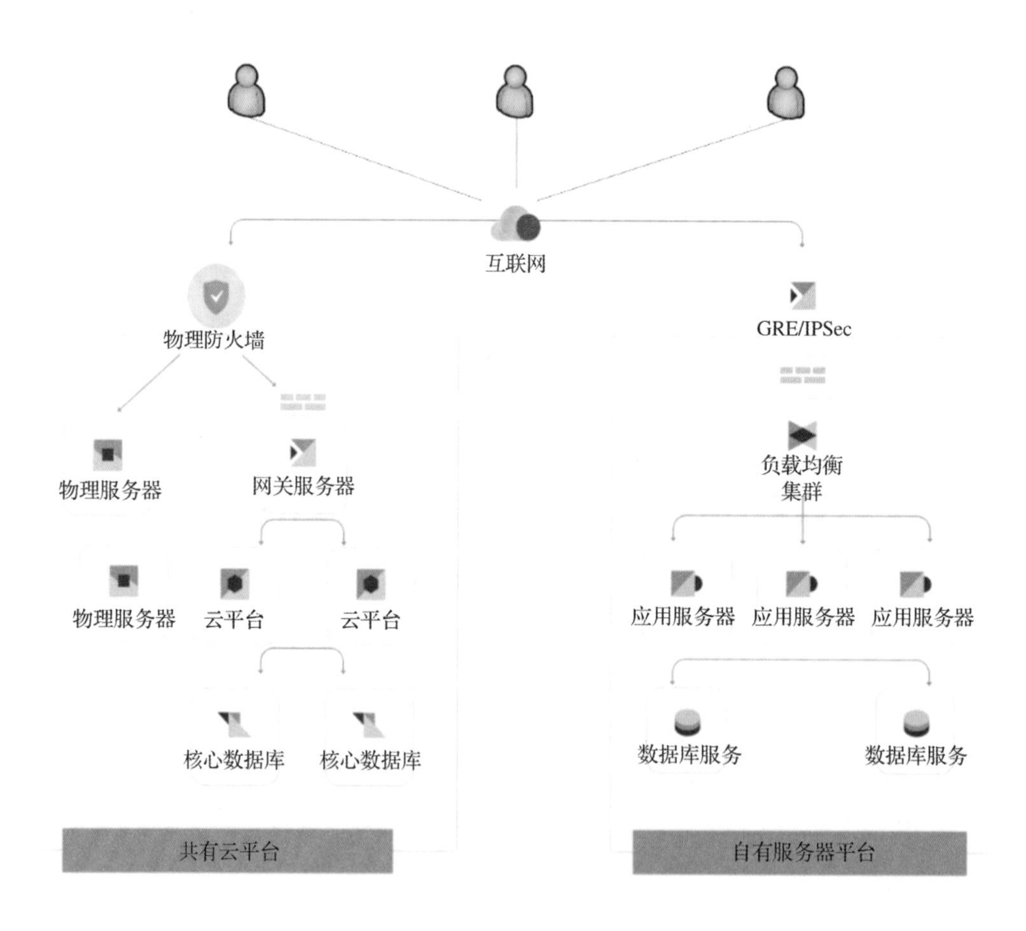

图7.3　系统的应用部署图

7.2.3　系统安全架构设计

系统安全体系的设计目的是保证网络信息系统的安全保密,以满足网络安全运行、信息安全保密的要求。具体见表7.2。

表7.2　系统安全目标

安全目标	内容描述
身份真实性	能对通讯实体身份的真实性进行鉴别
信息机密性	保证机密信息不会被泄漏给非授权的人或实体
信息完整性	保证数据的一致性,能够防止数据被非授权用户或实体建立、修改和破坏
服务可用性	保证合法用户对信息和资源的使用不会被不正当地拒绝
不可否认性	建立有效的责任机制,防止实体否认其行为
系统可控性	能够控制使用资源的人或实体的使用方式
系统易用性	在满足安全要求的条件下,系统应当操作简单、维护方便
可审查性	对出现的网络安全问题提供调查的依据和手段

系统安全体系的设计将严格遵循国家信息系统等级保护和涉密信息系统分级保护的有关规定和标准规范的要求,坚持管理和技术并重的原则,将技术措施和管理措施有机结合,建立信息系统综合防护体系,提高信息系统整体安全保护的能力。系统安全体系通常为一个四维结构,包括协议层次、安全服务、系统单元和安全机制。系统安全体系结构见图7.4所示。

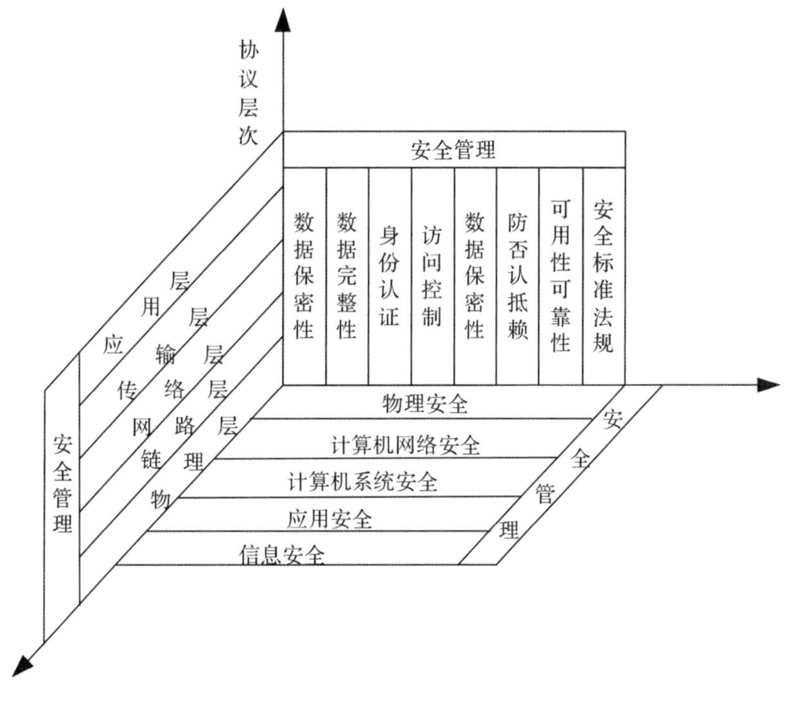

图7.4　系统安全体系结构

7.2.3.1 网络和传输安全

通过安全域划分、虚拟防火墙、VXLAN 等软件定义网络进行网络隔离,避免不同平面的网络间的相互影响。通过 HTTPS 等安全通信协议、SSL/TLS 等安全加密协议保证传输安全。通过 VPN/IPSec、VPN/MPLS 等安全连接方式保证网络连接的可靠性。通过安全组、防火墙、IPD/IDS 等保证边界安全,同时对进出各类网络行为进行安全审计。通过对通信的网络流量进行实时监控,针对 DDoS、Web 攻击进行防御,实现对流量型攻击和应用层攻击的全面防护。

7.2.3.2 数据和应用安全

在存储、备份和传输过程中应该对数据进行加密,防止数据被篡改、窃听或者伪造。通过数字签名、时间戳等密码技术保证数据的完整性,并在检测到完整性被破坏时采取必要的恢复措施。使用安全接口和权限控制等手段对数据访问权限进行管理,从而避免敏感数据的泄露。

7.2.3.3 访问和认证安全

通过基于密码策略、基于角色的分权分域等方式对访问进行控制,防止非授权或越权访问。采用随机生成、加密分发、权限认证方式进行密钥的生成、使用和管理,避免因密钥丢失导致的用户无法访问或数据丢失的风险。

7.2.3.4 其他安全

其他安全包括但不限于保障主机等基础设施的安全以及通过日志审计等方式对系统进行统一管理。

1. 身份认证

身份认证是系统安全的第一步,必须把非法用户挡在系统之外;应用系统有 4 种身份认证方式。

(1)系统用户口令管理:使用用户口令进行用户身份认证是基本的系统身份认证方式;为了加强保密能力,把用户口令和数据库用户名等主要数据采取 MD5 算法进行加密,防止密码的非法窃取。

(2)动态口令接口:动态口令是一种安全方便的身份认证方式,动态口令认证系统由认证服务器和客户端动态口令令牌两部分组成。令牌卡上显示的数字为随机数,每隔 60 秒变化一次。每个令牌卡有一个唯一的标识,而唯一性是整个产品所提供的安全性的基础。在用户提示符下键入用户名,然后在口令提示符下输入令牌卡上正在显示的口令,就完成了整个系统的登录。认证服务器系统接收到登录口令后做一次验算,即可确认用户的合法性,从而提高身份认证的安全性。

(3)LDAP 接口:LDAP(Lightweight Directory Access Protocol)是一个标准的、开放的协议,在各种平台上都有实现的服务器和标准接口,通过这些标准的接口(大多采用 API 的方式),可以与 LDAP 服务器提供无缝连接。通过 LDAP 服务器认证的用户登录,系统把用户名、口令通过 API 接口传送给指定的 LDAP 服务器,由 LDAP 服务器返回验证结果,也可通过 LDAP 服务器取出该用户应拥有的权限等信息。

(4)安全套接字层(SSL)是一种通过对在服务器和Web用户间传递的数据进行加密以保护数据的安全性协议,必须在服务器上设置SSL。对用户名及密码的敏感的数据进行SSL加密。SSL提供以下的安全性保障。

①数据出入客户机时被加密,所以可保证事务的安全。

②数据带一个编码消息摘要,并且此编码消息摘要会检测出任何对消息的篡改。

③数据带有服务器验证字,以使客户机相信此服务器的身份是可靠的。

④建议在Web服务器上设置数据带有客户机验证字,以使服务器相信此客户机的身份是可靠的。

2.权限管理

在系统中,每个用户都有自己的角色,不同的角色对应不同的权限。通过对身份认证来识别用户的角色,通过权限矩阵来控制用户的操作权限,这是系统安全的关键,也是身份认证的目的所在。权限管理就是让合法的人通过合法的方式操作合法的数据,而将那些不合格的操作禁止。以下是平台系统经常会使用的权限管理方式。

(1)系统验证、角色管理

系统验证是访问控制的主要形式之一,系统可以根据用户身份和角色信息确定用户所能使用的程序模块,把用户权限范围之外的功能和数据进行过滤,保证每个人只能操作自己角色权限范围内的数据。用户的单位信息、机器地址等信息在访问控制中被合理利用往往也可以起到意想不到的好处。

(2)数据库控制

数据库是系统核心机密之所在,是访问控制的重点目标。数据库的安全控制主要从以下几点考虑:严格控制每个用户的系统权限,特别是数据库管理员的权限;严格控制数据的访问授权,任何授权都必须严格审查;严格控制拥有DBA权限用户的密码,采用定期更换密码等方式增加密码的安全性;提高数据库系统的日志级别,记录数据库上的重要操作。

3.关键数据加密

对系统中的一些关键数据,如用户的密码、重要的监测数据等,可采用MD5、SHA、DES、AES、RSA等加密算法。

4.系统关键操作审计

审计是保证系统安全的主要手段之一,是一种监督的手段。本系统主要通过以下几种方式进行监督审计。

(1)操作系统、数据库的审计

操作系统和数据库都提供了比较充分的审计手段,Oracle的归档模式(archive)可以记录非常仔细的操作记录。启用Oracle的审计功能,监视用户对Oracle数据库所做的各种操作。同时,操作系统的审计级别可以根据实际情况调整,达到安全和效率的平衡。

(2)应用系统的审计

应用系统可以提供操作员系统操作记录全流程的操作记录。比如:登录情况、操作内容、修改记录等。应用系统同应用服务器配合,可以达到多重审计的功能。可以根据操作数据或操作人员等多种线索进行查询和统计。

(3)审计内容统计、监督

系统对在应用系统内产生的审计内容提供了方便的统计、查询功能,以便发挥审计内容的监督作用。统计结果对系统监察、系统调整、了解业务的宏观情况都有极大的帮助。

5. 数据备份和恢复

建立数据备份和恢复方案,制订完善的数据备份、恢复计划,在系统出现故障时可以快速地恢复。

结合自动备份软件和磁带库技术,通过设置备份策略,实现数据的自动定时备份,以保证数据的安全性。

7.2.4 移动端小程序的设计

随着移动互联的不断普及,手机版应用程序越来越得到大家的青睐。作为一种轻量级的应用程序,移动端小程序不需要下载安装即可使用,并可为用户提供更便捷高效的个性化定制服务,实现了更方便的用户体验。

从开发者的角度看,小程序开发语言普遍采取 JavaScript + JSON,通过一定的框架和 API,即可快速完成一款小程序的开发。从用户的角度看,小程序充分考虑了用户体验,简化了操作流程,降低了使用门槛。用户只需通过微信等平台,即可快捷方便地使用小程序。

未来的移动端小程序将朝着便捷化、专业化、集成化和云端化的方向发展,以更好地满足用户和开发者的多样化需求。

7.2.4.1 移动端小程序的架构特点

移动端小程序的主要特点如下。

- 采用前后端分离技术,后台负责业务逻辑和数据接口,前台负责页面设计和交互展现,前后台通过数据约定进行数据对接,可实现快速开发项目、开发问题迅速定位,前后端分离式部署。前端架构采用 Vue + Vant3,框架轻量,样式美观,打包后较小,能在多个服务器上运行。后台采用 Spring Boot + Security 的标准框架,能够减少底层逻辑,使开发人员更专注于业务逻辑的开发。
- 使用 Vue + openlayers 新地图组件开发模式,使项目开发简单、易上手,地图页面和非地图页面都能进行模块化开发。
- 一般使用 Nginx 部署,只对外开放 1515 端口,使用 WEB 应用防火墙、网页防篡改、网站安全监测和数据库容灾等技术,保证了服务器的安全性、可靠性。

下面以“互联网 + 节水”移动端的应用为例,介绍其总体架构、逻辑结构和物理结构。

1. 总体架构

总体架构见图 7.5。

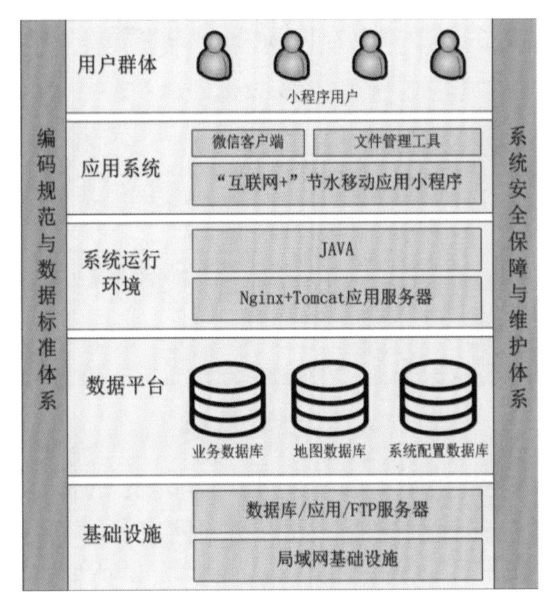

图 7.5 项目的总体架构

(1)基础设施:包括互联网、数据库服务器、应用服务器、云服务器等硬件基础设施。

(2)数据平台:主要为业务数据库和地图数据库。其中,业务数据库用于存储用户的各种数据接口需要使用的信息;地图数据库用于存储地图空间数据。

(3)系统运行环境:使用本系统前后端分离模式开发,以中小型软件服务器 Tomcat 作为系统后台运行的网络服务器,以 Nginx 作为前端运行服务器,对外只开发前端端口,保证系统的安全性。统基于 IDEA 开发平台,在 Spring 等 J2EE 框架下,采用 JAVA、JSP、JavaScript 等开发语言和标记语言实现系统的开发。

(4)应用系统:最终成果为互联网节水应用平台,通过微信小程序或浏览器访问指定地址即可。

(5)用户群体:所有使用节水小程序的用户。

2. 逻辑结构

逻辑结构(图 7.6)分为三层:基础设施层、数据管理层、应用层。

(1)基础设施层:指存放系统的硬件设施等,本系统采用本地服务器或云服务器和数据存储设备作为系统的基础设施层,并在此基础上进行系统的部署。

(2)数据管理层:指数据库的物理存储层,存储用户信息、角色信息和业务信息。

(3)应用层:为系统功能的具体体现,包括主页、地图页面、开发接口等。

3. 物理结构

移动应用小程序平台可被部署在云服务器中,方便用户使用不同的终端,通过互

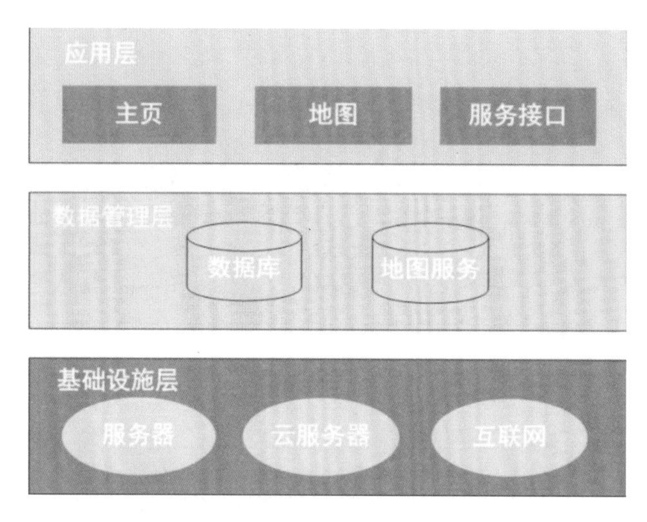

图 7.6　逻辑结构图

联网进行访问。平台需要使用防火墙技术和代理技术,外部设备不能直接接入物理网络,必须经过防火墙或代理服务器才可以访问网络,防火墙保证平台不受恶意攻击。使用防火墙,一方面是防止来自 Internet 的攻击,保护各服务器不受来自外部的进攻;另一方面防止内部非授权用户从内部其他网段对服务器的攻击,保护服务器不受来自内部的进攻。使用代理访问,服务器对外只开放一个前端访问端口(1515),减少系统被攻击的风险,提高系统的安全性。物理结构见图 7.7。

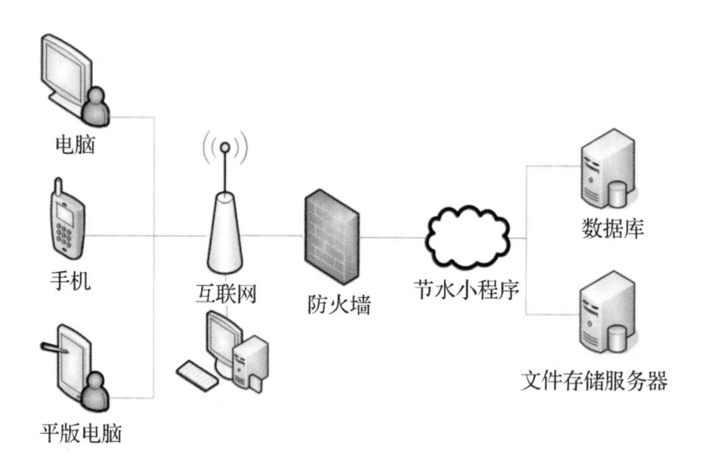

图 7.7　物理结构图

7.2.4.2　移动端小程序的前后端技术

平台使用 B/S 结构(Browser/Server,浏览器/服务器模式),采用前后端分离的开发模式。前端主要负责数据展现和页面交互。后端负责做业务/数据处理等,并提供数据接口供前端调用。这种分离的开发模式实现了前后端代码的解耦,有助于提高开发效率,增强代码的可维护性。

(1)前端

前端采用 Node. js + Vue + Vue-Router + Axios + Vant + Web Uploader 搭建前端框架。

Node. js 是一个基于 Chrome V8 引擎的 JavaScript 运行环境,用于方便地搭建响应速度快、易于扩展的网络应用。Node 使用事件驱动、非阻塞 I/O 模型,对于高并发的问题,使用单线程模式,对所有 I/O 请求采用异步式的方式。因此,其轻量和高效,适用于实时数据的交互应用,能为 JavaScript 提供良好的运行平台。

Vue 作为当前主流的前端开发渐进式框架,具有轻巧、高性能的优点。其可以自低向上逐层应用,提供了响应式和组件化的视图组件,能够及时进行数据响应,非常有助于项目的组件化开发和单元测试,能够快速定位开发过程中的问题,非常适用于构建交互式的应用;同时配合 Vue-Router 作为路由组件,方便前端页面各种路由定义及跳转;使用 Vuex 管理数据状态,方便 Vue 进行组件化开发时进行数据共享和传递;使用 Axios 向后台发起数据请求,并做请求的响应和拦截。

Vant 作为一个前端 UI 框架,与 Vue 的适应性高,拥有一套非常丰富和美观的前端组件,例如按钮、表单、轮播图、时间选择器,能够保证界面风格的简洁与统一,具有良好的用户体验性和交互性。

Web Uploader 作为一个以 HTML5 为主、以 FLASH 为辅的现代文件上传组件,采用分片与并发结合,将一个大文件分割成多块,并发上传,极大地提高大文件的上传速度,并能够更加实时地跟踪上传进度;而且支持多浏览器兼容,支持多文件上传、类型过滤,能够保证平台文件上传、管理的所需。

前端页面结构数据模型如图 7.8 所示,页面整体设计采用单页面,遵循 MVVM 模型设计页面。页面上,每个功能模块都以组件化的方式存在,在页面中根据需要组装不同的组件。组件共用的数据通过 Vuex 共享数据状态。

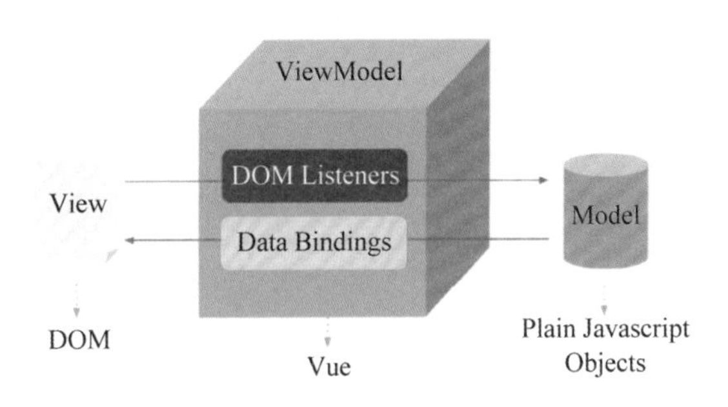

图 7.8　View-View Model-Model 模型

View:页面布局使用 Vant 的 Layout 布局,页面公共组件采用 Vant 组件库。页面 CSS 使用 sass 做预处理,采用代码化方式编写 CSS,负责将数据模型转换为 UI 展现出来。

ViewModel:使用 Vue 对象进行数据双向绑定,联系 view 层和 model 层,并控 Sentinel2 制页面的交互行为。

Model:使用 Axios 请求后台数据,定义数据修改和操作的业务逻辑。

基于 Vue-Router 做路由管控。首先,router 路径的定义要有一定的命名意义。其次,应将它们统一写到一个类似于 router. js 中。然后,所有的路由必须经过一道权限管控,对于无权访问的路由地址进行前端拦截。

平台使用的前端技术如图 7.9 所示,前端在 Node. js 环境中运行,框架由 Vue 搭建,使用了 Vue-Router 控制前端的路由,请求数据使用了 Axios 组件。统一使用了 Vant 样式。该样式组件轻便,美观,被大众普遍接受。地图展示使用的是 openLayers,该组件具有功能强大、展示地图效率快等特点,而且对接入 GeoServer 发布的地图服务有巨大的优势。

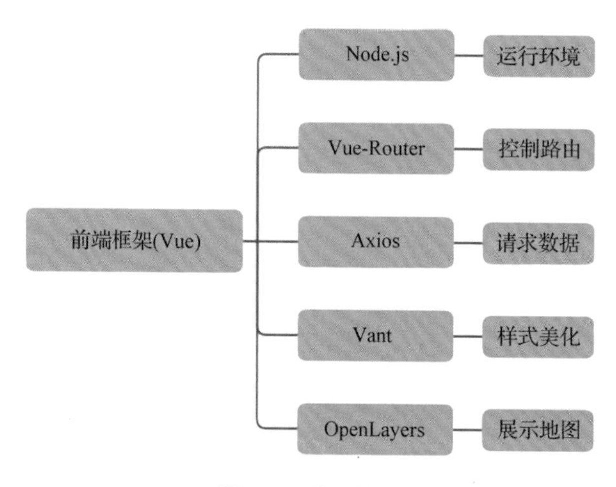

图 7.9　前端技术

(2)后端

后端使用 Spring Boot 框架作为基础框架,结合 Spring MVC 和 MyBatis 作为搭建 WEB 框架,使用 Spring Security 进行用户认证和权限管理,使用标准 REST 风格的 URL 进行访问。Spring 目前是比较流行的 WEB 应用后台框架,使用 Spring 构建功能完备的后台服务。如果需要集群部署,Spring Boot 可以很方便地与 Spring Cloud 集成,快速构建集群。

后端文件存储使用 FastDFS。FastDFS 是一个开源的分布式文件系统,主要用于对文件进行管理,功能包括:文件存储、文件同步、文件访问(文件上传、文件下载)等,解决了大容量存储和负载均衡的问题。文件索引存储在数据库中,通过文件索引可以快速检索文件。

平台使用的后端技术如图 7.10 所示,后端使用 Java 语言,使用 Spring Boot 搭建框架,通过简化配置来进一步简化了 Spring 应用的整个搭建和开发过程;Spring Security 对于 Web 应用的安全性,如用户认证(是否是合法用户)和用户授权(是否具有某种权限)都提供了很好的支持,Spring Cloud 是通过 Spring Boot 风格进行再封装,屏蔽掉了复杂的配置和实现原理,最终给开发者留出了一套简单易懂、易部署和易维护的分布式系统开发。MyBatis 使用简单的 XML 或注解来配置和映射原生信息,将接口映射成数据库中的数据。Geotools 提供了一系列符合规范的操作地理空间数据的方法,方便系统对地图空间数据进行操作。

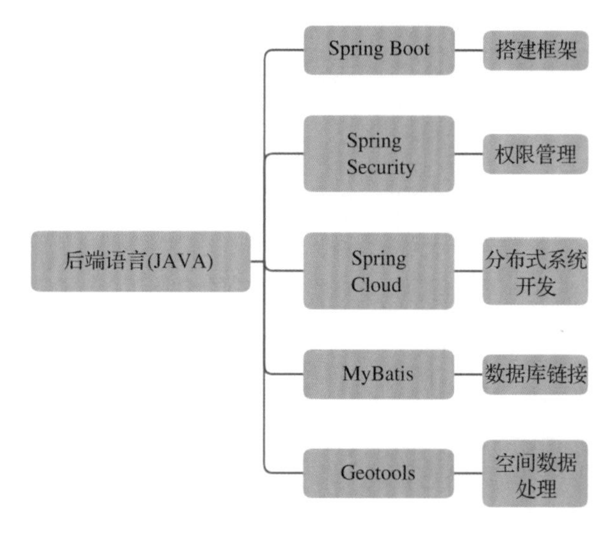

图 7.10　后端技术

7.3　模型集成及数据交互技术

系统建设中,模型的集成至关重要,关系到数据的可用性、读写的高效性和应用的智慧化。

模型集成一般分为两类,即结构(scheme)集成和过程(process)集成,这是从技术角度根据程序设计考虑的。结构集成指合并两个模型的体系以创立一个新模型;过程集成则是指求解过程的连接,简单地可理解为一个模型的输入是另一个模型的输出,多个模型共同完成而形成一个求解结果。

在智慧节水综合管理系统中,耦合 Boosting 和 Stacking 算法进行模型集成。

7.3.1　模型集成方法

1. Boosting 算法

Boosting 算法的主要思想是通过对训练数据的不断重采样来增强弱学习器的泛化能力,模型训练依赖于之前步骤拟合的模型。Boosting 在样本选择上,每一轮的训练集不变,只是训练集中每个样例在分类器中的权重发生变化,根据错误率不断调整样例的权值,错误率越大,则权重越大。Boosting 算法为串行策略,更关注基于上一轮结果的调整,学习器之间存在着强依赖的关系,各个预测函数只能顺序生成。Boosting 集成的基本结构如图 7.11 所示。

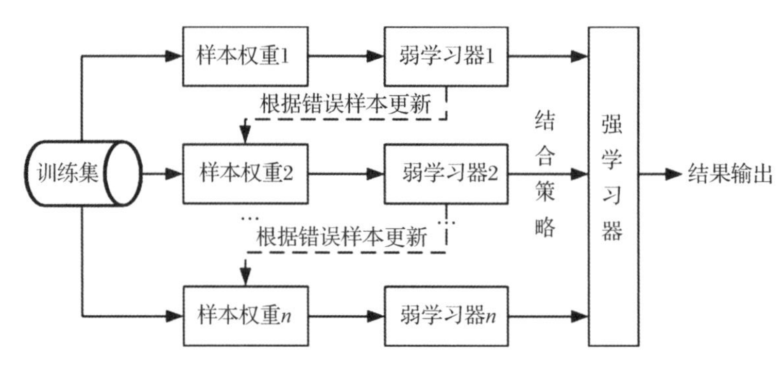

图 7.11　Boosting 算法基本架构

Boosting 算法的主要步骤如下。

数据获取:首先获取研究区的多光谱或高光谱遥感影像,并同步采集地表的土壤墒情数据,包括土壤含水量、土壤温度等。

特征提取:从获取的遥感数据中提取特征,包括土地利用类型、植被指数、地表反射率等用于描述土壤墒情变化的信息。

数据预处理:对提取的特征进行归一化、标准化等处理,确保各个特征在同一尺度下。

数据划分:将经过预处理的特征数据划分为训练集和测试集。

训练弱分类器:使用提取的特征作为输入,训练多个弱分类器,每个弱分类器根据不同的特征或特征组合对土壤墒情进行估计。

Boosting 过程:根据之前分类器的表现对样本权重进行调整,使之前分类器预测错误的样本在下一轮训练中得到更多的关注,以提高整体模型的准确性。

强分类器建立:将多个训练好的弱分类器,通过结合策略组合成一个强分类器。

2. Stacking 算法

Stacking 算法的主要思想是通过结合多个基本模型的预测结果来获得更好的整体预测性能。其基本架构如图 7.12 所示,首先将原始数据集按照一定的规则进行划分,划分后的若干子集输入到第 1 层预测模型中通过各基学习器进行训练,得到的预测结果为第 1 层模型的输出,然后将该预测结果输入到第 2 层模型,并利用该层的元学习器模型进行训练,并最终获得结果。

Stacking 算法的主要步骤如下。

数据获取:收集历史用水量数据以及可能影响用水的因素数据,如用户类型、天气数据、节假日等。

特征提取:从数据中提取特征,例如过去一段时间内的平均用水量、最大用水量、天气情况等。

基本模型训练:使用提取的特征和历史用水量数据,训练多个基本模型,如线性回归模型、随机森林模型等。

生成基本模型预测结果:使用训练好的基本模型对未来一段时间内的用水量进行预测,得到每个基本模型的预测结果。

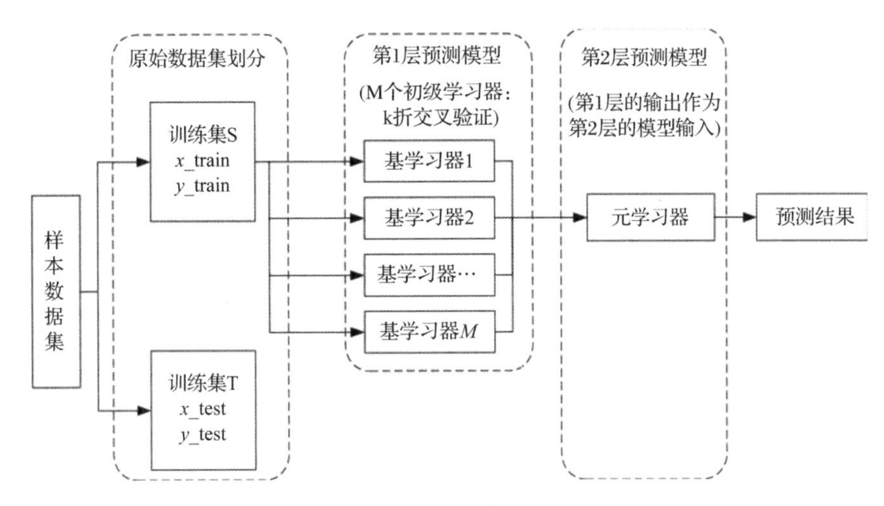

图7.12　Stacking 算法基本架构

构建元模型:将基本模型的预测结果作为输入,训练一个元模型。

组合预测结果:使用训练好的元模型,结合基本模型的预测结果,生成最终的需水量预测结果。

7.3.2　接口交互技术

以智慧节水系统为例,该系统的不同专业模型集成及接口交互主要分为三个部分:数据和参数、模型接口、模型组件和服务。模型驱动接口和模型服务是实现基础数据和模型组件交互的桥梁。智慧节水系统模型组件库包括水资源预测预报模型和水资源调度配置模型。同时,模型组件被封装为 Web API 形式,供外部调用。在数据端,模型所需的各种参数和实时水雨情数据同样被封装成 Web API 形式,供模型调用。模型端和数据端都是服务器端,实现接口交互和数据共享。集成方式见图7.13。

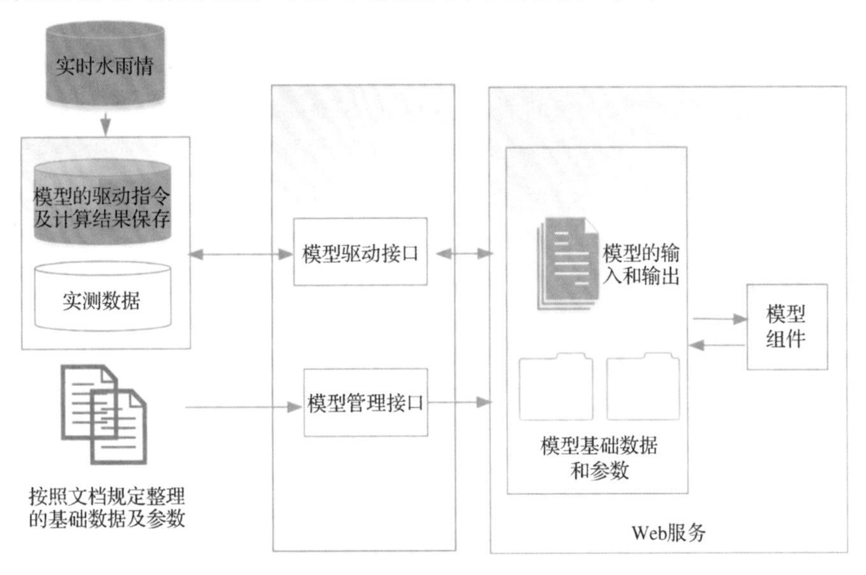

图7.13　水资源模型集成方式

在接口技术方面，我们最常用的是 RESTful 和 GraphQL。

1. RESTful 接口技术

在目前常用的前后端分离的 Web 应用架构中，一般前端专注于页面，同时与后端进行数据交互；而后端则专注于提供 API 接口。这种结构下，REST（REpresentation State Transfer）是一个很流行的前后端交互形式的约定，用来规范应用如何在 HTTP 层与 API 提供方进行数据交互。满足这些约束条件和原则的应用程序或设计就是 RESTful。

Web 应用程序中最重要的 REST 原则是，客户端和服务器之间的交互在请求之前是无状态的。从客户端到服务器的每个请求都必须包含理解请求所必需的信息。如果服务器在请求之前的任何时间点重启，客户端不会得到通知。此外，无状态请求可以由任何可用服务器回答，这十分适合云计算之类的环境。客户端可以缓存数据以改进性能。

在服务器端，应用程序的状态和功能可以分为各种资源。资源是一个有趣的概念实体，它面向客户端公开，如应用程序对象、数据库记录、算法等。每个资源都使用 URI（Universal Resource Identifier）得到一个唯一的地址。所有的资源都共享统一的界面，以便在客户端和服务器之间传输。使用的是标准的 HTTP 方法，比如 GET、PUT、POST 和 DELETE，还可能包括 HEADER 和 OPTIONS。Hypermedia 是应用程序状态的引擎，资源表示通过超链接互联。

另一个重要的 REST 原则是分层系统，即表示组件无法获取与之交互的中间层以外的组件信息。通过将系统知识限制在单个层，一方面可以降低系统的复杂性，另一方面也保证了底层的独立性。

当 REST 架构的约束条件作为一个整体应用时，将生成一个可以扩展到大量客户端的应用程序，降低了客户端和服务器之间的交互延迟。统一的界面简化了整个系统架构，改进了子系统之间交互的可见性，简化了客户端和服务器的实现模式。

实现 RESTful Web 构建服务的 Java 框架中常用的是 Erome Louvel 和 Dave Pawson 开发的 Restlet，它是轻量级的，实现针对各种 RESTful 系统的资源、表示、连接器和媒体类型之类的概念，包括 Web 服务。在 Restlet 框架中，客户端和服务器都是组件。组件通过连接器互相通信。该框架最重要的类是抽象类 Uniform 及其具体的子类 Restlet。该类的子类是专用类，比如 Application、Filter、Finder、Router 和 Route。这些子类能够一起处理验证、过滤、安全、数据转换以及将传入请求路由到相应的资源等操作，Resource 类生成客户端的表示形式。

RESTful Web 服务和动态 Web 应用程序在许多方面都是类似的。尽管客户端的种类不同，但它们经常会提供相同或非常类似的数据和函数。例如，在线电子商务分类网站为用户提供一个浏览器的界面，用于搜索、查看和订购产品。如果还提供 Web 服务供公司、零售商，甚至个人能够自动订购产品，那它将非常有用。与大部分的动态 Web 应用程序一样，Web 服务可以从多层架构的关注点分离中受益。业务逻辑和数据可以自动在客户端和 GUI 客户端共享。唯一的不同点在于客户端的本质和中间层的表示层。此外,从数据访问中分离业务逻辑可实现数据库的独立性,并为各种类型的数据存储提供插件能力。

图7.14展示了自动化的客户端,包括Java和各种语言编写的脚本,这些语言包括Python、Perl、Ruby、PHP或命令行工具,比如curl。在浏览器中运行且作为RESTful Web服务消费者运行的Ajax、Flash、JavaFX、GWT、博客和wiki都属于此列,因为它们都代表用户以自动化样式运行。自动化Web服务客户端在Web层向Resource Request Handler发送HTTP响应。客户端的无状态请求在头部包含方法信息,即POST、GET、PUT和DELETE,这又将映射到Resource Request Handler中资源的相应操作。每个请求都包含所有必需的信息,包括Resource Request Handler用来处理请求的凭据。

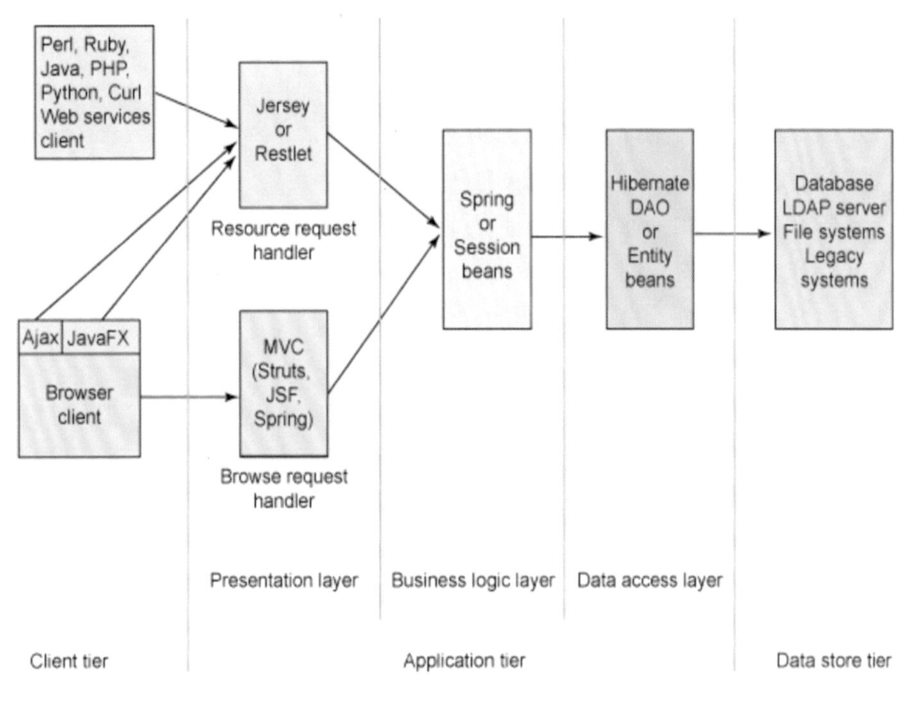

图7.14　RESTful技术结构图

在请求层面,REST规范可以简化抽象成以下两个规则:一是请求API的URL表示用来定位资源;二是请求的METHOD表示对这个资源进行的操作。Web服务客户端收到请求之后,Resource Request Handler从业务逻辑层请求服务。Resource Request Handler确定所有概念性的实体,系统将这些实体作为资源公开,并为每个资源分配一个唯一的URI。但值得注意的是概念性的实体在该层是不存在的,它们存在于业务逻辑层。可以使用Jersey或其他框架(比如Restlet)实现Resource Request Handler,它的优势是轻量级,将大量的职责工作委托给业务层。

图中的Web浏览器客户端作为GUI的前端,使用表示层中的Browser Request Handler生成的HTML提供显示功能。Browser Requester Handler可以使用MVC模型(JSF、Struts或Spring都是Java的例子)。它从浏览器接受请求,从业务逻辑层请求服务,生成表示并对浏览器做出响应,表示供用户在浏览器中显示使用。表示不仅包含内容,还包含显示的属性,比如 HTML 和 CSS。

业务规则可以集中到业务逻辑层,该层充当表示层和数据访问层之间的数据交换的中间层。数据以域对象或值对象的形式提供给表示层。从业务逻辑层中解耦 Browser Request Handler 和 Resource Request Handler,有助于促进代码重用,并能实现灵活和可扩展的架构。此外,由于将来可以使用新的 REST 和 MVC 框架,并且无需重写业务逻辑层。

数据访问层提供与数据存储层的交互,可以使用 DAO 设计模式或者对象—关系映射解决方案(如 Hibernate、OJB 或 iBATIS)实现。作为替代方案,业务层和数据访问层中的组件可以实现为 EJB 组件,并取得 EJB 容器的支持,该容器可以为组件生命周期提供便利,管理持久性、事务和资源配置。但是需要一个遵从 Java EE 的应用服务器(比如 JBoss),其缺点是可能无法处理 Tomcat。该层的作用在于针对不同的数据存储技术,从业务逻辑中分离数据访问代码。数据访问层还可以作为连接其他系统的集成点,可以成为其他 Web 服务的客户端。

数据存储层包括数据库系统、LDAP 服务器、文件系统和企业信息系统(包括遗留系统、事务处理系统和企业资源规划系统)。使用该架构可以体会到 RESTful Web 服务,它可以灵活地成为任何企业数据存储的统一 API,从而向以用户为中心的 Web 应用程序公开垂直数据,并自动化批量报告脚本。

2. GraphQL 接口技术

在当今的大数据时代,数据的交互性变得越来越重要。传统的 RESTful API 虽然已经成为许多数据交换应用的标配,但在某些情况下,系统在应用时可能会遇到一些新的问题,如过度获取数据、多次请求、版本管理等问题。这时,GraphQL 作为一种新的灵活的数据查询和交互架构,则为解决这些问题,从而构建高效、灵活的数据驱动应用提供了一种较好的解决方案。

GraphQL 是一种由 Facebook 于 2012 年开发的数据查询语言和运行时的环境。它是开源的,设计目标是使客户端能够用一种灵活、高效、直观的方式获取数据,从而减少数据的冗余和不必要的请求。简而言之,它就是让前端可以通过简单的操作来使用后端配置的各个 API 对服务器进行通讯的工具。与传统的 RESTful API 不同,GraphQL 提供了可以由调用者控制的、强大而灵活的数据重组能力,允许客户端明确指定需要的数据结构和字段,从而使数据的获取更加精准。

其主要特点有:

(1)信息的精确查询。客户端可以明确指定需要哪些字段及其数据结构,这意味着客户端可以精确控制数据的加载,从而避免了过多无用数据的交互,提高了数据传输效率,减少了网络传输负荷及时长,也让 API 更容易地随着时间推移而演进。

(2)一次可请求多个资源:GraphQL 查询不仅能够获得资源的属性,还能沿着资源间引用进一步查询。GraphQL 可以通过一个单一入口端点,一次请求获取所需的多个资源的数据,而不必为了不同的资源去多次请求,这对于复杂的数据获取场景非常有效。

(3)版本管理:GraphQL 可以避免传统 RESTful API 中的版本管理问题。由于客户端可以精确指定所需的字段,因此在引入新的数据字段或更改数据结构时,不会影响到不需要这些字段的客户端。

(4)强大的类型系统:GraphQL 具有强大的类型系统,能够确保数据的一致性和正确性。无论是在客户端和服务器,都能清楚地了解数据的类型和结构。

GraphQL 并不是一个面向图数据库的查询语言,而可以看成是一个数据抽象层,是包括数据格式、数据关联、查询方式定义与实现等的集合。如果将 REST 看做适合于简单逻辑的查询标准,那么 GraphQL 可以做一个独立的抽象层,通过对于多个 REST 风格的简单的接口的排列组合提供更多复杂多变的查询方式。与 REST 相比,GraphQL 则定义了更严格、可扩展、可维护的数据查询方式(图 7.15)。

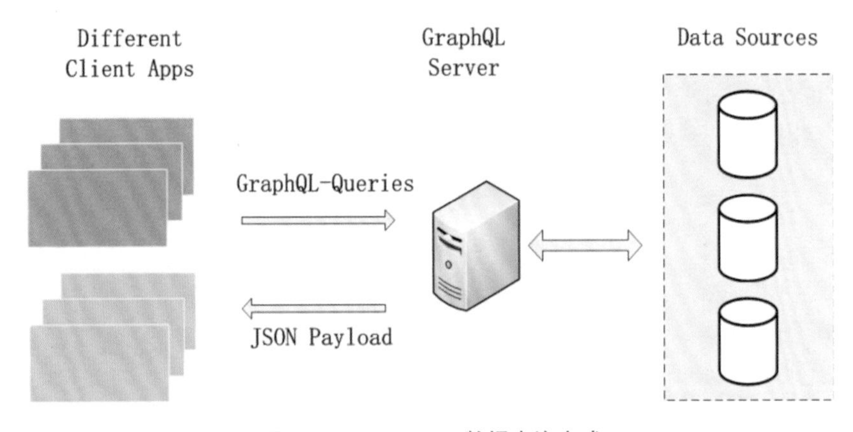

图 7.15　GraphQL 数据查询方式

GraphQL 将项目的每个数据模型及其相关方法(比如增删改)都视为一个接口,每个接口相应的专属文档里面写清楚了其参数(字段,where、order_by 等也可被视为对象参数)及对应描述。其基础语法与 json 有相似之处,但仍有很多明显的不同。如其键值必须包括在()或{}中,这导致{}出现的频率会非常高;GraphQL 的换行符代替了对象中用于分隔字段的“,”,但数组元素间仍然用“,”进行分隔。GraphQL 将符号作了极度简化,只剩{}(),:“”这 5 种常用符号。

GraphQL 变量共有 String、Int、Float、Bollean、ID 5 种常规类型,ID 被单列为了一种类型。除类型之外,其他无论是参数还是方法都在文档中被归类为 Field。

使用传统的 Web 框架在编写业务代码时,常不可避免地用到框架特有的一些环境对象,例如 HttpServletRequest 或者 SpringMVC 中的 ModelAndView 等。这些对象与框架运行时的环境是强相关的,这就导致编程代码会依据某个运行时的环境,而难以快速应用到其他多种使用场景中。如一个为在线 API 调用编制的服务函数,一般无法直接作为消息队列的消费者来使用。我们必须抽象出一个额外的层次——Service 层,然后在 Service 层的基础上分别包装为 Controller 和 MessageConsumer,让它们负责响应 Web 请求和消息队列。

而 GraphQL 在实现业务方法时,采用的是一种与框架无关的非侵入式设计,它扩展了服务方法的使用场景,简化了服务层的编写。具体来说,GraphQL 应用程序可使用 POJO 对象来作为输入输出对象,自动将业务方法翻译为 GraphQL 引擎所需的 DataFetcher 和 DataLoader。服务端只需要提供一个接口,客户端通过这个接口就可以取任意格式的数据,实现 CRUD。

GraphQL 同样支持对于数据的增、删、改,在 GraphQL 中称为 mutations。Mutations 也是一个域,其主要是为了指明某个请求的 Side Effects,因此,大部分的语法还是一致的。Mutations 也是需要提供一个返回值的,主要是以供验证修改是否成功。

但 GraphQL 也存在一些缺点,如缓存功能不成熟,不支持浏览器和移动手机缓存;而且,GraphQL 服务要求客户必须知道要查询的数据模式,这样就很容易暴露系统的内部数据结构,导致服务器上的拒绝服务(DoS)攻击。

综上,RESTful 和 GraphQL 各有其优缺点。因此,在实际系统的部署中,我们后端服务采用的是 RESTful 接口,而在后端与前端之间,专门搭建了一个 GraphQL 服务器,同时用来处理前端的请求,并处理后端服务获取的数据,重新进行组装、筛选、过滤,然后将处理过的数据传递给前端,如图 7.16 所示。

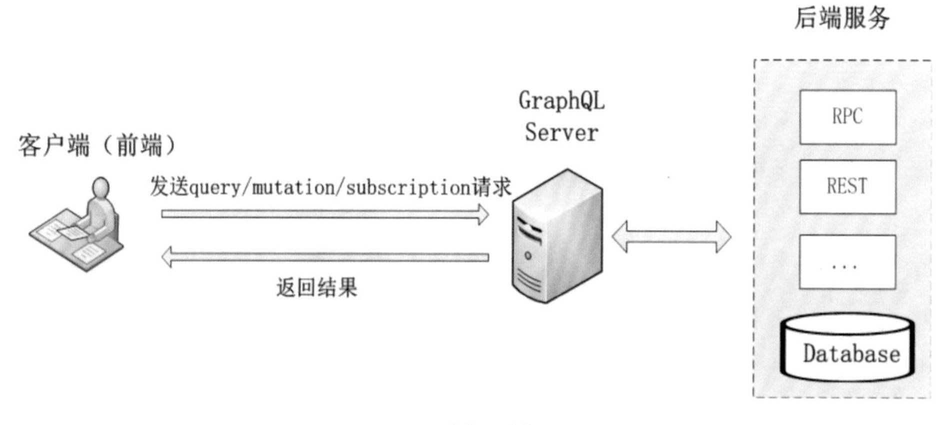

图 7.16　系统部署模式示意图

7.4　义乌市智慧节水综合管理系统应用的示范

7.4.1　示范区的概况

义乌市位于浙江省中部,市域面积 1105km²,属亚热带季风气候,盆地气候特征明显,四季分明。有明显的干、湿季节,春早秋短,夏季长而炎热,日照多,空气湿润。据义乌市气象站的资料统计,多年平均气温 17.2℃,多年平均无霜期 249 天,历年平均年日照时数 1910.7 小时,多年平均降水量为 1418mm,但时空分布不均。义乌市本地水资源量为 8.25 亿 m³,现有水库和山塘总集雨面积 498.1km²,全市蓄水工程总容积 2.49 亿 m^3，全市水资源开发率达到 40.1%，利用率达到 31.5%。义乌江过境水资源水量丰富，义乌市多年平均水资源 12.70 亿 m^3，但水量时程上分布很不均匀，枯水期和枯水年份水资源量很少，甚至断流，开发利用的难度较大。

全市范围内共设重要的饮用水源地与河流水体水质监测断面 13 个，其中，重要的饮用水源地水质监测断面 6 个，全部为Ⅲ类以上水体；重要河流水体水质监测断面 7 个（3 个为Ⅲ类水体，4 个为Ⅳ类水体），定类指标为溶解氧、BOD_5 和 Fe。主城区内城南河、城西河、城中河、城东河、鲶溪、洪溪、青口溪、东青西等城市内河的水质劣于重要河流水体，水生态环境需要得到改善。

2020 年义乌市用水总量 2.61 万 m^3，按照《义乌市域总体规划》，到 2030 年义乌市域人口规模为 240 万人～255 万人，用水量将由 2020 年的 2.61 亿 m^3 增加到 3.0 亿 m^3～3.5 亿 m^3。这将导致义乌市水供需矛盾进一步激化，水生态环境改善压力进一步增大，水安全保障能力与居民对美丽河湖、美好环境的向往的矛盾进一步凸显，推进智慧节水势在必行。

7.4.2 需求分析

系统需求分析是软件开发生命周期中不可或缺的重要环节，通过调研和分析，开发人员可以深入准确地了解用户的需求，节省时间和资源，确保系统的可用性和用户体验，早期发现和解决潜在的问题，使用可视化工具和技术，引导软件开发过程，确保目标的一致性和准确性。

在需求分析阶段，需要开发人员和用户之间深入沟通交流，不断理清一些模糊的概念，最终形成一个完整的、清晰的、一致性的需求文档，从需求分析的任务来说，需要明确以下几个方面的要求。

（1）确定软件系统的综合要求。其包括系统界面要求，系统功能要求，系统性能要求，系统安全和保密性能要求，系统可靠性要求，系统运行要求，异常处理要求和将来可能提出的要求等。其中，系统界面要求是指描述软件系统的外部特征，即系统从外部输入哪些数据，系统向外部输出哪些数据；系统功能要求是要列出软件系统必须完成的所有的功能；系统运行要求是指对硬件、支撑软件和数据通信接口等方面的要求；异常处理要求通常指运行过程中出现异常的情况时会采取的措施。

（2）分析软件系统的数据要求。其包括基本数据元素、数据元素之间的逻辑关系、数据量等，可以通过实体—关系模型（E-R 模型）描述。

（3）建立系统的逻辑模型。在结构化分析方法中可用数据流图来描述，在面向对象分析方法中可用类模型来描述。

（4）修正项目开发计划。在明确了用户需求后，可更准确地估算软件的开发周期和开发成本，从而进一步完善和细化开发计划。

按照上述要求，我们提出了义乌市城镇智慧节水综合管理系统的建设目标：以现有信息化资源为基础，充分运用物联网、云计算、大数据、人工智能等领域的创新成果，根据义乌市节水管理工作“全时空、全链条、全过程、全覆盖”的业务需求，从水源管理、供水管理、用水管理、配水管理、排水管理和节水评价这几个方面全面深化应用，在完善与优化水资源系统立体监测布局的基础上，研究挖掘城乡水资源、用水、污染负荷时空变化规律，集成自适应性水资源预测预报模型和多维动态协同水资源配置模型，以及纳入再生水利用的水资源系统实时调控模型，高效协调本地水库水、境外引水、河道（含义乌江）水和再生水等多种水源的供水能力，搭建使用便捷高效的城镇智慧节水综合管理平台，对供用水各环节进行透彻感知、网络互联、广泛共享、智能分析和泛在服务，实现从水源—供水—用水—排水收集—再生利用的全链条、全过程的智能化应用、智慧化监管服务以及节水成效评估服务，推动义乌水务数字化转型。

7.4.2.1　系统业务需求

1. 水源管理

义乌市是浙江省用水矛盾较为突出的地区，水源类型的数量众多，随着区域经济社会的发展，对未来水资源的需求还将进一步增加。因此，针对义乌的现状，基于水源管理通用要求建立一套水源管理系统，对落实义乌市水资源配置方案和水源工程调度规则，提高区域水资源调度水平，满足义乌水资源调度工作和决策会商的需求，并为义乌用水安全和经济发展提供保障，具有重要的实践意义。

（1）水源配置方案和水源工程查询展示：为水源工程调度工作提供基础信息和当前水资源调度情势展示，为水源调度工作流程的调度计划编制和动态调整提供参考信息。

（2）来水预报。水源工程管理部门根据历史长系列来水资料，结合多项大气指标和相关的影响因素，做出当年来水预报方案。

（3）需水量预报。根据取水户用水量和用水计划等资料，结合经济社会发展的需求和状态，分析区域需水量。

（4）调度方案编制。以水源工程调度规则为指导，根据来水预报和需水量预报成果，由调度管理部门协调防洪调度、兴利调度和水环境、水生态保护的关系，从而进行调度计算，得出水源工程的供水过程。

（5）动态调整。调度计划（方案）发布后，根据后续中短期来水预报、水库运行情况和前期调度情况等边界条件的需要，对调度计划进行滚动修正、轨迹跟踪。

2. 供水管理

随着义乌城市规模的扩大和城乡供水一体化的推进，供水企业的服务和供水范围也在一步步扩大，如何在合理利用水资源、提高供水水质、保证供水安全的前提下，降低电耗、药耗以及管网漏损率已然成为供水企业现阶段的重要的技术发展目标。供水管网科学调度系统是以供水管网水力模型为核心技术、以 SCADA 系统实时与历史数据为判断依据，以水量预测技术为控制手段的科学决策系统。整个系统通过科学的设计和合理的运行，可以提供实时的调度决策方案，制作多种模式的供水调度预案。其是提高供水企业经济效益与社会效益的有效手段之一。

义乌市自来水公司从 2015 年起开始进行供水管网科学调度系统的建设。先期开展了主城区供水管网的水力模型建设，基于 GIS 系统的管网拓扑，涵盖了主城区约 $86km^2$ 的供水面积，通过水厂水泵特性曲线测试，现场压力数据的采集、校核，用户用水营收数据分析出用水规模等工作，于 2015 年底完成了模型的建设。模型经过校核后，压力误差小于 2m 的节点达到了 95.6%，模型的精度较高，同时，基于供水管网漏损算法的成果，研发供水管理业务功能，主要的功能需求如下。

(1)供水量分析。城市用水是由多个部分组成的，其中，居民生活用水、工业企业生产用水和城市公共事业用水占有很大的比重，虽然外部因素会因使用水趋势而带有不确定性，导致未来用水量难以预测，但是从城市用水量的主要组成部分来看是有规律可循的，通过对历史用水量数据进行分析，从中可以提取到规律以利于未来的用水量预测，主要包括城市用水 24 小时变化分析、城市用水周变化分析以及天气变化对城市用水影响的分析。

(2)供水量预测。城市用水量预测是根据过去一段时间的用水数据信息，通过建立一定的数量关系预测出未来几个小时、几天、几个月的用水量。根据用水量预测时间的长短，可以分为长期预测和短期预测两类：短期预测是根据城市几天或几个月的用水数据以及天气和用水习惯等影响因素，预测未来几天或几个月的用水量。

(3)管网漏损评估。开展示范区供水管网流量、压力监测，并基于 DMA 分区计量建立管网水力计算模型，分析管网漏损的状况，实现管网漏损预警，评估管网运行的风险。

3. 用水管理

针对义乌市水资源发展，市域总规明确表示，至 2030 年，市域总用水量 5.87 亿 m^3，其中，居民生活和工业用水量为 4.11 亿 m^3，农业和生态环境用水量为1.76亿 m^3。通过境内水库水源挖潜、义乌江水源挖潜、再生水源挖潜以及境外引水等途径，新增用水总量约 3 亿 m^3。

为落实最严格水资源管理制度，强化用水需求和过程管理，控制用水总量，提高用水效率，义乌市按照“先生活、后生产，先活水、后库水，先地表、后地下”的原则，对用水量较大的工业企业和服务业单位的取用水进行实时监控管理，实行计划用水，必要时严格控制或停止高耗水行业的用水。为提升区域水资源监控能力提供了技术支撑和数据支持，有利于强化节水监督，促进节水工作。主要的功能需求如下。

(1)用水户管理。主要针对大用水户的名录查询、图像属性双向查询；大用水户的用水计量监控，可视化、统计分析，实时掌握用水状况；自备水用水户管理，包括对自备水用水户的管理、计划用水指标下达、自备水用水户的季度考核等。

(2)计划用水管理。主要是对大用水户的当年、历年用水计划的查询统计；针对超定额用水的用水户实施预警，并根据实际情况调整定额并跟踪管理。

(3)用水量分析。针对整个义乌市的总用水量，分区域分行业进行统计分析，为全市节水管理提供数据支撑。

4. 配水管理

为有效缓解义乌市水资源严重缺乏的困境，改善城市内河水环境，2013 年，义乌市出台了《城市内河水系激活工程实施方案》,共分5期实施城市内河水系激活工程。截至目前,实际铺设配水管道约40km,新建10万吨/日、13万吨/日配水提升泵站各1座,改造配水提升泵站13.5万吨/日、4.5万吨/日各1座,总配水能力达到44.5万吨/日,城中河、城南河、城西河、城东河、洪溪、杨村溪、香溪、东青溪、六都溪等城市内河得到有效补给,水环境明显得到改善。目前,义乌市水系激活工程稠江污水处理厂配水提升泵站、中心污水处理厂配水提升泵站、义驾山生态水厂和白沙配水提升泵站4个配水泵站已经安装计量监测,以及城东河、洪溪、杨村溪、香溪、东青溪等9个重点配水口已安装配水流量监测,为配水监测管理和调度配置提供了数据基础。配水管理业务的需求如下。

(1)配水分析。对配水提升泵站和各配水口流量监测开展统计分析,分析4个水系激活工程年度、月度的总配水量和各配水口的配水量,为河道治理和配水调控提供决策依据。

(2)视频监控。对重点小流域河道开展视频监控,接入视频信号,实时查询河道视频的监控状况。

(3)感官水质智能判别。在视频监控的基础上,基于河流视频图像处理算法,只能分析判别河道水体感官的水质状况。

(4)配水智能调控。分析降雨对河道水量水质的提升效果,当降雨量达到一定的阈值,即停止配水,达到节约用水的目标,以降电耗促节水为目标,对泵站多管道提水,给出泵站配水和泵站取水调控方案。

5.排水管理

排水管理主要针对义乌市的9个污水处理厂的尾水(包括排水量和水质状况)。将排水管理与信息技术相结合,通过数据采集仪表、无线网络、传感器等在线检测设备实时感知再生水的生产数量和水质状态,并采用可视化方式呈现再生水的水质水量信息。根据再生回用用途,对内河水系激活、市政杂用水、工业生产用水、一般生活用水等再生水的去向和使用数量进行分类监测,形成统计分析图表,为纳入再生水的水资源优化配置提供数据支撑。

(1)污水处理厂的尾水排水量。

(2)尾水水质监测。

(3)再生水分用途利用数量的监测、统计与分析。

6.节水成效评估

节水是优化社会水循环系统中的重要一环,通过少用水、少排水、分质供水、中水回用等形式,在经济、社会、生态等方面具有明显的效益。“节水优先”对调整人的行为、纠正人的错误行为提出了明确的要求,是高质量发展战略的组成部分。

对于南方丰水地区来说,节水的迫切性和水资源制约不突出,对于节水的工作重要性往往认识不足,节水工作多是自上而下的政府推动行为,对节水的评价也往往停留在考核层面,不能起到对精细化节水管理进行及时的反馈、对政府制定节水措施和节水政策进行决策支持的作用。因此,建立节水综合评价系统具有实际业务应用的迫切需求。

目前,国内外对于节水的综合效益内涵和定量评估方法的研究较少,大多是从分部门、分行业的角度出发研究某一阶段或者局部的节水评价问题,而没有从系统、全局、全过程、战略高度来考虑问题。具体而言,目前关于节水成效和效益的研究更多地关注利用(用水管理)环节,忽略了开发(水源管理、供水管理)和再利用(排水管理、回用管理)阶段;大多的评价只关注节水量、节水效率和经济效益,忽视了社会效益和环境效益。因此,建立涵盖全过程全链条全面的节水综合评价系统,在技术层面具有创新性。

节水综合评价系统基于"水源、供水、用水、排水、回用"全过程中涉及的各项行为及其产生的效果,通过构建的合理可靠的指标体系和评估模型,评价义乌示范区和义乌全市的节水成效和节水效益,通过评价结果分析提出优化生活节水决策的科学性建议。其信息化业务需求是提供"水源—供水—用水—排水—回用"全过程节水行为涉及的信息共享、分析统计、动态评价、决策支撑服务,通过反馈和建议,为全过程节水精细化管理提供依据。

(1)实现节水相关数据资源的有效存储、管理及应用。对于各项历史数据和实时监测、统计分析等产生的数据,均可以结构化形式上云存储,并以系统概化图为基础,采用多个图层分类管理,便于节水相关数据资源的应用。

(2)实现节水评价指标体系和评估模型的构建及应用。设计人性化的用户界面以展示统计分析的节水相关指标,通过模型(或加权公式)计算量化节水成效和节水效益,形象直观地展示示范区的建设成效。

(3)实现以节水评价促用户决策的建议功能。结合节水评价的成果,分析当前节水工作存在的薄弱环节,统筹水源管理、供水管理、用水管理、配水管理及排水管理等系统,从系统用户的角度出发提出相应的措施及建议。

7.4.2.2 系统数据需求

1. 基础地理数据

其主要包括义乌市镇级行政区划、内河水系、中小型水库、水文站、自来水厂、工业水厂、污水处理厂、配水口等,主要为一些基础地理数据,提供智慧节水管理的背景条件,并用于信息发布的地理底图。

2. 遥感数据

可叠加不同的分辨率、不同时相的遥感图像,如哨兵气象卫星数据、高景一号卫星影像数据、高分1号及2号数据、Landsat和MODIS系列卫星数据、HJ-1 A/B环境卫星数据、云卫星(CloudSat)数据等,为高分遥感数据时空融合,为水体信息提取方法研究提供多源数据支撑,并制作多源遥感数据蒸发产品、高分系列遥感水体信息产品。

3. 在线监测数据

拟接入的实时在线监测数据如下。

- 八都水库、巧溪水库、枫坑水库、岩口水库、柏峰水库、卫星水库、龙门脚水库、东塘水库、反帝水库、安珠弄水库、建设水库、幸福水库、红渠水库、岭口水库、王大坑水库、南山坑水库、利民水库、红专水库、姑塘水库、深塘水库、长堰水库、古寺水库、泮塘水库和署墅塘水库等6个中型水库和18个小型(一)水库。
- 城北水厂、大陈水厂、廿三里水厂(卫星水厂)、江东水厂、上溪水厂、苏溪水厂、义南水厂和佛堂水厂等8个自来水厂。
- 城南河、城西河、洪溪、杨村溪、苏溪、东青溪和六都溪等24个内河水文站。
- 城中河、四季路、香溪、六都溪等9个水系激活配水口。

4. 其他数据

- 污水处理厂尾水量及尾水水质数据(COD、氨氮、TN、TP)。
- 主要的内河水质数据。
- 稠江再生水厂用于工业生产水量、一般生活及生活杂用水量。
- 第一污水厂和中心污水厂的配水量。
- 义乌市自备水用水户,自来水日均用水量100m^3/d及以上的工业大用水户,以及公建大用户的用水户名称,坐落地址及近几年的日均取水量。
- 部分重点监测点的摄像头数据及分析成果。

7.4.2.3 系统性能需求

系统性能需求是指对系统性能进行规范化的描述,提出明确、合理的性能指标要求。

1. 系统实用化需求

作为一个业务应用系统,实用性是直接影响系统的运行效果和生命力的最重要的因素。一个优秀的系统能够真正运转起来的一个重要因素是系统能够贴近用户的需求,能够满足实际应用的要求。系统将在深入调研需求的基础上设计研发,使得软件功能设计合理、实用,用户界面操作简洁、易用,用户帮助文档备齐,能最大限度地满足智慧节水管理工作的实际需要。

2. 系统稳定性需求

本系统作为义乌市水务主管部门的业务化系统,确保多用户访问的速度及性能稳定可靠是至关重要的,在系统设计、开发和应用时,将从系统架构、技术措施、软硬件平台、技术服务和维护响应能力等方面综合考虑,确保系统较高的性能和较低的故障率,系统建成后能长期有效运行。当系统发生故障时,应及时给出明确的故障信息并且记录故障日志,供工作人员排错使用,同时不产生垃圾数据或错误数据。系统不存在致命的故障,加载海量数据时能保证系统运行流畅、多用户并发访问时,系统可平稳连续运行,确保系统平均故障时间少、平均故障修复时间短。

3. 系统扩展性需求

系统采用模块化设计,设计时必须充分考虑到系统的通用性、扩展性,针对不同层次的自适应、自扩展的需求,系统可提供多种形式的二次开发接口和系统扩展工具,保证与其他系统的衔接和自身扩展的需要。

7.4.3 示范系统功能的设计与实现

在登录界面(图7.17)设置用户名和密码输入。进入主界面,主界面由滚动图片部分及功能按钮组成。这些图片主要介绍义乌市的主要水系及供水水源的情况、水系激活工程措施情况等,给使用者一个全面和直观的感受。功能按钮包括三维地理信息、综合监测、二维地图、水源管理、供水管理、用水管理、配水管理、排水管理、节水成效评估及系统管理10个子系统。

图7.17 登录界面

7.4.3.1 三维地理信息子系统

三维地理信息子系统主要实现义乌市市域的三维可视化,实现的基本功能如下。

(1)可基于DEM和影像数据生成三维地图基础图层,叠加点、线、面等GIS图层及三维模型、标注等空间数据,实现各类专题空间数据的空间查询。

(2)可进行图层可视(透明度)控制,地图放大、缩小、旋转,漫游,控制视图的方向,控制视角,默认视图为全图,显示当前的位置信息等。

(3)POI信息点标注。查询三维地理信息中的POI信息点,可定位到目标位置;并可在三维上对POI信息点进行增、删、改。

(4)空间分析。其包括地形表面直线及曲线距离量算、面积量算、地形剖面、坡度坡向分析等。

在三维可视化子系统中添加菜单或按钮,展示义乌市水系概化图,全面了解义乌市水资源取—供—用—排的情况,并实现以下的功能。

①直接点击进入(如水库、自来水厂和污水厂)实时数据显示页面。

②在干旱期,水库超低水位及自来水厂供水保证量小于90天时,将有预警信息时可闪烁提示。

图7.18为系统概化图示意。

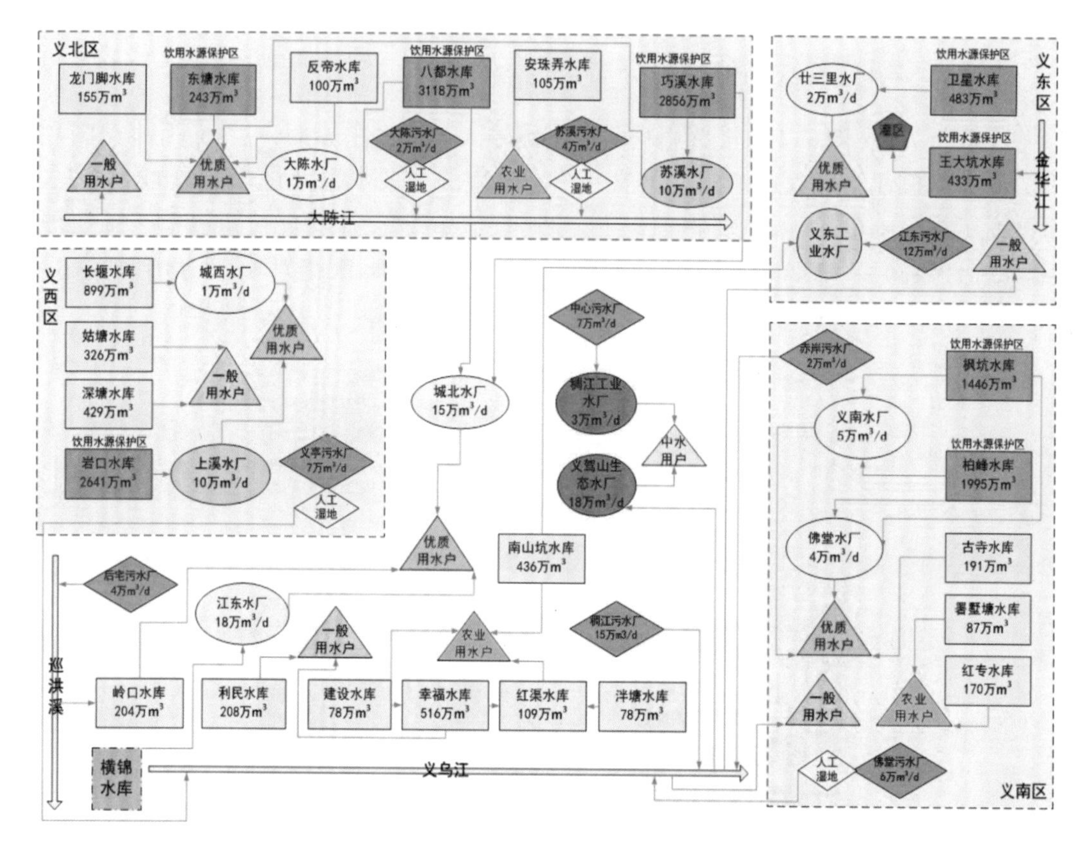

图 7.18　系统概化图示意

7.4.3.2　综合监测

其集成了水文站、自来水厂、污水处理厂等实时监测数据，提供数据查询、统计，数据更新服务，报表生成等功能，方便用户随时查询最新的实时信息，获得第一手的监测数据。

7.4.3.3　水源管理

水源管理系统（图 7.19）是指在水源工程调度管理流程再造的基础上，利用大数据、人工智能、网络通信、信息系统应用等现代信息技术，基于为管理部门提供决策支持功能为目的，建立涵盖水资源预报、用水量预报、调度方案编制、调度后评估和决策会商等功能的水源管理决策支持系统。该系统可为区域水资源优化配置和调度提供科学、准确的决策支持，提高区域水资源科学调度、精细调度的水平。

（1）水资源配置

以 GIS 地图的方式展示义乌市水资源配置方案的基本信息，包括水系、配置分区、水源工程、水源与配置分区拓扑关系等图层，可以通过地图查询水资源配置的总体状况。

以图表形式对水源工程的配置水量、配置分区用水量、配置分区目标等信息进行查询展示。

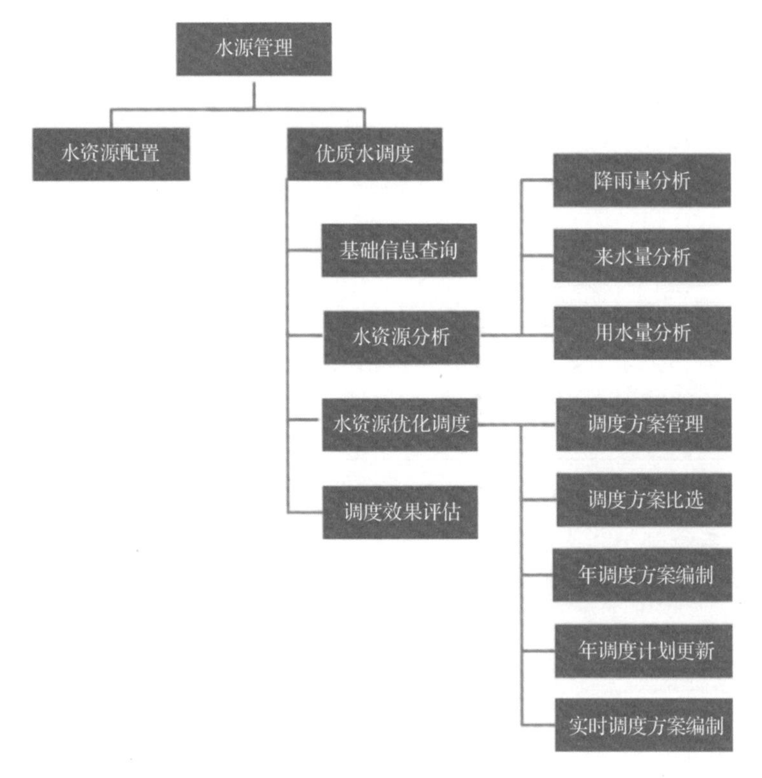

图7.19 水源管理子系统功能结构

(2)实时调度管理

①信息查询模块(蓄水量分析)

以GIS地图的方式展示区域优质水资源调度系统相关的基本信息,包括水系、行政区、水资源分区、水库、水雨情测站、取水口、用水单元等图层,可以通过地图查询测站实时的监测信息和历史信息。

以图表的形式对水源工程降雨量、出入库(湖)水量、水源水质等实时信息和历史信息进行查询展示。

以图表的形式对区域、用水户等用水量的实时信息和历史信息进行查询展示。

②水资源分析与预测模块(水资源量、用水量分析)

水资源分析模块分为雨情、来水、用水等模块,按照管理部门的需求,分为长期(年)、中期(月)、短期(旬)等三种统计时间尺度,实现对区域水资源数量、水资源利用状况进行评价预测,通过报表的生成和导出,为调度部门提供区域水资源的综合性信息。

降雨量分析预测采用天气预报或基于遥感数据对降雨量进行预测的成果,分析预测长期、中期、短期的区域和重要工程节点的降雨量。

来水量分析预测基于降雨量预测成果和土壤墒情等基础信息,采用自适应水量预报模型来分析未来区域和重要工程节点的来水量。

用水量分析预测基于取水户取水监控,在分析相关变化规律的基础上,耦合自适应水量预报模型来分析未来区域和重要工程供水对象的用水量。

③水资源优化调度

水资源优化调度基于区域的径流预报成果和需水预报成果,采用不同的调节方式来调节水源工程,以满足区域的用水需求为目标,制定水资源调度方案。该功能模块包括调度方案管理、调度方案比选、年调度方案编制、年调度计划更新和实时调度方案编制等 5 个功能。

调度方案管理展示区域全部的调度方案的基础信息,包括方案编号、方案名称、调度期的始末时间、编制时间等,也可通过设置调度方案的区域、调度方案的起始时间以及调度方案的类型等调节,查询所有符合条件的调度方案。

调度方案比选能够根据查询条件筛选出不同的调度计划,对调度计划的信息进行重组加工处理,并通过优选模型对各方案进行对比分析。同时,根据实际的调度目标,可对评价指标进行调整,确定出符合当前调度目标的最优方案。

年调度方案编制采用来水预报、可供水量计算、用水计划核定、供水平衡计算等功能,结合水库调度运行计划,经水量平衡演算,提出水源工程的供水过程、用水单元的供水过程。

年调度计划更新是在年调度方案实施的期间,针对实际调度过程中发生的变化,基于新的来水情势和用水量,重新进行调度计算,对当前月份到调度期末这段时间的调度计划进行更新。

实时调度方案是在年调度方案实施的期间,针对实际调度过程中发生的变化,基于新的来水情势和用水量,重新进行调度计算,以天为尺度制订调度计划。实时调度方案的功能模块与年调度计划修正相同,包括方案管理、方案比选、方案编制。

④调度效果评估

以每年度为分析时段,统计水源工程的来水量、供水量、弃水量,用水区域(户)的用水量及满足程度等,汇总水源管理方案的执行效果。

7.4.3.4 供水管理

义乌市供水调度系统对整个给水流程进行全方位的运行管理,使供水系统在经济合理的情况下安全运行,保证将符合国家水质要求的饮用水不间断地送往用户。在供水调度过程中用水量是一个十分重要的参考指标,对城市用水量做出合理的预测是制定水资源供求计划的前提,通过短期供水量预测,了解城市未来用水需求及其发展趋势,进而合理地为各个水厂指定配水、供水调度决策,保证管网安全运营,供需平衡,最大限度地降低供水成本;同时有效的水量预测可指导城市的整体规划布局,预防和控制水污染。供水管道渗漏是供水企业遇到的较为棘手的问题,针对义乌市水务集团在水厂管理中遇到的一些管网渗漏现象,选取义乌市典型供水管道开展试点研究,通过集成流量压力计量监测和深度学习人工智能算法,评估管网漏损的程度,精准识别漏损管段,实现管网漏损的智能管控。图 7. 20 为供水管理系统功能结构图。

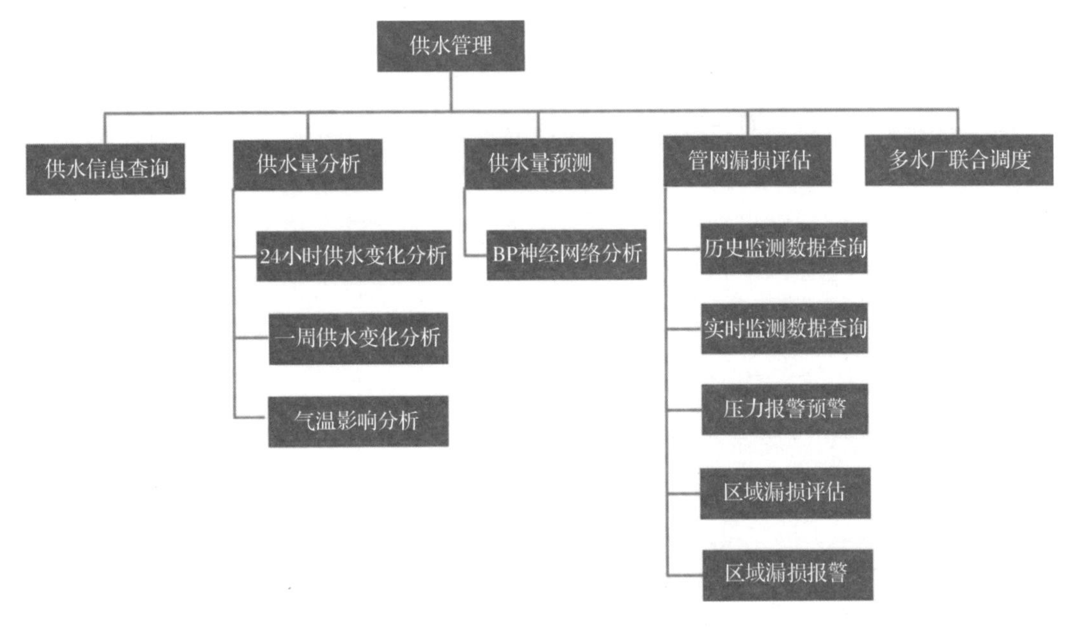

图 7.20　供水管理子系统功能结构图

(1)供水量分析

①24 小时供水变化

城市供水量是符合变化规律的,其基本上形成了一个以 24 小时为一周期的连续周期函数。一般在早晨起床后和晚饭前后的用水量最多,形成两个用水高峰,而深夜至黎明的用水量最少,其为一个用水低谷期。24 小时供水变化分析的功能如下,通过查询特定的供水水厂,可以获得具体日期 1 天内的供水水量的变化信息。

②一周供水变化

以一周为观察周期,一般可以看出在一周中工作日的用水趋势基本相似,而周末的用水量比工作日的大。这主要是因为双休日企事业单位放假,工业和生产用水明显减少,同时生活用水符合增大的趋势。通过选定特定的供水水厂,设定时间为某个星期的 7 天,可以查询水厂一周的供水变化。

③天气变化对用水影响的分析(分析一年季度的变化,天气对供水的影响)

气温上升,用水量增多;晴天较阴雨天的用水量增多;天气情况的突变也会使用水量随之发生显著的波动。通过叠加气温与供水量曲线可以从中分析在不同的天气情况下居民用水量的变化特征。

(2)供水量预测

建立基于义乌市各自来水厂的水量预测模型,可预先预测调度模式,计算运行能耗以及需要投入的设备资源,水量预测对安排生产计划和设备维护计划、事故应急切换具有重要的意义。

城市中的各种环境因素的变化都会直接或者间接地影响到用水量的变化,但是在预测模型中没有办法把所有的可能因素都包含进来。只能选择对用水量影响最大的几个方面,其中包括天气情况、节假日以及历史用水量的情况。水量预测模型的设计主要考虑在整个水量预测过程中参与运算的参数类型、参数数量以及参数的获取方法等。BP 神经网络是水量预测模型的核心,在对神经网络模型设计时主要考虑了神经网络的几个特征参数,包括层数以及各层节点的数据、激活函数以及学习率等。

供水量预测模块可以对城市日供水量和时供水量进行预测,日供水量和时供水量预测都采用了相同的预测算法,区别在于输入的数据分别为日用水量和时用水量。

(3)管网漏损评估

对重点管段开展流量和压力监测,基于构建的水力计算模型和深度学习人工智能算法,精准识别管网漏损点,评估管网漏损的状况,对管网实现智能管控。

①历史监测数据查询

对安装在管道上的流量计、压力计进行统一管理,按照特定的日期对流量压力监测数据进行查询统计和对比分析。

②实时监测数据查询

在线展示当前时刻管网上各流量计、压力计的实时监测信息,并设置定位功能,标记流量计和压力计在地图上的位置。

③压力报警预警

实时计算当前压力监测点的压力值与模型模拟值之间的差值,当压力差值超过设定的阈值时,启动压力报警。同时,基于模型计算未来一段时间内的预测压力值,计算预测压力值与当前实测压力值的差值。当该差值超过设定阈值时,启动未来压力报警。

④区域漏损评估

针对设定的 DMA 分区,计算每个分区的总体漏损率,计算最小夜间流量、供水量和 7 日压力流量曲线。

⑤区域漏损报警

设定漏损阈值的下限,当 DMA 分区漏损率超过漏损阈值,即启动区域漏损报警。

7.4.3.5 用水管理

用水管理(图 7.21)主要针对优质水的大用水户、用水计划、用水计量的管理分析,基于遥测设备对各大用水户和自备水用水户监测点用水数据的实时获取,知晓其户的用水情况,全面掌控用水总量的变化和走势,以及不同监测点之间的关系变化和走势,并对用水特征进行刻画,从而加强其用水管理。

用水管理系统的主要功能模块包括:大用水户管理、用水计划管理、用水量分析。

(1)大用水户管理

建立大用水户、自备水用水户名录并上图,为管理人员掌握各大用水户的用水实情和分区分行业水资源配置调度提供基础数据,为深化计划用水、节约用水管理,以及推行超计划累进加收水资源费制度夯实工作基础,为三条红线水资源总量控制工

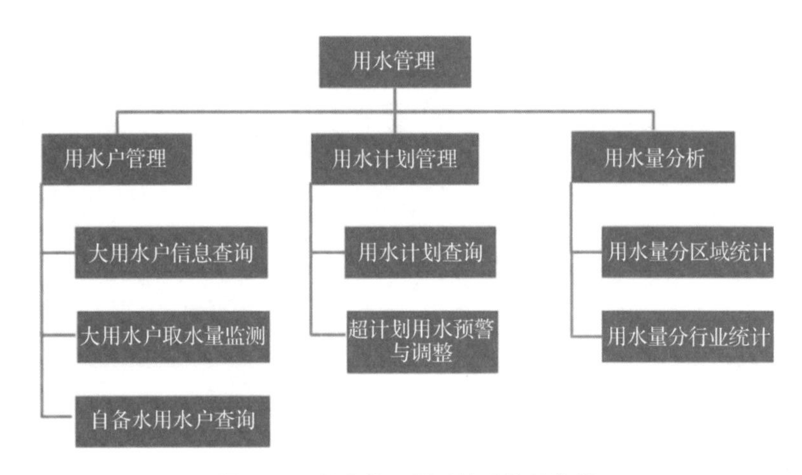

图7.21　用水管理子系统功能结构图

作开展提供重要的支撑。

①大用水户图形属性双向查询

建立大用水户、自备水用水户名录(表7.3、表7.4),根据POI信息实现地图上图与符号化,以信息弹窗方式实现图形属性双向查询。

表7.3　2019年义乌市自来水工业大用水户基本信息查询

序号	大用水户名称	2019年日均用水量(m^3/d)	行业
1	浪莎针织有限公司	1859.54	纺织及印染精加工
2	浙江万怡科技开发有限公司	963.53	纺织及印染精加工
3	诚泰印染	736.96	纺织及印染精加工
4	浙江怡婷针织有限公司	662.94	纺织及印染精加工
5	浙江曼姿袜业有限公司	618.32	纺织及印染精加工
6	浙江百隆针织有限公司	587.13	纺织及印染精加工
7	浙江三佳制衣有限公司	552.78	纺织及印染精加工
8	沪江线业有限公司	529.62	纺织及印染精加工
9	浙江芬雪琳针织服饰有限公司	482.66	纺织及印染精加工

表7.4　2018年义乌市自备水用水户基本信息查询

序号	自备水用水户名称	2018年取水水量(m^3)	日均取水水量(m^3/d)	行业
1	浙江金哥针织有限公司	1081435	3180.69	纺织及印染精加工
2	浙江富元能源开发有限公司	961334	2827.45	纺织及印染精加工

续表

序号	自备水用水户名称	2018 年取水水量(m^3)	日均取水水量(m^3/d)	行业
3	浙江真爱毯业科技有限公司	615458	1810.17	纺织及印染精加工
4	义乌市大宇袜业有限公司	160082	470.83	纺织及印染精加工
5	义乌市尚经印染厂	158000	464.71	纺织及印染精加工
6	浙江贝克曼股份有限公司	141266	415.49	纺织及印染精加工
7	浙江博尼时尚控股集团有限公司	127000	373.53	纺织及印染精加工
8	义乌市亲春印染有限公司	109728	322.73	纺织及印染精加工

②大用水户取水量监测

查询各取水户的用水量,并进行超量预警。

③自备水用水户查询

查询自备水用水户的取水情况。

(2)用水计划管理

①当年/历年用水计划查询

查询历史用水计划,对比历年用水计划与实际的用水量,分析非居民用水户的规律。可按区域、行业、取水户、年份等进行取水计划信息统计展示。

a)对比分析。以条形图的方式,在给定的时间范围内对相关对象进行纵向分析。同时,可通过饼状图查看到当前对比时间段内大用水户的用水量情况、所占的比例以及对比时间范围内各用水点的用水量的极值与平均值,这样即可计算出当前的用水增长率。

b)趋势分析。以趋势图的方式,对某一大用水户单位在某段时间内的数据做横向分析,可对任意多个大用水户单位在确定时间段内进行数据分析,并生成最终的数据对比。可自由地选取任一监测点或者任一用水点的数据,分析其在某时间段的用水趋势。

c)同环比分析。以条形图与折线图相结合的方式,基于时间段对大用水户进行的系统分析。

②超计划用水预警与调整

按季度对计划用水户的实际用水量进行统计,并与用水计划进行比较,对超计划用水情况及时预警,提醒其加强用水管理。通过找出超计划用水的原因,采取有效的措施,节约水资源,提高用水效率。

(3)义乌市用水量分析

城市用水行为是复杂多样的,参照不同的标准,用水类型的划分也各不相同。各行业用水量在城市公共生活用水量中所占的比重的差异较大,各行业用水行为特征有所差别,水的不同用途对水质的要求不一。分析城市用水特征和认识城市公共生活主要行业的用水构成、用水行为,有助于深入了解城市水资源的需求体系与发生机制,有利于制定城市水管理政策,为建设以人为本的节水型社会提供科学基础。

基于用水量的统计数据,采用地图可视化的方式,分析大用水户的用水行为、用水特征。

①分区域统计

分别从用水户行政隶属进行统计,采用统计图表展示其空间分布。

②分行业统计

基于地图可视化的方法,按照用水户所在的行业进行统计,采用统计图表展示义乌市的用水结构、行业分布。

7.4.3.6 配水管理

对义乌市稠江污水处理厂提升泵站、中心污水处理厂提升泵站、义驾山生态水厂和白沙提升泵站4个水系激活工程开展配水监测,实时监控配水口和泵站的运行状态,研发区域水量水质调控模型,实现配水智能管控。在重点河道安装摄像头,通过视频图像分析,智能判别感官水质的状况,实现水量水质监测和管理的智能化。图7.22为配水管理子系统功能结构图。

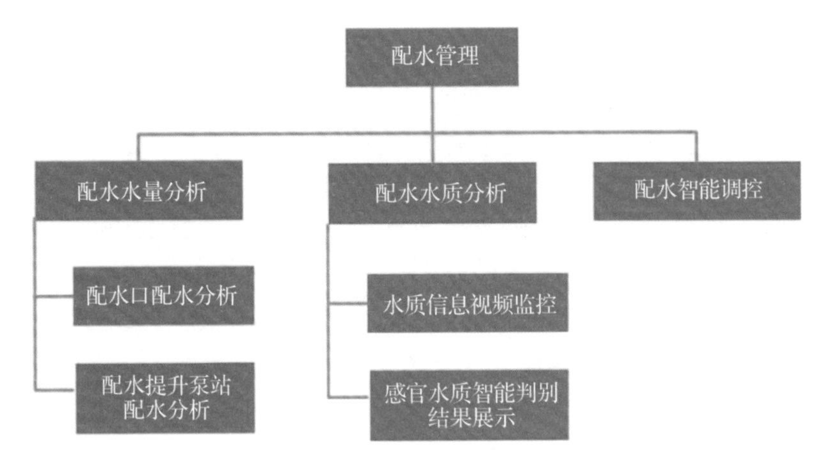

图7.22 配水管理子系统功能结构图

(1)配水水量分析

①配水口配水分析

选定特定的配水口,查询某时间段内的配水口配水量的变化情况,按照年、月、日查询配水口配水总量的情况。

②配水提升泵站的配水分析

选定特定的配水提升泵站,查询某时间段内的泵站配水量的变化情况,按照年、月、日查询配水提升泵站配水总量的情况。

(2)配水水质分析

①水质信息视频监控

图 7.23 集中展示各个河道视频的监控信息,功能菜单左侧为河道列表,当鼠标点击某个河道后,右侧显示当前河道监测水质的视频图像信息。

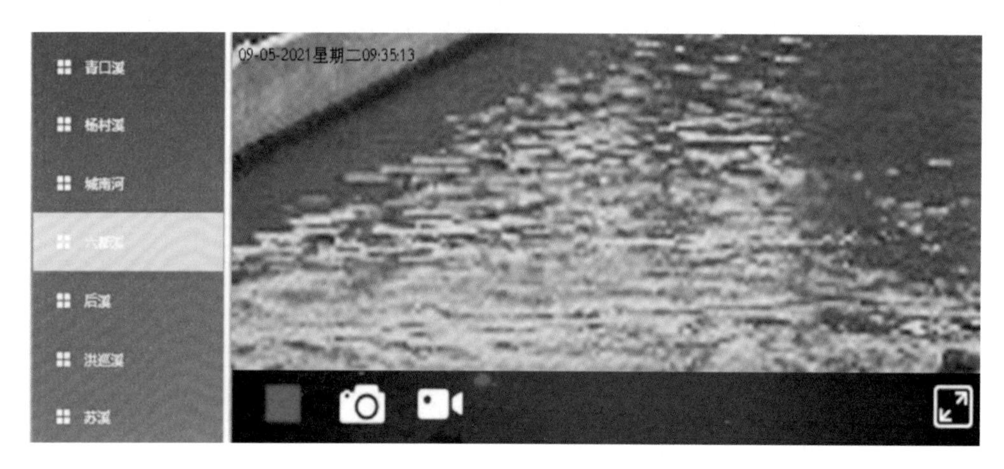

图 7.23　河道视频监控管理

②感官水质智能判别

图 7.24 以表格的方式展现各个河道视频监控最新的感官水质智能判别结果,感官水质评价结果为“好”“中”“差”。当鼠标点击某行时,页面展示该条河道最近 1 个月来的每天河道水质的判别结果的序列。

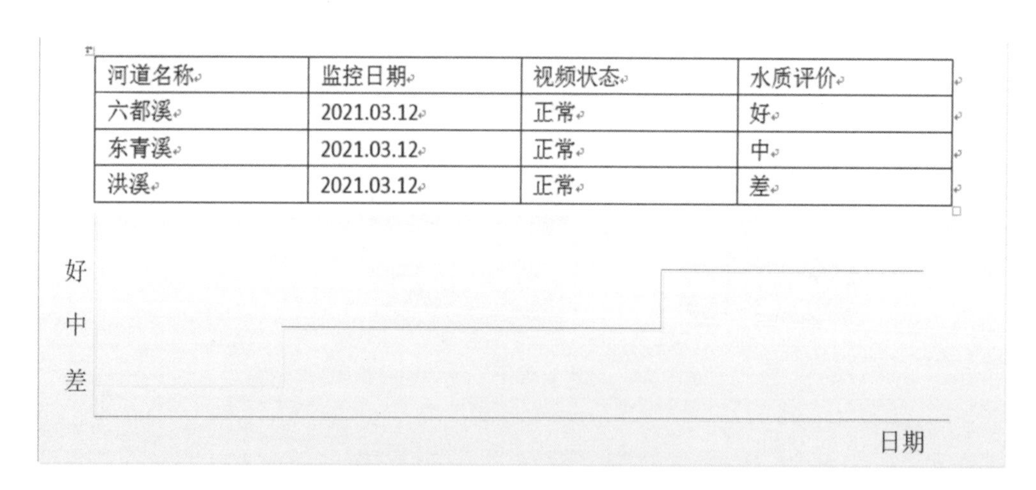

河道名称	监控日期	视频状态	水质评价
六都溪	2021.03.12	正常	好
东青溪	2021.03.12	正常	中
洪溪	2021.03.12	正常	差

图 7.24　河道水质智能判别结果的展示

(3)配水智能调控(运行费用最低)

根据区域水量水质调控模型计算的结果,得出每个河道的降雨阈值,当累积降雨量超过降雨阈值,则启动调度预警。后台程序一旦探测到河道存在降雨事件,立即存入一条预警记录。此时,用户可以手动启动该条预警,也可关闭预警。

7.4.3.7　排水管理

立足义乌市污水治理的实际，对污水处理、中水回用等环节进行智能化管控，获取污水厂的液位、水质状况，跟踪再生利用的水量。图7.25为排水管理子系统功能结构图。

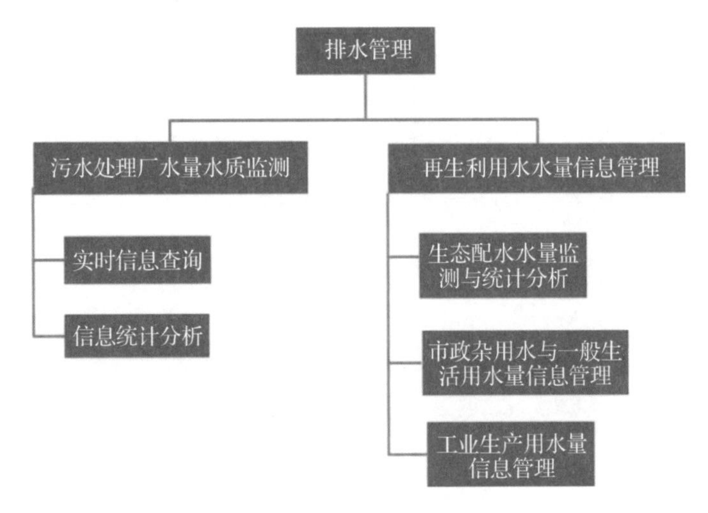

图7.25　排水管理子系统功能结构图

(1)污水处理厂水质/水量监测

利用液位计、流量计、水质仪等感知设备实时监测数据，获取污水处理厂处理水量、进出水的水质等重要的运行信息，实现污水处理厂水量、水质变化在线监控和历史数据的对比分析，准确掌握污水处理厂的运行情况，确保出水稳定，达标排放。

(2)再生利用水水量信息管理

①生态配水水量监测与统计分析

污水处理厂用于生态配水水量的计量监测与统计分析。

②市政杂用水与一般生活用水

污水处理厂尾水用于市政杂用水及一般生活用水的水量信息管理与统计分析。

③工业生产用水

污水处理厂尾水用于工业生产的再生水水量信息管理与统计分析。

7.4.3.8　节水成效评估

节水综合评价系统是指基于“水源、供水、用水、排水、回用”全过程中涉及的各项行为及其产生的效果，通过监测数据的统计分析，进一步明确各环节的节水量，对全程节水效果、减污净水效果、节水总量和效率指标、社会效益等各方面进行定量计算和评价，并以经济效益和生态环境效益为主进行可货币化的呈现，量化节水综合效益，从而开展节水全过程、全链条、精细化的评价，以推动各项节水工作为立足点，为节水工作的科学决策提供支撑。

节水综合评价系统(图 7.26)主要包括 4 个子系统:全程节水、减污净水、节水成效、节水效益。

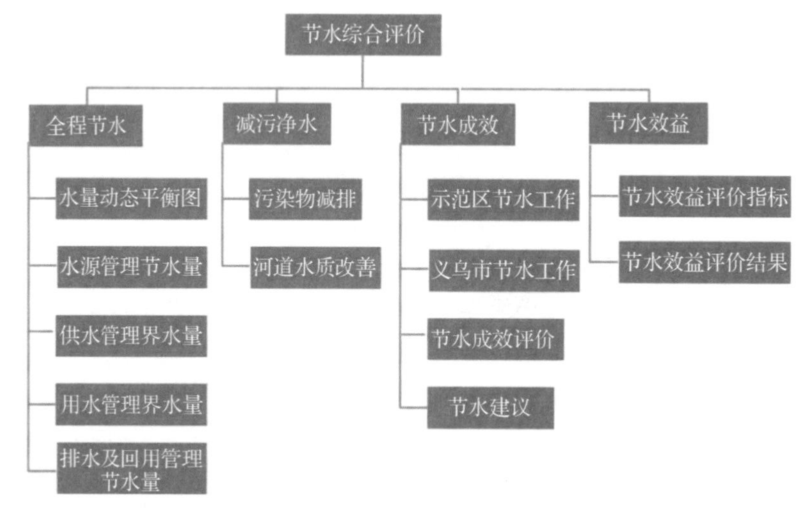

图 7.26　节水综合评价子系统功能结构图

(1)全程节水

通过调用“水源、供水、用水、排水、回用”全过程水量的历史积累数据、实时监测数据等信息,以统计、对比等分析手段,展示各环节的节水成果,为节水主管部门掌握全链条的节水情况和决策分析提供支撑。主要包括水量动态平衡图、水源管理节水量、供水管理节水量、用水管理节水量及排水管理节水量的统计和展示模块。

全程节水界面示意图见图 7.27。上半部分是水量动态平衡图,实时展示各环节流通的水量;水量动态平衡图下方有工具条,包括“水源管理节水量”“供水管理节水量”“用水管理节水量”“排水及回用管理节水量”4 个选项。选择其中 1 个选项。界面下半部分就是出现该模块所属的具体信息,更换选项即为更换对应模块的具体信息。

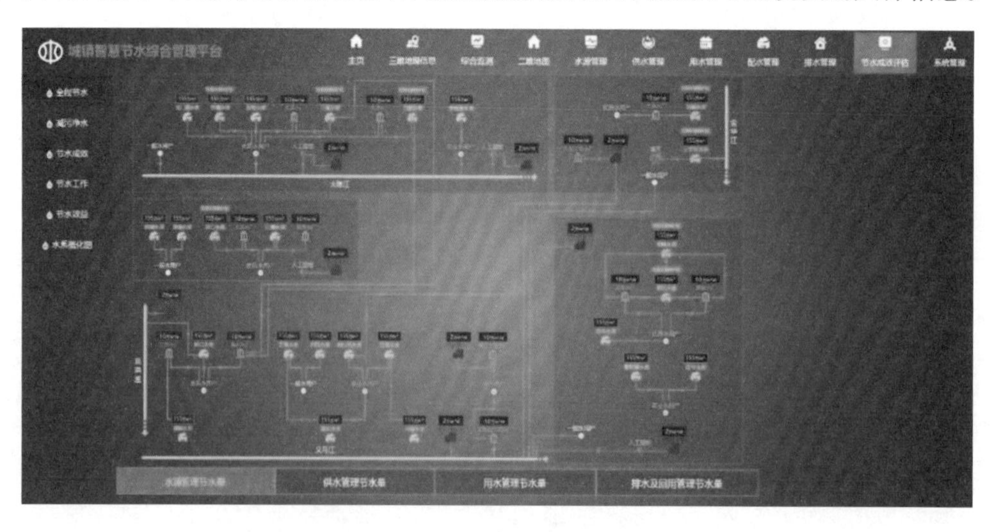

图 7.27　全程节水界面图

①水量动态平衡图

基于水资源系统概化图,构建水量平衡图框架,鼠标悬停可查看指定环节的具体信息。通过实时数据采集,产生各类统计分析数据,定制系统水量动态平衡图,全面展示各环节水量配置及实时水量的变化情况。

本模块中的水资源系统概化图包括优质水的节约和循环利用的全过程,不包括一般水部分。

在平衡图上展示的水量数据包括:水厂源头取水量,境外引水量,原水输水损失量,原水入厂量,水厂自用水量,水厂成品水量,管网漏损量,管网水用水量,污水处理厂尾水量,再生水用于工业生产水量(生产回用量),再生水用于生活杂用水量(生活杂用回用量),尾水用于生态配水量(生态回用量)。

同时提供时间查询功能,可查看指定时间的水量数据。

②水源管理节水量

对水源管理系统的水量进行统计分析,由平台接入的数据主要有8大水库的水厂源头取水量、东阳浦江引水量、8大水厂的原水入厂量。经过简单计算(计算方法见表7.5)后,输出水厂源头的取水量、境外引水量、原水入厂量、原水输水损失量、原水输水损失率5类数据结果。每类数据汇总为一张月度变化趋势图(以折线图或柱状图的方式展示,下同);并在每张趋势图下方显示"当月值、同比变化值、环比变化值"3个数据,通过指标悬停在趋势图上对应某点也可显示历史的这3个数据;每张趋势图的右上角设置查询功能,可读取某个时段的变化趋势。

表7.5 水源管理节水量模块数据计算及展示

输出	展现形式	输入	计算方法
水厂源头取水量	月度变化趋势图,当月值、同比变化值、环比变化值	8大水库的水厂源头取水量	8大水库的水厂源头取水量合计
境外引水量		东阳、浦江引水量	东阳、浦江的引水量合计
原水入厂量		8大水厂的原水入厂量	8大水厂的原水入厂量合计
原水输水损失量			水厂源头取水量+境外引水量-原水入厂量
原水输水损失率			原水输水损失量/(水厂源头取水量+境外引水量)

③供水管理节水量

对供水管理系统的水量进行统计分析,由平台接入的数据主要有8大水厂的成品水水量。经过简单计算(计算方法见表7.6)后,输出水厂成品水量、水厂自用水量、水厂自用水率、管网漏损量、管网漏损率5类数据结果。每类数据汇总为一张月度变化趋势图;并在每张趋势图下方显示"当月值、同比变化值、环比变化值"3个数据,通过指标悬停在趋势图上对应某点,也可显示历史的这3个数据;在每张趋势图的右上角上设置查询功能,可读取某个时段的变化趋势。

表 7.6　供水管理节水量模块数据及展示

输出	展现形式	输入	计算方法
水厂成品水量	月度变化趋势图,当月值、同比变化值、环比变化值	8 大水厂的成品水水量	8 大水厂的成品水水量合计
水厂自用水量			原水入厂量 - 水厂成品水量
水厂自用水率			水厂自用水量/原水入厂量
管网漏损量			水厂成品水量 - 管网水用水量(管网水用水量见下一模块说明)
管网漏损率			管网漏损量/水厂成品水量

④用水管理节水量

对用水管理系统的水量进行统计分析,由平台接入的数据主要有用水大户用水量、8 大水厂的售水量、8 大水厂的市政消防供水量、自备水用水户用水量。经过简单计算(计算方法见表 7.7)后,输出管网水用水量、自备水用水量、城镇生活用水量、用水量 4 类数据结果。

表 7.7　用水管理节水量模块数据及展示

输出	展现形式	输入	计算方法
管网水用水量	月度变化趋势图,当月值、同比变化值、环比变化值	8 大水厂的售水量、8 大水厂的市政消防供水量	8 大水厂售水量和市政消防供水量合计
自备水用水量		自备水用水户用水量	所有自备水用水户用水量合计
城镇生活用水量		8 大水厂的城镇生活用水量	8 大水厂的城镇生活用水量合计
用水量	月度变化趋势图,当月值、同比变化值、环比变化值,2 张饼图		管网水用水量 + 自备水用水量

前 4 类数据汇聚为一张月度变化趋势图;并在每张趋势图下方显示“当月值、同比变化值、环比变化值”3 个数据,通过指标悬停在趋势图上对应某点也可显示历史的这 3 个数据;在每张趋势图的右上角设置查询功能,可读取某个时段的变化趋势。

用水量除了上述月度变化趋势图外,还增加 2 张用水量结构图,以饼状图形式展示用水量的组成(管网水用水量/自备水用水量;用水大户用水量/其他用水户用水量,显示比例)。

⑤排水及回用管理节水量

对排水管理系统的水量进行统计分析,由平台接入的数据主要有 9 大污水处理厂尾水量、稠江再生水厂用于工业生产水量、稠江再生水厂用于一般生活及生活杂用水量、第一污水厂和中心污水厂生态配水量。经过简单计算(计算方法见表 7.8)后,输出污水处理厂尾水量、生产回用量、生活杂用回用量、生态回用量、回用量(减排量)、回用率6类数据结果。

除回用量外均为一张月度变化趋势图;并在每张趋势图下方显示"当月值、同比变化值、环比变化值"3个数据,通过指标悬停在趋势图上对应某点,也可显示历史的这3个数据;在每张趋势图的右上角设置查询功能,可读取某个时段的变化趋势。

回用量除了上述月度变化趋势图外,还增加1张回用量结构图,以饼状图形式展示回用量的组成(生产回用量/生态回用量/生活杂用回用量,显示比例)。

表7.8 排水管理节水量模块数据及展示

输出	展现形式	输入	计算方法
污水处理厂尾水量	月度变化趋势图,当月值、同比变化值、环比变化值	9大污水处理厂尾水量	9大污水处理厂尾水量合计
生产回用量		稠江再生水厂用于工业生产水量	若没有实测,或用稠江再生水厂供水量(用于工业生产比例)
生活杂用回用量		稠江再生水厂用于一般生活及生活杂用水量	若没有实测,或用稠江再生水厂供水量(用于一般生活比例)
生态回用量		第一污水厂和中心污水厂生态配水量	第一污水厂和中心污水厂生态配水量合计
回用量(减排量)	月度变化趋势图,当月值、同比变化值、环比变化值,1张饼图		生产回用量+生态回用量+生活杂用回用量
回用率	月度变化趋势图,当月值、同比变化值、环比变化值		回用量/污水处理厂尾水量

(2)减污净水

根据全过程节水量统计分析成果,结合实时监测或历史水质数据,计算污染物减排量,量化分析节水减排的成效;并通过视频智能监控设备,识别排污口水体感官情况,以便于用户及时掌握节水减排工作对环境水质的改善程度。主要包括污染物减排和河道水质改善统计与展示模块。

①污染物减排

节水减排是指将污水处理厂的尾水经深度处理后回用,减少污染物排放的过程。该模块提取的数据主要有上一模块的污水处理厂尾水回用量(减排量)、污水处理厂尾水水质(COD、氨氮、TN、TP 4个指标)。其中,对于尾水水质,尽量利用实时数据,若没有,采用调查的历史数据;或者用控制排放标准;或者用典型污水处理厂尾水水质情况代替普遍情况。

尾水水质图:在同一张月度变化趋势图上,用不同的折线代表COD、氨氮、TN、TP

4个指标，并添加横线代表不同指标的排放标准。在趋势图下方显示每个指标的“当月值、同比变化值、环比变化值”3个数据。通过指标悬停在趋势图上对应某点，也可显示历史的这3个数据；在趋势图的右上角设置查询功能，可读取某个时段的变化趋势。

尾水减排量：通过尾水水质和减排量计算得到（计算方法见表7.9）。在同一张月度变化趋势图上，用不同的折线代表COD、氨氮、TN、TP的减排量。在趋势图下方显示每类污染物减排量的“当月值、同比变化值、环比变化值”3个数据。通过指标悬停在趋势图上对应某点，也可显示这3个数据；在趋势图的右上角设置查询功能，可读取某个时段的变化趋势。

表7.9　污染物减排模块数据及展示

<table>
<tr><th>输出</th><th>展现形式</th><th>输入</th><th>计算方法</th></tr>
<tr><td>污水处理厂尾水水质（COD、氨氮、TN、TP 4个指标）</td><td rowspan="2">月度变化趋势图，当月值、同比变化值、环比变化值</td><td>污水处理厂尾水水质（COD、氨氮、TN、TP）</td><td>/</td></tr>
<tr><td>污染物减排量（COD、氨氮、TN、TP）</td><td></td><td>回用量×污水处理厂尾水污染物浓度</td></tr>
</table>

②河道水质改善

在义乌河道水系图上用两类不同形状的标记标注水质监测点：一类为视频感知点；一类为人工监测点。其中，视频感知点的水质数据通过利用感知设备，监控主要配水河道水质的情况，并通过智能监控AI识别主要排污口水体感官并进行分级；人工监测点的数据通过尽量收集义乌市主要内河监测断面的水质资料。

通过鼠标选取水质控制断面，利用弹窗形式查看该断面的实时水质监测数据或智能识别结果，以及水质变化趋势图，展示河道水质的改善情况。

当水体感官识别结果降级或水质不能达到标准时进行预警，水系图上的水质监测点标记变成红色。

（3）节水成效

分别针对示范区和义乌市的节水工作及相关指标，从节水总量、节水降损、节水增效和节水减排4个方面评价其节水成效，并与先进地区进行对比，分析现阶段节水工作存在的薄弱环节，给出针对性的解决措施及建议。主要包括示范区节水工作、义乌市节水工作、节水成效评价和节水建议4个模块。

①示范区节水工作

以框图形式展示示范区节水工作的内容，鼠标点击可查询的具体的实施情况和工作进展，以图文并茂、相关性能指标描述节水工程的成效，并提供可新增、查询、编辑、删除及审核等操作功能。

②义乌市节水工作

以框图形式展示义乌市节水工作的内容（节水型社会建设工作，以分质供水、城乡生活节水为主），鼠标点击可查询的具体的实施情况和工作进展，以图文并茂、相关指标描述节水工程的成效，并提供可新增、查询、编辑、删除及审核等操作功能。

③节水成效评价

参数输入：GDP、工业增加值、城镇常住人口。默认参数为2020年数据按照一定的增长比例估算，可编辑。

工具条：导入、默认参数、编辑、权重设置、计算。节水成效评价该功能模块的应用时，首先导入其他模块中的已有的计算成果；再默认参数（如GDP）；可以对导入值和默认参数进行编辑；并进行权重设置，具有管理权限的用户可进行权重设置；最后点击计算，即可得到各项指标的评价指数以及综合评价指数等级，直观反映节水成效。

节水成效的评价指标：包括4个方面、10个指标，即节水总量（全过程节水量、替代新鲜淡水量），节水降损（水源输水损失率、水厂自用水率、管网漏损率），节水增效（万元GDP用水量、万元工业增加值用水量、人均城镇综合生活用水量），节水减排（污染减排量、地表水质改善程度）。具体见表7.10。

指标值：根据导入值和参数，进行计算。

评价指数：以节水先进地区的相关指标为标准，计算各项指标的评价指数。

综合评价指数：根据层次分析法原则，对单个评价指标在体系中所在的权重进行评分，并对各层级的最终得分进行汇总，最终得到节水成效的综合评价指数，其赋分方式如下：

$$TG = \sum_{i=1,j=1}^{n} \left[\sum_{j=1}^{m} (A_j \times P_j) \right] C_i \qquad (式7.1)$$

式中，TG为单项层级的评价指数赋分；A_j为该层级单项指标的权重得分；P_j为该层级单项指标的评价得分；C_i为该层级的权重系数。

综合评价指数等级：划分为5个区间，不同的区间代表不同的节水成效等级（≥70表示等级优，60～<70表示等级良，50～<60表示等级中，40～<50表示等级较差，<40表示等级差）。

表7.10　节水成效指标值的计算方法和权重默认值

类型	指标	指标值计算方法	权重默认值
节水总量	全过程节水量	引用“全程节水”已有的计算成果，原水输水减少量+水厂自用水减少量+管网漏损减少量+用水减少量+回用量	0.1
	替代新鲜淡水量	引用“全程节水”已有的计算成果，即生产回用量+生活杂用回用量	0.1
节水降损	水源输水漏损率	引用“全程节水”已有的计算成果	0.1
	水厂自用水率	引用“全程节水”已有的计算成果	0.1
	管网漏损率	引用“全程节水”已有的计算成果	0.1

续表

类型	指标	指标值计算方法	权重默认值
节水增效	万元 GDP 用水量	参数输入 GDP,引用"全程节水"已有的计算成果,用水量/GDP	0.1
	万元工业增加值用水量	参数输入工业增加值,引用"全程节水"已有的计算成果,(用水量-城镇综合用水量)/工业增加值	0.1
	人均城镇综合生活用水量	参数输入城镇人口,引用"全程节水"已有的计算成果,城镇综合用水量/城镇人口	0.1
节水减排	污染减排量	引用"减污净水"已有的计算成果	0.1
	地表水质改善程度	引用"减污净水"已有的计算成果	0.1

④节水建议

分别分析示范区 4 种类型各项节水指标的评价指数,根据设置的最低指数标准和要求,高亮其节水工作中存在的薄弱环节,并基于制定的建议清单及规则,有针对性地提供改进措施和建议,为决策者提供较全面的参考。

(4)节水效益

以可货币化的经济效益和生态环境效益为主,兼顾社会效益指标,从节水成本、经济效益、社会效益、生态环境效益 4 个方面,筛选指标并量化,进行节水综合效益的评价。

①节水效益的评价指标

参数输入:节水工程投资、节水政策投资、节水工程运行维护费用、工业水价、生活水价、污染物交易价格、增产产品产量、产品单价、公众满意度、旅游时间、直接旅游费用。

工具条:导入、默认参数、编辑、计算。用节水效益评价该功能模块应用时,首先导入其他模块中的已有的计算成果;再默认参数(如工业水价),可以对默认参数进行编辑;最后点击计算即可得到各项指标的节水效益货币化展示(社会效益除外),直观反映节水效益。

节水效益评价指标:包括 4 个方面、10 个指标,即节水成本(节水成本),经济效益(节约新鲜淡水效益、工业回用效益、观光旅游效益),生态环境效益(水环境净化效益、生物多样性改善效益),社会效益(节水型器具普及率、水费收取普及率、污水再生回用工程县级统管率、节水意识)。

指标计算方法:见表 7.11。

表 7.11　节水效益指标值的计算方法

类型	指标	指标值计算方法
节水成本	节水成本	节水工程投资+节水政策投资+节水工程运行维护费用
经济效益	节约新鲜淡水效益	(水源输水减少量+水厂自用水减少量)×水资源费+(管网漏损减少量+城镇公共用水减少量)×生活水价+工业用水减少量×工业水价
	工业回用效益	增产产品产量×产品单价
	观光旅游效益	旅游时间×平均工资+直接旅行费用

续表

类型	指标	指标值计算方法
生态环境效益	水环境净化效益	污染物减排量×主要水污染物市场交易价格
	生物多样性改善效益(待定)	生物多样性改善程度×鱼苗价格
社会效益	节水型器具普及率	典型调查。默认100%,可手动输入
	水费收取普及率	实际收取水费户数/应缴纳水费户数。默认100%,可手动输入
	污水再生回用工程县级统管率	县级统管的污水再生回用工程/污水再生回用工程总数。默认100%
	节水意识	民众的节水意识,通过调查问卷法得到。默认88%(2018年调查成果),可手动输入

②节水效益的评价结果

点击计算,就可得出当前各种类型节水效益的计算成果,以柱状图的形式展示,直观反映区域现状节水效益的优势和短板;并显示节水效益合计、费用效益比(节水成本/节水效益合计)。

鼠标点击各项效益对应的柱形,显示该类节水效益的年际和年内变化的趋势图,以折线图形式展示。

7.5 永康市舟山镇智能节水综合系统的应用示范

7.5.1 示范区的概况

永康市舟山镇位于永康市东南部、杨溪水库库区内,东北与方岩镇相邻,东、南与缙云县接壤,西与方岩、石柱、前仓镇为邻。全镇面积77.7km^2,共43个行政村,2.3万人口,根据2017年的统计资料,本系统建设的4个示范村人口现状分别为舟一村536户、1373人,舟二村453户、1134人,舟三村289户,733人,端头村126户、363人。舟山镇全境处于杨溪水库上游,主要有舟山溪、新楼溪两条溪流,舟山溪全长13.8km,流域面积49.28km^2,支流8条,常年为三类水。新楼溪全长15.6km,支流6条,流域面积45km^2,常年为二类水。作为杨溪水库的源头,舟山镇承担着保障永康市饮用水源地安全的任务。

(1)舟山镇集镇区的供水现状

舟山镇集镇区由舟一村、舟二村和舟三村组成。3个村落均有单独的水库作为水源供水,相互之间的供水管线没有交汇点。通过实地勘测,各村水源、供水管线情况见表7.12所示。

表 7.12　舟山镇集镇区的供水水源与管网情况统计

指标	舟一村	舟二村	舟三村
水源地	指北塘水库	骑马塘水库	后塘山水库
水源地库容(万 m^3)	46.80	44.53	7.03
供水管线总长度(m)	2609	2694	1699
其中:混凝土管长度(m)	131	456	715
其中:PE 管长度(m)	2478	2238	984

(2)存在的主要问题

1)管网设计、供水设施管理不合理。供水管网的设计缺乏相关规范的指导,主干管线存在多处变径、分支不合理的地方。供水设施如水泵、过滤器等均是由村民自行调控,缺乏科学、合理的数据指导。

2)缺乏有效的监控计量设施。除舟二村部分用水户安装了水表外,其余大部分的用水户均未安装水表,且舟二村安装的水表均不具备远传功能。

3)自动化监控手段薄弱,管理难度大。随着城乡工程建设的日益完善,供水规模的增大,管理难度大,影响工程效益的长久发挥。

为解决上述问题,开展管网运行状态参数的实时监控,通过计量与分析,真实科学地反映出管网的实际状态,为管理者提供科学决策势在必行。

7.5.2　需求分析

7.5.2.1　业务需求

1.总体需求

系统能远程监测取水泵站的出水压力和流量,远程监测供水管网的供水压力、流量、流向等信息,能针对不同时段、不同区域开展用水量分析、渗漏分析及预警。系统基于三维 GIS 平台开发,需在三维地图中展示 4 个自然村的倾斜摄影三维场景。构建三维供水管网模型,提供监测设备、阀门的具体的位置信息,并在三维系统中进行展现,能实现管网模型要素的查询等。针对供水管网构建渗漏分析模型,并提供渗漏预警功能。针对长期供水用水信息的分析,能提供供水调度决策功能。集成农村非常规水开发利用技术、农村非常规水智能灌溉技术成果,开展节水效果的评估。

2.供水管网监控

对供水管网的流量、压力进行监控,特别是最不利点压力的监控,当出现压力不足时,及时给出压力监测点的位置,并给出调压方案。

根据各个分区不同时段的需水量的不同以及实测数据,得出管网最不利环路以及最不利点的每个时间段的压力,将实测数据与预设数据对比,实时调节泵站功率,达到泵站出水最优的能耗。

(1)供水实时监控

对流量计、水表等供水监测设备进行监控，通过设定监控频率，将监测的实时流量、压力等信息传输至系统存储。系统实时监控各设备的运行状态，对出现因信号、网络等故障而导致数据丢失、数据异常等情况，实时告警，由专业人员开展设备维护。

同时，系统需以图、表形式提供针对特定时间段、特定设备的监测数据的展现功能，能通过长时间段监测数据分析来排查用户用水异常等情况。

(2)制定供水调度方案

比较分析各类运行方式下的供水调度方案，提高供水的安全性和效益比，为决策者提供多样化的调度选择。

根据历史数据，可描绘出各个 DMA 分区每日用水习惯图，在用水高峰时期，通过打开阀门或者启用储水设备等方式，满足用户用水的需求；重大节假日，依照往年节假日的用水习惯以及新进人员的预算，粗略估计用水量，拟定供水量调整的具体实施步骤，其目的是调整估算用水量的精准性，使其尽量接近实际用水量，最终实现精准化节水的目标。

夜间用户的用水量小，管网压力较大，管网在此时处于高危状态，由于压力作用，管网的漏损率也达到峰值。此时，可以往设备水箱内供水以进行储水，缓解管网夜间压力以及避免出现白天供水量不足的情况。

(3)专家评估、方案优化

收集供水系统中关于供水调度时间分布、流量分布的经验和必要数据，建立数据仓库；并围绕数据仓库建立专家评估数据库，优化调度计算系统生成的调度方案，并通过专家评估系统不断改进和生成新的调度方案。

3. 供水管网建模

重点核查舟一村、舟二村和舟三村 3 个自然村的供水管网的分布状况，以及端头村入户水表的分布状况。对供水水源、供水管网、阀门、流量计、水表等信息构建管网三维模型，将管段、阀门、流量计及水表等信息构建数据表，用于在系统中进行展现和查询分析，系统能实时显示供水监测设备的运行状态、当前运行值、供水的水流方向等信息，为供水管网管理提供详细直观的信息资料。

4. 渗漏分析预警

利用模拟软件实时输入监测数据来模拟运行状况，反映供水分布和管网运行的状况，能够及时准确地掌握农村供水状态。

将超声波流量计采集到的数据实时导入远程监测系统，通过远程监测数据信号源与模拟软件相连接，绘制出全管网压力以及流量的折线图，从而实时监测管网 24 小时的运行状态。

将采集的数据进行绘制，并及时同步至分析系统，使系统可以将实测流量以及压力与模拟出的流量压力在同一个坐标系下作图比较，若发现实测值与模拟值之间存在较大的误差，及时报警，通过计算相对的漏水量来判断漏损的类型，制定相关的修补方案，将其交于有关部门处理。

系统应能具体分析出疑似出现渗漏、压力异常的管段，并在系统中进行标记，然后在系统中通过走马灯、短信等方式提出报警，由专业人员排查修复以后提交取消报警。

5. 农业智能灌溉

智能灌溉控制系统不需要人为操控，能够动态监测作物的生长环境参数，并通过控制器或计算机控制中心进行数据计算、信息分析和综合决策，再通过灌溉决策结果来判断是否需要控制相关灌溉执行机构来进行灌溉的一种农田自动化灌溉管理方式。系统的用户通常为具有一定的计算机使用基础但文化程度不高的农户。需要系统能够在一定的程度上帮助用户脱离时间和空间的限制，实现农田灌溉的远程监控以及信息管理。具体需求包括：

(1)数据采集功能。系统要求能够实现对作物生长环境的数据采集以及对现场设备状态的监测，如土壤温湿度、空气温湿度、光照强度等数据的采集和电磁阀通断状态等信息的监测。

(2)数据传输功能。数据传输是智能化和信息化的基础，在系统中应保障数据传输的可靠性和稳定性，并在此基础上减少温室内的线路铺设，以免对农业活动产生巨大的影响，同时要考虑数据传输前后期的部署成本以及维护难度。

(3)远程监测和信息管理功能。主要通过互联网技术、远程通讯技术与温室现场进行数据交互，应能够在为用户提供温室现场的实时数据监测的同时，还能为用户提供历史数据查询、数据分析、信息管理等功能，方便用户实现对温室的多维度监管。

(4)灌溉控制功能。系统的根本是实现对作物的灌溉，以达到节水、增产的效果，用户应能够根据需求实现手动控制、定时控制和智能控制的功能，为用户提供多种选择以实现作物的灌溉需求。手动控制即用户能通过手动按钮实时对温室现场实现灌溉任务；定时控制即用户通过制定定时灌溉任务，对温室现场实现定时定量灌溉；智能控制即系统根据温室现场环境参数和作物种类进行智能化决策灌溉，保证作物的优良生长。

6. 节水效果评估

集成农村非常规水开发利用技术、农村非常规水智能灌溉技术的成果，形成农村一体化节水方案闭环。结合历史用水节水的数据，针对项目任务中实现示范区输配水管网漏损率低于30%、农村非常规水回用率70%以上的目标，开展节水效果统计与分析。

7.5.2.2 数据需求

1. 供水管线

供水管网地下管线是农村节水改造的重要的组成部分，是维持农村生活用水正常运行的基础条件。地下管线需求包括：地下管线的平面位置、埋深(高程)、走向、性质、规格、材质、建设时间和权属单位等，以及地下管线设计图纸(综合管线图纸、专业管线图纸)、地下管线施工图及技术说明、底线管线竣工图及技术说明等，并建立动态更新的机制,实时管理地下管网,解决供水管网老旧、复杂、乱、危险、昂贵、管网老化等问题。

示范区供水管网地下管线的数据范围:主要涉及永康市舟山镇位于集镇区的舟一村、舟二村、舟三村以及端头村。

2. 现场实时监测数据

现场实时监测数据包括示范区水源水质的监测数据、水泵运行状况的监测数据、蓄水池水位的监测数据、关键节点流量与压力参数的监测数据、用户用水量的监测数据和部分附件设施的视频监测数据等。

3. 倾斜摄影数据

倾斜摄影技术是国际摄影测量领域近十几年发展起来的一项高新技术,通过从1个垂直、4个倾斜、5个不同的视角同步采集影像,获取真实的地物情况及纹理信息,还可以利用新型的倾斜摄影测量后处理软件(如街景工厂、Smart3DCapture、Pix4D、PhotoScan等)通过空三计算、密集匹配等步骤处理得到被摄场景的密集点云,并进一步构建三角网,生成诸如高分辨率DSM、逼真的真正射影像和精细三维城市模型等倾斜摄影产品。

本系统中倾斜摄影数据的需求范围为:永康市舟山镇位于集镇区的舟一村、舟二村、舟三村以及端头村。倾斜摄影数据,一方面可以作为系统的背景地图的数据,让用户浏览、查询,结果展示时有着更直观的感受;另一方面还可以作为空间数据量算、分析等的基础数据。

7.5.3 系统设计

7.5.3.1 系统设计的原则

在系统设计的过程中,综合考虑先进性、可靠性、适用性、可维护性、功能扩展性等原则,始终围绕建设节水智慧化系统的目标,进行系统总体设计。

(1)以数据为中心的原则。按照信息工程理论,数据是稳定的,业务是多变的,通过对管理业务的整体分析,遵循“以数据为中心”的基本原则,提炼和抽取相对稳定的数据模型,使业务管理和综合应用的变化能够被计算机系统所适应,把数据作为设计的中心,各种业务数据进行整合与集约化处理,可以有效地保证综合系统的稳定性。

(2)实用性与先进性相结合的原则。把握先进技术的适用条件、发展方向、注重系统实用性与先进性结合的原则,根据实际需求制定技术路线,选择先进成熟的技术为系统服务,使系统能提供灵活、简易、有效的信息服务手段。

(3)数据管理分布与集中相结合的原则。综合信息系统必须坚持数据集中存储的原则,以利于信息深度挖掘、信息资源共享,但在部分系统中应兼顾网络的特性,为提高效率与系统稳定性,可以结合分布式数据管理技术。

(4)业务综合化的原则。业务综合化是今后发展的必然趋势,各项业务确定应充分考虑综合应用系统的发展要求,并为互补互通建设提供扩展空间。

(5)易操作与标准化的原则。系统使用和操作界面要求全部汉化,遵从行业应用的需求,开发具有标准化的操作模式、友好的人机界面、可视化的功能展示、操作简单方便的应用系统。系统建设、业务处理和技术方案应符合国家、地方、行业的有关信息化标准的规定。数据指标体系及代码体系统一化、标准化,符合国家标准或者部颁标准。

(6)开放性与可扩展性的原则。系统应采用开放的数据标准接口,满足各类基本数据标准的数据,支持各类常见的数据格式,并针对数据传递的基本格式,设计方便使用的接口,确保实现内部业务系统之间、外部相关系统对本项目信息数据的交互和共享。系统建设既要充分体现系统业务的特点,充分利用现有的资源,合理配置系统软硬件,保护用户投资;又要着眼建成后具有良好的扩充能力,可以根据不断增长的业务需求,以及信息技术的发展而不断平滑升级,做到功能完善、使用方便、符合实际、运作高效。

(7)安全性、保密性与共享性的原则。系统涉及的各类数据应加强安全性管理,以及对身份校验的安全控制,防止未授权的使用者查看、窃取或篡改数据;对于数据库应采用完善的数据备份机制,保证在软硬件环境出现异常的情况下能有效地确保数据的一致性和完整性;保证数据传输过程及共享管理的高度安全性,确保各类数据能够及时、高速、安全的传递和共享。

(8)继承性的原则。系统在设计过程中应充分考虑继承和利用已有的硬件设备与开发完成的软件系统,在原有的基础上进行整合,在整合的基础上得到提高。

(9)稳定性的原则。系统稳定性指软件在一个运行周期内、在一定的压力条件下,软件的出错概率、性能劣化的趋势等;系统设计应满足大用户量的应用需求,具有长时间正常工作的能力;在功能设计方面,避免由于功能增多而带来对系统的负面影响,尽可能地优化结构。

7.5.3.2 系统总体框架

针对系统建设的目标和需求分析,采用定制化开发方式构建农村智能节水综合管理与调配系统。在系统架构上分为5个层次,由下到上分别为监测终端层、网络传输层、支撑体系层、应用系统层和应用终端,实现信息的协同与互动,支持智能节水建设管理。系统以信息采集管理与共享应用为核心,逐步构建多方协同动态连接的整体管控平台,形成分层、分模块的一系列的工具与系统,见图7.28。

系统中主要考虑以下的技术要点。

(1)以示范区域倾斜摄影三维实景为基本数据展现窗口,构建农村供水管网可视化的展示。

(2)通过水源地、管网和计量设施三个部分的划分实现不同层次的信息关联和分级显示。

(3)自上而下地分解规划目标,自下而上地反馈设施的实施情况。

(4)集成在线监测数据与数学模型,通过动态分析技术,掌控供水管网信息,提供漏损预警,评估用水效率,不断提高农村节水智能化的水平。

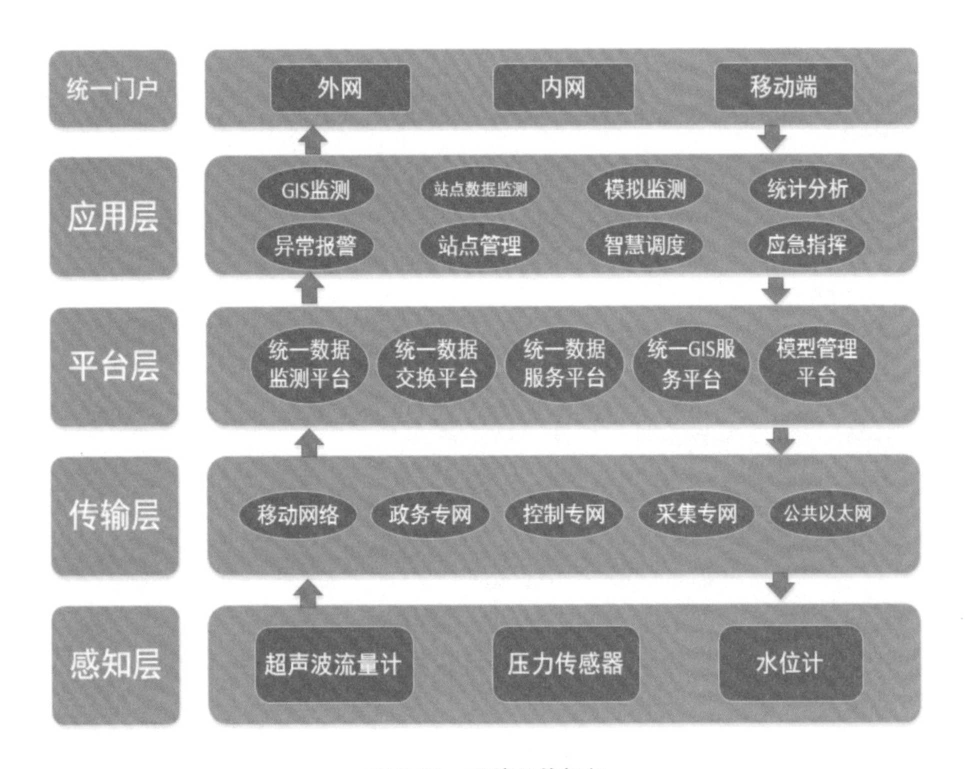

图7.28 系统总体框架

系统以云技术、GIS、物联网技术以及信息管理技术等为核心,结合系统安全和当前的先进技术,实现农村节水信息的整合、共享、更新、管理、分析和辅助决策等功能。

监测终端层为建设提供数据支撑,通过在线监控设施实时传输、及时录入新增设备的信息、新建管网的信息等,为数据提供动态更新的机制,保证数据的实时性和连续性。

网络传输层利用信息的互联互通的机制,建立数据无线传输收发体系,保障信息数据及时、有效、稳定地传输到数据中心。

支撑体系层主要由基础软硬件支撑和综合数据库等组成,包括系统软件与硬件设备的建设。其中,系统软件包括数据库软件、GIS 运行环境、供水管网模拟系统等;硬件设备包括服务器、存储设备、交换机、路由器、防火墙等,以保障信息化管理平台的稳定运行。综合数据库承载了系统中所有的在线监测数据、图形数据与地图数据、运行管理数据、统计数据,存储在统一的综合管理数据库中,对系统所需的各类数据进行统一的存储和管理,以应对各类数据需求和系统需求。

应用平台层通过构建满足农村智能节水综合管理与调配需求的信息化平台,设计了三维地理信息系统、管网数据采集子系统、管网漏损监测子系统、非常规水处理及智能灌溉子系统、用户权限管理子系统等。

应用终端层面向最终用户,它在应用系统基础上基于 GIS 基础平台搭建专业模块,可对数据进行更深层次的挖掘分析和展示,为决策层提供有效的辅助依据。

7.5.3.3 系统功能的设计

1. 基础信息管理

(1)权限管理:系统管理员可根据不同的管理人员授予不同的使用权限;普通的管理人员只能进行权限内的查询、控制等操作,责任到人。

(2)监测点信息管理:可添加、修改、删除测点,并可建立各监测点的设备档案,如:水表名称、水表型号、水表口径、安装时间、通信类型、4G 卡号等。

(3)地图展示。

1)主界面以示范地的地图和供水管网图为背景,显示所有监测设备点的位置及主要的监测数据。

2)当鼠标置于监测点上时显示详细的监测点信息和实时监测的数据。

2. 用水数据管理

(1)管网数据监测

1)实时监测农村取水水源的出水流量和压力。

2)远程监测供水管网的供水压力、流量、流向等信息。

3)远程监测用水总量和用水户的用水量的实时信息。

(2)数据统计分析

1)数据查询:支持各种监测信息、报警信息、操作信息的存储和查询,支持数据导出和打印功能。

2)统计与分析:自动生成用水及回用水环节的汇总报表和统计报表;可自动生成各类数据的历史曲线、柱状图等分析图表。

(3)辅助决策、远程指令下达

系统内置多套水力调度模型,可模拟或仿真管网的各种工况状态,可根据管网压力、水厂或加压泵站的出水流量、泵组的运行状态等信息给出供水调度的辅助决策建议,供调度人员将其作为决策参考。

7.5.4 示范系统功能的设计与实现

系统登录主界面包括三维地理信息、供水管网、非常规水、农业灌溉、综合评估五大模块。一级菜单布置在界面右侧顶端。二级菜单布置在界面左侧面板。系统底图采用倾斜摄影获取的三维地图,图例显示设计为悬浮面板,可以根据用户的需要,随时被拖动到屏幕的任何位置。

7.5.4.1 三维地理信息

系统加载成功后默认显示示范区的倾斜摄影影像数据图作为主界面的底图,同时加载管网、流量计、压力计、节点等矢量数据。功能按钮主要包括工具和图层列表两项。

1. 工具

工具包括水平距离量算、平面面积量算、垂直高度量算和清除 4 个功能。可通过鼠标点选，在地图上绘制两个点或一个平面区域，得到需要量算的距离或面积。这些功能可用于后期优化管线的设计、计算管线铺设的长度等。

2. 图层列表

图层列表主要是对图层进行显示管理，系统可加载不同的多个图层信息，用户可对感兴趣的图层进行勾选。勾选的图层数据将实时显示在系统平台的界面中。这样设计的目的一方面是减少数据的过度加载，另一方面是过滤掉用户不关心的数据，让系统的数据显示界面更加清晰明了。

7.5.4.2　供水管网

“供水管网”主要是对集成到系统中的各类管网中的供水数据进行监测和分析，从而对管网的现状及后期运行维护提出预警或评估，减少因供水管网问题产生的漏损，达到智慧节水的目的。具体包括报警预警、优化调配、漏损监测、风险评估、统计报表和参数设置六大功能。

1. 报警预警

利用MIKE URBAN + 软件建立示范区相应的供水管网水力模型，进行管网水量及水压模拟，结合供水管网水力模型，开展管网漏损事故模拟研究，实现漏损事故报警功能及漏损事故点的定位。由于实际用水一般具有周期变化的特点，在供水区域基本状况未有大的改变的情况下，可以认为依据历史监测数据校核的水力模型能比较准确地对管网水力状态进行预测，当发现新采集的监测值与模拟计算值的差异过大时，则通过进一步比较分析监测值与模拟计算值的差异，预判该段供水管网发生漏损，该功能可以实现对供水管网漏损的定位和预警，使相关部门可以及时定位和修复相应的管道漏损部位，从而提高供水管网维修工作的效率，有效降低供水的漏损率。

(1)基础信息

单击主界面左侧面板栏的“报警预警”，显示示范区地下管网的基本拓扑结构，包括压力测点、流量测点、水源点、阀门、节点、管线，由于示范系统的管网系统运行一段时间后，有关部门对部分旧管网进行了改造，因此，系统设计了“改造前的供水管网”和“改造后的供水管网”两个菜单，便于使用者有选择性地查看。这也为其他区域需要同时在系统中展示历史供水管网和现状供水管网提供了可以借鉴的范例。

点击上部右侧“改造后供水管网”，则得到了改造后供水管网报警预警功能的主界面，改造后供水管网的主要功能和菜单与改造前的供水管网相同，但是管网的拓扑结构发生了变化。

在图中点击管线，则能得到当前管段的基本信息，包括管道编号、管径、管材以及该管段不同时刻的流速变化曲线。

(2)压力

在报警预警功能菜单下，通过系统上方菜单栏点击“压力”，可得到当前供水管网当前各节点的压力监测值。为使得展示结果更加直观明确，系统设置了不同的颜色代表不同的压力值，如本系统中红色表示压力值大于30m。

(3)流速

点击"流速",则得到了各管段的流速监测值,同样用不同的颜色设置表示流速值的不同的大小。

(4)压力波动评估

点击"压力波动评估",则得到了管网各节点的压力波动,不同的颜色设置表示压力波动的不同的范围。

(5)综合信息

点击屏幕右下角的"隐藏",可以弹出"综合信息、历史数据查询、压力报警预警"等信息。综合信息面板中左边的曲线表示示范区用水量实测值与模拟值的对比曲线。右边的曲线则表示示范区不同源头压力关键点模拟值与实测值的对比,压力精度为97%,流量精度为96%,为该区域供水管网报警预警提供了有力的支撑。

(6)历史数据查询

点击"历史数据查询",可以查看每个测点的名称和位置,选择开始时间和结束时间,然后点击查询,则能得到对应时间范围内的流量曲线及测值。

(7)压力报警预警

点击"压力报警预警",可以查看当前的压力报警和未来的压力预警信息,点击定位,可以定位到报警预警的位置。

2. 优化调配

"优化调配"功能主要用于在系统中直观展示和对比各种优化调度方案,通过各种优化调度方案的比选,获得各种情形下的最优方案,确保各节点的压力值在正常的范围内,使各节点的压力波动最小,同时使经济效益最大化。优化调配主界面,主要包括优化调配、多方案对比和专家调度库。

(1)优化调配

单击"优化调配",下拉列表会展示之前输入的各类调配方案,如点击三村水源一调配方案"方案一",能够得到舟三村压力点1的压力变化曲线。

在图中点击"管段",则能得到该管段在方案一不同时刻的流速模拟值,也包括管线的基本信息、管径、管材和管长等基本信息。

(2)多方案对比

点击"多方案对比",如在选择列表中勾选三村水源一调配方案,勾选方案一和方案三,然后点击"对比"按钮,则能得到按这两个方案调配后供水管线各节点的压力对比曲线。

(3)专家调度库

专家调度库是将已成功运用过的各种优化调度方案集中管理。点击"专家调度库",则能展示输入的各种优化调度方案。这些调度方案均为成熟的实用性方案并经过了实践检验,可供使用者学习及借鉴。

3. 漏损监测

漏损监测是通过独立计量区域(district metering area,DMA)实现的。DMA分区管理法是指在城市的配水管网系统中的某一个区域，通过关闭一些阀门以及在进、出口处安装流量计等措施，构建一个进、出流量可以被记录的独立区域，然后通过区域流量计量来监测漏损。

本系统应用以舟山镇3个村的供水管网为例，首先对舟山镇3个村的供水管网进行DMA分区划分。将舟一村划分为5个DMA分区，将舟二村划分为6个DMA分区，将舟三村划分为5个DMA分区，并结合夜间最小流量(2~5点)的监测，可以更好地评估每个DMA区域的漏损水平。每个DMA区域设置夜间最小流量阈值，当监测到夜间最小流量超出夜间最小流量的限值时，系统给出报警。同时，系统还可以对漏损指标进行统计，包括夜间最小流量、DMA区域供水量、平均压力和漏损率等，用于评估各分区内的漏损水平，合理制定相应的控漏目标，辅助进行主动检漏和管网的更新规划。

(1)区域漏损评估

对DMA分区进行选择，可查看当前分区的漏损情况。

点击下方的上滑菜单，则能得到当前DMA分区的区域漏损评估，包括总体漏损率、七日压力流量曲线。

(2)实时流量信息

点击“实时流量信息”，则能得到当前分区各流量测量点的流量信息，如ZS1_L1流量测量点当前时刻的流量为22.615m^3/h，点击各流量计后面的“定位”按钮，则能够在地图上对该流量计的位置进行定位，方便使用者了解具体是哪个位置的流量计监测的流量值。

(3)区域漏损报警信息

点击“区域漏损报警信息”，能够查看当前DMA分区内的区域漏损报警信息，如舟三村DMA4分区内的漏损报警信息显示该分区内存在漏损，漏损率为32%；点击后面的定位按钮，则能够对当前漏损区域进行定位，便于相关部门的维修人员快速定位需要维修的管段。

4.风险评估

(1)计算管道风险

风险评估能够对供水管网各管段的风险进行评估，计算各个管段的风险值，并将其分为“低风险管段”“中风险管段”和“高风险管段”。在图上通过不同的颜色自定义设置表示不同的风险等级，红色表示“高风险管段”，绿色表示“低风险管段”，蓝色表示“中风险管段”。

(2)风险管道建议

计算完各管道风险后，能够给出“高风险管段”的详细信息，包括管段编号。点击后面的定位按钮还能在地图上对“高风险管段”进行定位，并对高风险管段给出建议。

5.统计报表

(1)历史报警预警

点击左侧“统计报表”，包含“历史报警预警”和“漏损指标分析”两部分内容。

“历史报警预警”能够对历史报警预警信息进行查询和下载，选择时间，并点击“查询”，能够得到不同历史时刻的报警信息。

点击“下载”，则能够下载得到“历史压力报警日志”EXCEL 文件，便于用户保存和上报。

(2)漏损指标分析

点击“漏损指标分析”，能够对不同分区不同时刻的漏损指标进行分析。点击“漏损指标分析”后，对 DMA 分区进行选择，并对时间进行选择；然后点击“查询”，则能得到各个分区不同时刻的供水量；点击“下载”，则能得到“历史压力报警日志”EXCEL 文件。

6. 参数设置

(1)用水量预测

点击左侧“参数设置”，则能够对管网的各种参数进行设置，包括：用水量预测、阈值设计、管道风险分析参数和测点管理。点击“用水量预测”，能够对用水量相关的各种参数进行勾选，包括天气状况数值化表和节假日数值化表。

(2)阈值设置

点击“阈值设置”，能够设置“最低压力值”和“模拟值和实测值”，对管径流速进行设置以及对 DMA 分区的参数进行设置；同时，能够完成最低压力值的修改，模拟值与实测值的修改，漏损率基准值的修改。

(3)管道风险分析参数

点击“管道风险分析参数”，能够对爆管风险权重进行设置，如接口类型因素、管材因素和压力波动因素。

对管材因素进行选择，能够选择管道的类型。

(4)测点管理

点击“测点管理”，则能够对各监测点进行管理，包括测点编号、测点名称、站点类型、模型 MUID 和所属的 DMA 分区。

7.5.4.3 非常规水

示范系统主要展示的是自建终端的生活污水实时处理水量和水质数据，便于主管部门和使用者实时了解污水处理终端的运行状况和运行效果。系统功能设计包括处理水量、视频监控和水质分析等三大功能，分别介绍如下。

1. 处理水量

点击“处理水量”，可以选择起始时间，该时段处理累计处理的污水量以曲线和表格的形式展现，还可分别以年、月、日为单位，查询累计处理的污水量。

2. 视频监控

点击“视频监控”，可以查看非常规水处理现场的情况，包括机房、周边，以及管道内的实时状况。视频监控需要安装摄像头和传输装置，将摄像头拍摄的数据远程传输到系统中。

3. 水质分析

点击“水质分析”，选择开始、结束的时间，可以查看该时间段非常规水处理后出水水质指标的检测结果。该检测结果为系统导入的第三方检测报告中的检测数据，其目的是对污水处理后的出水水质检测结果进行集中管理，同时对不同时期检测结果的差异性开展进一步分析，从而指导处理后的非常规水的利用。

7.5.4.4　农业灌溉

示范系统中所指的“农业灌溉”特指农村污水处理后的灌溉回用中数据的展示和查询。系统中嵌套了农村生活污水分质分流智能灌溉模型，用于监测灌溉施肥基础参数，调控高效节水灌溉关键设备。系统组件主要包括“田间灌溉需水信息采集 + 首部灌溉信息反馈 + 水源水质信息反馈 + 智能灌溉决策 + 无线电磁阀远程调控”。需要在灌溉终端安装水量计量设施、墒情监测设备、小型气象站等设施设备，并采用物联网技术，以实现对灌溉水源补给、输水过程监控、灌溉过程决策等的全程智能化控制。要实现智能灌溉，则需要依照下述三个步骤。

(1)首先是传感器对农田信息进行读取。利用各类型传感器和繁殖设备，采集空气的温湿度、土壤温湿度、土壤 pH、光照强度以及辐射等各种与农田相关的信息，实现对“物”的读取。

(2)利用物联网传输农田信息。运用各种无线传输技术，如 Lora、Zigbee 技术、蓝牙技术，将采集上来的参数上传到控制器。物联网无线传输技术和传统通信网的通信频率与频道不同，不会受到其影响，能够保障通信的稳定和安全。

(3)对农田设备的控制。在接收到采集参数后，通过系统显示数据并下达控制指令，利用污水处理设备处理过的达标水对作物进行灌溉，或根据非常规水水质传感器对污水处理设备处理的非常规水不能满足灌溉需求时，自动切换溪水进行灌溉。

示范系统中设计的“农业灌溉”展示输出的主要包括墒情监测和灌溉监测两大功能。

1. 墒情监测

点击“墒情监测”，选择设备和开始、结束的时间，对应设备的监测信息以曲线和表格的形式展现。

2. 灌溉监测

点击“灌溉监测”，选择示范地和开始、结束的时间，该时段的灌溉量以曲线和表格的形式展现，还可分别以年、月、日为单位查询灌溉总量。

7.5.4.5　综合评估

综合评估是对农村非常规水开发利用技术、农村非常规水智能灌溉技术等关键节水技术起到的节水效果开展评估，定量分析示范区的用水效率和所需水资源的利用程度与满足程度。点击“综合评估”，包括供用水监控、灌溉水调控和节水综合评价三大功能。

1. 供用水监控

点击“供用水监控”,选择用户和开始、结束的时间,能够查看该用户的用水量,还可分别以年、月、日查看累计用水量。

2. 灌溉水调控

点击“灌溉水调控”,能够查看墒情监测区域的土壤湿度、干湿状态、灌溉调控和阀门状态信息。

3. 节水综合评价

点击“节水综合评价”,能够查看以年和月统计的节水综合评价效果,为节水型社会建设提供直接的数据支持。

7.6 移动小程序的应用示范

7.6.1 系统的功能需求

根据用户需求和移动小程序的特点,设计如下的功能模块,通过查询、统计、互动等功能模块,让用户或公众通过手机可以便捷地在小程序首页地图查询水厂、水务公司的位置信息。查询各自来水厂、水处理公司、大用水户及工业水厂实时与历史数据,通过图表结合的方式展示用水量等月度、季度、年度统计对比,预测趋势。随时随地了解最新的节水、用水政策,同时增加常见问题的答疑、互动交流的板块,满足手机终端的查询、使用需求,从而促进互联网 + 节水的管理在便捷化、实用化方面的探索。表 7.13 为功能需求列表。

7.6.2 功能的设计与实现

7.6.2.1 首 页

(1)基础底图:系统首页使用天地图作为基础底图,包括天地图的矢量、影像、地形等地图服务,用户可切换显示不同的底图。

(2)行政区加载:将义乌市的各街道和村镇以标准服务形式加载到地图上进行展示。

(3)标排口落图:将义乌市的标排口以标准服务形式加载到地图上进行展示,点击标排点可以查看标排点的详情,包含名称、设计规模、服务范围、服务人口等。

(4)基础功能:建立小程序和地图框架,提供基础地图的功能,包含放大、缩小、平移等。

7.6.2.2 查 询

查询功能包括基础信息查询和供水统计数据查询。

(1)月度供水量查询:通过水厂和时间区间查询该水厂当前时间区间的每日供水量的数据。

表 7.13 功能需求列表

编号	功能模块	功能子项	功能描述	简要描述
1	首页	义乌分区图	基础底图	使用天地图作为基础底图
2			行政区加载	将行政区数据以标准服务形式加载到地图上进行展示
3			标排点落图	将各区域标排点以标准服务形式加载到地图上进行展示,点击标排点可以查看标排点的详情,包含名称、设计规模、服务范围、服务人口等
4			基础功能	建立小程序和地图框架,提供基础地图的功能,包含放大、缩小、平移等
5	查询	自来水厂供水量	月度供水量查询	通过水厂和时间区间查询该水厂当前时间区间的每日供水量数据
6		水处理公司进出水量	日进水量查询	通过水处理公司和时间区间查询该水处理公司当前时间区间的每日进出水量数据
7		稠江工业水厂进出水量	日进水量查询	通过时间区间查询当前时间区间的每日进出水量数据
8		大用水户水量查询	日用水量查询	通过时间区间查询该用水户当前时间区间的每日用水量数据
9	统计	月度对比	月度对比	历年各个月度数据的统计对比
10		季度对比	季度对比	历年各个季度数据的统计对比
11		年度对比	年度对比	历年年度数据对比
12		趋势预测	趋势预测	通过历年数据上涨下跌的趋势,预测将来几个月的水量趋势
13	政策互动	相关政策	节水政策展示	显示最新的节水政策和用水常识
14		互动交流	在线答疑	常见问题的答疑、在线问答
15	全景		全景展示	八都水库及城西水文站无人机全景展示

(2)日进水量查询。

①水处理公司的进出水量。通过水处理公司和时间区间查询该水处理公司当前时间区间的每日进出水量数据。

②稠江工业水厂的进出水量。通过时间区间查询当前时间区间的每日进出水量的数据。

③大用水户水量的查询。通过时间区间查询该用水户当前时间区间的每日用水量的数据。

7.6.2.3 统　计

统计功能包括对自来水厂、水处理公司、稠江工业水厂和大用水户的用水量统计及趋势预测。

月度统计:历年各个月度数据的统计对比。

季度统计:历年各个季度数据的统计对比。

年度统计:历年年度数据的对比。

趋势预测:通过历年数据上涨下跌的趋势,预测将来几个月的水量趋势。

7.6.2.4 互 动

互动功能(图 7.29)包括相关政策的查询,与公众的互动交流,以及典型的水库、水文站的全景浏览。

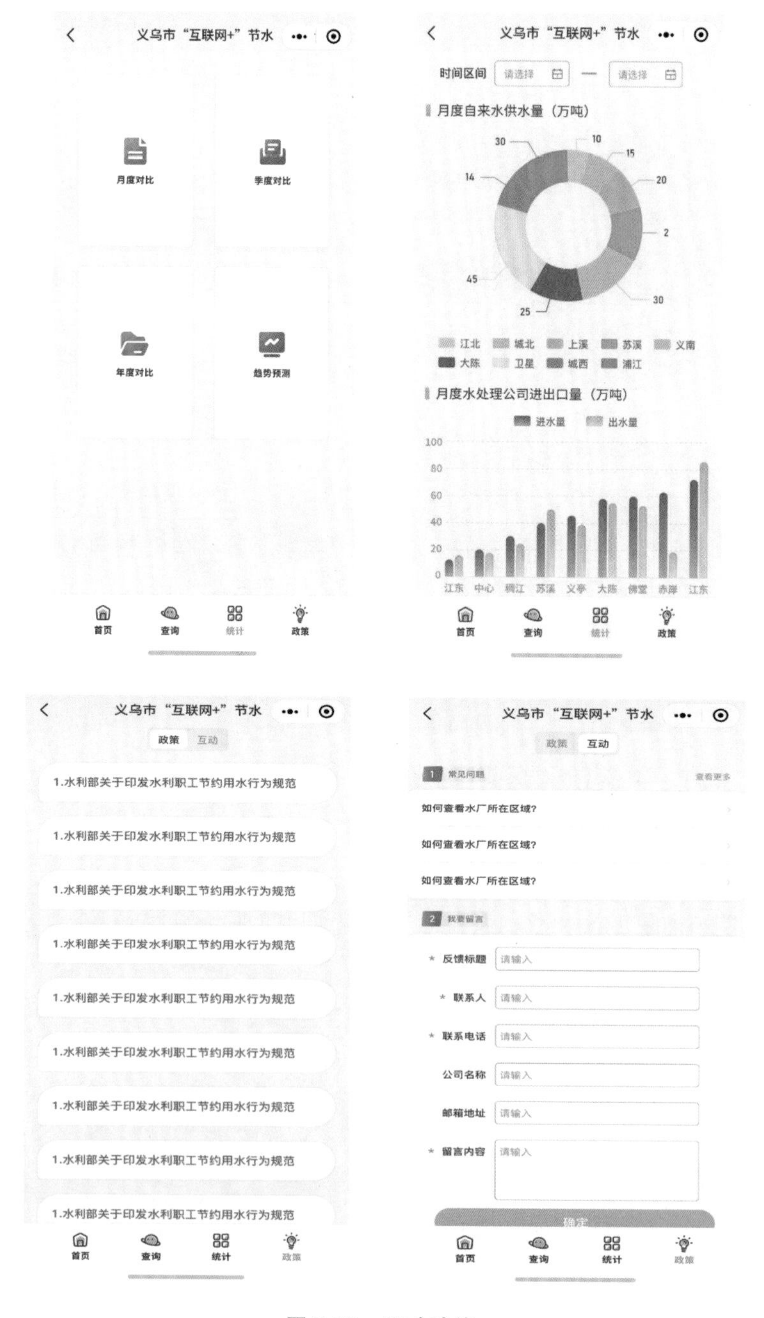

图 7.29 互动功能

(1)相关政策:显示最新的节水政策和用水常识。

(2)互动交流:常见问题的答疑、在线问答。

(3)全景浏览:目前可通过手机从任意的角度浏览八都水库、反帝水库和城南河水文站的全景。

7.7 总 结

(1)基于水资源取—供—用—排全链条,提出了智慧节水平台的研发思路和总体架构,并介绍了目前较为流行的模型集成和数据交互技术。

(2)以义乌市为例,针对城镇智慧节水的发展需求,介绍了城镇智慧节水综合管理平台的设计与构建技术。该系统集水源、供水、用水、排水收集、再生水利用等全过程模拟、分析与评估为一体,通过对全过程精细化、智慧化的管理,推动了各项节水技术和措施的全面落实。

(3)以永康市舟山镇为例,针对农村智慧节水的发展需求,介绍了农村智慧节水综合管理平台的设计与构建技术。该系统综合集成供水管网漏损、农村生活污水处理、再生水智能灌溉等技术与农村智能节水综合管理系统,形成了农村节水信息化、智能化成套技术与管理模式。

(4)以义乌市为例,展示了基于互联网+的移动小程序用水户的用水量的实时查询和分析范例。该范例集成了实时数据查询,分析结果查询及关注区域三维全景影像数据浏览等功能,为开发类似的信息系统提供了较好的借鉴实例。

参考文献

[1] NIR KSHETRI. The evolution of the internet of things industry and market in China: an interplay of institutions, demands and supply. Telecommunications Policy, 2017, 41 (1): 49-67.

[2] CHO J Y, CHOI J Y, JEONG S W, et al. Design of hydro electromagnetic and piezoelectric energy harvesters for a smart water meter system. Sensors and Actuators A: Physical, 2017: 261-267.

[3] ZHENG X, HUANG G, LI J, et al. Development of a factorial water policy simulation approach from production and consumption perspectives. Water Research, 2021, 193: 116892.

[4] MAAMAR Z, BAKER T, FACI N, et al. Weaving cognition into the internet of things: application to water leaks. Cognitive Systems Research, 2019, 56: 233-245.

[5] SHAHANAS K M, SIVAKUMAR P B. Framework for a smart water management system in the context of smart city initiatives in India. Procedia Computer Science, 2016,

92:142-147.

[6] RYSULOVA M, KAPOSZTASOVA D, PURCZ P. Standard versus SMART options of water saving determination. Procedia Engineering, 2016, 162:112-119.

[7] HU Z K, CHEN B Q, CHEN W L, et al. Review of model-based and data-driven approaches for leak detection and location in water distribution systems. Water Supply, 2021.

[8] GUO W, LI Q, ZHAO W, et al. Application of eichhornia crassipes on the purification of contaminated water. IOP Conference Series Earth and Environmental Science, 2019, 300:052046.

[9] CHEN C M, SUN YI. Some thoughts on the establishment of water-saving society at county level in haining city. IOP Conf. Series: Earth and Environmental Science, 2019:022065.

[10] ZHANG S, LI Z. Simulation of urban rainstorm water logging and pipeline network drainage process based on SWMM. Conf. Series: Journal of Physics, 2019 (1213):05261.

[11] 金时刚. 准确把握治水工作时代特征探索南方丰水地区节水工作“金华经验”. 中国水利, 2020(21):45-47.

[12] 李昱春, 刘国平, 王海洋, 等. 城市水资源智慧系统建设探索. 水利科学与寒区工程, 2022(2):122-125.

[13] 索惠霞. 城市水资源实时监控管理与集成研究. 水资源开发与管理, 2017(6):5-9.

[14] 孟凯, 马耀光. 基于 java 的城市水管理系统的研究. 中国农村水利水电, 2013(1):86-89.

[15] 赵璧奎, 于子波, 孙平, 等. 城市水源调度管理系统的开发及应用. 中国农村水利水电, 2014(7):57-60.

[16] 高芳琴, 潘崇伦, 邱绍伟. 上海市水资源综合管理系统设计与实现. 水利信息化, 2010(4):65-69.

[17] 宋常吉, 李强坤, 胡亚伟, 等. 控灌改良对土壤水盐时空分布特征及盐分去除率的影响. 农业科学, 2020(2):101-104.

[18] 胡祖康, 周同高, 陈蓓青, 等. 基于水量平衡法和最小夜间流量法的供水管网漏损评估. 中国水利, 2020(21):65-67.

[19] JIN Q N, YAO WW, WENG Y S, et al. Study on water quality of tunnel type underground reservoir in island areas. IOP Conference Series: Earth and Environmental Science, 2020.

[20] 节水型社会评价指标体系和评价方法 GB/T 28284—2012. 北京: 中国标准出版社. 2012.

[21] 再生水利用效益评价指南 T/CSES 01—2019. 北京: 中国环境科学学会, 2019.

[22] SHANNON C E. A mathematical theory of communication. Bell System Technical Journal, 1948, 27: 623-656.

[23] CHACON-HURTADO J C, ALFONSO L, SOLOMATINE D P. Rainfall and streamflow sensor network design: a review of application, classification, and a proposed framework. Hydrology and Earth System Sciences, 2017, 21(6): 3071-3091.

[24] LI C, SINGH V P, MISHRA A K. Entropy theory-based criterion for hydrometric network evaluation and design: maximum information minimum redundancy. Water Resources Research, 2012, 48(5): W05521.

[25] WANG W, WANG D, SINGH V P, et al. Evaluation of information transfer and data transfer models of rain-gauge network design based on information entropy. Environmental Research, 2019, 178: 108686.

[26] RIDOLFI E, MONTESARCHIO V, RUSSO F, et al. An entropy approach for evaluating the maximum information content achievable by an urban rainfall network. Natural Hazards and Earth System Sciences, 2011, 11: 2075-2083.

[27] 宋静茹, 胡文明, 宋常吉, 等. 集约化条件下浙中地区农业灌溉智能化管理研究. 中国水利, 2020(21): 63-64.

[28] 李进兴, 周同高, 陈磊, 等. 永康市用水定额和水耗标准相结合的取用水管控机制研究. 中国水利, 2020(21): 55-56, 67.

[29] 劳耀进. 智慧节水管理平台的构建和应用. 广西水利水电, 2023(3): 94-95, 99.

[30] 张雅君, 田一梅, 李光明, 等. 城市节水关键技术研究与示范. 建设科技, 2012, 39(20): 66-69.

[31] 王浩, 王建华, 秦大庸, 等. 基于二元水循环模式的水资源评价理论方法. 水利学报, 2006(12): 1496-1502.

[32] 周振民, 李延峰, 范秀, 等. 基于 AHP 和改进熵权法的城市节水状况综合评价研究. 中国农村水利水电, 2016(2): 37-41.

[33] 左其亭, 张志卓, 吴滨滨. 基于组合权重 TOPSIS 模型的黄河流域九省区水资源承载力评价. 水资源保护, 2020, 36(2): 1-7.

[34] ALLEN B, RICHARD M. Review of the efficiency and effectiveness of Colombia's environmental policies. Washington: Resource for the Future, 2006.

[35] 李红祥, 王金南, 葛察忠. 中国"十一五"期间污染减排费用效益分析. 环境科学学报, 2013, 33(8): 2270-2276.

[36] 刘鸿亮. 环境费用效益分析方法及实例. 北京: 中国环境科学出版社, 1988.

[37] 韩文艳, 陈兴鹏, 张子龙. 基于 POET 模型的重庆市水资源利用影响因素分析. 生态学杂志, 2018, 37(3): 929-936.

[38] 陈蓓青, 陈苏春, 沈定涛, 等. 新农村节水综合管理制度与智能节水新技术应用探讨. 中国水利, 2020(21): 60-62.

[39] 彭鹏. 基于回归分析法对我国水资源现状的分析. 现代交际, 2020(5): 49-50.

[40]杨超,吴立军.中国城市水资源利用效率差异性分析——基于286个地级及以上城市面板数据的实证.人民长江,2020,51(8):104-110.
[41]高鹏.节约型社会城市节水指标体系及评价方法研究.保定:华北电力大学,2007.
[42]陈芳.基于层次分析法的公共建筑节水模糊综合评价.衡阳师范学院学报,2016,37(3):76-80.
[43]杜发兴,戈春华,吴贺林.基于改进模糊综合评价模型的节水灌溉效益评价.节水灌溉,2017(11):77-79,83.
[44]郭伟杰,陈磊,李鲁丹,等.农村生活污水处理现状及对策建议——以浙江省永康市为例.中国水利,2020(21):68-70.
[45]李嘉第,陈晓宏,郑冬燕,等.AHP-模糊综合评价模型在节水型社会建设后评价中的应用.人民珠江,2019,40(1):12-19.
[46]林春智.农业水价综合改革成效评价研究——基于浙江、江苏、湖北及四川省数据分析.价格理论与实践,2019(6):69-72.
[47]桑广新.改进熵权法与层次分析法在城市节水综合评估中的应用.水利规划与设计,2016(12):47-49.
[48]李婷,郑垂勇.农业水价改革绩效的熵权模糊综合评价.水利经济,2013,33(3):32-36.
[49]宋希贤,王烨峰,姚文平.基于物联网技术的节水灌溉自动化及信息化系统设计.农业开发与装备,2021(4):143-144.
[50]张迪.基于PLC与物联网技术的自动节水灌溉系统设计.电子设计工程,2020,28(15):171-175.
[51]陈朋,申云香,马艳萍.基于物联网的水稻灌溉系统设计方法.山东水利,2019(11):14-15.
[52]刘娇,罗凡,胡梅,等.基于物联网的智能农业节水灌溉系统应用探究.南方农业,2019,13(23):170-172.
[53]罗嘉龙,刘卫星,陈正铭,等.基于ZigBee物联网技术的智能农业灌溉系统设计.电脑知识与技术,2018,14(30):186-189.
[54]周坚,幸向亮,丁德志,等.基于GRM501-NY的葡萄园水肥一体化物联网管理系统设计.江西科学,2018,36(3):471-475.
[55]李昶,李畅.基于大数据的安全态势感知系统研究.移动信息,2023,9:132-134.
[56]王晓娜,李晓宇,李芙蓉.人工智能及大数据的网络安全态势感知研究.网络安全技术与应用,2021(5):73-74.
[57]王金艳,刘陈,傅星理,等.差分隐私的数据流关键模式挖掘方法.软件学报,2019,30(3):648-666.
[58]何登平,张为易,黄浩.基于多源信息聚类和IRC-RBM的混合推荐算法.计算机工程与科学,2020,42(6):1089-1095.

第8章　结论与展望

8.1　结　论

综合前面各章的研究内容与研究成果,形成的结论如下。

8.1.1　智慧节水管理体系和管理平台

(1)面向南方生态文明建设和经济社会高质量发展的实际需求,聚焦城镇社会水循环全过程的节水问题,将智慧节水与水资源管理、水生态环境保护相融合,在界定节水、智慧节水的定义和内涵的基础上,阐述了节水和智慧节水的属性特征,分析了智慧节水的总体目标和主要任务,提出了由工作体系、技术体系和场景化应用总体结构组成的智慧节水支撑体系。

(2)基于节水领域的研究现状、当前面临的形势与任务,从多源感知数据应用技术、节水管控规则与标准、场景化应用数学模型三个方面,开展了关键技术的研究,为建立形成节水管控规则全过程覆盖(包括取水、供水和用水过程)、节水场景数学模型全覆盖(包括面向用户、过程和系统三类场景),以及推动节水管控规范化、标准化、场景化,提供了技术支撑和决策依据。

(3)基于取—供—用—排全链条管理理念,提出了智慧节水平台的研发思路和总体架构,并介绍了目前较为流行的模型集成和数据交互技术。以义乌市为例,介绍了城镇智慧节水综合管理平台的设计与构建技术。该系统集水源、供水、用水、排水收集、再生水利用等全过程模拟、分析与评估为一体,通过对全过程精细化、智慧化管理,推动了各项节水技术和措施的全面落实;同时展示了基于互联网+的移动小程序的应用案例。以永康市舟山镇为例,介绍了农村智慧节水综合管理平台的设计与构建技术,该系统综合集成了供水管网漏损、农村生活污水处理、再生水智能灌溉等技术,形成了农村节水信息化、智能化成套技术与管理模式。

8.1.2　智慧节水关键技术

(1)从立体化感知体系支撑水资源管理、智慧节水管理的实际需求出发,围绕优化立体化感知体系的密度与布局、充分利用立体化感知体系服务智慧节水管理等方面,开展基于信息熵理论的地面雨量站网优化技术研究、基于遥感数据的土壤湿度反演技术研究以及卫星和地面降水数据融合技术研究。研究表明：

①基于传统的信息熵理论，提出了一套用于地面雨量站网优化的分层算法。以金华江南王埠以上流域表明，在基本不降低雨量数据信息量的情形下，通过对义乌市雨量站点进行合理的删减和调整，仍能保证日常水文水资源监测业务的正常运行。该技术被应用于雨量站网的布局优化，不仅可以降低管理和维护成本，还能为水文模拟和水资源调度配置研究提供高精度的可靠的数据源。

②基于遥感数据的土壤湿度反演技术，重点介绍了以 Landsat 8 和 Sentinel 2 卫星为代表的光学遥感数据，以及以 SMAP 卫星为代表的微波遥感数据。这两类数据的应用代表着未来土壤湿度监测的主要方向。并以义乌市为示范区，详细说明了应用温度植被干旱指数法进行土壤湿度反演的步骤和方法，该方法的实用性强，有着很好的应用推广的价值。

③地面观测降雨数据的精度较高，但时空不连续，而卫星降水数据能做到时空连续，但精度无法与地面数据媲美。为此，本书提出了一套卫星降水数据和地面观测降雨数据的融合方法，介绍了地理加权回归和地理差异分析两种方法，并结合这两种方法将金华江流域南王埠水文站以上区域内 IMERG 卫星与雨量站实测月降水数据进行了融合处理。其精度分析结果表明，IMERG 卫星降水数据通过地理加权回归与地理差异分析方法融合校正后精度得到了提高。这表明多源降水数据融合研究的意义重大，未来如何融入更多的降水数据，为智慧节水提供更高质量的降水实况分析产品，还需要做大量的研究工作。

（2）基于现阶段节水管控工作的需要，从面向系统、面向过程、面向用户三个层面分别开展了水量分配方法、水源调度运行规则制定方法、供水过程节水管控标准和用户节水管控规则确定方法研究，并开展了实例应用。应用结果表明，这些方法满足节水管控工作的需要，实用可行。研究成果为建立覆盖取水、供水和用水过程的节水管控规则体系，推动节水管控规范化、标准化提供了技术支撑和决策依据。研究成果包括以下内容。

①释义了节水管控的规则与标准，介绍了节水管控规则与标准的制定原则。基于节水对象的特点、节水属性的要求和效应，研究提出了面向系统、面向过程、面向用户的节水管控规则与标准的分类方法，建立了覆盖取水、供水和用水过程的节水管控规则体系。

②在面向系统层面，针对取水环节的节水管控规则的制定方法，从取水权管理和调度运行管理两个方面开展相关技术方法的研究，为从取水端建立取水权属管理和调度运行管理相结合的节水管控规则提供理论依据和技术支撑。其中：

在取水权管理方面，采用层次分析法、水资源系统模拟技术、模糊优化技术等，开展流域分配到行政区域的水量分配方法、行政区域分解下一级行政区域和用水行业的水量分配方法以及面向水资源用途管控的水库水量分配方法的研究，为形成细化取水权管理颗粒度、明确节水管理对象和管控指标，建立“流域—区域—行业—取水口”全过程覆盖、权责明确的取水权管控依据提供了技术支撑。

在调度运行管理方面，采用水资源系统模拟技术、大系统优化技术、智能算法、蓄水均衡规则技术等，开展面向单一水库、梯级水库和多水源的调度运行规则的制定方法的研究，形成了用水优先顺序与调度运行规则相结合的更直观便捷的单一水库、梯级水库和多水源的调度运行规则图，服务其运行管理的需要。

③在面向过程层面，针对供水环节的节水管控标准，采用调查统计法从城镇水厂和农村水站自用水、供水管网漏损、灌区灌溉水有效利用系数三个方面，归纳总结了规范标准、政策性文件等节水管控的要求，给出了分析计算模型和实际应用的案例。

④在面向用户层面，针对不同行业的节水管控标准，采用调查统计法从农业、生活与工业、生态环境城镇水厂三个方面，归纳总结了规范标准、政策性文件等节水管控的要求，给出了分析计算模型和实际应用的案例。

(3)智慧节水场景化应用模型的研究。从智慧节水多层次场景化应用实际的需求出发，经研究，形成了面向用户、过程和系统三类场景，以及具有现状诊断、预测诊断和交互预测诊断功能的 24 个场景化数学模型，并开展了实例应用。应用结果表明，这些模型满足场景化应用的需要，实用可行。形成的研究成果如下。

①基于场景理论释义了智慧节水场景化，根据场景数据的基础和目标特点、场景时间尺度和空间范围、场景诊断对象和属性特点对智慧节水场景进行了分类说明。根据节水特点和管理目标，将智慧节水场景分为面向用户场景、面向过程场景、面向系统场景三大类，其中：面向用户场景以生活、生产（工业、农业和第三产业）和生态环境用水户（或对象）的用水行为作为诊断对象，面向过程场景以社会水循环的取—供—用水过程为诊断对象，面向系统场景以多用水环节、多事件主体为诊断对象，共建立了 24 个场景。这些场景可以分为现状诊断型、预测诊断型和交互预测诊断型三种类型。

②针对面向用户的场景化需求，采用统计核算、自回归技术、指数平滑技术、支持向量机技术、长短期记忆网络模型、灌区二元水循环模拟技术结合多元线性回归技术、BP 神经网络技术、GM(1,1)灰色模型等，总结提出了生活综合和工业用水、灌区用水、河湖生态环境用水的统计、预测、预警和评价场景化应用的数学模型。

③针对面向过程的场景化需求，从水厂（水站）自用水、供水管网漏损、灌区灌溉水有效利用系数三个方面开展应用模型的研究。其中：采用统计核算技术总结提出了水厂（水站）自用水率的统计分析、预警评价的场景化应用数学模型；研究提出了基于单点压力监测数据、集成孤立森林算法、K 均值聚类算法和局部离群概率算法的供水管网漏损异常的识别方法，基于压力监测数据时间序列，利用监测数据时间序列之间欧氏距离的变化来识别监测数据的正常或异常的供水管网漏损异常的识别方法；总结了基于首尾测算分析法的区灌溉水有效利用系数统计与评价模型。

④针对面向系统的场景化需求，研究提出了三个方面的应用成果。一是采用统计核算、自回归、指数平滑、支持向量机、长短期记忆网络模型、层次分析法等技术，总结提出了区域用水总量，用水效率，水资源承载能力的统计、预测、预警和评价的场景化应用数学模型；二是基于水资源系统模拟技术和优化技术的水库供水能力分析与

预测数学模型、水库(群)实时调度数学模型、水库干旱期应急调度数学模型;三是基于水权理论、模拟技术的建设项目取水对现有用水户、河流水文情势影响评价的数学模型。

⑤前面所述的面向用户、过程和系统三类场景的24个场景化数学模型,总体覆盖现阶段智慧节水场景化应用的现实需求。实例应用的研究表明:这些模型数据需求可获得、原理方法科学、研究成果精度可行,可以被模块化开发、被平台化推广应用。

8.2 展　望

(1)基于取—供—用—排全过程管理的理念,智慧节水平台应涵盖水资源系统二元水循环全过程的各环节。本书在平台开发中纳入了取—供—用—排全过程的各环节,但在节水管控规则与标准、场景化应用模型中未涉及排水环节。排水环节作为广义的节水、生态文明建设的重要的组成部分,其信息化、数字化、智慧化管理目前总体上处于起步阶段,需要加强研究,深入探索与实践。

(2)在中国式现代化推进的过程中,健全完善由多层次感知体系、预测预报技术体系、科学决策体系、智慧智能管控体系构成的智慧节水技术支撑体系,实现"四提高""三减少""一改善"还需要深入探索与实践,即提高水资源的配置水平、提高工程运行的管理水平、提高用水利用的效率与效益、提高单位劳动力效率、减少运行管理的成本、减少管理用工、减轻污染负荷、改善水生态环境。